数据科学与工程技术丛书

DATABASE MANAGEMENT SYSTEMS FOR BIG DATA

大数据管理系统原理与技术

王宏志 何震瀛 王鹏 李春静　编著

机械工业出版社
China Machine Press

图书在版编目（CIP）数据

大数据管理系统原理与技术 / 王宏志等编著 . —北京：机械工业出版社，2019.9（2022.1
重印）

（数据科学与工程技术丛书）

ISBN 978-7-111-63677-9

I. 大… II. 王… III. 数据处理系统 – 研究 IV. TP274

中国版本图书馆 CIP 数据核字（2019）第 204630 号

　　本书介绍了多种数据库管理系统的基本概念以及代表性数据库管理系统的使用和优化方法，覆盖了传统的关系数据库、数据仓库，以及列族、键值、文档、图等 NoSQL 数据库系统。通过阅读本书，读者可以较全面地了解支撑大数据应用所需的数据库管理系统的概念、特征和相关技术，并且可以学习代表性关系数据库系统的使用方法，将理论和实际相结合。

　　本书可作为大数据相关专业本科生和研究生教材，也可供从事大数据相关工作的工程技术人员参考使用。

出版发行：机械工业出版社（北京市西城区百万庄大街 22 号　邮政编码：100037）

责任编辑：郎亚妹　　　　　　　　　　　　　责任校对：殷　虹

印　　刷：北京诚信伟业印刷有限公司　　　　版　　次：2022 年 1 月第 1 版第 2 次印刷

开　　本：185mm×260mm　1/16　　　　　　印　　张：21.5

书　　号：ISBN 978-7-111-63677-9　　　　　定　　价：69.00 元

客服电话：（010）88361066　88379833　68326294　　　投稿热线：（010）88379604

华章网站：www.hzbook.com　　　　　　　　　　　　　　读者信箱：hzjsj@hzbook.com

本书编委会

顾　　问：张云泉（中科院计算所）

编写委员会（按姓氏拼音排序）：

　　　　　韩建军（华育兴业科技有限公司）

　　　　　何震瀛（复旦大学）

　　　　　李春静（华育兴业科技有限公司）

　　　　　王宏志（哈尔滨工业大学）

　　　　　王昆宇（华育兴业科技有限公司）

　　　　　王　鹏（华育兴业科技有限公司）

　　　　　张立臣（华育兴业科技有限公司）

前　　言

　　大数据计算的重要支撑是有效管理数据，研发以数据为核心的应用系统的重要任务之一就是选择数据库管理系统，对其进行配置、编程和调优。由于大数据的多样性，单一的数据库管理系统难以满足所有类型数据管理的需要，因而除传统的成熟关系数据库产品之外，还出现了面向不同数据和应用特点的数据库管理系统，这使得数据库管理系统的选择和使用更加具有挑战性。因而，掌握多种数据库管理系统对于大数据领域从业者来说非常重要。针对这一需求，本书试图介绍面向大数据的数据库管理系统知识。

　　本书系统介绍了面向大数据的数据库管理系统的基本原理和应用，以及关系数据库、数据仓库、多种 NoSQL 数据库管理系统等。考虑到读者的多样性，本书针对不同种类的数据库介绍了基本原理、使用方法和案例。

　　本书兼顾深度和广度，选取典型数据库系统进行了介绍。对于关系数据库，介绍了其相关的基本概念以及典型关系数据库系统 MySQL。对于数据仓库，介绍了其基本概念和基于 Hadoop 的数据仓库系统 Hive。本书还重点介绍了 NoSQL 数据库系统，并选取比较典型的键值数据库、列族数据库、文档数据库和图数据库分别介绍了其原理与应用。

　　本书适用于本科生和研究生的数据库管理系统、大数据管理等相关课程，也可以作为大数据系统开发、分布式系统、数据库系统等课程的补充教材或课外读物。本书也可作为大数据技术方面的职业培训教材，同时，还可供大数据领域的从业人员参考使用。

　　针对不同层次的教学要求，教师可以从本书中选择不同的内容。如果教学偏重讲授原理，可以着重讲授本书的概念和原理部分，而将后面的具体系统作为实例。如果教学偏重讲授技术和应用，可以着重讲授本书中系统的使用和开发，而对各类数据库管理系统只介绍基本概念，原理部分的深度视学时数而定。需要注意的是，数据库系统原理及使用是相辅相成的：只有深入了解了原理，才能对数据库管理系统进行高效应用，对于大数据管理系统来说尤其如此；反之，只有真正应用了数据库管理系统，才能对相关的原理有深入的认知。

　　本书可以独立学习，但是建议读者有一些离散数学、计算机系统和数据库管理系统的先修知识。尽管本书对数据库知识进行了简单介绍，但是其深度和广度难以与专门的数据库管理系统教材相比，建议读者在学习第 2 章和第 3 章时与数据库管理系统教材相互参考。具有一些分布式系统的知识对本书第 4 ～ 8 章的学习会有所帮助，建议读者在学习这几章时与分布式系统教材相互参考。

随着数据量和数据形态的不断变化，面向大数据的数据管理系统一直处于不断变化之中，尽管本书尽可能兼顾深度和广度，但是，限于笔者的水平，在内容安排、表述等方面的不当之处在所难免，敬请读者在阅读过程中不吝提出宝贵建议，以期改进本书。读者的任何意见和建议请发至邮箱 wangzh@hit.edu.cn，与本书相关的信息也会在微信公众号"大数据与数据科学家"（big_data_scientist）发布。

感谢哈尔滨工业大学的李建中教授、高宏教授以及海量数据计算研究中心诸位同事的指导，以及在专业上对我的帮助。

在本书撰写过程中，哈尔滨工业大学的张梦、陈翔等同学在资料翻译、搜集和整理以及文本校对、作图等多个方面提供了帮助和支持，在此表示感谢。

感谢 Neo4j 中国总代理松鼠山科技有限公司对图数据库部分的技术支持，其专业的知识使得这一部分的质量得到了提升。

感谢北京华育兴业科技有限公司的企业专家对本书编写提出了很多建议，并通过"教育部 – 华育兴业产学合作协同育人"项目在课程和教学资源建设方面提供了大力支持。

非常感谢我的爱人黎玲利副教授一直以来对我的支持，以及在大数据管理领域和我的探讨。在本书写作期间，感谢我的母亲和岳母帮忙料理家务，照顾我的宝宝"壮壮"，使我有时间从事本书的写作。

最后，关于大数据管理方面的研究和本书的写作还得到了国家自然科学基金项目（编号：U1509216，U1866602）和微软亚洲研究院的资助，在此一并表示感谢。

王宏志

2019 年 10 月 18 日于哈尔滨

目 录

本书编委会

前言

第1章　绪论 ·················· 1

1.1　大数据的基本概念 ··········· 1

1.2　数据库管理系统 ············· 5

  1.2.1　数据库管理系统的基本概念··· 5

  1.2.2　数据库管理系统的发展历史··· 6

  1.2.3　数据库管理系统的要素···· 10

1.3　大数据对数据库管理系统的需求

  和挑战 ··················· 13

1.4　本书结构 ················· 14

第2章　关系型数据库管理系统 ······· 15

2.1　关系数据库概述 ············· 15

  2.1.1　关系模型 ············· 15

  2.1.2　关系数据的存储 ········· 17

  2.1.3　关系数据库的索引 ······· 20

  2.1.4　关系数据库中的查询处理

    算法 ················· 24

  2.1.5　并发控制 ············· 25

  2.1.6　数据库恢复 ··········· 34

2.2　关系数据库 MySQL 概述 ······· 35

2.3　MySQL 应用 ··············· 36

  2.3.1　SQL 概述 ············· 36

  2.3.2　数据定义语句 ·········· 37

  2.3.3　数据处理语句 ·········· 38

  2.3.4　事务和锁定声明 ········· 39

  2.3.5　其他 ················ 45

2.4　存储过程 ················· 46

  2.4.1　概述 ················ 46

  2.4.2　建立存储过程 ·········· 47

  2.4.3　调用存储过程 ·········· 49

  2.4.4　查询存储过程 ·········· 50

  2.4.5　删除存储过程 ·········· 50

2.5　视图 ···················· 51

2.6　分区 ···················· 53

2.7　复制 ···················· 57

2.8　MySQL 的 Java 客户端 JDBC ···· 62

  2.8.1　JDBC 概述 ············ 62

  2.8.2　JDBC API ············· 63

  2.8.3　Java 通过 JDBC API 操作

    MySQL ··············· 66

第3章　数据仓库 Hive ············ 72

3.1　数据仓库概述 ·············· 72

  3.1.1　数据仓库的概念和特征······ 72

  3.1.2　数据仓库的体系结构········ 73

  3.1.3　数据仓库的模型 ········· 74

  3.1.4　数据仓库关键技术 ········ 77

  3.1.5　数据仓库与大数据 ········ 79

3.2　Hive 概述 ················ 80

  3.2.1　Hive 存储结构 ·········· 80

  3.2.2　Hive 体系结构 ·········· 82

3.2.3　Hive 的任务执行流程 ········ 84

3.3　Hive 的特征 ····························· 85

3.3.1　一致性 ····················· 86

3.3.2　可扩展性 ··············· 86

3.3.3　事务 ························· 86

3.4　Hive 的基本概念 ···················· 87

3.4.1　基本数据类型 ········· 87

3.4.2　数据类型转换 ········· 89

3.4.3　复杂数据类型 ········· 90

3.4.4　文本文件数据编码 ·· 91

3.4.5　数据读取模式 ········· 92

3.4.6　文件格式与压缩 ····· 93

3.4.7　Hive 压缩 ··············· 93

3.4.8　Hive 关键字 ··········· 95

3.5　Hive 的使用 ··························· 97

3.5.1　Hive 命令 ··············· 97

3.5.2　Hive DDL ··············· 100

3.5.3　Hive DML ·············· 104

3.5.4　HiveQL 基本查询 ···· 108

3.5.5　Hive 函数 ·············· 118

3.5.6　HiveQL 高级查询 ····· 121

3.6　面向大数据的优化策略 ·········· 133

3.6.1　分桶 ······················· 134

3.6.2　视图和索引 ··········· 136

3.6.3　模式设计 ··············· 139

3.7　Hive 的调优 ························· 144

3.7.1　使用 EXPLAIN 查看执行

计划 ····················· 145

3.7.2　Hive 配置管理 ······· 147

3.7.3　限制调整 ··············· 148

3.7.4　JOIN 优化 ·············· 149

3.7.5　本地模式 ··············· 155

3.7.6　并行执行 ··············· 157

3.7.7　严格模式 ··············· 158

3.7.8　调整 Mapper 和 Reducer

个数 ····················· 159

3.7.9　JVM 重用 ·············· 161

3.7.10　动态分区调整 ·········· 162

3.7.11　推测执行 ················· 163

3.7.12　单个 MapReduce 中的多个

GROUP BY ············ 164

3.7.13　虚拟列 ··················· 164

3.8　Java 通过 JDBC 操作 Hive ······· 165

第 4 章　NoSQL 概述 ···················· 168

4.1　NoSQL 与非关系型数据库 ······· 168

4.2　NoSQL 数据模型 ···················· 169

4.2.1　键值数据库 ············· 170

4.2.2　文档数据库 ············· 171

4.2.3　列族数据库 ············· 172

4.2.4　图数据库 ················· 173

4.2.5　四者对比 ················· 173

4.3　NoSQL 数据库中的事务 ·········· 174

4.3.1　CAP 理论 ··············· 174

4.3.2　BASE 原则 ············· 175

4.3.3　一致性协议 ············· 176

4.4　NoSQL 关键技术 ···················· 177

4.4.1　NoSQL 的技术原则 ··· 177

4.4.2　存储技术 ················· 178

4.4.3　数据划分技术 ········· 178

4.4.4　索引技术 ················· 179

第 5 章　键值数据库 ······················ 182

5.1　模型结构 ······························· 182

5.2　特征 ···································· 183

5.2.1　一致性 ··················· 183

5.2.2　可扩展性 ··············· 183

5.2.3　事务 ····················· 184

5.3　关键技术 ······························· 184

5.3.1　索引技术 ··············· 184

5.3.2　查询支持 ··············· 186

5.4　Redis ·································· 186

5.4.1 Redis 数据类型 ·············· 187

5.4.2 Redis 的持久化 ·············· 196

5.4.3 Redis 事务 ·············· 201

5.4.4 Redis 的发布订阅 ·············· 205

5.4.5 Redis 的主从复制 ·············· 208

5.5 Redis 的 Java 客户端 Jedis ·············· 213

5.5.1 Jedis 所需要的 jar 包 ·············· 214

5.5.2 Jedis 常用操作 ·············· 214

5.5.3 Jedis Pool ·············· 215

第 6 章 列族数据库 ·············· 220

6.1 模型结构 ·············· 220

6.2 特征 ·············· 222

6.2.1 一致性 ·············· 222

6.2.2 可用性 ·············· 223

6.2.3 可扩展性 ·············· 224

6.3 HBase 应用 ·············· 224

6.3.1 HBase 数据模型 ·············· 225

6.3.2 HBase 体系结构 ·············· 227

6.3.3 HBase 基本 Shell 操作 ·············· 232

6.3.4 HBase 压缩 ·············· 234

6.3.5 可用客户端 Java ·············· 236

6.4 架构与设计 ·············· 244

6.4.1 表设计规则 ·············· 244

6.4.2 RowKey 设计 ·············· 245

6.4.3 列族的数量 ·············· 248

6.4.4 版本的数量 ·············· 248

6.5 HBase 集成 ·············· 248

6.5.1 HBase 与 Hive 集成 ·············· 249

6.5.2 MapReduce 与 HBase
互操作 ·············· 251

第 7 章 非关系型文档数据库 ·············· 255

7.1 模型结构 ·············· 255

7.2 特征 ·············· 257

7.2.1 一致性 ·············· 257

7.2.2 可扩展性 ·············· 258

7.2.3 事务 ·············· 260

7.2.4 可用性 ·············· 261

7.3 MongoDB ·············· 261

7.3.1 概述 ·············· 261

7.3.2 Mongo Shell ·············· 262

7.3.3 MongoDB 基本操作 ·············· 269

7.3.4 索引 ·············· 276

7.3.5 副本集 ·············· 279

7.3.6 分片 ·············· 286

7.4 MongoDB 的 Java 客户端 ·············· 290

7.4.1 MongoDB 驱动包的获得 ··· 290

7.4.2 Java 操作举例 ·············· 291

第 8 章 非关系型图数据库 ·············· 296

8.1 图数据库 ·············· 297

8.1.1 图模型的模型和定义 ·············· 297

8.1.2 图数据库的应用 ·············· 298

8.1.3 图管理的关键技术 ·············· 299

8.2 Neo4j 概述 ·············· 302

8.2.1 Neo4j 的特点 ·············· 302

8.2.2 Neo4j 的数据模型 ·············· 304

8.2.3 Neo4j 关键技术 ·············· 312

8.3 Neo4j 的应用 ·············· 320

8.3.1 使用嵌入在 Java 应用程序
中的 Neo4j ·············· 320

8.3.2 Neo4j 的 Java 客户端环境
配置 ·············· 320

8.3.3 一个简单的小型图数据库
例子 ·············· 321

8.3.4 属性值 ·············· 325

8.3.5 带索引的用户数据库 ·············· 325

8.4 Neo4j 的优化 ·············· 331

8.4.1 索引 ·············· 331

8.4.2 批量导入 / 导出 ·············· 332

第 1 章

绪　论

1.1　大数据的基本概念

一般来说，大数据泛指巨量的数据集。当今社会，互联网和物联网，尤其是移动互联网的发展，显著加快了信息化向社会、经济等各方面以及大众生活的渗透，推动了大数据时代的到来。近年来，人们能明显地感受到大数据来势迅猛。据有关资料显示，1998 年，全球网民平均每月使用流量是 1MB，2003 年是 100MB，而 2014 年是 10GB；全网流量累计达到 1EB（即 10 亿 GB）的时间在 2001 年是一年，在 2004 年是一个月，而在 2013 年仅需要一天，即一天产生的信息量可刻满 1.88 亿张 DVD 光盘。事实上，我国网民数居世界首位，产生的数据量也位于世界前列，这其中包括淘宝网每天超数千万次的交易所产生的超 50TB 的数据，百度搜索每天生成的几十 PB 数据，城市里大大小小的摄像头每月产生的几十 PB 数据，甚至包括医院里 CT 影像抑或门诊所记录的信息。总之，大到学校、医院、银行、企业的系统行业信息，小到个人的一次百度搜索、一次地铁刷卡，大数据存在于各行各业，连接着大众生活的各个角落。

大数据因自身可挖掘的高价值而受到重视。在国家宽带化战略实施、云计算服务起步、物联网广泛应用和移动互联网崛起的同时，数据处理能力也在迅速发展，数据积累到一定程度，会显示出开发的价值。同时，社会节奏的加快，要求快速反应和精细管理，急需借助数据分析和科学决策，这样，我们便需要对上面所说的形形色色的海量数据进行开发。也就是说，大数据的时代来了。

有学者称，大数据将引发生活、工作和思维的革命；《华尔街日报》也将大数据称为引领未来繁荣的三大技术变革之一；麦肯锡公司的报告指出，数据是一种生产资料，大数据将是下一个创新、竞争、生产力提高的前沿；世界经济论坛的报告认为大数据是新财富，价值堪比石油；等等。因此，大数据的开发和利用将成为各国家抢占的新的制高点。

大数据是相对于一般数据而言的，目前对大数据尚缺乏权威的严格定义，但较普通的解释是"难以用常规的软件工具在容许的时间内对其内容进行抓取、管理和处理的数据集合"。通常用 4V 来概括大数据的特征：

❑ Volume（规模性）：大数据之"大"，体现在数据的存储和计算均需要耗费海量规模的资源上。规模大是大数据最重要的标志之一，事实上，数据只要有足够的规模就可以称为大数据。数据的规模越大，通常对数据挖掘所得到的事物演变规律越可信，数据的分析结果也越具有代表性。例如，美国宇航局收集和处理的气候观察、模拟数据达到 32PB；而 FICO 的信用卡欺诈检测系统要监测全世界超过 18 亿个活跃信用卡账户。不过，现在也有学者认为，社会对大数据的关注，应更多地被引导到对数据资源的获得与利用上来，因为对于某些中小型数据的挖掘也有价值，目前报道的一些大数据挖掘的应用例子，不少也只是 TB 级的规模。

❑ Velocity（高速性）：大数据的另一特点是数据增长速度快，急需及时处理。例如，大型强子对撞机实验设备中包含 15 亿个传感器，平均每秒收集超过 4 亿的实验数据；同样在一秒内，有超过 3 万次用户查询被提交到谷歌，3 万条微博被用户撰写。而人们对数据处理速度的要求也日益严格，力图跟上社会的节奏，有报道称，美国中央情报局就要求利用大数据将分析、搜集数据的时间由 63 天缩短为 27 分钟。

❑ Variety（多样性）：在大数据背景下，数据在来源和形式上的多样性愈加突出。除以结构化形式存在的文本数据之外，网络上也存在大量的位置、图片、音频、视频等非结构化信息。其中，视频等非结构化数据占有很大比例，有数据表明，2016 年，全部互联网流量中，视频数据达到 55%，那么，有理由相信，大数据中 90% 都将是非结构化数据。并且，大数据不仅仅在形式上表现出多元化，其信息来源也表现出多样性：大致可分为网络数据、企事业单位数据、政府数据、媒体数据等。

❑ Value（高价值性）：大数据价值总量大，但价值稀疏，即知识密度低。大数据以其高价值吸引了全世界的关注，据全球著名咨询公司麦肯锡报告："如果能够有效地利用大数据来提高效率和质量，预计美国医疗行业每年通过数据获得的潜在价值可超过 3000 亿美元，能够使得美国医疗卫生支出降低 8%。"然而，大数据的知识密度非常低，IBM 副总裁 CTO Dietrich 表示："可以利用 Twitter 数据获得用户某个产品的评价，但是往往上百万记录中只有很小的一部分真正讨论这款产品。"并且，虽然数据规模与数据挖掘得到的价值之间有相关性，但是两者难以用线性关系表达。这取决于数据的价值密度，同一事件的不同数据集即便有相同的规模（例如对同一观察对象收集的长时间稀疏数据和短时间密集数据），其价值也可以相差很多，因为数据集"含金量"不同，大数据中多数数据是重复的，忽略其中一些数据并不影响对其分析的结果。

👤 注意

大数据之所以难处理不仅因为数据规模大，更大的挑战是其随时间变化快和类型的多样性，随时间和类型的变化增加了大数据的复杂性，同时也丰富了大数据的内涵。对大数据仅仅冠以"大"这个形容词是不全面的，只不过在大数据 4V 中，规模相对于变化和类型这两个特征量来说容易定量，而且即便是单一类型的数据集，只要具备足够的规模也能称得上是大数据。当然，数据的规模越大，通常对数据挖掘所得到的事物演变规律越可信，数据分析的结果也越有代表性。因此对大数据突出规模大这一特征是可以理解的。

数据分析挖掘需要有足够规模的数据，但前提是这些数据要有一定的时间或空间跨度，

即要具有普遍性。例如，每分钟将一个人的身体数据记录下来以了解其身体状况是有效的，如果将频率改为每秒钟，数据规模有所增加，但其价值并无提升。显然，数据样本密度与被观察对象有关，如风力发电机的很多传感器每毫秒就要检测一次，以检查叶片等的磨损程度。

大数据是无处不在的。大数据包括：

- 数目庞大的网络数据。有自媒体数据（比如社交网络），有日志数据（比如用户在搜索引擎上留下大数据），还有流量最大的富媒体数据（比如视频、音频）等。例如，淘宝网每天的数据量就超过 50TB；新浪微博晚高峰时每秒钟要接受 100 万次以上的请求；美国 YouTube 网站每分钟就有 72 小时的视频被下载。

- 企事业单位数据和政府数据。一家医院一年能接受包括医疗影像、患者信息在内的 500TB 数据；中国联通每秒钟记录用户上网条数近百万，一个月的数据量大概是 300TB；国家电网信息中心目前累计收集了 2PB 的数据。

- 我们身边的一些公用设施所记录的数据。就监控而言，很多城市的交通摄像头多达几十万个，一个月的数据就达到数十个 PB，另外，基本上所有的超市都覆盖了摄像头，这些都可以是大数据的基本来源并可被挖掘利用；在北京，每天公交一卡通的刷卡记录有 4000 万条，而每天地铁刷卡的记录也有 1000 万条，这些数据可以用来改善北京的交通状况，优化交通路线。

- 国家大型公用设备和科研设备等产生的数据。例如，波音 787 每飞一个来回可产生 TB 级的数据，美国每个月收集 360 万次飞行记录；风力发电机装有测量风速、螺距、油温等的多种传感器，每隔几毫秒就要测量一次，这些数据用于检测叶片、变速箱、变频器等的磨损程度；一个具有风机的风场一年会产生 2PB 的数据，这些数据用于预防和维护，可使风机寿命延长 3 年，极大降低了风机的成本。

- 一些地理位置、基因图谱、天体运动轨迹的数据。总之，任何可以利用数据分析的地方就会有大数据的存在。

毋庸置疑，大数据将带动产业和市场，包括服务器、存储器、联网设备、软件与服务等，但是硬件、软件和服务仅仅是狭义上的大数据产业：通过大数据挖掘，大数据被应用到各行各业，可有效提升生产效益、支撑节能降耗、促进经济发展，因此广义上的大数据产业的产值更多地体现在工业、农业、交通运输、建筑制造等行业。事实上，大数据分析在社会治理和民生服务上的效益更为显著，这远不是 GDP 可以衡量的。也就是说，大数据的社会效益大于经济效益，大数据受到广泛重视也是因其溢出效应明显。

大数据计算是关系国民经济发展与国家安全的重大需求，是把握信息产业的制高点。在大数据中，我们可以获得比其他方式更及时、更精准的统计特征，继而建立相应的数据模型，辅助政策制定者更有效地制定决策、观察反馈、优化调整。总的来说，在各行各业研究大数据都有非凡的意义，大数据可以辅助社会管理、推动科学发展、提高企业效益、改善人民生活，以下是大数据在各个领域的一些具体作用和应用实例。

- 在宏观经济领域，淘宝网根据网上成交额比较高的 390 个类目的商品价格来得出 CPI，比国家统计局公布的 CPI 更早地预测到经济状况。国家统计局统计的 CPI 主要根据刚性物品得出，如食品，百姓都要买，差别不大。可是淘宝网是利用化妆品、电子产品等购买量受经济影响较明显的商品进行预测，因此淘宝网的 CPI 更能反映经济走势。美国印第安纳大学利用谷歌公司提供的心情分析工具，从近千万条短信和网民留言中归纳出 6 种心情，进而预测道琼斯工业指数，准确率高达 87%。

- □ 在企业经营领域，华尔街对冲基金依据购物网站的顾客评论，分析企业的销售状况；一些企业利用大数据分析实现对采购和合理库存的管理，通过分析网上数据了解客户需求，掌握市场动向；美国通用电气公司通过对所产生的 2 万台喷气引擎的数据分析，开发的算法能够提前一个月预测需求，准确率达 70%。

- □ 在农业领域，硅谷的气候公司利用 30 年的气候变化和 60 年的农作物收成变化、14TB 的土壤历史数据、250 万个地点的气候预测数据和 1500 亿例土壤观察数据，生成 10 万亿个模拟气候据点，可以预测下一年的农产品产量以及天气、作物、病虫害和灾害、肥料、收获、市场价格等的变化。

- □ 在商业领域，商家得到消费者在网上的消费记录后，就可以留意其上网踪迹和消费行为，并适时弹出本公司商品的广告，这样就很容易达成交易，最终的结果是顾客、商家，甚至相关网站都有收益。再比如，沃尔玛将每月 4500 万条网络购物数据与社交网络上产品的大众评分结合，开发出 "北极星" 搜索引擎，以方便顾客购物，在线购物的人数因而增加了 10% ～ 15%。

- □ 在金融领域，阿里公司根据淘宝网上中小型公司的交易状况，筛选出财务健康、诚信优良的企业，为其免担保提供贷款达上千亿元，坏账率仅有 0.3%，相较于需要担保的商业银行，坏账率要低很多；华尔街德温特资本市场公司通过分析 3.4 亿条留言判断民众心情，以决定公司股票的买入和卖出，从而获得了较好的收益。

- □ 在医疗卫生领域，一方面，相关部门可以根据搜索引擎上民众对相关关键词的搜索数据建立数学模型进行分析，得出相应的预测进行预防。例如，2009 年，谷歌公司在甲型 H1N1 爆发前几周，就预测出流感形式，与随后的官方数据相关性高达 97%；而百度公司得出的中国艾滋病感染人群的分布情况，与后期卫生部门公布的结果基本一致。另一方面，医生可以借助社交网络平台与患者就诊疗效果和医疗经验进行交流，能够获得在医院得不到的临床效果数据。除此之外，基于对人体基因的大数据分析，可以实现对症下药的个性化诊疗，提高医疗质量。

- □ 在其他领域，如在交通运输中，物流公司可以根据 GPS 上大量的数据分析优化运输路线，以节约燃料和时间，提高效率；相关部门也会通过对公车上手机用户的位置数据分析，为市民提供交通实时情况。大数据还可以改善机器翻译服务，谷歌翻译器就是利用已经索引过的海量资料库，从互联网上找出各种文章及对应译本，找出语言数据之间的语法和文字对应的规律来达到目的的。大数据在影视、军事、社会治安、政治领域的应用也都有着很明显的效果。总之，大数据的用途是无处不在的。

当然，大数据不仅仅是一种资源，作为一种思维方法，大数据也有着令人折服的影响。伴随大数据产生的数据密集型科学，有学者将它称为第四种科学模式，其研究特点在于：不在意数据的杂乱，但强调数据的规模；不要求数据的精准，但看重其代表性；不刻意追求因果关系，但重视规律总结。如今，这一思维方式广泛应用于科学研究和各行各业，成为从复杂现象中透视本质的重要工具。

对其进行有效管理是有效使用大数据的基础支撑，这就需要面向大数据的数据库管理系统。下面对数据库管理系统进行介绍。

1.2 数据库管理系统

1.2.1 数据库管理系统的基本概念

数据库管理系统（Data Base Management System，DBMS）是一种操纵和管理数据库的软件，用于建立、使用和维护数据库。它对数据库进行统一的管理和控制，以保证数据库的安全性和完整性。DBMS 是数据库系统的核心。

DBMS 把用户抽象的逻辑数据处理转换为计算机中具体的物理数据处理。有了 DBMS，用户就可以逻辑地处理数据，而不必顾及这些数据在计算机中的布局和物理位置。用户通过 DBMS 访问数据库中的数据，数据库管理员也通过 DBMS 进行数据库的维护工作。它可使多个应用程序和用户用不同的方法同时或在不同时刻去建立、修改和查询数据库。DBMS 主要包括如下功能。

1. 数据定义

DBMS 通常提供数据定义语言（Data Definition Language，DDL），供用户定义数据库的三级模式结构、两级映像以及完整性和保密等约束。DDL 主要用于建立、修改数据库的库结构。DDL 所描述的库结构仅仅给出了数据库的框架，而数据库的框架信息被存放在数据字典中。关系数据库的数据定义可参见 2.3.2 节。

2. 数据操作

DBMS 提供数据操作语言（Data Manipulation Language，DML），供用户实现对数据的追加、删除、更新、查询等操作。有关关系数据库操作语言的具体介绍可参见 2.3.3 节。

3. 数据库的运行管理

数据库的运行管理功能是指 DBMS 的运行控制、管理功能，包括多用户环境下的并发控制、安全性检查和存取限制控制、完整性检查和执行、运行日志的组织管理、事务的管理和自动恢复（即保证事务的原子性）。这些功能保证了数据库系统的正常运行。

4. 数据组织、存储与管理

DBMS 要分类组织、存储和管理各种数据，包括数据字典、用户数据、存取路径等，需要确定以何种文件结构和存取方式在存储级组织这些数据，以及如何实现数据之间的联系。数据组织和存储的基本目标是提高存储空间利用率，选择合适的存取方法可提高存取效率。

5. 数据库的保护

数据是信息社会的战略资源，所以对数据的保护至关重要。DBMS 对数据库的保护主要通过 4 个方面来实现：数据库的恢复、数据库的并发控制、数据库的完整性控制和数据库安全性控制。此外，还包括系统缓冲区的管理以及数据存储的某些自适应调节机制等。

6. 数据库的维护

数据库的维护包括数据库的数据载入 / 转换 / 转储、数据库的重组和重构以及性能监控等功能，这些功能分别由各个实用程序来完成。

7. 通信

DBMS 具有与操作系统的联机处理、分时系统及远程作业输入相关的接口，负责处理数据的传送。网络环境下的数据库系统，还应该包括 DBMS 与网络中其他软件系统的通信功能以及数据库之间的互操作功能。

例如，MySQL 是一种开放源代码的关系型数据库管理系统（RDBMS），它使用最常用的数据库管理语言——结构化查询语言（SQL）进行数据库管理。在 MySQL 中，数据库定义语言的操作对象包括数据库和表，主要操作有 create、alter、drop。MySQL 将数据保存在不同的表中，同时支持 AIX、FreeBSD、HP-UX、Linux、Mac OS、Novell Netware、OpenBSD、OS/2 Wrap、Solaris、Windows 等多种操作系统。MySQL 对数据安全性有着比较全面的保障机制，对数据的保护分为内部安全性保护和外部安全性保护。它提供用于管理、检查、优化数据库操作的管理工具，例如 MySQL Administrator、MySQL Query Browser 和 MySQL Workbench 等。MySQL 将在第 2 章中详细介绍。

MongoDB 是一个基于分布式文件存储的 NoSQL 数据库。它支持的数据结构松散，是类似于 JSON 的 BSON 格式，因此可以存储比较复杂的数据类型。MongoDB 最大的特点是它支持的查询语言非常强大，其语法有点类似于面向对象的查询语言，几乎可以实现类似关系数据库单表查询的绝大部分功能，而且还支持对数据建立索引。MongoDB 的设计目标是高性能、可扩展、易部署、易使用且便于存储数据。MongoDB 面向集合存储，容易存储对象类型的数据。在 MongoDB 中数据被分组存储在集合中，集合类似于 RDBMS 中的表，一个集合中可以存储无限多的文档，采用无模式存储数据是集合区别于 RDBMS 中的表的一个重要特征。MongoDB 支持完全索引，可以在任意属性上建立索引，包含内部对象。MongoDB 的索引和 RDBMS 的索引基本一样，可以在指定属性、内部对象上创建索引以提高查询的速度。除此之外，MongoDB 还提供创建基于地理空间的索引的能力。MongoDB 使用高效的二进制数据存储，包括大型对象（如视频），可以保存任何类型的数据对象。MongoDB 提供了当前所有主流开发语言的数据库驱动包，开发人员使用任何一种主流开发语言都可以轻松编程，实现对 MongoDB 数据库的访问。MongoDB 文件存储格式为 BSON（JSON 的一种扩展）。BSON 是对二进制格式的 JSON 的简称，它支持文档和数组的嵌套。MongoDB 将在第 7 章中详细介绍。

1.2.2　数据库管理系统的发展历史

数据库一词引入于 20 世纪 60 年代中期。该术语与过去基于磁带的系统形成对比，允许共享交互式使用而不是批处理。美国加州的某个系统开发公司首先在特定的技术意义上使用了"数据库"一词。

随着数据规模的增大和硬件的提升，DBMS 的功能和性能已经增长了几个数量级。数据库管理系统的发展可以根据数据模型或结构分为三个时代：导航时代、SQL/关系时代和后关系时代。

1. 导航时代

随着计算机速度的提高和功能的增强，出现了许多通用数据库系统，到 20 世纪 60 年代中期，许多此类系统已投入商业使用。集成数据存储（IDS）的 Charles Bachman 在

CODASYL 内创建了数据库任务组,CODASYL 负责 COBOL 的创建和标准化。1971 年,数据库任务组制定了其标准,该标准通常被称为 CODASYL 方法,基于这种方法的许多商业产品很快进入了市场。

CODASYL 方法依赖于形成大型网络的链接数据集的"手动"导航。应用程序可以通过以下三种方法找到记录:

- 使用主键(称为 CALC 键,通常通过散列实现);
- 将关系(集合)从一个记录导航到另一个记录;
- 按顺序扫描所有记录。

后来的系统添加了 B 树作为索引(具体介绍可参见 2.1.3 节)以提供备用访问路径。许多 CODASYL 数据库还添加了一种非常简单的查询语言。然而,在最终的统计中,CODASYL 非常复杂,需要大量的培训和努力工作才能生成有用的应用程序。

IBM 公司在 1966 年开发了自己的 DBMS,称为信息管理系统(IMS)。IMS 是为 System/360 上的 Apollo 程序编写的软件。IMS 在概念上与 CODASYL 大体相似,但对其数据导航模型使用严格的层次结构而不是 CODASYL 的网络模型。由于访问数据的方式不同,这两个概念被称为导航数据库,而 Bachman 在 1973 年的图灵奖报告题为"作为导航员的程序员(The Programmer as Navigator)"。IMS 被归类为分层数据库。IDMS 和 Cincom 的 TOTL 归类为网状数据库。IMS 自 2014 年起仍在使用中。

2. SQL/ 关系时代

在导航式数据库得到普遍应用的时候,新的数据管理系统正在酝酿。1970 年,Edgar F. Codd 首次提出关系模型,在该模型中,应用程序按内容查询而不是通过链接查询数据,从而抛弃了传统的导航数据库,引发了数据库管理系统的革命。

Edgar F. Codd 在位于加利福尼亚州圣何塞的 IBM 公司工作,主要负责硬盘系统的开发。在研究过程中,他发现了 CODASYL 方法中导航模型的问题,特别是缺乏"搜索"机制。他在 1970 年发表的论文中描述了一种新的数据库构建方法,最终创建了关系模型。

在这篇论文中,他描述了一个用于存储和使用大型数据库的新系统。Codd 的想法是使用固定长度记录的"表",而不是将记录存储在 CODASYL 中的某种自由格式的记录链表中,而每个表用于不同类型的实体。当存储"稀疏"数据库时,链表系统的效率非常低,其中任何一条记录的某些数据可以留空。关系模型通过将数据分成一系列规范化表(或关系)来解决这个问题,可选元素从主表移出到仅在需要时占用空间的位置。可以在这些表中自由插入、删除和编辑数据,DBMS 也允许应用程序 / 用户维护表和视图。

关系模型还允许在不重写链接和指针的情况下更新数据库内容。关系部分来自引用其他实体的实体,即所谓的一对多关系(如传统的分层模型),以及多对多关系(如网络模型)。因此,关系模型既可以表达层次和网络模型,也可以表达原生表格模型,其允许 DBMS 根据应用程序需要对这三种模型进行组合建模。

例如,在与用户有关的数据库中存在用户的姓名、登录信息、地址和电话号码信息。在导航方法中,所有这些数据都放在一个记录中,未使用的项目将不会放在数据库中。在关系方法中,数据将被标准化为用户表、地址表和电话号码表,仅当实际提供地址或电话号码时,才会在这些可选表中创建记录。

将信息重新链接在一起是该系统的键。在关系模型中，一些信息被用作"键"，用于唯一地定义特定记录。当收集关于用户的信息时，通过搜索该键可以找到存储在可选表中的信息。例如，如果用户的登录名是唯一的，则该用户的地址和电话号码将以登录名作为键进行记录。将相关数据简单地"重新链接"回单个集合难以基于传统的计算机语言进行设计与实现。

正如导航方法需要程序循环以便收集记录一样，关系方法需要循环来收集有关任何一条记录的信息。Codd 的建议是设计一种面向集合的语言，根据这种思想产生了无处不在的 SQL。Codd 使用称为元组演算的数学工具证明了这样的系统可以支持普通数据库的所有操作（插入、更新等），并提供了一个简单的系统，用于在单个操作中查找和返回数据集。

Codd 的论文被加州大学伯克利分校的 Eugene Wong 和 Michael Stonebraker 两位专家选中。他们启动了一个名为 INGRES 的项目，从 1973 年开始，INGRES 交付了第一款测试产品，这款产品在 1979 年得到了广泛使用。INGRES 在很多方面类似于 System R，包括使用 QUEL "语言"进行数据访问。随着时间的推移，INGRES 转向新兴的 SQL 标准。

IBM 本身完成了关系模型 PRTV 的一个测试实现。霍尼韦尔为 Multics 编写了 MRDS，现在有两个新的实现：Alphora Dataphor 和 Rel。通常称为关系的大多数其他 DBMS 实现实际上是 SQL DBMS。

1970 年，密歇根大学开始了 MICRO 信息管理系统的开发。这一系统基于 D. L. Childs 的 Set-Theoretic Data 模型。美国劳工部和美国环境保护署以及来自阿尔伯塔、密歇根大学和韦恩州立大学的研究人员使用 MICRO 来管理非常大的数据集。该系统使用密歇根终端系统在 IBM 大型机上运行，一直到 1998 年。

IBM 在 20 世纪 70 年代早期开始基于 Codd 的概念 System R 研究原型系统。第一个版本在 1974 年 5 月准备就绪，然后在多表系统上开始工作，这个系统可以拆分数据，而不必存储单个的大"块"。客户在 1978 年和 1979 年对随后的多用户版本进行了测试，此时添加了标准化查询语言 SQL。Codd 的想法是建立既可行又优于 CODASYL 的系统，这推动了 IBM 开发 System R 的真正生产版本，即 SQL/DS，以及后来的 DB2。

Larry Ellison 的 Oracle 数据库（或更简单地说，Oracle）是基于 IBM 关于 System R 的论文从另一个角度开发的。尽管 Oracle V1 在 1978 年完成开发，但直到 1979 年，当 Oracle Version 2 击败 IBM 时，才推向市场。

Stonebreaker 继续基于 INGRES 开发了一个新的数据库 Postgres，现在称为 PostgreSQL。PostgreSQL 通常用于全局关键任务应用程序（.org 和 .info 域名注册中心将其作为它们的主要数据存储，许多大公司和金融机构也是如此）。

在瑞典，研究人员也阅读了 Codd 的论文并开发了系统，Mimer SQL 是 20 世纪 70 年代中期在乌普萨拉大学开发的。1984 年，围绕此项目形成了一个独立的企业。

实体 – 关系模型作为关系模型的进化版于 1976 年出现，因为它的描述形式比早期的关系模型更为直接，在数据库设计中受到欢迎。后来，实体 – 关系构造被改造为关系模型的数据建模方式，两者之间的差异变得很小。

3. 关系时代的其他尝试

在 20 世纪 70 年代和 80 年代，研究人员尝试构建具有集成硬件和软件的数据库系统。

基本理念是这种集成将以更低的成本提供更高的性能。例如 IBM System/38、Teradata 的早期版本和 Britton Lee 公司的数据库机器等。

另一种硬件支持数据库管理的方法是 ICL 的 CAFS 加速器，这是一种具有可编程搜索功能的硬件磁盘控制器。从后面的发展来看，这些努力通常是不成功的，因为专用数据库机器无法跟上通用计算机的快速发展。因此，现今大多数数据库系统是使用通用计算机存储在通用硬件上运行的软件系统。然而，华为、Netezza 和 Oracle（Exadata）等公司仍在为某些应用程序研发数据库机器。

20 世纪 90 年代，随着面向对象编程的兴起，各种数据库中的数据处理方式也有所变化。程序员和设计人员开始将数据库中的数据视为对象。也就是说，如果一个人的数据在数据库中，那么该人的属性（例如他的地址、电话号码和年龄）现在被认为属于该人，而不是无关数据。这允许数据之间的关系是与对象及其属性的关系，而不是与各个字段的关系。术语"对象 – 关系的阻抗失配"描述了在编程对象和数据库表之间进行转换的不便。对象数据库和对象关系数据库试图通过提供面向对象的语言（有时作为 SQL 的扩展）来解决这个问题，程序员可以使用它作为纯关系 SQL 的替代。在编程方面，可以使用称为对象关系映射（ORM）的库解决这个问题。

4. 后关系时代

虽然关系数据库管理系统获得了极大的成功，占领了大部分市场，但是随着数据类型的发展和数据规模的增加，研究人员研究了各种各样超越关系数据库的管理系统，特别是一些面向专门用途的数据库系统，这就进入了后关系时代。

XML 数据库是一种结构化的面向文档的数据库，允许基于 XML 文档属性进行查询。XML 数据库主要用于数据被方便地视为文档集合的应用程序，其结构可以从非常灵活到高度固定，例如科学文章、专利、税务申报和人事记录。

图不仅被当作建模工具使用，而且也是一种应用广泛的数据结构。目前，Facebook 的社会网络图拥有超过 8 亿个节点（用户）；WWW 作为图包含了 130 多亿个节点（网页）。高效地管理海量图数据也有着迫切的需求，面向这种需求，出现了一系列图数据库管理系统，如 Neo4j、gStore 等。（有关图的介绍与应用可参见第 8 章。）

面向大数据的需求，各种 NoSQL 数据管理系统应运而生。NoSQL 数据库通常非常快，不需要固定的表模式，通过存储非规范化数据来避免连接操作，并且它被设计为水平扩展，支持数据的分布式存储和查询。

近年来，各种应用对具有高分区容忍度的大规模分布式数据库存在强烈需求，但根据 CAP 理论（具体介绍见 4.3.1 节），分布式系统不可能同时提供一致性、可用性和分区容错保证。分布式系统可以同时满足这些保证中的任何两个，但不是全部。出于这个原因，许多 NoSQL 数据库正在使用所谓的最终一致性来提供可用性和分区容错保证，同时降低数据一致性。

面向 NoSQL 的挑战（具体介绍见 4.1.1 节），关系数据库的研究开发人员认为，传统的关系数据库系统在事务处理、查询界面等方面仍然有着巨大优势，特别是大量系统都是基于关系模型和 SQL 实现的，在系统的升级或者迁移过程中还希望保留系统原有的逻辑模型和查询语言。这样，NewSQL 系统就应运而生了，这是一类现代关系数据库，旨在为在线事务处理（读写）工作负载提供和 NoSQL 系统相同的可扩展性，同时仍然使用 SQL 并维护传统数据库系统的 ACID 保证。

1.2.3 数据库管理系统的要素

1. 数据库查询语言

数据查询语言（Data Query Language，DQL）是数据库管理系统中负责数据查询而不会对数据本身进行修改的语言。DQL 的主要功能是查询数据。以 SQL 为例，其核心指令为 SELECT，为了进行精细的查询，加入了各类辅助指令。例如对于下面的表，在 MySQL 数据库中查询数据的一个 SELECT 语句是 "select * from xlh_tbl"，其语义是返回数据表 xlh_tbl 的所有记录，如下所示。SQL 语句将在 2.3 节中详细介绍。

```
mysql> select * from xlh_tbl;
+--------+---------------------------------------------+-------------+------------+
| xlh_id | xlh_title                                   | xlh_author  | pub_date   |
+--------+---------------------------------------------+-------------+------------+
|      1 | 鑫联华关于企业标准管理的培训                | 行政管理员  | 2017-05-15 |
|      2 | 鑫联华助力哈尔滨市政府大数据产业发展        | 管理员      | 2017-06-08 |
|      3 | 鑫联华开启企业标准化管理之路                | 管理员      | 2017-06-17 |
|      4 | 鑫联华召开中高层管理人员股权激励启动大会    | 行政管理员  | 2017-06-17 |
+--------+---------------------------------------------+-------------+------------+
4 rows in set (0.00 sec)
```

MongoDB 查询数据的语法格式为 db.collection.find()，其表示返回集合中所有的文档。例如，在 mydb 数据中插入文档数据，db.mydb.find() 表示返回集合中所有的文档。

```
> use mydb
switched to db mydb
> db.mydb.insert({x:1});
WriteResult({ "nInserted" : 1 })
> db.mydb.insert({x:2});
WriteResult({ "nInserted" : 1 })
> db.mydb.find()
{ "_id" : ObjectId("5c6cb9550ab2465ad52fddd6"), "x" : 1 }
{ "_id" : ObjectId("5c6cb95c0ab2465ad52fddd7"), "x" : 2 }
```

2. 数据存储

数据存储对象包括数据及其在加工过程中产生的临时文件或加工过程中需要查找的信息。数据以某种格式记录在计算机内部或外部存储介质上。数据存储要命名，这种命名要反映信息特征的组成含义。数据存储反映系统中静止的数据，表现出静态数据的特征。数据存储设计需要考虑数据可用性、数据的规模、事务处理和安全性要求等。不同的数据库有着不同的存储方法。

例如，MySQL 存储包含行、表、数据库三个层次。表由行组成，数据库由表构成。MySQL 包含两个存储引擎，即 InnoDB 存储引擎和 MyISAM 存储引擎。InnoDB 具备较好的性能和自动崩溃恢复特性，在事务型存储和非事务型存储中都很流行。InnoDB 存储引擎支持事务、行锁、非锁定读、外键。MyISAM 不支持事务、不支持行级锁、支持表锁、支持全文索引，最大的缺陷是崩溃后无法安全恢复。MyISAM 因设计简单，数据以紧密格式存储，所以某些场景下性能很好，但是它的表锁又带来了性能问题。关于 MySQL 的存储将在 2.1.2 节中进行详细讨论。MongoDB 的存储包含文档、集合和数据库。文档是 MongoDB 逻辑存储的最小基本单元，集合是多个文档组成的。数据库是多个集合组成的，关于 MongoDB 存储的详细内容将在 7.3 节中进行详细讨论。

3. 索引机制

在数据库管理系统中，索引是一种单独的、物理的存储结构，用于对数据库中一个或多个对象的值进行排序。索引通常是一个或多个属性指向其对应对象中标识这些值逻辑或者物理位置的指针列表。索引的作用相当于图书的目录，可以根据目录中的页码快速找到所需的内容。

MySQL 提供了主键索引、普通索引、全文索引、唯一索引等。MongoDB 提供了多种类型的索引，包括单字段索引、复合索引、多 key 索引、文本索引等。

4. 查询处理

查询处理是一种根据查询要求从数据库中提取所需要的数据的技术，是数据处理的基本技术之一。如果要查询的数据全部放在计算机内存中，这种查询即称为内查询；若要查询的数据不在内存而在外存中，这种查询便称为外查询。对于不同的数据库结构和查询要求，需要用不同的查询技术。

MySQL 的查询处理可以分为逻辑查询处理和物理查询处理。逻辑查询处理表示执行查询应该产生什么样的结果，而物理查询处理表示 MySQL 数据库是如何得到结果的。

例如，执行如下 SQL 语句：

```
select DISTINCT a.id, a.age,b.id from test1 a
left JOIN test2 b on a.id = b.t1
where a.id in(1,2,3)
GROUP BY a.id with cube
HAVING b.id < 100
order by a.age desc
limit 10,20;
```

MySQL 执行流程为：先将 SQL 语句抽象为如下表示：

```
(8)select (9)DISTINCT<select_list>
(1)from <left_table>
(3)<join_type> JOIN <right_table>
(2)on <JOIN_condition>
(4)where <where_condition>
(5)GROUP BY<group_list>
(6)WITH<cube|ROLLUP>
(7)having<having_condition>
(10)order by<order_BY_list>
(11)limit <limit_num>
```

同时将执行的顺序标记了出来，MySQL 总是从 from 表开始，每一步操作都产生一张虚表，最后一步完成之后才会返回最终结果。

left_table 与 right_table 执行笛卡儿积，产生虚表 vt1，如果 left_table 中的记录为 m 个，right_table 中的记录为 n 个，那么虚表中的记录数为 $m \times n$ 个。

通过 on 条件，筛选符合条件的记录到虚表 vt2。

将 on 未匹配的保留表中的记录添加到 vt2 中，生成虚表 vt3，如果 from 是多个表，重复将所有的表完成 join 操作。

对 vt3 根据 where_condition 筛选出符合条件的记录并生成 vt4。

对 vt4 根据 group 的列分组生成 vt5。

对 vt5 进行聚合操作生成 vt6。

having 对 vt6 筛选生成 vt7。

select 筛选指定的列得到 vt8。

vt8 去重得到 vt9，此时会用临时表去处理，增加一个唯一索引，从而实现去重。

对 vt9 根据 order by 指定的字段排序得到 vt10，InnoDB 存储按照索引组织，如果 order by 中的列没有索引，则会进行重新扫描排序，对性能消耗比较大；在 vt10 中，通过 limit 选出指定数量的记录数，返回给客户端，对 vt10 进行一次表扫描。

5. 查询优化

对于一个给定的查询，通常会有多种不同的查询策略，即查询的不同方法。查询优化就是从这些策略中找出最有效查询计划的过程。一个好的查询策略往往比一个坏的查询策略在执行效率（基于执行时间）上高几个数量级。

6. 事务处理

数据库事务通常指对数据库进行读或写的一个操作序列。事务的存在有以下两个目的：①为数据库操作提供了一个从失败中恢复到正常状态的方法，同时提供了数据库即使在异常状态下也能保持一致性的方法；②当多个应用程序并发访问数据库时，可以在这些应用程序之间提供一个隔离方法，以防止彼此的操作互相干扰。MySQL 中的事务处理技术包含并发控制技术、数据库恢复技术、缓冲技术、死锁处理、长事务处理技术等。MongoDB 虽然不支持整个数据库的事务，但在单个文档等级上，MongoDB 支持 ACID。更准确地说，默认情况下支持 ACI。其解决方法包括字段同步、作业队列、二阶段提交、版本控制等。

7. 数据安全性保证

数据库安全是指数据库的任何部分都不允许受到恶意侵害和未经授权的存取或修改。数据库管理系统必须提供可靠的保护措施，确保数据库的安全性。其主要内涵包括三个方面：①保密性，不允许未经授权的用户存取信息；②完整性，只允许被授权的用户修改数据；③可用性，不应拒绝已授权的用户对数据进行存取。

MySQL 对数据安全性有着比较全面的保障机制，数据内部安全性的重点是保证数据目录访问的安全性，需要考虑的是数据库文件和日志文件的安全性。外部安全性的重点是保证网络访问的安全，策略包括 MySQL 授权表的结构和内容、服务器控制客户访问、避免授权表风险以及不用 GRANT 设置用户等。MongoDB 的安全性措施包括认证机制、基于角色的访问控制、加密、审计等。

8. 数据库管理工具

在数据库管理系统中，通常提供一系列工具，包括数据库管理、调优、运维等，用户可使用这些工具管理、使用和维护数据库。

例如，MySQL 中的数据库管理工具是 Workbench，调优工具是 MySQL Administrator，运维工具是 Navicat，还包括用 php 写成的 phpMyAdmin 等。MongoDB 中的数据库管理工具是 Mongo3，调优工具是 Rockmongo，运维工具是 Navicat for MongoDB，还包括 Windows 的 MongoDB 管理工具 Database Master 等。

1.3 大数据对数据库管理系统的需求和挑战

大数据的出现对数据库管理系统提出了新的需求，这个需求是由传统数据库和大数据的数据来源、数据处理方式和应用等方面的差异带来的，主要体现在如下几个方面。

1. 数据规模增大

传统数据库和大数据最显著的区别就是规模。传统数据库规模相对较小，处理对象通常以人工录入的数据为主，以 MB 为基本单位，而大数据来源多样，来自移动互联网、物联网的数据的规模十分巨大，常常以 GB 甚至 TB、PB 为基本处理单位，这需要面向大数据的数据库管理系统具有处理大规模数据的能力，以确保大规模数据能够"存得下，查得出"，从而有力支撑大数据上更加复杂的操作。由于数据的规模性，大数据的管理不可避免地使用了分布式系统。

2. 数据类型多样

传统的数据库中，数据种类单一，往往仅有一种或少数几种，这些数据又以结构化数据为主。而大数据的特点就是多样性，数据种类繁多，这些数据又经常包含结构化、半结构化以及非结构化的数据，并且半结构化和非结构化数据所占份额越来越大。这就要求数据库管理系统能够适应结构化、半结构化以及非结构化数据。

3. 模式数据关系演化

传统的数据库都是先有模式，然后才会基于模式数据录入数据或者生成数据。这就好比先设计好合适的房子，然后才会向其中投放适合在该房子住的住户。而在大数据时代，很多情况下模式只有在数据出现之后才能确定，且模式随着数据量的增长处于不断演变之中。这就好比先有少量的住户，随着时间的推移，住户的要求和数量都在不断地增长，这就要求房子的规模和环境不断变化。也就是说，要求数据库管理系统具有根据数据模式和数据量要求而演化的能力。

4. 数据作用复杂

在传统数据库中，数据仅为处理对象；而对于大数据，数据作为一种资源来辅助解决其他诸多领域的问题。这就要求数据库管理系统中有更复杂的数据操作并且提供更多工具。

5. 处理工具专门化

对于传统的数据库管理系统，仅一种管理方式即可应对，例如关系数据库管理系统能够满足大多数需求，也就是所谓的 One size fits all。但是对于大数据而言，难以存在一种数据库管理系统适应所有需求的情况，也就是说 No size fits all。

总而言之，从传统数据库到大数据不仅仅是规模的变大，也意味着数据形式和处理方式的多样化。因而，大数据时代催生了多样化的数据库管理系统，本书正是面向多样化的数据库管理系统展开介绍的。

1.4　本书结构

本书按照数据库管理系统的不同展开，第 2 章介绍关系型数据库，第 3 章介绍数据仓库，第 4 ～ 8 章介绍 NoSQL 数据库管理系统，其中第 4 章讲授 NoSQL 基本理论知识，第 5 章介绍键值数据库，第 6 章介绍列族数据库，第 7 章介绍文档数据库，第 8 章介绍图数据库。

第 2 章

关系型数据库管理系统

2.1 关系数据库概述

近年来，由于分布式系统和大数据的发展，非关系型数据库逐渐兴起，但到今天为止，很多大数据仍由关系数据库管理，关系数据库仍然是最常用的数据库。关系数据库中的很多关键概念和关键技术也被引入 NoSQL 数据库系统。因此，作为本书的基础我们从关系数据库开始介绍。

2.1.1 关系模型

关系数据模型是由数据结构、完整性约束规则和关系运算构成的，是关系数据库系统的基础。下面分别对这三部分进行介绍。

1. 数据结构

关系是一个数学概念，是关系数据模型的核心。当这一概念被引入到数据库系统作为数据模型的数据结构时，人们对它既有所限定也有所扩充。关系的属性是为关系的域附加的名字，是表示现实世界中实体性质的抽象信息。每个属性所表示的域称为该属性的值域。

为了更直观地表示出关系，我们使用一个表，其中每一行代表一个元组，每列的名字是一个属性，表示关系的一个属性，如图 2-1 所示。

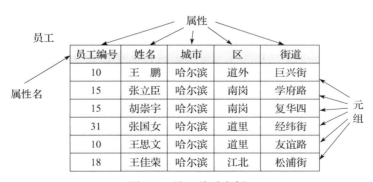

图 2-1 员工关系实例

图 2-1 给出了名为"员工"的表，这张表同时也是关系模式"员工（员工编号，姓名，

城市，区，街道）"的关系实例。

关系模式是指关系的描述，在关系数据库中，关系模式是型，关系是值。关系模式是对关系的描述，可以说，关系实质上是一张二维表，表的每一行为一个元组，每一列为一个属性。一个元组就是该关系所涉及属性集的笛卡儿积的一个元素。关系是元组的集合，因此关系模式必须指出这个元组集合的结构，即它由哪些属性构成、这些属性来自哪些域，以及属性与域之间的映射关系。

其次，一个关系通常是由赋予它的元组语义来确定的。元组语义实质上是一个 n 目谓词（n 是属性集中属性的个数）。凡使该 n 目谓词为真的笛卡儿积中的元素（或者说凡符合元组语义的那部分元素）的全体就构成了该关系模式的关系。

下面通过一个实例演示关系模式。

【例 2-1】图 2-1 员工所在公司数据库中，还存在职位、员工与职位关系、部门 3 张表，用关系数据模型表示时，关系模式定义如下：

> 员工（员工编号，姓名，城市，区，街道）
> 职位（职位编号，员工编号，职位名称）
> 员工 _ 职位（员工编号，职位编号）
> 部门（部门编号，员工编号，部门名称）

其中，"员工"表记录了员工的信息属性；"职位"表记录了公司所有职位的属性；"员工 _ 职位"表通过对"员工编号""职位编号"属性的定义，记录了员工与职位多对多的关系；"部门"表记录了公司部门的属性，并通过"员工编号"记录了部门与员工的一对多的关系。

在关系数据库中，关系与关系模式密切相关又有所不同。关系是一个数据集合；而关系模式并非集合，它描述了关系的数据结构和语义约束。关系是随时间而变化的，是某一时刻现实世界状态的真实反映；关系模式是相对稳定的。关系是关系模式在某一时刻的"当前值"，我们称之为该关系模式的关系实例。

2. 完整性约束规则

由上述介绍可知，关系表示现实世界中的实体集合，为了表示关系中元组的唯一性，关系需要一个或一组属性作为候选键。候选键具有如下两个性质：

❑ 唯一性。一个候选键的属性值唯一对应于关系实例中的一个元组。

❑ 最小性。候选键的属性中不存在多余属性。

键属性指候选键中的属性，而其余属性被称为非键属性。一个关系模式中候选键的数目可能很多，此时可选其中之一作为主键。主键中的属性即主属性，非主键中的属性即非主属性。以例 2-1 中的数据库为例，"员工编号"和"职位编号"这两个属性共同作为员工 _ 职位关系模式的唯一候选键。在没有重名员工的情况下，"姓名"和"员工编号"都是员工关系模式的候选键，并且都为键属性，可以选择一个作为主键。

同样以例 2-1 为例，员工 _ 职位关系模式中的主属性"员工编号"和"职位编号"是员工和职位的属性，故而称员工中的"员工编号"和职位中的"职位编号"为外键。

关系模型的完整性约束包括实体完整性约束和关联完整性约束。实体完整性约束是指，关系模式的主属性不能为空值，"空值"指未知或不存在。主键唯一识别元组与主属性不能为空是一致的，体现了用关系来描述实体。关联完整性约束是指，通过外键可以使两个关系中的元组相关联。

3. 关系代数

关系代数是用来定义关系运算的一种方法，它是基于代数的定义；而另一种方法是关系演算，它是基于逻辑的定义。

关系代数除了并、差、投影、笛卡儿积和选择这 5 个基本操作之外，还包括交、连接、商等常用的附加操作。

2.1.2　关系数据的存储

一般来讲，记录是关系数据在磁盘上的存储形式，它是一组相关的数据值或数据项，其中的各数据项对应专属的一个或多个字节组成的域。每个域除了有一个特定的名称之外，还应该具有如整数、字符串等数据类型。这样的一组域即为记录格式或称记录型。具有相同记录型的一个记录序列称为一个文件。其中，定长记录文件中所含的所有记录长度相同，变长记录文件中所含的不同记录长度可能不同。

磁盘文件中的记录要划分成多个文件块，每一个文件块都与磁盘块容量相同，即一个文件块由一个磁盘块存储，这是因为磁盘块是主存储器和磁盘储存器间的数据传输单位。记录长度小于磁盘块容量时，可存储多个记录，即每个文件块包含多个记录。否则需要将一个记录分成若干文件块，存入多个磁盘块。每个磁盘块必须有指针，指向下一个存储相同记录不同数据的磁盘块。

跨块记录是指一个记录对应存储在多个磁盘块上，非跨块记录则指一个记录只存储在一个磁盘块内。按照对跨块记录存在的允许与否，存储记录方法分为跨块存储记录方法和非跨块存储记录方法。

磁盘上存储文件的主要方法有连续存储、链接存储和索引存储，如图 2-2 所示。

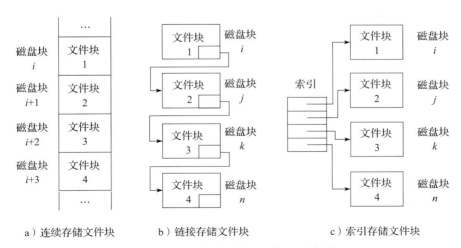

a）连续存储文件块　　　b）链接存储文件块　　　c）索引存储文件块

图 2-2　三种存储文件记录方法示意图

磁盘上存储文件的几种主要方法的优缺点如下。

❑ 连续存储方法。在连续磁盘块上按照文件中文件块的顺序进行存储，主要优点是存取整个文件的效率高，缺点是难以扩充。

❑ 链接存储方法。在每个文件块中增加一个指向下一个文件块所在磁盘块的地址指针，优点是便于文件的实时扩充，缺点是读取过程耗时较长。

❑ 索引存储方法。在磁盘上存储一个或多个索引块，每个索引块包含指向文件块的指针。

目前可用钉固和非钉固两种方式进行记录的存储。钉固方式存储记录明显的特征是，数据库中存在一个指针，该指针指向一个记录的存储位置，该记录的后续操作若涉及移动或删除时，要对指向这条记录的所有指针进行修改，执行操作的程序很难确定指针的数量，因此修改指针变成了一大难题。非钉固方式存储记录的方法如图 2-3 所示，为了给本块中的每个记录设置一个间接寻址项，本磁盘块的底部留有一个间接寻址空间，并对其中的间接寻址项依次编号，使得第 i 个寻址项与第 i 个记录相对应，并存储该记录在本磁盘块中相对于块首的距离（用字节表示）。记录的绝对地址是间接寻址项的值加上所在块的块首地址。作为数据库系统常用的方法，记录的删除或在本块内的移动是不需要修改指向该记录间接地址的指针的，只需将间接寻址项的内容稍加改变。但是，一个记录进行块间的移动时，还需改变其间接寻址项的指针。

数据文件存储主要有以下三种技术。

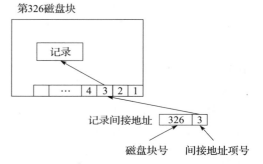

图 2-3　非钉固记录存储方法的示意图

1. 无序文件

记录被随机地存储在文件中，这种最简单的文件叫作无序文件，记录越新，在文件中位置越靠后，常用来存储目前尚无法使用而将来使用的记录，也称为堆文件。为了实现有效的数据存取，常常同时使用堆文件与附加的存储路径（如辅助索引）。堆文件可用于定长或变长记录文件，并且（非）跨块记录存储方法都可采用。

在插入新的记录时，需要读取文件头，因为堆文件的最末一个磁盘块的地址存储在它的文件头中，通过最末磁盘块地址，可以将最末磁盘块读入主存储器缓冲区，并将新记录存储到缓冲区内最末磁盘块的末尾，最后将更新的最末磁盘块写回堆文件。这是很简单的插入操作。

查找记录时，在给定条件的限制下，只能从文件的第一个记录开始搜索，直到找到满足条件的记录或证明没有满足条件的记录。若这样的结果有多个，则整个文件都要进行搜索。假如文件由 B 个磁盘块存储，只有一个记录满足条件，则此操作平均要搜索 B/2 个磁盘块，因此效率较低。

删除记录时，操作比较复杂，下面主要介绍三种删除堆文件的方法。

❑ 先定位被删除记录所在的磁盘块区域，将它读取到主存缓冲区，随之删除该记录，再把缓冲区内容写回磁盘。此方法会导致文件中的存储空间出现空闲，为避免浪费，需要周期性地对存储空间进行整理。

❑ 增加删除标志位，用以标记每个记录的删除情况。当记录被删除时，标志位被置为 1。再次进行查找操作时需要跳过标记后的记录。该方法也需要周期性地对存储空间进行整理。

❑ 删除一个记录后，就把文件末尾记录放到该处。定长记录文件应用本方法可以避免整理存储空间。

2. 有序文件

按照某个或某些域的值，对记录进行一定的顺序排列，将相关域称为排序域，这种文件称为有序文件，如数据库 COMPANY 中的关系 EMPLOYEE，可以用属性 SSN 作为排序域用有序文件存储。

查找记录时，若给定的条件在排序域上，二分查找或插值查找可以提高效率。若给定的条件在非排序域上，则与无序文件的查找操作相同。在插入或删除记录时，都需要保持记录的顺序，操作比较复杂，耗时也久。在插入新的记录时，需要根据排序域找到正确的插入位置，进行记录的移动，为新记录插入准备好空间，最后将记录插入。在整个过程中，文件记录的移动是非常耗时的，且依赖于插入记录的位置，移动量平均为全部记录的一半。删除记录时，若使用周期性整理存储空间的方法，尤其是增加删除标志位的方法，可以使删除操作耗时远小于插入操作。

为了避免插入操作耗时过久，可以采用以下两种方法：

❑ 在每个磁盘块内保留一部分空间，减少在插入时记录的移动量。随之而来的问题就是空间利用率低，且在该空间用完后，又会出现相同的问题。

❑ 新建临时文件用以存储插入的新记录，周期性地与有序文件进行文件合并。解决了在直接插入时记录的移动量问题，但在该有序文件上的查找操作变得复杂了，需要先后查找有序文件和临时文件。

对有序文件和无序文件的记录进行修改时，可以分为三种情况：

❑ 无序定长记录文件的修改。将记录所在的磁盘块读入主存储器缓冲区，进行修改，最后将修改后的磁盘块写回文件。

❑ 有序定长记录文件的修改。若修改部分在排序域，则要对数据进行移动：首先删除要修改的记录，然后插入修改后的记录。若修改部分在非排序域，则与无序定长记录文件的修改相同。

❑ 变长记录文件的修改。上述先删除后插入的方法适用于有（无）序变长记录文件。

3. Hash 文件

使用 Hash 方法存储文件时，指定某个或某些域为 Hash 域，并在该域上定义函数，称为 Hash 函数。Hash 文件支持快速存取。设 F 为文件，F 的 Hash 域为 A，定义在 A 上的 Hash 函数为 H。现有 F 中的记录 r，其 A 域的值为 a，H(a) 可以确定 r 的存储地址。Hash 文件中所记录的 r 的地址一般是其所在磁盘块的地址，而不是 r 的存储地址。进行查找操作时，通过 Hash 函数找到相应的磁盘块，将磁盘块读入主存储器缓冲区进行查找即可。

下面以简单哈希方法为例介绍其主要思想。

将文件划分为 N 个 Hash 桶，并对其进行编号，每个桶对应一个磁盘块，通过为每个

Hash 文件构造一个 Hash 桶目录，实现桶编号到磁盘块地址的映射，如图 2-4 的 Hash 桶目录所示，目录项中存储着每个 Hash 桶的编号和该 Hash 桶对应的磁盘块地址。根据 N 的大小可以选择 Hash 桶目录的存储位置，当其不大时，可以保存在主存储器中，否则需要存储在磁盘上。

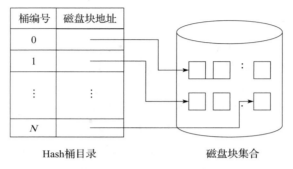

图 2-4　Hash 桶目录示例

可以很明显地看出，若数据在进行 Hash 函数映射后分布不均，许多具有相同 Hash 函数值的记录会对应同一磁盘块地址。这类记录的数目如果超出了一个磁盘块所能存储的记录数，就会产生桶溢出问题。

有两种常用于解决溢出问题的方法。第一种是多重 Hash 方法，除 Hash 函数之外，又设计了一个溢出处理 Hash 函数，用来确定溢出记录的存储地址。第二种是链接法，也是使用最多的溢出处理方法，每个桶都有一个磁盘块链表，链表的第一个磁盘块存储正常记录，其他磁盘块存储溢出记录，如图 2-5 所示。

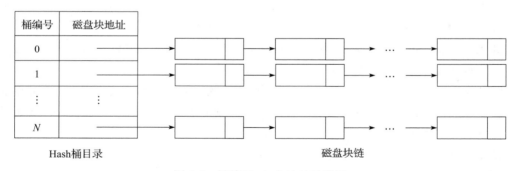

图 2-5　链接 Hash 方法的示意图

2.1.3　关系数据库的索引

索引文件的方法很大程度上类似于科技图书中的名词术语索引，名词术语索引表通常包括名词术语及其对应的页码。查阅术语时，第一步应先找到欲查阅名词术语所在的页码，之后才能找到详细内容。索引文件实际上就是为一个文件建立的记录索引。查找记录时需要先查索引，找到记录的地址，然后从文件中读取记录。

基于文件的一个或一组域可以建立该文件的索引，该域被称为索引域，该文件被称为数据文件。所建立的索引构成一个索引文件，且远小于所对应的数据文件。索引文件中含有的索引记录（或索引项）包括两个域：存储数据文件中索引域的值 K 和一个或多个指针，指针指向一个索引域值为 K 的记录所在的磁盘块。为增加存取效率，索引文件的索引记录按照索引域值的大小排序。

索引文件可以单独存储，也可以与数据文件一起存储。如果索引文件很大，可基于索引文件再建立索引，即建立多级索引，如二叉树、多叉树和 B 树等。

由于索引文件结构的差异，存在稀疏索引和稠密索引两种分类。前者按关键字的值将数据记录分组，每组对应一个索引项。因而索引项不多，管理方便，但删除和插入的效率较低。稠密索引的收据文件无序，在为记录建立索引项的过程中，对索引进行了有序存储。虽然索引规模大，占用空间多，但基于该索引的查找和更新操作的效率很高。

索引分为主索引、聚集索引和辅助索引三类。主索引的索引域可区别文件记录，因为它是数据文件的键（数据文件已依据键值大小排序），每个索引域值只对应一个记录，即索引记录的第二个域只存储一个指针。聚集索引的索引域不是数据文件的键，每个索引域值可能对应多个记录，即索引记录的第二个域可能存储多个指针。若某个非键域成为索引域，我们将这种索引称为辅助索引。根据索引域和键的特点，每个数据文件只能具有一个主索引，可以有多个辅助索引。下面对这些索引进行详细介绍。

1. 主索引

主索引是以索引域值作为索引项的第一个域，并按照索引域值有序，是一个定长记录文件。主索引文件中，将磁盘块中第一个数据记录的索引域值和该磁盘块的地址指针构成一个索引项，即索引项和磁盘块一一对应，因此属于稀疏索引。第 i 个索引项可以表示为 <K(i)，P(i)>，具体如图 2-6 所示。

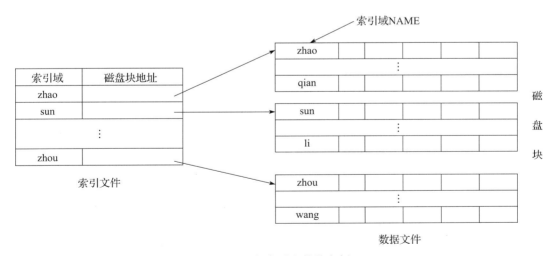

图 2-6　主索引文件的实例

可以直观地看出，被索引的数据文件远大于索引文件。这是因为数据文件比索引文件的记录多得多，加之数据文件记录的长度比索引文件记录长得多。对于搜索操作来讲，索引文件显然更加高效。

2. 聚集索引

有序文件在非键域上进行排序，若出现文件的不同记录在这个域上的值相同，则将之称为聚集域，在此基础上可以帮助有序文件建立索引，即聚集索引。不同于主索引的是，聚集索引的域值可能对应多个数据记录。

聚集索引文件也是有序的。索引项的两个域分别是数据类型和长度与聚集域相同的域，以及存储指向磁盘块的指针的域。若 <K(i)，P(i)> 是其中的一个记录，则 P(i) 是数据文件中首次出现域值为 K(i) 的记录所在磁盘块的地址，是稀疏索引，具体如图 2-7 所示（以 COMPANY 数据库的 EMPLOYEE 数据文件为例，建立基于聚集域 DEPTNUM 的聚集索引）。

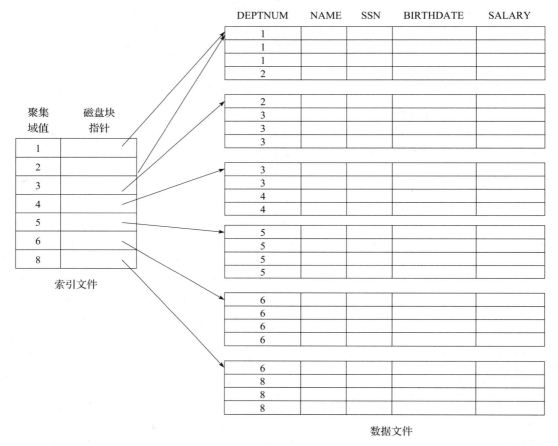

图 2-7　聚集索引的实例

与主索引相同，聚集索引在对数据进行增 / 删 / 改操作时，需要维护数据与索引文件之间的有序关系。

3. 辅助索引

建立在数据文件的非排序域上的索引称为辅助索引。虽然数据文件中的非排序域被选作索引域（准确地称为辅助索引域），但辅助索引文件与其他索引文件一样，是按索引域有序的，索引项的构成与聚集索引相同。一个文件上可以有多个辅助索引域，可建立多个辅助索引。

若辅助索引建立在键域上，这种键可称为辅助键，由于辅助键的唯一性，即建立在辅助键上的辅助索引文件的记录数与数据文件的记录数相等，因而为稠密索引。若索引项用 <K(i)，P(i)> 表示，且辅助索引文件按照 K(i) 值大小排序，查找操作与主索引文件类似。辅助索引实例如图 2-8 所示。

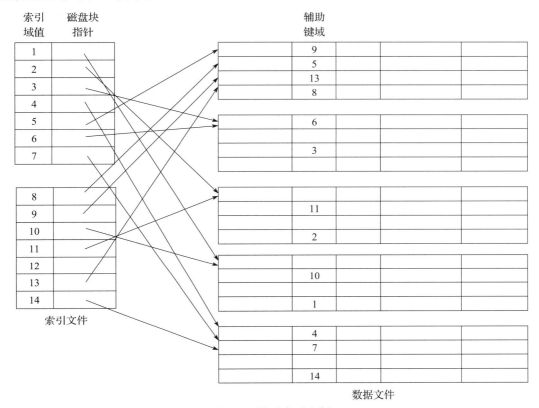

图 2-8　辅助索引实例

辅助索引还可以建立在数据文件的非键域上。这种情况下，辅助索引的域值可能对应多个数据记录。

4. 多级索引

提高存取访问效率的基础就是索引，若索引文件本身很大，对应的查找代价也会很大。当然，在索引文件上继续建立索引的过程可以反复多次，直到满足条件，即多级索引。本质上来说，每级索引都是前一级索引文件的主索引（第一级除外），这是因为各级索引文件本身都是在索引域上的有序文件，且索引域是索引文件的键域。二级索引文件如图 2-9 所示。

多级索引文件的增 / 删 / 改操作，在时效上不佳且复杂性高，重点要维护多级索引文件的序关系。

5. B 树与 B+ 树索引

B 树和 B+ 树是树形数据结构，是重要的动态文件索引结构，以其高效、易变、平衡和独立于硬件等特点闻名于世，并在数据库系统中得到广泛应用。关于 B 树的详细介绍参见《大数据算法》[⊖]一书。

　　⊖　该书由机械工业出版社出版，书号为 978-7-111-50849-6。——编辑注

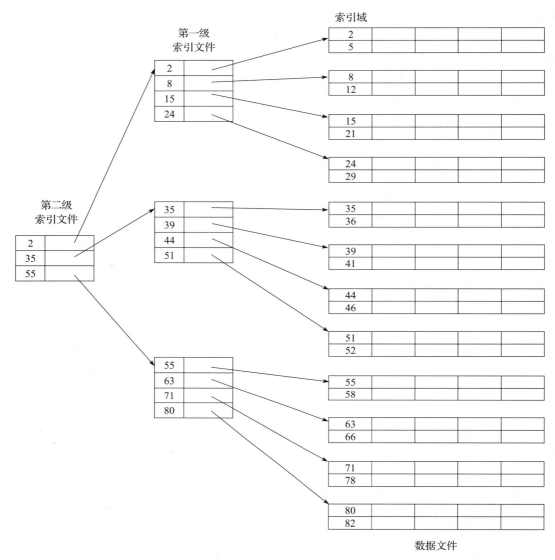

图 2-9　二级索引文件的实例

2.1.4　关系数据库中的查询处理算法

有效地处理用高级查询语言编写的用户查询是数据库管理系统的主要任务，查询处理在数据库管理系统中最为重要，分为扫描和语法检查、查询优化、查询代码生成、查询执行 4 个步骤。查询是由高级查询语言（如 SQL）表示的对数据库的一个或一组操作。查询处理的流程图和各个步骤的后续环节如图 2-10 所示。

扫描和语法检查模块有如下 4 个功能：

❑ 对给定查询进行语法检查。

❑ 检查语义的有效性，即对给定查询进行数据库模式、属性的正确性检查。

❑ 检查给定查询的完整性和安全性。

❑ 查询的内部表示，如产生查询树或查询图。

查询优化模块会对给定的查询进行优化处理，确定执行该查询的优化执行策略，制定优化的查询执行计划。

查询代码生成模块可以通过组合数据库管理系统提供的实现各种数据操作的算法，形成查询优化执行计划的可执行代码。

查询执行模块通过控制查询计划的执行，产生查询结果。

查询处理的核心是优化环节。这个过程要求大量的信息且耗时较长，数据库管理系统的查询优化程序仅产生较高效率的查询执行计划，通常并不一定产生最优的查询执行计划。

并非所有的数据库系统都能做到查询优化，例如网状和数据库系统的数据查询语言是一种面向过程的低级语言，用户定义查询要求时要说明"what&how"。数据库管理系统没有机会优化处理如此表述的查询，所以都将由用户来做。具有非过程性查询语言的数据库系统中查询优化才会存在，如在关系数据库系统中，查询语言属高级语言，用户在使用其定义自己的查询要求时，"取 what 而舍 how"。此时，查询优化是非常必要的。

实现各种关系代数操作的算法与查询优化组成了关系数据库系统的查询处理，有关细节可参考数据库系统实现方面的图书。

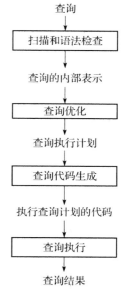

图 2-10　查询处理流程

2.1.5　并发控制

1. 并发控制概述

并发控制指的是当多个用户同时更新运行时，用于保护数据库完整性的各种技术。并发机制不正确可能导致脏读、幻读和不可重复读等问题。并发控制的目的是保证一个用户的工作不会对另一个用户的工作产生不合理的影响。在某些情况下，这些措施保证了当用户和其他用户一起操作时，所得的结果和该用户单独操作时的结果一样。在另一些情况下，这表示用户的工作按预定的方式受其他用户的影响。

在多用户情况下，不对并发进行控制会造成如下问题。

（1）脏读

A 事务读取了 B 事务尚未提交的更改数据，并且在这个数据基础上进行操作。如果此时恰巧 B 事务进行回滚，那么 A 事务读到的数据是根本不被承认的。

以下是同一银行账户，取款事务 A 和转账事务 B 并发执行时引起的脏读场景。

时间戳	转账事务 A	取款事务 B
T1		开始事务 B
T2	开始事务 A	
T3		查询当前账户余额为 1 万元
T4		取出 5000 元，把余额改为 5000 元
T5	**查询账户余额为 5000 元（脏读）**	
T6		撤销事务 B，余额恢复为 1 万元
T7	汇入 1000 元，余额改为 6000 元	
T8	提交事务 A	

该场景中，事务 B 希望取款 5000 元，事务 B 在 T6 时刻进行了事务撤销的动作，账户余额恢复至 1 万元。而事务 A 在 T5 时刻读取了账户的余额为 5000 元，于 T7 时刻向同一个账户汇入 1000 元，T8 时刻提交事务 A，最终账户总余额计入 6000 元。因为 A 读取了 B 尚未提交的数据，因而导致了账户白白丢失了 5000 元。

（2）不可重复读

不可重复读是指事务 A 读取了事务 B 已经提交的更改数据。假设同一银行账户，A 在取款事务的过程中，事务 B 往该账户转账 2000 元，A 两次读取账户的余额发生了不一致的情况。

时间戳	取款事务 A	转账事务 B
T1		开始事务 B
T2	开始事务 A	
T3		查询账户余额为 1 万元
T4	**查询账户余额为 1 万元**	
T5		取出 2000 元，把余额改为 8000 元
T6		提交事务 B
T7	**查询账户余额为 8000 元**	

同一银行账户，并发执行事务 A 和事务 B，A 在 T4 时刻查询用户余额为 1 万元后，B 于 T5 时刻取出 2000 元，并于 T6 时刻进行事务提交，此时未完成事务于 T7 时刻再次查询时，发生了在同一个事务 A 中 T4 和 T7 时间点读取的账户存款余额不一致的情况。

（3）幻读

事务 A 读取事务 B 提交的新增数据，这时事务 A 将出现幻读的问题。幻读一般发生在计算统计数据的事务中。举个例子，假设银行系统在同一个事务中两次统计存款的总金额，在两次统计过程中，刚好新增了一个存款账户，并存入 1000 元，这时两次统计的总金额将不一致。

时间戳	统计金额事务 A	转账事务 B
T1		开始事务 B
T2	开始事务 A	
T3	**统计存款总金额为 1 万元**	
T4		新增一个存款账户，存款为 1000 元
T5		提交事务 B
T6	**再次统计存款总金额为 11000 元（幻象读）**	

事务 B 于 T4 时刻新增存款账户并存入 1000 元，于 T5 时刻进行事务 B 的提交，事务 A 发生了 T3 时刻与 T6 时刻统计金额不一致的情况。如果新增的数据刚好满足事务的查询条件，那么这个新数据就会进入事务的视野，因而导致两次统计结果不一致的情况。

幻读和不可重复读是两个容易混淆的概念，前者是指读到了其他事物已经提交的新增数据，而后者是读到了已经提交事务的更改数据（更改或删除）。为了避免出现这两种情况，采取的策略是不同的：防止读到更改数据，只需对操作的数据添加行级锁，阻止操作过程中的数据发送变化，而防止读到新增数据，则往往需要添加一个表级锁，即将整张表锁定，防止新增数据。

（4）第一类丢失更新

事务 A 撤销时，把已经提交的事务 B 的更新数据覆盖了。这种错误可能会造成很严重的后果。通过下面的账号取款转账就可以看出来。

时间戳	取款事务 A	转账事务 B
T1	开始事务 A	
T2		开始事务 B
T3	查询账号余额为 1 万元	
T4		查询余额为 1 万元
T5		汇入 1000 元，把余额改为 11000 元
T6		提交事务 B
T7	取出 2000 元，把余额改为 8000 元	
T8	撤销事务 A	
T9	**余额恢复为 1 万元（丢失更新）**	

A 事务在撤销时，"不小心"将 B 事务已经转入账号的金额给抹去了。

（5）第二类丢失更新

A 事务覆盖 B 事务已经提交的数据，造成 B 事务操作丢失。

时间戳	转账事务 A	取款事务 B
T1	开始事务 A	
T2		开始事务 B
T3	查询账号余额为 1 万元	
T4		查询余额为 1 万元
T5		取出 2000 元，把余额改为 8000 元
T6		提交事务 B
T7	汇入 1000 元，把余额改为 11000 元	
T8	提交事务 A	
T9	把余额改为 11000 元（丢失更新）	

在上面的例子中，由于支票转账事务 A 覆盖了取款事务 B 对存款余额所做的更新，导致银行最后损失了 2000 元。相反，如果转账事务 A 在 T5 时刻提交，即先提交，而事务 B 仍在 T6 时刻提交，则用户损失了 1000 元。

2. 事务模型

在许多大型、关键的应用程序中，计算机每秒钟都在执行大量的任务。更为常用的不是这些任务本身，而是将这些任务结合在一起完成一个业务要求，这称为事务。如果能成功地执行一个任务，而在第二个或第三个相关的任务中出现错误，将会发生什么呢？这个错误很可能使系统处于不一致状态。这时，事务就变得非常重要，它能使系统摆脱这种不一致的状态。

用户信息控制系统（CICS）、Tuxedo 和 TopEnd 等产品都是事务处理系统的例子，它们为应用程序提供事务服务。

要讨论事务处理，必须首先定义事务。

事务是一个最小的工作单元，不论成功与否都作为一个整体进行工作，不会有部分完成的事务。由于事务是由几个任务组成的，因此如果一个事务作为一个整体是成功的，则事务中的每个任务都必须成功。如果事务中有一部分失败，则整个事务失败。

当事务失败时，系统返回到事务开始时的状态。这个取消所有变化的过程称为"回滚"（rollback）。例如，如果一个事务成功更新了两个表，在更新第三个表时失败，则系统将两次更新恢复原状，并返回到原始的状态。

事务能保持应用程序的完整性。任何应用程序的关键是要确保它所执行的所有操作都是正确的，如果应用程序仅仅是部分完成操作，那么应用程序中的数据，甚至整个系统将处于不一致状态。例如上文银行转账的例子，如果从一个账户中提出钱，而在钱到达另一个账户前出错，那么在此应用程序中的数据是错误的，而且失去了完整性，也就是说钱会莫名其妙地消失。克服这种错误有两种方法：①在传统的编程模型中，开发者必须防止任何方式的操作失败。对任何失败点，开发者必须加上支持应用程序返回到这一操作开始时状态的措施。换句话说，开发者必须加入代码使系统能够在操作出现错误时恢复原状（撤销）。②更为简单的方法是在事务处理系统的环境之内进行操作，事务处理系统的任务就是保证整个事务或者完全成功，或者什么也不做。如果事务的所有任务都成功地完成，那么在应用程序中的变化就提交给系统，系统处理下一个事务或任务。如果操作中某一部分不能成功地完成，这将使系统处于无效的状态，应回滚系统的变化，并使应用程序返回到原来的状态。

事务处理系统的能力就是将完成这些操作的知识嵌入到系统本身。开发者不必为将系统恢复原状编写代码，需要做的只是告诉系统任务是否执行成功，剩下的事情由事务处理系统自动完成。

下面详细讨论事务的操作、状态和状态转换。

我们只需在数据项和磁盘块级别上来考虑事务中的数据库操作。在这个级别上，事务中的数据库操作只包括以下两个读写操作：① READ（X，Y）读取数据库中数据项 X，存入程序变量 Y。② WRITE（Y，X）将程序变量 Y 的值写入数据库中数据项 X。

前面已经介绍过，磁盘与主存储器之间的数据交换是以磁盘块为单位进行的。虽然数据项可能是一个数据库记录或更大的数据单位，数据项在多数情况下是数据库记录的一个数据域。

READ（X，Y）的实现算法：

①确定包含数据项 X 的磁盘块的地址 A；

②如果地址为 A 的数据不在主存缓冲区中，则把 A 所在磁盘块读入主存缓冲区；

③从主存缓冲区中找到数据项 X，存入程序变量 Y。

WRITE（Y，X）的实现算法：

①确定包含数据项 X 的磁盘块的地址 A；

②如果地址为 A 的磁盘块不在主存缓冲区中，则把 A 磁盘块读入主存缓冲区；

③把程序变量 Y 的值存入 A 磁盘块所在主存缓冲区；

④立即或以后把包含 A 磁盘块的缓冲区写到磁盘存储器。

一个事务必定处于如下状态之一。

❑ 活动状态：事务开始执行后，立即进入"活动"状态。

❑ 局部提交状态：事务的最后一个语句执行之后，进入"局部提交"状态。

❑ 失败状态：处于活动状态的事务还没到达最后一个语句就中止执行，则为"失败"状态。

❑ 异常中止状态："失败"状态的事务在重启之前，也称为"异常中止"状态，是事务的结束状态。

❑ 提交状态：事务的结束状态。

通过事务的执行来实现事务状态转换的操作详见 2.3.4 节。

3. 事务的性质

作为事务模型的总结，下面列出事务的性质。这些性质需要由数据库管理系统的并发控制和数据库恢复机制来保证。ACID 是数据库事务正确执行的 4 个基本要素的缩写，包含原子性（Atomicity）、一致性（Consistency）、隔离性（Isolation）和持久性（Durability）。一个支持事务（Transaction）的数据库，必须要具有这 4 种特性，否则在事务过程（transaction processing）当中无法保证数据的正确性，交易过程极可能达不到交易方的要求。

❑ 原子性：是指一个事务要么全部执行，要么完全不执行，即不允许一个事务只执行了一半就停止。以银行转账为例，这是一个典型的事务，它的操作可以分成几个步骤：首先从 A 账户取出要转账的金额，A 账户扣除相应的金额，之后将其转入 B 账户的户头，B 账户增加相同的金额。这个过程必须完整地执行，否则整个过程将被取消，回退到事务未执行前的状态。不允许出现已经从 A 账户扣除金额，而没有打入 B 账户这种情形。

❑ 一致性：一个事务可以封装状态改变（除非它是只读的）。事务必须始终保持系统处于一致的状态，不管在任何给定的时间并发事务有多少。也就是说：如果是并发多个事务，系统也必须将其视为串行事务操作。其主要特征是保护性和不变性。以转账案例为例，假设有 5 个账户，每个账户余额是 1000 元，那么 5 个账户总额是 5000 元，如果在这个 5 个账户之间同时发生多次转账，无论并发多少个事务，比如在 A 与 B 账户之间转账 50 元，在 C 与 D 账户之间转账 100 元，在 B 与 E 之间转账 150 元，5 个账户总额也应该还是 5000 元，这就是保护性和不变性。

❑ 隔离性：隔离状态执行事务，使它们好像是系统在给定时间内执行的唯一操作。如果有两个事务，运行在相同的时间内，执行相同的功能，事务的隔离性将确保系统中认为只有一个事务在使用系统。这种属性有时称为串行化，为了防止事务操作间的混淆，必须串行化或序列化请求，使得在同一时间仅有一个请求用于同一数据。

❑ 持久性：在事务完成以后，该事务对数据库所做的更改便持久地保存在数据库之中，并不会被回滚。由于一项操作通常包含许多子操作，而这些子操作可能会因为硬件的损坏或其他因素产生问题，要正确实现 ACID 并不容易。ACID 建议数据库将所有需要更新以及修改的资料一次操作完毕，但实际上并不可行。目前主要有两种方式实现 ACID：第一种是 Write Ahead Logging，也就是日志式的方式（现代数据库均基于这种方式）。第二种是 Shadow paging。相对于 WAL（Write Ahead Logging）技术，Shadow paging 技术实现起来比较简单，消除了写日志记录的开销，恢复的速度也快（不需要 redo 和 undo）。Shadow paging 的缺点就是事务提交时要输出多个块，这使得提交的开销很大，而且以块为单位，很难应用到允许多个事务并发执行的情况——这是它致命的缺点。WAL 的中心思想是对数据文件的修改（它们是表和索引的载体）必须只能发生在这些修改已经记录了日志之后，也就是说，在日志记录放置到永久存储器之后。如果我们遵循这个过程，那么就不需要在每次事务提交的时候都把数据页放置到磁盘，因为我们知道在出现崩溃的情况下，可以用日志来恢复数据库：任何尚未附加到数据页的记录都将先从日志记录中重做（这叫向前滚动恢复，也叫作 REDO），然后那些未提交的事务做的修改将被从数据页中删除（这叫向后滚动恢复，UNDO）。

4. 事务调度与可串行性

我们已经看到并发控制的必要性。从此开始至本小节结束，我们将介绍控制多个事务并发运行的并发控制技术，首先详细介绍事务调度与事务可串行性的概念。为了叙述简单，在以后的讨论中，我们将使用 READ(X) 和 WRITE(Y) 代替 READ(X,Y) 和 WRITE(Y,X)，即省略读写操作中的程序变量名，默认程序变量名与读写的数据项名相同。

首先介绍事务调度的概念。

一个事务中各操作的执行顺序和执行时机一方面取决于事务自身内部逻辑。DBMS 必须采用合适的并发调度机制合理安排各个事务执行顺序，以保证事务的 ACID 特性。

【例 2-2】考虑一个简单的银行数据库系统。设每个账号在数据库中有一个数据库记录，记录该账号的存款数量和其他信息。设 T_0 和 T_1 是两个事务。事务 T_0 从账号 A 转 50 元钱到账号 B。事务 T_1 把账号 A 的存款的 10% 转到账号 B。

T_0 和 T_1 的定义如下：

```
T₀:READ(A);       T₁:READ(A);
   A: =A-50;         TEP:=A×0.1;
WRITE(A);          A: =A tmp;
READ(B);           WRITE(A);
B: =B+50;          READ(B);
   WRITE(B)          B,=B+tmp;
   WRITE(B)
```

这里简单地使用 A 和 B 表示账号 A 和账号 B 的存款数量。设账号 A 和账号 B 目前的存款分别是 1000 元和 2000 元。我们来考虑 T_0 和 T_1 的调度方法。第一种方法是先运行 T_0，然后再运行 T_1，如图 2-11 所示。图中指令按自顶向下方式运行，运行结束时，A 和 B 的最终值分别是 855 元和 2145 元，$A+B$ 在两个事务执行结束时仍然是 1000+2000。第二种调度方法是先运行 T_1，后运行 T_0，如图 2-12 所示。这种调度方法的运行结果与第一种调度方法的运行结果不同，这时 A 的最终值是 850 元，而 B 的最终值是 2150 元，但 $A+B$ 在两个事务执行结束时仍然是 1000+2000。

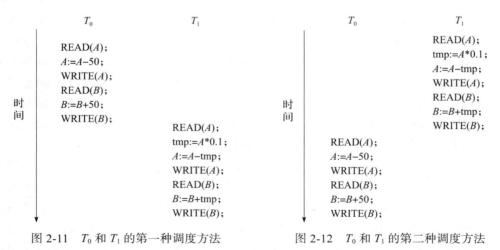

图 2-11　T_0 和 T_1 的第一种调度方法　　　图 2-12　T_0 和 T_1 的第二种调度方法

不难看出，多个事务的调度保持每个事务的操作在该事务中的顺序不变。但是，不同事务的操作可以交叉执行。图 2-11 和图 2-12 所示的调度是两个最简单的调度，即一个事务的所有操作都执行完后才执行另一个事务的所有操作，我们称这样的调度为串行调度，表示事务的串行运行。我们称其他类型的调度为并行调度。对于 N 个事务来说，有 N！个串行调度。由于 N 个事务可以有很多种并行调度，N 个事务的调度个数远大于 N！。

5. 基于锁的并发控制协议

一个保证可串行性的方法是在互斥的方式下存取数据项，即当一个事务存取一个数据项时，不允许其他事务修改这个数据项。下面介绍基于锁的互斥并发控制方法，称为基于锁的协议。这种方法建立在上面所介绍的可串行性理论基础之上。

（1）锁的概念

锁是数据项上的并发控制标志，可以分为两种类型。

1）共享锁和排他锁。

给数据项加锁的方式有多种，这里只考虑以下两种，这两种也正是 MySQL 默认引擎 InnoDB 在行级锁定时所使用的。

❑ 共享锁：如果事务 T_i 获得了数据项 Q 的共享型锁（记为 S），则 T_i 可读但不能写 Q。

❑ 排他锁：如果事务 T_i 获得了数据项 Q 的排他型锁（记为 X），则 T_i 既可读又可写 Q。

每个事务都要根据将对数据项 Q 进行的操作类型申请适当的锁。该请求发送给并发控制管理器，只有并发控制管理器授予所需锁后，事务才能继续其操作。

假设事务 T_i 请求对数据项 Q 加 A 类型的锁，而事务 T_j（i 不等于 j）已在 Q 上拥有 B 类型的锁。如果事务 T_i 仍能立即获得在数据项 Q 上 A 类型的锁，则说 A 类型的锁和 B 类型的锁相容，即共享型锁与共享型锁相容，而与排他型锁不相容。在任何时候，一个具体的数据项上可能同时有（被不同的事务持有的）多个共享锁，如事务在访问一个数据项时而在数据项上已经存在可不相容类型的锁，那么只能等待该数据上所有不相容的锁被释放才能获得锁从而对数据项进行访问。

👤❝ **注意**

一个事务只要还在访问一个数据项，那么它就必须拥有该数据项上的锁。另外，让事务对一个数据项做最后一次访问后立即释放该数据项上的锁也未必是可取的，因为这可能破坏串行化。如下面的例子所示，事务 T_2 看到了不一致的状态（A+B 的值），而串行化就是使事务开始和结束之间的中间状态不会被其他事务看到。所以下面的讨论都建立在不会在结束访问一个数据项后立即释放锁的情况下（如两阶段锁协议下）。这也就会导致死锁发生的可能性的存在，但死锁可以通过回滚事务来解决，出现死锁比出现不一致状态好得多。

2）死锁与饿死。

加锁可能会出现两个事务都在等待对方解除它所占用数据项上的锁（也可能是多个事务之间的循环等待），这种现象称为死锁。当死锁发生时，系统必须回滚两个事务中的一个。一旦某个事务回滚，该事务锁住的数据项就会被解锁，其他事务就可以访问这些数据项，继续自己的执行。

当一个事务想要对一个数据项上加排他锁，因为该数据项上已经有其他事务所加的共享锁了，因此必须等待。而在等待期间又有其他事务对该数据项加上了共享锁，之前的那个事务一段时间后解除了共享锁，但当前事务还是要继续等待，就这样不断地出现对该数据项加共享锁的其他事务，那么该事务则会一直处于等待状态，永远不可能取得进展，这称为饥饿或者饿死。

合适的并发控制器授权加锁的条件可以规避饿死情况的发生，如当事务 T_i 申请对数据项 Q 加 M 型锁时，并发控制管理器授权加锁的条件是：

❏ 不存在已在数据项 Q 上持有与 M 型锁冲突的锁的其他事务。

❏ 不存在等待对数据项 Q 加锁并且先于 T_i 申请加锁的其他事务（即按照顺序来）。

在这样的授权加锁条件下，一个加锁请求就不会被其他的加锁申请阻塞。

下面来看一看银行数据库系统的例子。

【例 2-3】设 A 和 B 是两个账号。定义两个事务 T_7 和 T_8。T_7 从账号 B 向账号 A 转 50 元，T_8 显示账号 A 和 B 的总金额。T_7 和 T_8 定义如下：

```
T₇: LOCK-X(B);              T₈: LOCK-S(A);
READ(B);                   READ(A);
     B:=B-50;                   UNLOCK(A);
WRITE(B);                  LOCK-S(B);
UNLOCK(B);                 READ(B);
LOCK-X(A);                 UNLOCK(B);
READ(A);                   DISPLAY(A+B).
A:=A+50;
WRITE(A);
UNLOCK(A).
```

设 A 和 B 的值分别是 100 和 200 元。如果这两个事务串行执行，按调度（T_7，T_8）或（T_8，T_7）执行，T_8 总是显示 300 元的值。这两个事务可以按图 2-13 所示的调度并发执行。在这种调度下，事务 T_8 错误地显示 250 元。出现这种情况的原因是 T_8 所看到的是一个不一致的数据库状态。

现在，修改事务 T_7，把所有的释放锁操作放到最后。记修改后的 T_7 为 T_9。类似地，可以修改 T_8，得到事务 T_{10}。T_9 和 T_{10} 定义如下：

```
T₉: LOCK-X(B);             T₁₀: LOCK-S(A);
READ(B);                   READ(A);
B:=B-50;                   LOCK-S(B);
WRITE(B);                  READ(B);
LOCK-X(A);                 DISPLY(A+B);
READ(A);                   UNLOCK(A);
A:=A+50;                   UNLOCK(B).
WRITE(A);
UNLOCK(B);
UNLOCK(A).
```

T_9 和 T_{10} 解决了 T_7 和 T_8 存在的问题。但是，T_9 和 T_{10} 存在死锁问题。图 2-14 给出了 T_9 和 T_{10} 的一个调度的一部分。因为 T_9 持有一个 B 上的互斥锁，T_{10} 为了申请 B 上的共享锁，需等待 T_9 释放 B。类似地，T_{10} 持有 A 上的一个共享锁，T_9 为了申请 A 上的互斥锁，需等待 T_{10} 释放 A。于是，T_9 和 T_{10} 这两个事务都不能正常运行下去了。这种状态称为死锁。当死锁发生时，系统必须放弃至少一个处于死锁状态的事务，释放这个事务所加锁的数据项，使其他事务可以继续运行。

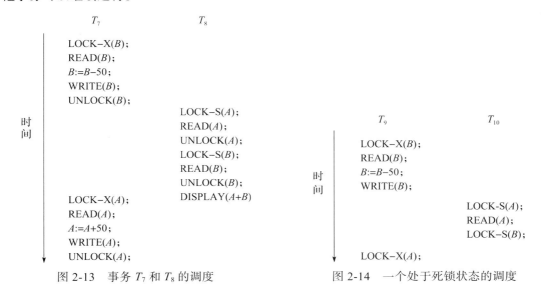

图 2-13　事务 T_7 和 T_8 的调度　　　　图 2-14　一个处于死锁状态的调度

上面的例子告诉我们，应该谨慎地使用锁。如果为了获得最大的并发性而尽早地释放数据项的锁，可能导致数据库状态的不一致。如果在申请其他锁之前不尽量地释放已拥有的锁，则可能导致死锁。这就要求系统中的每个事务在加锁或释放锁时，都必须遵循一组规则。这组规则称为锁协议，它规定了事务对每个数据项加锁和释放锁的时机。下面给出几个适用于冲突可串行调度的锁协议。在此之前，定义几个基本概念。

设 $\{T_0, T_1, \cdots, T_n\}$ 是调度 S 中的事务集合。如果存在一个数据项 Q，使得 T_i 先持有一个 Q 上的 A 型锁，T_j 后持有一个 Q 上的 B 型锁，而且 COMP(A，B)=false，则称 T_i 在 S 中先于 T_j，记作 $T_i \rightarrow T_j$。如果 $T_i \rightarrow T_j$，则在任何与 S 等价的串行调度中，T_i 必先于 T_j。我们可以按照先于关系构造一个关于 S 的有向图。这个有向图与用来测试 S 的前趋图相似。于是，操作之间的冲突对应于锁的不兼容性。如果 S 是遵循给定锁协议的一组事务的调度，则称 S 是在给定锁协议下的合理调度。一个锁协议是确保冲突可串行性的，当且仅当对于所有合理的调度 S，按照先于关系构造的关于 S 的有向图是无环图。

（2）两段锁协议

所谓两段锁协议是指所有事务必须分两个阶段对数据项加锁和解锁。

在对任何数据进行读、写操作之前，首先要申请并获得对该数据的封锁。在释放一个封锁之后，事务不再申请和获得任何其他封锁。所谓"两段"锁的含义是，事务分为两个阶段，第一阶段是获得封锁，也称为扩展阶段。在这个阶段，事务可以申请获得任何数据项上的任何类型的锁但是不能释放任何锁。第二阶段是释放封锁，也称为收缩阶段。在这个阶段，事务可以释放任何数据项上的任何类型的锁，但是不能再申请任何锁。

例如，事务 T 遵守两段锁协议，其封锁序列是：

SlockA　　SlockB　　XlockC　UnlockB　UnlockA　UnlockC；

　　|←-- 扩展阶段 --→|　　|←--　　收缩阶段　--→|

又如事务 T_2 不遵守两段锁协议，其封锁序列是：

Slock A   Unlock A   Slock B   Xlock C   Unlock C   Unlock B；

可以证明，若并发执行的所有事务均遵守两段锁协议，则对这些事务的任何并发调度策略都是可串行化的。

需要说明的是，事务遵守两段锁协议是可串行化调度的充分条件，而不是必要条件。也就是说，若并发事务都遵守两段锁协议，则对这些事务的任何并发调度策略都是可串行化的；若对并发事务的一个调度是可串行化的，不一定所有事务都符合两段锁协议。

两阶段封锁协议实现了事务集的串行化调度，但同时，一个事务的失败可能会引起一连串事务的回滚。为避免这种情况的发生，我们需要进一步加强对两阶段封锁协议的控制，即严格两阶段封锁协议和强两阶段封锁协议。

- 严格两阶段封锁协议除了要求封锁是两阶段之外，还要求事务持有的所有排他锁必须在事务提交之后方可释放。这个要求保证未提交事务所写的任何数据，在该事务提交之前均以排他锁封锁，防止其他事务读取这些数据。
- 强两阶段封锁协议，要求事务提交之前不得释放任何锁。使用锁机制的数据库系统，要么使用严格两阶段封锁协议，要么使用强两阶段封锁协议。

注意：两段锁协议和防止死锁的一次封锁法的异同之处。一次封锁法要求每个事务必须一次将所有要使用的数据全部加锁，否则就不能继续执行，因此一次封锁法遵守两段锁协议；但是两段锁协议并不要求事务必须一次将所有要使用的数据全部加锁，因此遵守两段锁协议的事务可能发生死锁。

图 2-15 给出了一个 T_{11} 和 T_{12} 并发运行的调度，图中只给出了与锁有关的操作。

2.1.6 数据库恢复

1. 数据库恢复的必要性

数据库的恢复是指把数据库从错误状态恢复到某一已知的正确状态。

数据库系统的数据库恢复机制的目的有两个。一是保证事务的原子性，即确保一个事务被交付运行之后，要么该事务中的所有数据库操作都被成功地完成，而且这些操作的结果被永久地存储到数据库中；要么该事务对数据库没有任何影响。数据库管理系统绝不允许一个事务的部分数据库操作被成功地执行，而另一部分数据库操作失败或没有被执行。二是当系统发生故障以后，数据库能够恢复到正确状态。破坏事务原子性和引起系统故障的原因主要有以下几种：

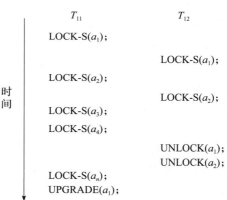

图 2-15　T_{11} 和 T_{12} 的一个并行调度

- 计算机系统故障，即在事务运行过程中发生的硬件或软件故障。
- 事务或系统错误事务中的某些操作或错误参数可能引起事务的失败，如零做除数、数值溢出等。用户也可以通过某种方式终止事务的运行。
- 事务的强行终止。事务经常具有测试某些特殊情况发生的功能。当测试的情况发生时，事务将被强行终止。如果一个事务违背了可串行性条件或几个事务处于死锁状态，相应的事务将被并发控制机制强行终止。

❏ 磁盘故障。在事务进行读写操作时，磁盘发生硬件故障。

❏ 其他原因。磁盘毁坏、电源故障、机房失火等意外情况。

2. 数据库恢复技术

（1）数据转储

❏ 静态转储：系统中无运行事务时进行的转储，转储期间不允许任何事务执行。

　■ 优点：得到的一定是一个数据一致性的副本。

　■ 缺点：降低了数据库的可用性。

❏ 动态转储：转储和用户事务可以并发执行。

　■ 优点：系统可用性较好。

　■ 缺点：转储得到的副本不一定一致，因此必须建立日志文件，保存转储期间各事务对数据库的修改活动。

❏ 海量转储：每次转储整个数据库，恢复更方便。

❏ 增量转储：每次只转储上一次转储后更新过的数据，恢复较复杂。

（2）事务故障的恢复

系统自动完成，对用户是透明的。恢复步骤如下：

①反向扫描日志文件，查找该事务的更新操作。

②对该事务的更新操作执行逆操作。

③重复①②，直至读到此事务的开始标记。

（3）系统故障的恢复

系统在重新启动时自动完成，不需要用户干预。恢复步骤如下：

①正向扫描日志文件，找出故障发生前已经提交的事务（有 BEGIN、COMMIT），记入重做事务。同时找出未完成的事务（只有 BEGIN），加入撤销队列。

②对撤销队列中的事务进行撤销处理：反向扫描并执行逆操作。

③对重做队列中的各个事务进行重做处理：正向扫描并重做。

（4）介质故障的恢复

恢复方法如下：

❏ 装入最新的数据库后备副本，对于动态转储还需同时装入转储开始时刻的日志文件副本；

❏ 装入相应的日志文件副本（转储结束时刻的日志文件副本），重做已完成的事务。

（5）具有检查点的恢复技术

检查点记录的内容：

❏ 建立检查点时所有正在执行的事务清单；

❏ 这些事务最近一个日志记录的地址。

2.2　关系数据库 MySQL 概述

　　MySQL 是一个关系型数据库管理系统，由瑞典 MySQL AB 公司开发，目前属于 Oracle 旗下产品。MySQL 是最流行的关系型数据库管理系统之一，许多全球规模庞大、发展迅速的组织，Facebook、Google、Adobe、Alcatel Lucent 和 Zappos 等都依靠 MySQL 来管理数据，为其高容量网站、关键业务系统和套装软件提供支持。

MySQL 有如下特点，这些特点使得其得到了广泛应用。

1. 简单易用

MySQL 是一个高性能且相对简单的数据库系统，与一些大型系统的设置和管理相比，其复杂程度较低。

2. 价格低

MySQL 对多数个人用户来说是免费的。

3. 小巧

MySQL 数据库的 4.1.1 发行版只有 21MB，安装完成也仅仅 51MB。

4. 支持查询语言

MySQL 支持 SQL（结构化查询语言）。SQL 是一种所有现代数据库系统都选用的语言。SQL 支持 ODBC（开放式数据库连接）的应用程序，ODBC 是 Microsoft 开发的一种数据库通信协议。

5. 性能

MySQL 数据库没有用户数的限制，多个客户机可同时使用同一个数据库。可利用几个输入查询并查看结果的界面来交互式地访问 MySQL。这些界面有命令行客户机程序、Web 浏览器或 X Window System 客户机程序。此外，还有由各种语言（如 C、C++、Eiffel、Java、Perl、PHP、Python、Ruby 和 Tcl）编写的界面。因此，可以选择使用已编好的客户机程序或编写自己的客户机应用程序。

6. 连接性和安全性

MySQL 是完全网络化的，可在因特网上的任何地方访问其数据库，因此，可以和任何地方的任何人共享数据库。而且 MySQL 支持访问控制，可以控制哪些人不能看到数据。

7. 可移植性

MySQL 可运行在各种版本的 UNIX 以及其他非 UNIX 的系统（例如 Windows 和 OS/2）上。MySQL 可运行在从家用 PC 到高级的服务器上。

8. 开放式的分发

MySQL 容易获得：只要使用 Web 浏览器即可访问官网下载获得。如果不能理解其中某个算法是如何起作用的，或者对某个算法感到好奇，可以将其源代码取来，对源代码进行分析。如果不喜欢某些算法，还可以更改它。

9. 速度快

MySQL 运行速度很快。曾经有开发者声称 MySQL 可能是目前能得到的最快的数据库。

2.3 MySQL 应用

2.3.1 SQL 概述

SQL 最早的版本是由 IBM 开发的，它最初被叫作 Sequel，在 20 世纪 70 年代早期是 System R 项目的一部分。Sequel 语言发展至今，其名称已变为 SQL（Structured Query Language，结构化查询语言）。它是一种特定目的编程语言，用于管理关系数据库管理系统或在关系流数据管理系统中进行流处理。

SQL 基于关系代数和元组关系演算，包括一个数据定义语言和数据操纵语言。SQL 的范围包括数据的插入/查询/更新和删除、数据库模式的创建和修改，以及数据访问控制。尽管 SQL 经常被描述为一种声明式编程语言（4GL，即第四代语言），但也含有过程式编程的元素。

SQL 是对埃德加·科德关系模型的第一个商业化语言实现，这一模型于 1970 年在一篇具有影响力的论文《一个对于大型共享型数据库的关系模型》中被描述。尽管 SQL 并非完全按照科德的关系模型设计，但其依然成为应用最为广泛的数据库语言。

SQL 在 1986 年成为美国国家标准学会（ANSI）的一项标准，在 1987 年成为国际标准化组织（ISO）标准。此后，这一标准经过了一系列的增订，加入了大量新特性。虽然有这一标准的存在，但大部分 SQL 代码在不同的数据库系统中并不具有完全的跨平台性。

MySQL 非常友好地支持 SQL 语言，本节只给出简单的举例，有关详细的 SQL 语法及举例，可参见官网（https://dev.mysql.com/doc/refman/8.0/en/sql-syntax.html）。官网按 SQL 语法功能分为 8 个部分，分别是：

❑ 数据定义语句（Data Definition Statement）

❑ 数据处理语句（Data Manipulation Statement）

❑ 事务和锁定声明（Transactional and Locking Statement）

❑ 复制语句（Replication Statement）

❑ 预处理 SQL 语句语法（Prepared SQL Statement Syntax）

❑ 复合语句语法（Compound-Statement Syntax）

❑ 数据库管理声明（Database Administration Statement）

❑ 效用声明（Utility Statement）

2.3.2　数据定义语句

数据库中的关系集合必须由数据定义语句指定给系统，主要提供表相关的定义关系模式、删除关系以及修改关系模式的命令。例如：数据库、表、表空间、触发器、事件、索引及函数的定义、更改操作等。

【例 2-4】指定表空间创建库表，并在已有表的基础上增加列，查看表结构。

1）建立名为 ts_1 的表空间：

```
mysql> CREATE TABLESPACE ts_1 ADD DATAFILE 'ts_1.ibd' Engine=InnoDB;
Query OK, 0 rows affected (0.11 sec)
```

2）建立名为 testq 的数据库：

```
mysql> CREATE DATABASE testq;
Query OK, 1 row affected (0.00 sec)
```

3）切换至名为 testq 的数据库：

```
mysql> use testq;
Database changed
```

4）建立表，并指定表使用的表空间及引擎。

```
mysql> CREATE TABLE t1(
    -> c1 INT STORAGE DISK,              # 数据存储于磁盘
    -> c2 INT STORAGE MEMORY             # 数据基于内存
    -> ) TABLESPACE ts_1 ENGINE INNODB;  # 指定表空间 ts_1 及引擎 INNODB
Query OK, 0 rows affected (0.34 sec)
```

5）向表 t1 中增加列 c3，类型为 VARCHAR，长度为 10：

```
mysql> ALTER TABLE t1 ADD c3 VARCHAR(10);
Query OK, 0 rows affected (0.52 sec)
Records: 0  Duplicates: 0  Warnings: 0
```

6）查看表 t1 的结构。

```
mysql> DESC t1;
+-------+-------------+------+-----+---------+-------+
| Field | Type        | Null | Key | Default | Extra |
+-------+-------------+------+-----+---------+-------+
| c1    | int(11)     | YES  |     | NULL    |       |
| c2    | int(11)     | YES  |     | NULL    |       |
| c3    | varchar(10) | YES  |     | NULL    |       |
+-------+-------------+------+-----+---------+-------+
3 rows in set (0.00 sec)
```

💬 **注意**

在 my.ini 文件中设置：

The default storage engine that will be used when create new tables when

default-storage-engine=INNODB

否则会出现"1286 Unknown storage engine 'InnoDB'"错误。

成功启动后，通过 SHOW ENGINES 查看引擎是否在运行：

```
mysql> SHOW ENGINES;
+--------------------+---------+----------------------------------------------------------------+--------------+------+------------+
| Engine             | Support | Comment                                                        | Transactions | XA   | Savepoints |
+--------------------+---------+----------------------------------------------------------------+--------------+------+------------+
| InnoDB             | DEFAULT | Supports transactions, row-level locking, and foreign keys     | YES          | YES  | YES        |
| MRG_MYISAM         | YES     | Collection of identical MyISAM tables                          | NO           | NO   | NO         |
| MEMORY             | YES     | Hash based, stored in memory, useful for temporary tables      | NO           | NO   | NO         |
| BLACKHOLE          | YES     | /dev/null storage engine (anything you write to it disappears) | NO           | NO   | NO         |
| MyISAM             | YES     | MyISAM storage engine                                          | NO           | NO   | NO         |
| CSV                | YES     | CSV storage engine                                             | NO           | NO   | NO         |
| ARCHIVE            | YES     | Archive storage engine                                         | NO           | NO   | NO         |
| PERFORMANCE_SCHEMA | YES     | Performance Schema                                             | NO           | NO   | NO         |
| FEDERATED          | NO      | Federated MySQL storage engine                                | NULL         | NULL | NULL       |
+--------------------+---------+----------------------------------------------------------------+--------------+------+------------+
9 rows in set (0.00 sec)
```

2.3.3 数据处理语句

数据处理语句主要提供数据库表中相关数据元组的插入、删除、修改和查询等操作。

【例 2-5】向已有的表 t1 中插入、查询、更改和删除数据。

1）向表 t1 中插入 2 条数据，其中第 2 列数据是第 1 列数据的 2 倍。

```
mysql> INSERT INTO t1(c1,c2,c3) VALUES(1,c1*2,'a'),(2,c1*2,'b');
Query OK, 2 rows affected (0.10 sec)
```

```
Records: 2  Duplicates: 0  Warnings: 0
```

2）查询表 t1 中所有的数据。

```
mysql> SELECT * FROM t1;
+------+------+------+
| c1   | c2   | c3   |
+------+------+------+
|    1 |    2 | a    |
|    2 |    4 | b    |
+------+------+------+
2 rows in set (0.00 sec)
```

3）更新表 t1 中的数据，其中当 c1 等于 2 时，对应的 c2 列的数据乘以 3，对应的 c3 列的值更改为 updateb。

```
mysql> UPDATE t1 SET c2=c1*3,c3='updateb'
    -> WHERE c1=2;
Query OK, 1 row affected (0.11 sec)
Rows matched: 1  Changed: 1  Warnings: 0
```

4）当 c1 等于 2 时，查询表 t1 中对应的元组的数据。

```
mysql> SELECT * FROM t1 WHERE c1=2;
+------+------+---------+
| c1   | c2   | c3      |
+------+------+---------+
|    2 |    6 | updateb |
+------+------+---------+
1 row in set (0.05 sec)
```

5）当 c1 等于 2 时，删除表 t1 中对应的元组的数据。

```
mysql> DELETE FROM t1 WHERE c1=2;
Query OK, 1 row affected (0.10 sec)
```

用 SELECT 语句查询表 t1，发现 c1=2 对应的元组的数据都已经被删除。

```
mysql> SELECT * FROM t1;
+------+------+------+
| c1   | c2   | c3   |
+------+------+------+
|    1 |    2 | a    |
+------+------+------+
1 row in set (0.00 sec)
```

2.3.4 事务和锁定声明

1. 事务

建立事务的基本语法规则为：

```
START TRANSACTION
    [transaction_characteristic [, transaction_characteristic] ...]

transaction_characteristic: {
```

```
      WITH CONSISTENT SNAPSHOT
  | READ WRITE
  | READ ONLY
}

BEGIN [WORK]
COMMIT [WORK] [AND [NO] CHAIN] [[NO] RELEASE]
ROLLBACK [WORK] [AND [NO] CHAIN] [[NO] RELEASE]
SET autocommit = {0 | 1}
```

其中：

❑ START TRANSACTION 或 BEGIN：开始新事务。

❑ COMMIT：提交当前事务，使其更改永久化。

❑ ROLLBACK：回滚当前事务，取消其更改。

❑ SET autocommit：禁用或启用当前会话的默认自动提交模式。

默认情况下，MySQL 在启用自动提交模式的情况下运行。这意味着只要执行更新（修改）表的语句，MySQL 就会将更新存储在磁盘上以使其永久化，无法回滚更改。

要为一系列语句隐式禁用自动提交模式，请使用 START TRANSACTION 语句。

【例 2-6】建立事务，用户 1（user1）有一笔 5 万（50 000）的资金入账，请将用户账目表中插入该条存款数据，同时将该用户对应的用户表的会员等级字段 grade 值改为 Ordinary（普通会员）。

1）建立用户账目表 account 和对应用户表 usertb。

```
mysql> CREATE TABLE account(accountid INT,uid INT,totalmoney FLOAT,savedate
DATETIME DEFAULT CURRENT_TIMESTAMP);
Query OK, 0 rows affected (0.22 sec)
mysql> CREATE TABLE usertb(uid INT,uname VARCHAR(20),grade CHAR(10));
Query OK, 0 rows affected (0.30 sec)
```

2）开始事务。

```
mysql> START TRANSACTION;
Query OK, 0 rows affected (0.00 sec)
```

3）向用户账目表 account 和对应用户表 usertb 中各插入一条数据。

```
mysql> INSERT INTO account(accountid,uid,totalmoney) VALUES(1,1,50000);
Query OK, 1 row affected (0.06 sec)
mysql> INSERT INTO usertb VALUES(1,'user1','Ordinary');
ERROR 1146 (42S02): Table 'testq.usertb1' doesn't exist
```

4）查询当前插入数据存储的情况。由于插入用户表时表名写错了，所以该数据插入失败，我们只查询账目表中插入的数据的情况。

```
mysql> SELECT * FROM account;
+-----------+-----+------------+---------------------+
| accountid | uid | totalmoney | savedate            |
+-----------+-----+------------+---------------------+
|         1 |   1 |      50000 | 2018-11-04 19:04:18 |
+-----------+-----+------------+---------------------+
1 row in set (0.00 sec)
```

当前窗口查询数据时，发现数据已经存在。重新打开一个 MySQL 的命令行窗口，再次执行同样的查询语句。

```
mysql> SELECT * FROM account;
Empty set (0.00 sec)
```

此时表 account 为空表。这说明，此时数据只是暂时存储于事务开启的当前实例所在的内存中，还未持久化至磁盘。

5）事务回滚。因为两条数据的内容需要保持一致性，而此时一条数据操作成功，而另一条操作失败，数据不能保持一致，故期望在数据永久化存于磁盘之前，通过事务回滚，取消两条插入操作。

```
mysql> ROLLBACK;
Query OK, 0 rows affected (0.10 sec)
```

此时，在当前窗口中，再次查询账目表的内容。

```
mysql> SELECT * FROM account;
Empty set (0.00 sec)
```

发现本来存在的数据，已经被清空了。这就实现了事务回滚的操作，保证了数据的一致性。

6）更改插入命令，重新进行两条数据的插入操作。

```
mysql> INSERT INTO account(accountid,uid,totalmoney) VALUES(1,1,50000);
Query OK, 1 row affected (0.09 sec)
mysql> INSERT INTO usertb VALUES(1, 'u1', 'Ordinary');
Query OK, 1 row affected (0.09 sec)
```

7）提交事务。

```
mysql> COMMIT;
Query OK, 0 rows affected (0.00 sec)
```

8）在当前窗口和重新打开的 MySQL 命令窗口查询插入的两个表的数据。

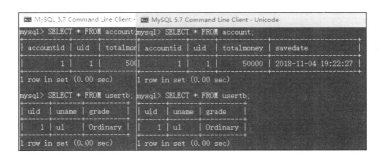

我们发现，两个窗口中数据全部存在，即事务提交以后，数据已经由内存写至磁盘。事务保证了用户表与账目表数据的一致性，此时，运用事务处理技术，实现了插入两张表的数据要么全成功要么全失败的业务需求。

2. 分布式事务

在开发中，为了降低单点压力，通常会根据业务情况进行分表分库，即将表分布在不同的库中（库可能分布在不同的机器上）。在这种场景下，事务的提交会变得相对复杂，因为多个节点（库）的存在，可能存在部分节点提交失败的情况，即事务的 ACID 特性需要在各个不同的数据库实例中保证。比如更新 db1 库的 A 表时，必须同步更新 db2 库的 B 表，两个更新形成一个事务，要么都成功，要么都失败。MySQL 从 5.0.3 开始支持分布式（XA）事务，一个分布式事务会涉及多个行为，这些行为本身是事务性的，所有行为都必须一起成功完成或者一起被回滚。

在 MySQL 中，使用分布式事务的应用程序设计一个或多个资源管理器和一个事务管理器。① RM（Resource Manager，资源管理器）用于提供通向事务资源的途径。数据库服务器是一种资源管理器，该管理器必须可以提交或回滚由 RM 管理的事务。例如，多台 MySQL 数据库作为多台资源管理器或者几台 MySQL 服务器和几台 Oracle 服务器作为资源管理器。② TM（Transaction Manager，事务管理器）用于协调作为一个分布式事务一部分的事务。TM 与管理每个事务的 RM 进行通信。在一个分布式事务中，单个事务均是分布式事务的"分支事务"。分布式事务和各分支通过统一命名方法进行标识。分布式事务模型如图 2-16 所示。

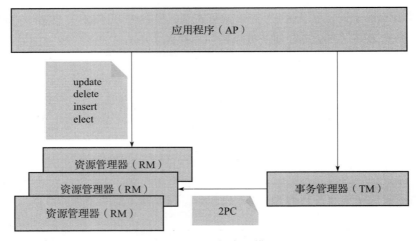

图 2-16   分布式事务模型

InnoDB 存储引擎提供了对 XA 事务的支持，并通过 XA 事务来支持分布式事务的实现。分布式事务指的是允许多个独立的事务资源参与到一个全局的事务中。事务资源通常是关系型数据库系统，但也可以是其他类型的资源。全局事务要求所有参与的事务要么都提交，要么都回滚，这对于原有的事务 ACID 要求又有了提高。另外，在使用分布式事务时，InnoDB 存储引擎的事务隔离级别必须设置为 SERIALIZABLE。

要在 MySQL 中执行 XA 事务，SQL 语句为：

```
XA {START|BEGIN} xid [JOIN|RESUME]
# 在 MySQL 实例中开启一个 XA 事务，指定一个全局唯一标识
# mysql> XA START 'any_unique_id';

XA END xid [SUSPEND [FOR MIGRATE]]
# XA 事务的操作结束;
```

```
# mysql> XA END 'any_unique_id ';

XA PREPARE xid
# 告知 MySQL 准备提交这个 XA 事务；
# mysql> XA PREPARE 'any_unique_id';

XA COMMIT xid [ONE PHASE]
# 告知 MySQL 提交这个 XA 事务；
# mysql> XA COMMIT 'any_unique_id';

XA ROLLBACK xid
# 告知 MySQL 回滚这个 XA 事务；
# mysql> XA ROLLBACK 'any_unique_id';

XA RECOVER [CONVERT XID]
# 查看本机 MySQL 目前有哪些 XA 事务处于 prepare 状态；
# mysql> XA RECOVER;
```

【例 2-7】一个简单 XA 事务 xatest 的执行过程举例。

```
mysql> XA START 'xatest';
Query OK, 0 rows affected (0.00 sec)

mysql> INSERT INTO t1(c1,c2,c3) VALUES(4,4,'xatest');
Query OK, 1 row affected (0.08 sec)

mysql> XA END 'xatest';
Query OK, 0 rows affected (0.00 sec)

mysql> XA PREPARE 'xatest';
Query OK, 0 rows affected (0.08 sec)
```

通过上面的操作，用户创建了一个分布式事务，并且 prepare 没有返回错误，说明该分布式事务可以被提交，通过命令 XA RECOVER 查看本机 MySQL 目前有哪些 XA 事务处于 prepare 状态，显示如下结果：

```
mysql> XA RECOVER;
+----------+--------------+--------------+--------+
| formatID | gtrid_length | bqual_length | data   |
+----------+--------------+--------------+--------+
|        1 |            7 |            0 | xatest |
+----------+--------------+--------------+--------+
1 row in set (0.00 sec)
```

分布式事务提交后，再查看当前 XA 事务 xatest 已经结束 prepare 状态。

```
mysql> XA COMMIT 'xatest';
Query OK, 0 rows affected (0.07 sec)

mysql> XA RECOVER;
Empty set (0.00 sec)
```

注意

在 XA 事务的 SQL 出现问题时，例如 SQL 因存在语病不能执行，如果这个 XA 事务还没有 prepare，那么直接回滚它。如果这个 XA 事务 prepare 了，还没提交，那么把它恢复到 prepare 的状态，然后由用户去决定提交还是回滚。

如果 XA 事务处于 ACTIVE 状态，则不能发出任何导致隐式提交的语句。这会违反 XA 规则，因为无法回滚 XA 交易。如果尝试执行此类语句，将会收到以下错误：

ERROR 1399 (XAE07): XAER_RMFAIL: The command cannot be executed when global transaction is in the ACTIVE state

此外，在给定客户端连接的上下文中，XA 事务和本地（非 XA）事务是互斥的。例如，如果已发出 XA START 以开始 XA 事务，则在提交或回滚 XA 事务之前，无法启动本地事务。相反，如果已使用 START TRANSACTION 启动本地事务，则在提交或回滚事务之前，不能使用任何 XA 语句。

---

3. 锁

MySQL 支持对 MyISAM 和 MEMORY 存储引擎的表进行表级锁定，对 BDB 存储引擎的表进行页级锁定，对 InnoDB 存储引擎的表进行行级锁定。默认情况下，表锁和行锁都是自动获得的，不需要额外的命令。但是在有些情况下，用户需要明确地进行锁表或者事务的控制，以便确保整个事务的完整性，这样就需要使用事务控制和锁定语句来完成。

在表锁定的获取规则中，如果要在当前会话中获取表锁，请使用 LOCK TABLES 语句。可以使用以下锁定类型。

❑ READ [LOCAL] 锁定
- 持有锁的会话可以读取表（但不能写它）。
- 多个会话可以同时获取表的 READ 锁。
- 其他会话可以在不明确获取 READ 锁的情况下读取表。
- LOCAL 修饰符允许其他会话的非冲突 INSERT 语句（并发插入）在保持锁定时执行。但是，如果要在保持锁定时使用服务器外部的进程操作数据库，则无法使用 READ LOCAL。对于 InnoDB 表，READ LOCAL 与 READ 相同。

❑ [LOW_PRIORITY] WRITE 锁定
- 持有锁的会话可以读写表。
- 只有持有锁的会话才能访问该表。在释放锁之前，没有其他会话可以访问它。
- 在保持 WRITE 锁定时，其他会话阻止对表的请求。
- LOW_PRIORITY 修饰符无效。在 MySQL 8.0 以前的版本中，它会影响锁定行为，但这不再适用。它现已被弃用，其使用会产生警告。使用 WRITE 而不使用 LOW_PRIORITY。

如果 LOCK TABLES 语句由于其他会话在任何表上持有的锁而必须等待，则它将一直阻塞，直到可以获取所有锁。

需要锁的会话必须在单个 LOCK TABLES 语句中获取所需的所有锁。当保持这样获得的锁时，会话只能访问锁定的表。下面通过一个小案例来进行说明。

【例 2-8】一个锁的小例子。

1）数据库中存在两张表 t1、t2。

```
mysql> SHOW TABLES;
+----------------+
| Tables_in_testq |
+----------------+
| t1             |
| t2             |
+----------------+
2 rows in set (0.00 sec)
```

2）给表 t1 加读的锁。

```
mysql> LOCK TABLES t1 READ;
Query OK, 0 rows affected (0.00 sec)
```

3）分别统计表 t1 和 t2 中数据的条数。

```
mysql> SELECT COUNT(*) FROM t1;
+----------+
| COUNT(*) |
+----------+
|        3 |
+----------+
1 row in set (0.05 sec)

mysql> SELECT COUNT(*) FROM t2;
ERROR 1100 (HY000): Table 't2' was not locked with LOCK TABLES
```

结果表示，尝试访问 t1 表时，正常读取，而读取 t2 表时发生错误，因为它未锁定在 LOCK TABLES 语句中。

注意

INFORMATION_SCHEMA 数据库中的表是一个例外。即使会话保持使用 LOCK TABLES 获得的表锁，也可以在不显式锁定的情况下访问它们。

4）为当前库中所有表解锁。

```
mysql> UNLOCK tables;
Query OK, 0 rows affected (0.00 sec)
```

2.3.5 其他

1. 复制语句

MySQL 提供通过 SQL 接口控制复制的功能，提供的 SQL 语句可分为控制主服务器的组、控制从服务器的组和可应用于任何复制服务器的组。MySQL 的复制是构建基于 MySQL 的大规模、高性能应用的基础，是基于二进制日志（binary log）来实现的。二进制日志是一组文件，其中包含有关 MySQL 服务器进行的数据修改的信息。该日志包含一组二进制日志文件和一个索引文件。可通过 PURGE BINARY LOGS 语句删除指定日志文件名或日期之前的日志索引文件中列出的所有二进制日志文件。

2. 预处理 SQL 语句语法

MySQL 为服务器端预处理语句提供支持。此支持利用了高效的客户端 / 服务器二进制协议。将带有占位符的预处理语句用于参数值具有以下好处：

❑ 每次执行时解析语句的开销更少。通常，数据库应用程序处理大量几乎相同的语句，只更改子句中的文字或变量值，例如查询和删除的 WHERE、更新的 SET 和插入的 VALUES。

❑ 防止 SQL 注入攻击。参数值可以包含未转义的 SQL 引号和分隔符。

用户可以通过客户端编程接口使用服务器端预处理语句，也可以通过备用的 SQL 接口应用预处理语句。但是，此接口不如通过预处理语句 API 使用二进制协议有效，但通过 SQL 接口不需要编程，因为它可直接在 SQL 级别使用。

3. 复合语句语法

复合语句可以被看成一个包含其他 SQL 语句的语句块，在块中可以进行变量、条件处理程序和游标的声明，也可以执行流控制结构，如循环和条件测试。MySQL 当前版本复合语句包含 BEGIN ... END 复合语句的语法以及可在存储程序语句块中使用的其他语句：存储过程、函数、触发器和事件。这些对象是根据存储在服务器上供以后调用的 SQL 代码定义的。

4. 数据库管理声明

MySQL 提供一组管理数据库的 SQL，方便 DBA 或维护人员对数据库进行监控与管理，例如数据库账户管理、表维护、插件和用户定义的功能，以及数据库相关参数的设置与显示等。

5. 应用声明

MySQL 提供一组用户对数据库表应用及操作的声明语句，包括 DESCRIBE、EXPLAIN、HELP 和 USE 语法。

❑ DESCRIBE：用于获取有关表（TABLE）结构。

❑ EXPLAIN：用于获取有关表查询执行计划的信息。

❑ HELP：语句返回 MySQL 参考手册中的在线信息。正确的操作要求使用帮助主题信息初始化 MySQL 数据库中的帮助表。HELP 语句在帮助表中搜索给定的搜索字符串并显示搜索结果，而且搜索字符串不区分大小写。

❑ USE：通过 USE db_name 语句，告诉 MySQL 使用 db_name 数据库作为后续语句的默认（当前）数据库。

2.4　存储过程

2.4.1　概述

过程化 SQL 块主要有两种类型，即命名块和匿名块。匿名块每次执行时都要进行编译，它不能被存储到数据库中，也不能在其他过程化 SQL 块中调用。

过程和函数是命名块，它们被编译后保存在数据库中，称为持久性存储模块（Persistent Stored Module，PSM），可以被反复调用，运行速度较快。SQL 2003 标准中 SQL/PSM 存储过程是由过程化 SQL 语句书写的过程，这个过程经编译和优化后存储在数据库服务器中，因此它被称为存储过程，使用时只要调用它即可。

使用存储过程具有以下优点。

❑ 由于存储过程不像解释执行的 SQL 语句那样在提出操作请求时才进行语法分析和优化工作，因而运行效率高，它提供了在服务器端快速执行 SQL 语句的有效途径。

❑ 存储过程降低了客户机和服务器之间的通信量。客户机上的应用程序只要通过网络向服务器发出调用存储过程的名字和参数，就可以让关系数据库管理系统执行其中的多条 SQL 语句并进行数据处理。只有最终的处理结果才返回客户端。

❑ 方便实施企业规则。可以把企业规则的运算程序写成存储过程放入数据库服务器中，由关系数据库管理系统管理，既有利于集中控制，又能够方便地进行维护。当企业规则发生变化时只要修改存储过程即可，无须修改其他应用程序。

2.4.2 建立存储过程

建立存储过程语法如下：

```
CREATE OR REPLACE PROCEDURE 过程名([参数1 ,参数2, ...]) /* 存储过程首部 */
AS< 过程化 SQL 块 >;                        /* 存储过程体，描述该存储过程的操作 */
```

存储过程包括过程首部和过程体。

❑ 过程首部中，"过程名"是数据库服务器合法的对象标识；参数列表 [参数 1，参数 2，…] 用名字来标识调用时给出的参数值，必须指定值的数据类型。可以定义输入参数、输出参数或输入 / 输出参数，默认为输入参数，也可以无参数。

❑ 过程体是一个 < 过程化 SQL 块 >，包括声明部分和可执行语句部分。

基本的 SQL 是高度非过程化的语言。嵌入式 SQL 将 SQL 语句嵌入程序设计语言，借助高级语言的控制功能实现过程化。过程化 SQL 是对 SQL 的扩展，增加了过程化语句功能。

过程化 SQL 程序的基本结构是块。所有的过程化 SQL 程序都是由块组成的。这些块之间可以互相嵌套，每个块完成一个逻辑操作。

1. 变量和常量的定义

（1）变量定义

```
变量名数据类型 [[NOT NULL] :=初值表达式 ] 或变量名数据类型 [[NOT NULL] 初值表达式 ]
```

（2）常量的定义

```
常量名 数据类型 CONSTANT := 常量表达式
```

常量必须要给一个值，并且该值在存在期间或常量的作用域内不能改变。如果试图修改它，过程化 SQL 将返回一个异常。

（3）赋值语句

```
变量名 :=表达式
```

2. 流程控制

过程化 SQL 提供了流程控制语句，主要有条件控制语句和循环控制语句。这些语句的语法、语义和一般的高级语言（如 C 语言）类似，这里只进行概要的介绍。读者使用时要参考具体产品手册的语法规则。

（1）条件控制语句

一般有三种形式的 IF 语句：IF-THEN 语句、IF-THEN-ELSE 语句和嵌套的 IF 语句。

IF 语句

```
lF condition THEN
    Sequence_of_statements;        /*条件为真时语句序列才被执行 */
END IF;                            /*条件为假或 NULL 时什么也不做，控制转移至下一个语句 */
```

IF-THEN 语句

```
lF condition THEN
    Sequence_of_statementsl;       /*条件为真时执行语句序列 1*/
ELSE
    Sequence of_ statements2;      /*条件为假或 NULL 时执行语句序列 2*/
END IF:
```

嵌套的 IF 语句

在 THEN 和 ELSE 子句中还可以再包含 IF 语句，即 IF 语句可以嵌套。

（2）循环控制语句

过程化 SQL 有三种循环结构：LOOP、WHILE-LOOP 和 FOR-LOOP。

最简单的循环语句 LOOP

```
LOOP
    Sequence_of_statements; ,      /*循环体，一组过程化 SQL 语句 */
END LOOP;
```

多数数据库服务器的过程化 SQL 都提供 EXIT、BREAK 或 LEAVE 等循环结束语句，以保证 LOOP 语句块能够在适当的条件下提前结束。

WHILE-LOOP 循环语句

```
WHTLE condition LOOP
    Sequence of _ statements;      /*条件为真时执行循环体内的语句序列 */
END LOOP;
```

每次执行循环体语句之前首先要对条件进行求值，如果条件为真则执行循环体内的语句序列，如果条件为假则跳过循环并把控制传递给下一个语句。

FOR-LOOP 循环语句

```
FOR count IN [REVERSE] boundl .. bound2 LOOP
    Sequece of_ statements;
END LOOP;
```

FOR 循环的基本执行过程是：将 count 设置为循环的下界 boundl，检查它是否小于上界 bound2。当指定 REVERSE 时则将 count 设置为循环的上界 bound2，检查 count 是否大于下界 boundl。如果越界则执行跳出循环，否则执行循环体，然后按照步长（+1 或 −1）更新

count 的值，重新判断条件。

【**例 2-9**】以例 2-6 业务为基础，建立存储过程，本次业务只针对老用户，在对老用户做标记前，也允许老用户进行存款业务。

```
/* delimiter 是 MySQL 分隔符
* 告诉 MySQL 解释器该段命令是否已经结束了，MySQL 是否可以执行了。
* 默认情况下，delimiter 是分号；此处设置为 //，再遇到 // 时，代表命令行结束，可执行 SQL
*/
mysql> delimiter //
/* 定义存储过程 transfer
* 输入参数：saveuid，存储用户 ID；saveAmount，本次预存款数
* 输出参数：outSaveAmount，账户余额；outgrade，用户情况
*/
mysql> CREATE PROCEDURE transfer(saveuid INT,saveAmount FLOAT,OUT
outSaveAmount FLOAT,OUT outgrade CHAR(10))
    -> BEGIN
    -> DECLARE totalAmound FLOAT DEFAULT 0; #声明变量，默认值为 0
    ->
    -> SELECT totalmoney INTO totalAmound FROM account WHERE uid=saveuid;
    -> #如果变量值为 0，则为新用户，事务回滚，不做任何操作
    -> IF totalAmound=0 THEN
    ->     SET outgrade= 'New user.';
    ->     SET outSaveAmount= totalAmound;
    -> ROLLBACK;
    -> END IF;
    -> #如果变量值不为 0，则为老用户，设定老用户操作
    -> IF totalAmound>0 THEN
    -> SET outgrade= 'Old user';
    ->     SET outSaveAmount=saveAmount+totalAmound;
    -> END IF;
    ->#更新用户存款信息和用户等级信息
    -> UPDATE account SET totalmoney=outSaveAmount WHERE uid=saveuid;
    -> UPDATE usertb SET grade=outgrade WHERE uid=saveuid;
    -> COMMIT;            #提交事务
    -> END;
    -> //                 #命令行结束，执行 SQL
Query OK, 0 rows affected (0.00 sec)
mysql> delimiter ;    # 设定 MySQL 分隔符；
```

2.4.3 调用存储过程

调用存储过程的语法规则为：

```
CALL/PERFORM PROCEDURE  过程名（[参数 1，参数 2，...]）；
```

使用 CALL 或者 PERFORM 等方式激活存储过程的执行。在过程化 SQL 中，数据库服务器支持在过程体中调用其他存储过程。

【**例 2-10**】数据参见例 2-6，调用例 2-9 设置的存储过程，体会新用户与老用户的存储过程。

1）给存储过程 transfer 传入一个新用户 2，想存入 1 万元。

```
mysql> CALL transfer(2,10000,@a,@b);
Query OK, 0 rows affected (0.00 sec)
```

通过 SELECT 查询存储过程输出的结果：

```
mysql> SELECT @a,@b;
+------+-----------+
| @a   | @b        |
+------+-----------+
|    0 | New user. |
+------+-----------+
1 row in set (0.00 sec)
```

结果表明，由于是新用户（New user），没有完成存款（0）及老用户标记业务。

2）给存储过程 transfer 传入一个已经存在的用户 1，想存入 1 万元。

```
mysql> CALL transfer(1,10000,@a,@b);
Query OK, 0 rows affected (0.13 sec)
```

通过 SELECT 查询存储过程输出的结果：

```
mysql> SELECT @a,@b;
+-------+----------+
| @a    | @b       |
+-------+----------+
| 60000 | Old user |
+-------+----------+
1 row in set (0.00 sec)
```

结果表明，由于是老用户（Old user），完成存款 1 万元，目前总存款为 6 万（60 000）元及老用户标记业务。

2.4.4 查询存储过程

查询存储过程的方法不止一种，下面给大家介绍一种通过 SELECT 语句查询存储过程的方法。

【例 2-11】查询当前数据库中所有存储过程的名字列表。

```
mysql> SELECT 'name' FROM mysql.proc WHERE db = 'testq' AND 'type' = 'PROCEDURE';
+----------+
| name     |
+----------+
| transfer |
+----------+
1 row in set (0.00 sec)
```

当前所用数据库中只有一个名为 transfer 的存储过程。

2.4.5 删除存储过程

删除存储过程的基本语法为：

```
DROP PROCEDURE <过程名>
```

【例 2-12】删除当前数据库中名为 transfer 的存储过程。

```
mysql> DROP PROCEDURE transfer;
Query OK, 0 rows affected (0.00 sec)
```

2.5　视图

视图是从一个或几个基本表（或视图）导出的表。视图是存储的查询，在调用时会生成结果集。它与基本表不同，视图充当虚拟表。数据库中只存放视图的定义，而不存放视图对应的数据，这些数据仍存放在原来的基本表中。所以一旦基本表中的数据发生变化，从视图查询出的数据也会随之改变。从这个意义上讲，视图就是一个窗口，透过它可以看到数据库中自己感兴趣的数据及其变化。

视图一经定义，就可以和基本表一样被查询和删除。也可以在一个视图之上再定义新的视图，但对视图的更新操作则有一定的限制。

SQL 语言用 CREATE VIEW 命令建立视图，其一般格式为：

```
CREATE VIEW <视图名> [(<列名> [,<列名>] …)]
AS <子查询>
[with check option];
```

其中，子查询可以是任意的 select 语句，是否可以含有 order by 子句和 distinct 短语，则取决于具体系统的实现。

with check option 表示对视图进行 update、insert 和 delete 操作时要保证更新、插入或删除的行满足视图定义中的谓词条件（即子查询中的条件表达式）。

组成视图的属性列名或者全部省略或者全部指定，没有第三种选择。如果省略了视图的各个属性列名，则隐含该视图由子查询中 SELECT 子句目标列中的诸字段组成。但在下列三种情况下必须明确指定视图的所有列名：

❑ 某个目标列不是单纯的属性名，而是聚集函数或列表达式；

❑ 多表连接时选出了几个同名列作为视图的字段；

❑ 需要在视图中为某个列启用新的名字。

【例 2-13】隐含字段的列名，建立视图，查询表 t1 所有数据。

```
mysql> CREATE VIEW v_tb1 AS
    -> SELECT c1,c2,c3 FROM t1;
Query OK, 0 rows affected (0.15 sec)
```

本例中省略了视图的列名，隐含地由子查询中 SELECT 子句中的三个列名组成。故通过视图查询时，按隐含列名查询。

```
mysql> SELECT c1,c2,c3 FROM v_tb1;
+------+------+--------+
| c1   | c2   | c3     |
+------+------+--------+
|    1 |    2 | a      |
|    4 |    4 | xatest |
|    5 |    4 | xatest |
+------+------+--------+
3 rows in set (0.17 sec)
```

视图关系在概念上包含查询结果中的元组，但并不进行预期计算和存储。相反，数据库系统存储与视图关系相关联的查询表达式。当视图关系被访问时，其中的元组是通过计算查询结果而被创建出来的。从而，视图关系是在需要的时候才被创建的。一旦定义了一个视图，就可以用视图名指代该视图生成的虚关系。在查询中，视图名可以出现在关系名可以出现的任何地方。

【例 2-14】可以定义视图的属性名，建立视图，查询表 t1 的所有数据。

视图的属性名可以按下述方式显式指定：

```
mysql> CREATE VIEW v_tb2(v_c1,v_c2,v_c3) AS
    -> SELECT c1,c2,c3 FROM t1;
Query OK, 0 rows affected (0.10 sec)

mysql> SELECT v_c1,v_c2,v_c3 FROM v_tb2;
+------+------+--------+
| v_c1 | v_c2 | v_c3   |
+------+------+--------+
|    1 |    2 | a      |
|    4 |    4 | xatest |
|    5 |    4 | xatest |
+------+------+--------+
3 rows in set (0.08 sec)
```

上述视图查询表 t1 所产生结果，对应的属性名在视图定义中显式指定为 v_c1、v_c2、v_c3。

直觉上，在任何给定时刻，视图关系中的元组集是该时刻视图定义中查询表达式的计算结果。因此，如果一个视图关系被计算并存储，一旦用于定义该视图的关系被修改，视图就会过期。为了避免这一点，通常这样实现视图：当定义一个视图时，数据库系统存储视图的定义本身，而不存储定义该视图的查询表达式的执行结果。一旦视图关系出现在查询中，它就被以存储的表达式代替。因此，无论何时执行这个查询，视图关系都被重新计算。

一个视图可能被用到定义另一个视图的表达式中。

【例 2-15】定义视图 v_tb3，它列出视图 v_tb1 中 v_c1、v_c2 的值。

```
mysql> CREATE VIEW v_tb3(v_c1,v_c2) AS
    -> SELECT v_c1,v_c2 FROM v_tb2;
Query OK, 0 rows affected (0.10 sec)

mysql> SELECT * FROM v_tb3;
+------+------+
| v_c1 | v_c2 |
+------+------+
|    1 |    2 |
|    4 |    4 |
|    5 |    4 |
+------+------+
3 rows in set (0.00 sec)
```

其中视图名为 v_tb3。特定数据库系统允许存储视图关系，但是它们保证：如果用于定义视图的实际关系改变，视图也跟着修改。这样的视图被称为物化视图。

保持物化视图一直在最新状态的过程称为物化视图维护，通常简称为视图维护。当构成视图定义的任何关系被更新时，可以马上进行视图维护。然而某些数据库系统在视图被访问时才执行视图维护。还有一些系统仅采用周期性的物化视图更新方式，在这种情况下，当物化视图被使用时，其中的内容可能是陈旧的，或者说过时的。如果应用需要最新数据的话，这种方式是不适用的。

2.6 分区

当数据量随着业务的发展而不断增加时，传统的单机单表运行就显得吃力了。为了解决这样的问题，要么将业务应用切分成众多小应用，使其分布在不同的机器运行，即横向扩展思路；要么提升机器自身的处理能力，例如添加更多的 CPU 核、存储设备，使用更大的内存时，应用可以很充分地利用这些资源来提升自己的效率从而达到很好的扩展性，即纵向扩展思路。

在 MySQL 数据库中，随着表中数据的不断增加，查询速度可能已经慢到影响使用，从而不得不采用一些手段，来保证整个项目的正常运作。通常的做法是，将一张表拆分成多张表的形式，来减缓查询的压力。但是，如果该表与其他表基本无关联，也不涉及频繁插入或者联合查询时，尤其表中的数据呈明显分段（例如：按地区、日期分段或按经常查询的部分数据分段）时，更建议使用分区的技术。

MySQL 从 5.1 版本开始支持分区功能，它允许设置一定逻辑，跨文件系统分配单个表的多个部分，但是就访问数据库而言，逻辑上仍只有一个表，如图 2-17 所示。

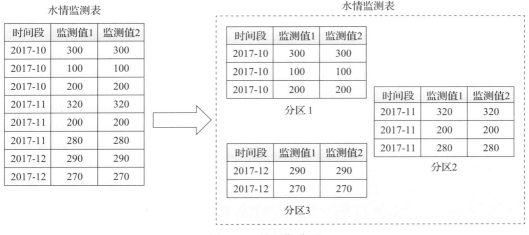

图 2-17 按日期分区

如图 2-17 中所示，将"水情监测表"以日期中的月份为条件进行了分区，共分为 3 个区。当然，你也可以试着按照相同的条件分成 3 张表。但分区与分表本质上的区别是：分表将一张表分成多个小表，而分区则是把一张表的数据分成多个区块。它们都能将分解后的表或区块存储在同一块磁盘上，或不同服务的磁盘上。

就 MySQL 而言，分表是真正的分表。将一张表分成很多表后，每一个小表都是完整的一张表，都对应三个文件（MyISAM 引擎：一个 .MYD 数据文件、一个 .MYI 索引文件和一个 .frm 表结构文件）。分区是把存放数据的文件分成了许多小块，分区后的表还是一张表，

数据处理由自己来完成。由此,分区为数据表的处理带来了一定的好处:

❑ 分区可以将分区表存储在不同物理磁盘上,故有利于在数据表中或文件系统分区上存储更多的数据。

❑ 对于已过期或者不需要保存的数据,可以通过删除数据有关的分区进行快速删除,效率远比在整张表上删除高。

❑ 可以优化查询。例如,在 where 子句中包含分区条件时,可以只扫描条件指定的分区搜索查询,比查询整张表效率好很多。在进行聚合查询(例如 SUM()、COUNT())时,能够在每个分区上并行处理,提高查询效率。

❑ 分区块存储于多块磁盘时,可以实现更高的查询吞吐量。

分表后可使单表的并发能力提高。分区突破了磁盘 I/O 瓶颈,通过提高磁盘的读写能力来增加 MySQL 性能。分区和分表的侧重点不同,分表重点是存取数据时,如何提高 MySQL 并发能力;而分区重点在于如何突破磁盘的读写能力,从而达到提高 MySQL 性能的目的。

当然,分区时也有些需要注意的问题。例如,分区表达式中不允许使用存储过程、存储函数、UDF 或插件这样的结构。分区表达式中不允许使用位运算符 |、&、^、<<、>> 和 ~,具体分区的约束和限定内容,不同版本可能存在差别。具体可参见官网,最新版本官网地址为:https://dev.mysql.com/doc/refman/8.0/en/partitioning-limitations.html。

数据库分区一个非常常见的用途是按日期隔离数据。一些数据库系统支持显式日期分区,在 MySQL 8.0 中没有实现。但是,在 MySQL 中创建基于 DATE、TIME 或 DATETIME 列的分区方案或基于使用此类列的表达式并不困难。在 MySQL 8.0 中可用的分区类型,大体有 4 类:

❑ RANGE 分区。这种类型基于一个给定连续区间范围,把数据分配到不同的分区。

❑ LIST 分区。与 RANGE 分区类似,不同之处在于 LIST 分区是基于枚举的值列表分区,RANGE 是基于给定连续区间范围分区。

❑ HASH 分区。使用这种类型的分区,将根据用户定义的表达式返回的值来选择分区,该表达式对要插入表中的行中的列值进行操作。该函数可以包含在 MySQL 中有效的任何表达式,该表达式产生非负整数值。

❑ KEY 分区。该类型类似 HASH,但是 HASH 允许使用用户自定义表达式,而 KEY 分区不允许,它需要使用 MySQL 服务器提供的 HASH 函数,同时 HASH 分区只支持整数分区,而 KEY 分区支持除 BLOB 和 TEXT 类型之外的其他列。

MySQL 对分区提供了易操作的管理、维护、选择的功能,具体介绍与操作可参见官网。

【例 2-16】表分区操作的简单例子。

1)建立分区表。

```
mysql> CREATE TABLE tr (id INT, name VARCHAR(50), purchased DATE)
    -> PARTITION BY RANGE( YEAR(purchased) ) (  # 指定 purchased 字段中年份进行分区
    -> PARTITION p0 VALUES LESS THAN (1990),  # 指定分区 p0 存储小于 1990 的数据
    -> PARTITION p1 VALUES LESS THAN (1995),  # 指定分区 p1 存储 1990 ~ 1995 的数据
    -> PARTITION p2 VALUES LESS THAN (2000),
    -> PARTITION p3 VALUES LESS THAN (2005),
```

```
    -> PARTITION p4 VALUES LESS THAN (2010),
    -> PARTITION p5 VALUES LESS THAN (2015)
    -> );
Query OK, 0 rows affected (0.17 sec)
```

2）查看表有哪几个分区。

```
mysql> SELECT
    ->    partition_name part,              # 分区名
    ->    partition_expression expr,        # 分区表达式
    ->    partition_description descr,       # 分区描述
    ->    table_rows                        # 分区中拥有数据的行数
    -> FROM information_schema.partitions WHERE
    ->    table_schema = schema()
    ->    AND table_name='tr';               # 指定表名
+------+-----------------+--------+------------+
| part | expr            | descry | table_rows |
+------+-----------------+--------+------------+
| p0   | YEAR(purchased) | 1990   |          0 |
| p1   | YEAR(purchased) | 1995   |          0 |
| p2   | YEAR(purchased) | 2000   |          0 |
| p3   | YEAR(purchased) | 2005   |          0 |
| p4   | YEAR(purchased) | 2010   |          0 |
| p5   | YEAR(purchased) | 2015   |          0 |
+------+-----------------+--------+------------+
6 rows in set (0.02 sec)
```

3）向分区表 tr 中插入 10 条数据。

```
mysql> INSERT INTO tr VALUES
    -> (1, 'desk organiser', '2003-10-15'),
    -> (2, 'alarm clock', '1997-11-05'),
    -> (3, 'chair', '2009-03-10'),
    -> (4, 'bookcase', '1989-01-10'),
    -> (5, 'exercise bike', '2014-05-09'),
    -> (6, 'sofa', '1987-06-05'),
    -> (7, 'espresso maker', '2011-11-22'),
    -> (8, 'aquarium', '1992-08-04'),
    -> (9, 'study desk', '2006-09-16'),
    -> (10, 'lava lamp', '1998-12-25');
Query OK, 10 rows affected (0.01 sec)
Records: 10  Duplicates: 0  Warnings: 0
```

4）查询分区表 tr 中，来自分区 p2 中的表数据。

```
mysql> SELECT * FROM tr
    -> WHERE purchased BETWEEN '1995-01-01' AND '1999-12-31';
+------+-------------+------------+
| id   | name        | purchased  |
+------+-------------+------------+
|    2 | alarm clock | 1997-11-05 |
|   10 | lava lamp   | 1998-12-25 |
+------+-------------+------------+
2 rows in set (0.06 sec)
```

5）基于 tr 表，增加表分区 p6。

```
mysql> ALTER TABLE tr ADD PARTITION (PARTITION p6 VALUES LESS THAN (2016));
Query OK, 0 rows affected (0.12 sec)
Records: 0  Duplicates: 0  Warnings: 0
```

6）使用 SHOW CREATE TABLE 语句，查看 ALTER TABLE 语句行为。

```
mysql> SHOW CREATE TABLE tr\G;
*************************** 1. row ***************************
       Table: tr
Create Table: CREATE TABLE 'tr' (
    'id' int(11) DEFAULT NULL,
    'name' varchar(50) DEFAULT NULL,
    'purchased' date DEFAULT NULL
) ENGINE=InnoDB DEFAULT CHARSET=latin1
/*!50100 PARTITION BY RANGE ( YEAR(purchased))
(PARTITION p0 VALUES LESS THAN (1990) ENGINE = InnoDB,
 PARTITION p1 VALUES LESS THAN (1995) ENGINE = InnoDB,
 PARTITION p2 VALUES LESS THAN (2000) ENGINE = InnoDB,
 PARTITION p3 VALUES LESS THAN (2005) ENGINE = InnoDB,
 PARTITION p4 VALUES LESS THAN (2010) ENGINE = InnoDB,
 PARTITION p5 VALUES LESS THAN (2015) ENGINE = InnoDB,
 PARTITION p6 VALUES LESS THAN (2016) ENGINE = InnoDB) */
1 row in set (0.01 sec)
```

结果表示，有 1 行分区被设置过。

7）删除表分区 p1 和 p3 中的数据，如下所示。

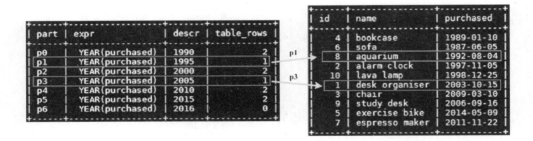

```
mysql> ALTER TABLE tr TRUNCATE PARTITION p1, p3;
Query OK, 0 rows affected (0.02 sec)

mysql> SELECT * FROM tr;
+------+----------------+------------+
| id   | name           | purchased  |
+------+----------------+------------+
|    4 | bookcase       | 1989-01-10 |
|    6 | sofa           | 1987-06-05 |
|    2 | alarm clock    | 1997-11-05 |
|   10 | lava lamp      | 1998-12-25 |
|    3 | chair          | 2009-03-10 |
|    9 | study desk     | 2006-09-16 |
|    5 | exercise bike  | 2014-05-09 |
|    7 | espresso maker | 2011-11-22 |
+------+----------------+------------+
8 rows in set (0.00 sec)
```

结果表明，分区 p1 和 p3 中的数据（id 为 1 和 8）已经被删除。该语句与下面 DELETE
语句执行后的效果一致。

```
mysql> DELETE FROM tr WHERE
    ->     (YEAR(purchased) >= 1990 AND YEAR(purchased) < 1995)
    ->     OR
    ->     (YEAR(purchased) >= 2000 AND YEAR(purchased) < 2005);
Query OK, 2 rows affected (0.01 sec)
```

2.7 复制

复制允许将来自一个 MySQL 数据库服务器（主服务器，Master）的数据复制到一个或
多个 MySQL 数据库服务器（从服务器，Slave）。默认情况下，复制是异步的。从服务器不
需要永久性地连接，以便接收来自主服务器的更新。可以通过配置，实现复制所有数据库、
指定的部分数据库或指定的数据库中所选定的几张表。

MySQL 中复制的优点包括：

❑ 横向扩展解决方案。应用分配至多个从服务器，以提高整体性能。该场景下，所有写
 入和更新操作都必须在主服务器上进行。但是，读取可以在一个或多个从服务器上进
 行。该模型可以提高写入性能（因为主设备专用于更新），同时明显提高了从服务器
 的读取速度。

❑ 数据安全性。因为数据被复制到从服务器，并且从服务器可以暂停复制过程，所以可
 以在从服务器上运行备份服务而不会破坏相应主服务器的数据。

❑ 分析。可以在主服务器上创建实时数据，而信息分析可以在从服务器上进行，从而不
 会影响主服务器的性能。

❑ 远程数据分发。可以使用复制为远程站点创建数据的本地副本，而无须永久访问主服
 务器。

MySQL 8.0 支持不同的复制方法。传统的复制方法，基于主服务器二进制日志（bianry
log）完成复制事件，并要求主服务器和从服务器之间的日志文件和位置同步。基于全局事务
标识符（GTID）的较新方法是事务性的，因此不需要处理这些文件中的日志文件或位置，这
极大地简化了许多常见的复制任务。只要在主服务器上提交的所有事务已应用于从服务器，
使用 GTID 进行复制可确保主服务器和从服务器之间的一致性。

MySQL 中的复制支持不同类型的同步。原始类型的同步是单向异步复制，其中一个服
务器充当主服务器，而一个或多个其他服务器充当从服务器。这与同步复制形成对比，后者
是 NDB Cluster 的一个特性（参见官网文档第 22 章，MySQL NDB Cluster 8.0）。在 MySQL
8.0 中，除内置的异步复制之外，还支持半同步复制。使用半同步复制，在返回执行事务的
会话之前对主服务器上的块（block）执行提交，直到至少一个从服务器确认已接收并记录事
务的事件为止。MySQL 8.0 还支持延迟复制，使得从属服务器故意滞后于主服务器至少一段
指定的时间。

有许多解决方案可用于在服务器之间设置复制，最佳使用方法取决于使用的数据和引擎
类型。

MySQL 有两种核心类型的复制格式：基于语句的复制（SBR），它复制整个 SQL 语句，以及基于行的复制（RBR），它仅复制已更改的行。此外，还可以使用混合复制（MBR）。

可以使用复制来解决许多不同的问题，包括性能、支持不同数据库的备份，以及作为缓解系统故障的更大解决方案的一部分。

【例 2-17】一个主从复制、读写分离的实验。

1）实验环境。

一台主（master）服务器，负责写操作。

一台从（slave）服务器，负责读操作。

操作系统：Centos7.X。

2）数据库的准备，master 机与 slave 机操作相同。

通过 mysql 命令，打开已经安装好的 MySQL 命令窗口。

```
[root@master user]# mysql -u root -p
```

选择系统自带的 test 数据库作为当前数据库，也可以自定义其他数据库。

```
mysql> use test;
Database changed
mysql> show tables;
Empty set (0.00 sec)
```

创建 MySQL 的新用户 myuser，并赋予足够权限。

```
# 创建新用户
mysql> CREATE USER 'myuser'@'192.168.70.%' IDENTIFIED BY 'password';
Query OK, 0 rows affected (0.32 sec)
# 赋予权限
mysql> GRANT REPLICATION SLAVE ON *.* TO 'myuser'@'192.168.70.%';
Query OK, 0 rows affected (0.06 sec)
# 刷新权限
mysql> FLUSH PRIVILEGES;
Query OK, 0 rows affected (0.04 sec)
# 查看当前用户
mysql> SELECT host,user, Grant_priv,Super_priv FROM mysql.user;
+--------------+--------+------------+------------+
| host         | user   | Grant_priv | Super_priv |
+--------------+--------+------------+------------+
| localhost    | root   | Y          | Y          |
| master       | root   | Y          | Y          |
| 127.0.0.1    | root   | Y          | Y          |
| ::1          | root   | Y          | Y          |
| %            | root   | Y          | Y          |
| 192.168.70.% | myuser | N          | N          |
+--------------+--------+------------+------------+
```

检查防火墙，使其处于关闭状态或者可运行当前服务的状态。

```
[root@master ~]# service iptables status
iptables: Firewall is not running.
```

3）配置主服务器数据库。

查看 MySQL 端口 3306 是否开启，如下所示为开启状态。

```
[user@master ~]$ netstat -nltp
tcp       0      0 0.0.0.0:3306            0.0.0.0:*              LIST
```

停止 MySQL 服务。

```
[root@master user]# service mysql stop
Shutting down MySQL..... SUCCESS!
```

查看配置文件 my.cnf 所在磁盘的位置。

```
[root@master user]# whereis my.cnf
my: /etc/my.cnf
```

打开 my.cnf 文件，添加如下配置。

```
[root@master user]# vi /etc/my.cnf
# The MySQL server
[mysqld]
# Replication Master Server (default)
# binary logging - not required for slaves, but recommended
log-bin=mysql-bin
# required unique id between 1 and 2^32 - 1
# defaults to 1 if master-host is not set
# but will not function as a master if omitted
server-id = 1
```

启动 MySQL 服务。

```
[root@master user]# service mysql start
Starting MySQL..... SUCCESS!
```

查看主服务器状态。

```
mysql> show master status;
+------------------+----------+--------------+------------------+
| File             | Position | Binlog_Do_DB | Binlog_Ignore_DB |
+------------------+----------+--------------+------------------+
| mysql-bin.000003 |      107 |              |                  |
+------------------+----------+--------------+------------------+
1 row in set (0.04 sec)
```

4）配置从服务器数据库。

查看 MySQL 服务状态，如果开启，进行关闭操作。

```
[root@master user]# service mysql status    # 查看 MySQL 服务状态，提示在运行
 SUCCESS! MySQL running (1234)
[root@master user]# service mysql stop       # 停止 MySQL 服务
Shutting down MySQL... SUCCESS!
[root@master user]# service mysql status    # 查看 MySQL 服务状态，提示没有运行
 ERROR! MySQL is not running
```

查看配置文件 my.cnf 所在磁盘的位置。

```
[root@master user]# whereis my.cnf
my: /etc/my.cnf
```

打开 my.cnf 文件，添加如下配置。

```
[root@master user]# vi /etc/my.cnf
[mysqld]
server-id        = 2
replicate-do-db=test
replicate-ignore-db=mysql
```

启动 MySQL 服务。

```
[root@master user]# service mysql start
Starting MySQL.... SUCCESS!
```

配置连接主服务器的信息。

```
mysql> STOP slave;
Query OK, 0 rows affected, 1 warning (0.00 sec)

mysql> RESET slave;
Query OK, 0 rows affected (0.00 sec)

mysql> CHANGE MASTER TO
    -> MASTER_HOST='192.168.70.115',
    -> MASTER_USER='myuser',
    -> MASTER_PASSWORD='password',
    -> MASTER_LOG_FILE='mysql-bin.000003',
    -> MASTER_LOG_POS=313;
Query OK, 0 rows affected (0.03 sec)

mysql> START slave;
Query OK, 0 rows affected (0.00 sec)
```

查看从服务器状态。

```
mysql> SHOW slave STATUS\G;
*************************** 1. row ***************************
               Slave_IO_State: Waiting for master to send event
                  Master_Host: 192.168.70.115
                  Master_User: myuser
                  Master_Port: 3306
                Connect_Retry: 60
              Master_Log_File: mysql-bin.000003
          Read_Master_Log_Pos: 107
               Relay_Log_File: slave-relay-bin.000002
                Relay_Log_Pos: 253
        Relay_Master_Log_File: mysql-bin.000003
             Slave_IO_Running: Yes
            Slave_SQL_Running: Yes
              Replicate_Do_DB: test
          Replicate_Ignore_DB: mysql
           Replicate_Do_Table:
       Replicate_Ignore_Table:
      Replicate_Wild_Do_Table:
  Replicate_Wild_Ignore_Table:
                    Last_Errno: 0
                    Last_Error:
```

```
                 Skip_Counter: 0
        Exec_Master_Log_Pos: 107
           Relay_Log_Space: 409
           Until_Condition: None
            Until_Log_File:
             Until_Log_Pos: 0
         Master_SSL_Allowed: No
         Master_SSL_CA_File:
         Master_SSL_CA_Path:
            Master_SSL_Cert:
          Master_SSL_Cipher:
             Master_SSL_Key:
      Seconds_Behind_Master: 0
Master_SSL_Verify_Server_Cert: No
              Last_IO_Errno: 0
              Last_IO_Error:
             Last_SQL_Errno: 0
             Last_SQL_Error:
  Replicate_Ignore_Server_Ids:
            Master_Server_Id: 1
1 row in set (0.00 sec)
```

🗣 **注意**

如果出现"Slave_IO_Running: No"，具体解决方法如下。

1）在主数据环境下，查看 Master 状态。

```
mysql> show master status;
+------------------+----------+--------------+------------------+
| File             | Position | Binlog_Do_DB | Binlog_Ignore_DB |
+------------------+----------+--------------+------------------+
| mysql-bin.000003 |      107 |              |                  |
+------------------+----------+--------------+------------------+
1 row in set (0.04 sec)
```

2）切换回从数据库进行操作。

```
mysql> slave STOP;
Query OK, 0 rows affected (0.01 sec)
mysql> CHANGE master to MASTER_LOG_FILE='mysql-bin.000003',Master_LOG_Pos=107;
Query OK, 0 rows affected (0.02 sec)
mysql> slave START;
Query OK, 0 rows affected (0.00 sec)
```

3）再次，查看从服务器状态，出现"Slave_IO_Running: Yes"。

5）测试数据同步。
使用 test 数据库。

```
mysql> USE test;
Database changed
```

查看当前是否为 test 数据库，本例显示当前数据库。

```
mysql> SELECT database();
+------------+
| database() |
+------------+
| test       |
+------------+
1 row in set (0.00 sec)
```

主与从服务器的 test 数据库，现在无表存在。

```
mysql> SHOW TABLES;
Empty set (0.00 sec)
```

在主服务器数据库中建立表 tb，用于写操作。

```
mysql> CREATE TABLE tb (
    ->    id INT(11) NOT NULL AUTO_INCREMENT,
    ->    s CHAR(60) DEFAULT NULL,
    ->    PRIMARY KEY ('id')
    -> ) ENGINE=InnoDB DEFAULT CHARSET=utf8;
Query OK, 0 rows affected (0.01 sec)
```

在主服务器 tb 表下插入三条数据。

```
mysql>INSERT INTO tb(s) VALUES ('a'),('b'),('c');
Query OK,3 rows affected (0.01 sec)
```

在从服务器数据库中，这时能看到也有与主服务器数据库 use 中相同的表。

```
mysql> show tables;
+----------------+
| Tables_in_test |
+----------------+
| tb             |
+----------------+
1 row in set (0.00 sec)
```

在从服务器数据库中，能查到主服务器数据中表 tb 中的数据。

```
mysql> select * from tb;
+----+------+
| id | s    |
+----+------+
| 1  | a    |
| 2  | b    |
| 3  | c    |
+----+------+
3 rows in set (0.00 sec)
```

2.8　MySQL 的 Java 客户端 JDBC

2.8.1　JDBC 概述

JDBC（Java Database Connectivity，Java 数据库连接）是 Java 环境中访问 SQL 数据库的一组 API（Application Programming Interface，应用程序编程接口）。它包括一些用 Java 语

言编写的类和接口，能更方便地向任何关系数据库发送 SQL 命令。

　　JDBC 提供给程序员的编程接口由两部分组成：一是面向应用程序的编程接口 JDBC API，它是面向程序员的；二是支持底层开发的驱动程序接口 JDBC Driver API，它是提供给数据库厂商或专门的驱动程序供应商开发 JDBC 驱动程序用的。当前流行的大多数数据库系统都推出了自己的 JDBC 驱动程序。

1. JDBC 驱动程序的类型

JDBC 驱动程序大致分为 4 种类型。

- ❑ JDBC Type-1：将 JDBC API 映射到另一种数据库的 API 上，如 JDBC–ODBC 桥。
- ❑ JDBC Type-2：这类 JDBC 驱动程序有一部分是用 Java 语言编写的，另外一部分是用本地代码编写，一般也称为 JDBC Native API。
- ❑ JDBC Type-3：也叫 JDBC Network Bridge 驱动程序，它使用 Java 语言编写，具有跨平台特性，通常由 Web 服务器提供支持。
- ❑ JDBC Type-4：是用纯 Java 语言编写，具有跨平台特性，一般称为 Pure Java JDBC Driver。

2. JDBC Type-4 驱动程序的安装

JDBC Type-4 驱动程序通常以 JAR 包的形式发布，使用时只需导入相应 JAR 包即可。

　　以 MySQL 数据库为例，只需将下载的 MySQL JDBC 驱动程序 mysql-connector-java-5.1.10.jar 包置于 Web 服务器的 lib 文件夹中即可。当然也可以在开发环境中导入 JAR 包，然后随 Web 应用一起发布至服务器。

3. JDBC 的功能

JDBC 驱动程序在 Java 应用程序和数据库系统之间起桥梁作用，它提供了一组访问数据的 API，这些 API 包括 4 个方面的功能：

- ❑ 建立与数据库的连接。
- ❑ 发送 SQL 语句到数据库系统中执行。
- ❑ 返回 SQL 查询语句的执行结果。
- ❑ 关闭与数据库的连接。

2.8.2　JDBC API

1. java.sql 包

JDBC API 的核心部分在 java.sql 包中，包含访问并处理数据库数据的 API。

2. javax.sql 包

javax.sql 包是 java.sql 包的补充，它从 JDK1.4 版本开始提供，支持连接池和数据源技术，支持分布式事务处理。

3. 常用 JDBC API 类及接口

（1）java.sql.Driver 接口

这个接口的实现类是某种数据库的一个驱动程序类，用于初始化驱动程序。

　　MySQL 数据库的 JDBC Type-4 驱动程序的类名为：

```
com.mysql.jdbc.Driver
```

要加载此驱动程序，代码类似于：

```
Class.forName("com.mysql.jdbc.Driver");
```

Type-1 类型的 JDBC-ODBC 的驱动程序名为：

```
sun.jdbc.odbc.JdbcOdbcDriver
```

（2）java.sql.DriverManager 类

该类的主要作用是管理注册到 DriverManager 中的 JDBC 驱动程序，并根据需要使用 JDBC 驱动程序建立与数据库服务器的网络连接。类中常用的方法是：

```
public static Connection getConnection(String url,String user,String password)
throw SQLException
```

如 MySQL 的 URL 连接串格式为：

```
String url="jdbc:mysql://<hostname>[<:3306>]/<dbname>";
```

也可以在 URL 中包含连接用户名和口令，例如，取得 MySQL 的数据库 userdb 连接的代码为：

```
Connection con=DriverManager.getConnection("jdbc:mysql://localhost:3306/userdb
?user=root&password=123456");
```

如果要用 Type-1 类型的 JDBC-ODBC 的驱动程序连接 MySQL 的 userdb 数据库，首先要在 Windows 控制面板中建立一个名为 userdb 的 ODBC 数据源。连接代码如下：

```
Connection con=DriverManager.getConnection("jdbc:odbc:userdb","root",
"123456");
public static Connection getConnection(String url) throws SQLException
Connection con=DriverManager.getConnection(url);
```

（3）java.sql Connection 接口

该接口代表一个数据库连接。以下是接口中常用的方法。

1）Statement createStatement()：创建一个 Statement 对象，用于发送 SQL 语句给数据库服务器。该方法可带不同参数以便指定结果集的类型、并发控制方式以及保护性等。

结果集类型参数可取以下常量：ResultSet.TYPE_SCROLL_SENSITIVE。

并发控制是指多名用户同时更新记录时如何保护数据库完整性的技术。不正确的并发可能导致脏读、幻读和不可重复读等问题。并发性参数可取以下常量之一：ResultSet.CONCUR_READ_ONLY 为只读，即不允许通过游标进行更新，也不对结果集的行加锁；ResultSet.CONCUR_UPDATABLE 为乐观读写锁，其他用户依然可读该记录。

保护性参数可取以下常量之一：ResultSet.HOLD_CURSORS_OVER_COMMIT 或 ResultSet.CLOSE_CURSORS_AT_COMMIT。

2）PreparedStatement prepareStatement()：为一条带参数的 SQL 语句生成 PreparedStatement 对象（SQL 语句预编译对象）。该方法也可带不同参数。第一形参是带有"?"参数的预编译 SQL 语句，其他参数含义同前。

3）CallableStatement prepareCall()：为一条带参数的存储过程用语句生成预编译对象。该方法也可带不同参数，各参数含义同前。

4）void setAutoCommit(Boolean autoCommit)：定义连接的 JDBC 事务提交模式，形参取 true 时表示连接处于自动事务提交模式，即对接收到的每条 SQL 语句当作一个独立事务提交。形参取 false 时则表示手动事务提交模式，需调用 commit() 手动提交事务或调用 rollback() 撤销事务。

5）commit()：提交事务，这个方法只有在手动事务提交模式下才有效。

6）setSavepoint()：在当前语句处创建一个回滚点，并返回一个 Savepoint 对象表示此回滚点。

7）rollback()：撤销（回滚）事务。可带参数指定的回滚点。

8）close()：关闭数据库连接，释放资源。

（4）java.sql.Statement 接口

该接口负责向数据库服务器发送 SQL 语句。常用的方法如下。

1）executeQuery(String sql)：将一条 select 查询语句发送给数据库服务器，查询结果封装在 ResultSet 对象中返回。形参是以字符表示的 SQL 语句。这个方法不执行 update、delete、insert 等更新操作语句。

例如，以例 2-1 中的数据为参考，读取 testq 数据库中的表 t1 中的所有内容。

```
Class.forName("com.mysql.jdbc.Driver");
String url="jdbc:mysql://localhost:3306/testq?user=root&password=123456";
Connection con=DriverManager.getConnection(url);
Statement st=con.createStatement();
String sql="select * from t1";
ResultSet rs=st.executeQuery(sql);
con.close;
```

2）executeUpdate(String sql)：用来执行 update、delete、insert 语句，也可以执行一些建库、建表语句，返回值是整数，表示语句影响的记录数。

3）setMaxRows(int max)：定义 ResultSet 对象最多存储 max 条记录，超过部分被丢弃。

4）addBatch(String sql)：将多条 insert 或 update 语句添加到 Statement 对象中，形成一个批处理，最后调用 executeBatch() 执行这个批处理。

5）executeBatch()：执行批处理中的各条 insert、update 语句，返回一个整形数据，一个数组分量表示一条 SQL 语句影响的行数。

（5）java.sql.ResultSet 接口

该接口代表 SQL 查询得到的记录集。执行查询前可设置 ResultSet 对象的指针移动特性和是否可更新等。ResultSet 接口的主要方法如下。

1）previous()：将 ResultSet 对象的记录指针移到前一条记录处。如果成功移动返回 true，失败则返回 false。注意，只有记录集的指针类型为可前后移动时才可执行。以下方法类同。

2）first()：将 ResultSet 对象的记录指针移到第一条记录处。如果成功移动返回 true，失败则返回 false。

3）last()：将 ResultSet 对象的记录指针移到最后一条记录处。如果成功移动返回 true，失败则返回 false。

4）absolute(int row)：将 ResultSet 对象的记录指针移到第 n 条记录处。如果成功移动返回 true，失败则返回 false。

在 ResultSet 对象中，读取当前记录各字段值的方法是 getXXX() 方法。其中 XXX 代表数据类型名，方法参数为字段名或字段序号。各字段的索引号以字段在 select 语句中的先后位置为准，序号从 1 开始。例如：

- getString(String columnName)：读取当前记录中指定字段名的值，这个值以字符串形式返回。
- getString(int columnIndex)：读取当前记录中指定索引号字段的值，返回值是字符串。类似的方法还有 getByte()、getShort()、getInt()、getLong()、getFloat()、getDouble()、getBoolean()、getDate()、getTime() 等。
- getObject(String colName)：读取当前记录中任意类型字段的值，返回一个 Java 对象。
- getBlob(String colName)：读取当前记录中 Blob 类型字段的值，返回一个 java.sql.Blob 类型的大二进制对象，如存储在数据库中的图片数据等，也可调用 setBinaryStream() 方法设置输出流对象。
- getClob(String colName)：读取当前记录中 Clob 类型字段的值，返回一个 java.sqlClob 大字符对象，如存储在数据库中的个人简历等。得到 clob 对象后即可调用 Clob 接口的 getCharacterStream() 方法获得此对象的 Reader 输入流对象，也可调用 setCharacterStream() 方法设置 Writer 输出流对象。

对 ResultSet 对象数据的更新操作相关的方法有：

- deleteRow()：删除当前指针处的记录。
- updateRow()：用当前记录的值回写至数据库中。

5）updateDouble(String columnName,double x)：以新值 x 更新当前记录中指定的 double 型字段。类似的方法还有 updateShort()、updateInt()、updateLong()、updateByte()、updateDate()、updateTime()、updateFloat()、updateBoolean()、updateClob()、updateBlob()、updateString() 等。

2.8.3　Java 通过 JDBC API 操作 MySQL

JDBC 使得 Java 对 JDBC 支持产品（例如 MySQL、Oracle、SQL Server、Hive 等）的调用更加规范、更易维护。对于 Java 开发人员来讲，只需要维护 Java 应用和 JDBC 接口即可。

Java 通过 JDBC API 操作 MySQL 的基本编程步骤如下。

1）在 Java 工程中导入 JDBC 驱动程序包 mysql-connector-java-< 版本号 >.jar，该驱动包可在官方（http://www.mysql.com/downloads/connector/j）网址依据不同的平台或 MySQL 版本进行下载，如图 2-18 所示。

2）Java 程序文件需要包括含有需要进行数据库编程的 JDBC 类的包。大多数情况下，使用 import java.sql.* 就可以了。

3）在 Java 程序主体中编写对 MySQL 的操作，主要步骤如下：

①根据需要安装数据库系统并创建数据库。

②加载数据库驱动程序。

③建立驱动程序与数据库的连接。

④执行 SQL 语句。

⑤处理查询结果（如果是查询语句的话）。

⑥关闭打开的资源，断开数据库连接。

4）运行编写程序，查看运行结果。

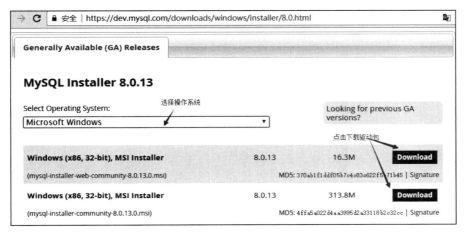

图 2-18　下载界面

【例 2-18】以例 2-6 中建立的两张表 account、usertb 为例进行数据插入查询的操作。

1）向 account、usertb 表中插入一条数据。

```java
import java.sql.*;
public class JdbcTransactioninsert {
    public static void main(String[] args) {
        Connection conn = null;
        Statement stmt = null;
        try {
            /**
             * (1) 加载数据库驱动程序
             */
            Class.forName("com.mysql.jdbc.Driver");
            /**
             * (2) 建立驱动程序与数据库的连接
             * 管理注册到 DriverManager 中的 JDBC 驱动程序
             * 并根据需要使用 JDBC 驱动程序建立与数据库服务器的网络连接
             * testq:MySQL 数据库名
             * root:MySQL 数据库用户名
             * 123456: MySQL 数据库用户密码
             */
            conn = DriverManager.getConnection("jdbc:mysql://localhost:3306/testq",
"root", "123456");
            /**
             * (3) 执行 SQL 语句
             */
            conn.setAutoCommit(false);              // 关闭事务
```

```
                    stmt = conn.createStatement();        // 创建声明
                    // 编写批处理，多条插入语句
                    stmt.addBatch("INSERT INTO account(accountid,uid,totalmoney) VALUES
(2,2,10000)");
                    stmt.addBatch("INSERT INTO usertb VALUES(2, 'u2', 'Ordinary')");
                    // 执行批处理
                    stmt.executeBatch();
                    // 提交事务
                    conn.commit();
                    // 将事务设置为默认开启的状态
                    conn.setAutoCommit(true);
                } catch (ClassNotFoundException e) {
                    e.printStackTrace();                  // 抛异常，在控制台输出异常内容
                } catch (SQLException e) {
                    e.printStackTrace();
                    try {
                        if (conn != null) {
                            conn.rollback();              // 事务异常回滚
                            conn.setAutoCommit(true);     // 将事务设置为默认开启的状态
                        }
                    } catch (SQLException e1) {
                        e1.printStackTrace();
                    }
                } finally {
                    /**
                     * 关闭打开的资源，断开数据库连接
                     */
                    try {
                        if (stmt != null)
                            stmt.close();
                        if (conn != null)
                            conn.close();
                    } catch (SQLException e) {
                        e.printStackTrace();
                    }
                }
            }
        }
```

打开 MySQL 命令窗口，查看运行结果。

```
mysql> SELECT * FROM usertb a,account b WHERE a.uid=b.uid;
+------+-------+----------+-----------+-----+------------+---------------------+
| uid  | uname | grade    | accountid | uid | totalmoney | savedate            |
+------+-------+----------+-----------+-----+------------+---------------------+
|    1 | u1    | Old user |         1 |   1 | 60000      | 2018-11-04 21:07:17 |
|    2 | u2    | Ordinary |         2 |   2 | 10000      | 2018-11-05 13:20:25 |
+------+-------+----------+-----------+-----+------------+---------------------+
2 rows in set (0.06 sec)
```

可以发现新数据已经成功插入表中。

2）通过 Java 客户端查看运行结果。

```
import java.sql.*;

public class JdbcList {
```

```java
public static void main(String[] args) {
    ResultSet rs = null;
    Statement stmt = null;
    Connection conn = null;
    try {
        /**
         * (1) 加载数据库驱动程序
         */
        Class.forName("com.mysql.jdbc.Driver");
        /**
         * (2) 建立驱动程序与数据库的连接
         */
        conn = DriverManager.getConnection("jdbc:mysql://localhost:3306/testq",
"root", "123456");
        /**
         * (3) 执行 SQL 语句
         */
        stmt = conn.createStatement();          // 创建 Statement 对象，用于发送 SQL
                                                // 语句给数据库服务器
        rs = stmt.executeQuery("SELECT * FROM usertb a,account b WHERE a.uid=b.uid");
        /**
         * (4) 处理查询结果
         * 遍历数据表里的所有值 rs 是结果集。
         * 初始时指针指向 rs 的第一条记录之前。
         * 执行 rs.next() 一次，指针向后移动一位，指向 rs 下一条记录
         */
        StringBuilder str;
        while (rs.next()) {
            str = new StringBuilder();
            str.append(rs.getInt("a.uid") + "\t");
            str.append(rs.getString("uname") + "\t");
            str.append(rs.getString("grade") + "\t");
            str.append(rs.getInt("accountid") + "\t");
            str.append(rs.getInt("b.uid") + "\t");
            str.append(rs.getFloat("totalmoney") + "\t");
            str.append(rs.getDate("savedate") + "\t");
            System.out.println(str.toString());
        }
    } catch (ClassNotFoundException e) {
        e.printStackTrace();// 抛异常，然后在控制台输出异常内容
    } catch (SQLException e) {
        e.printStackTrace();// 抛异常，然后在控制台输出异常内容
    } finally {
        /**
         * (5) 关闭打开的资源，断开数据库连接
         */
        try {
            if (rs != null) {
                rs.close();
                rs = null;
            }
            if (stmt != null) {
                stmt.close();
                stmt = null;
            }
```

```
                        if (conn != null) {
                            conn.close();
                            conn = null;
                        }
                    } catch (SQLException e) {
                        // e.printStackTrace();
                    }
                }
            }
        }
```

程序运行结束，可以在开发工具控制台看到运行的结果。

```
1    u1    Old user    1    1    60000.0    2018-11-04
2    u2    Ordinary    2    2    10000.0    2018-11-05
```

【例 2-19】编写 Java 通过 API 调用存储过程的实验代码，实现例 2-10 的功能。即：

```
mysql> CALL transfer(1,10000,@a,@b);
mysql> SELECT @a,@b;
```

实验代码如下：

```
import java.sql.*;
public class jdbcProcedure {

    public static void main(String[] args) throws Exception {
        /**
         * (1) 加载数据库驱动程序
         */
        Class.forName("com.mysql.jdbc.Driver");
        /**
         * (2) 建立驱动程序与数据库的连接
         */
        Connection conn = DriverManager.getConnection(
                "jdbc:mysql://localhost:3306/testq", "root", "123456");
        /**
         * (3) 执行 SQL 语句
         */
        // transfer(saveuid INT,saveAmount FLOAT,OUT outSaveAmount FLOAT,OUT outgrade
CHAR(10))
        // CALL transfer(2,10000,@a,@b);
        // 调用存储过程
        CallableStatement cstmt = conn.prepareCall("{CALL transfer(?, ?,?, ?)}");
        // 对应第 1 个 ?,是输入参数, INT 类型, 故用 setInt 赋值 1
        cstmt.setInt(1, 1);
        // 对应第 2 个 ?,是输入参数, FLOAT 类型, 故用 setFloat 赋值 10000
        cstmt.setFloat(2, 10000);
        // 第 3 个 ?,是输出参数, FLOAT 类型, 故用 registerOutParameter, 用 Type 指定类型
        cstmt.registerOutParameter(3, Types.FLOAT);
        // 第 4 个 ?,是输出参数, CHAR 类型, 故用 registerOutParameter, 用 Type 指定类型
        cstmt.registerOutParameter(4, Types.VARCHAR);
        cstmt.execute();
        /**
         * (4) 处理存储过程执行结果
         */
```

```
        System.out.println(cstmt.getFloat(3));          // 输出第 3 个问号，获取的结果
        System.out.println(cstmt.getString(4));         // 输出第 4 个问号，获取的结果
        /**
         * (5) 关闭打开的资源，断开数据库连接
         */
        cstmt.close();
        conn.close();
    }

}
```

程序运行结束，可以在开发工具控制台看到运行的结果。

```
60000.0
Old user
```

第3章

数据仓库 Hive

3.1 数据仓库概述

3.1.1 数据仓库的概念和特征

数据仓库是伴随着信息与决策支持系统的发展过程产生的，数据仓库之父 W.H.Inmon 将其定义为"数据仓库是支持管理决策过程的、面向主题的、集成的、随时间而变的、持久的数据集合。"

数据仓库是一个将从多个数据源中收集来的信息以统一模式存储在单个站点上的仓储（或归档）。一旦收集完毕，数据会存储很长时间，允许访问历史数据。因此，数据仓库给用户提供了一个单独的、统一的数据接口，易于基于此书写用于决策支持的查询。而且，通过从数据仓库里访问用于支持决策的信息，决策者可以保证在线的事务处理系统不受决策支持负载的影响。数据仓库有如下 4 个基本特征：

- ❑ 数据仓库的数据是面向主题的，为特定的数据分析领域提供数据支持。
- ❑ 数据仓库的数据是集成的。数据仓库中的数据从多个数据源中获取，通过数据集成而形成。
- ❑ 数据仓库的数据是非易失的。数据仓库中的数据是经过抽取而形成的分析型数据，不具有原始性，主要供企业决策分析使用，主要执行"查询"操作，一般情况下不执行"更新"操作。
- ❑ 数据仓库的数据是随时间不断变化的。数据仓库中的数据必须以一定时间段为单位进行统一更新。

数据仓库与传统数据库的对比如表 3-1 所示。

表 3-1 数据仓库与传统数据库的对比

对比内容	数据库	数据仓库
数据内容	当前值	历史的、存档的、归纳的、计算的数据
数据目标	面向业务操作程序、重复处理	面向主体域、管理决策分析应用
数据特性	动态变化、按字段更新	静态、不能直接更新、只是定时添加
数据结构	高度结构化、复杂、适合操作计算	简单、适合分析
使用频率	高	中到低
数据访问量	每个事务只访问少量记录	有的事务可能要访问大量记录
对相应时间的要求	以秒为计量单位	以秒、分钟，甚至小时为计量单位

3.1.2 数据仓库的体系结构

简单地说，数据从操作型数据库、文件、网络等数据源，通过 ETL 集成工具进行数据的抽取、清洗、转换、加载等工作，进入数据仓库和数据集市中，进而通过 OLAP 服务器支持前台的多维分析、查询报表、数据挖掘等操作。图 3-1 是一个典型的数据仓库系统的体系结构图。

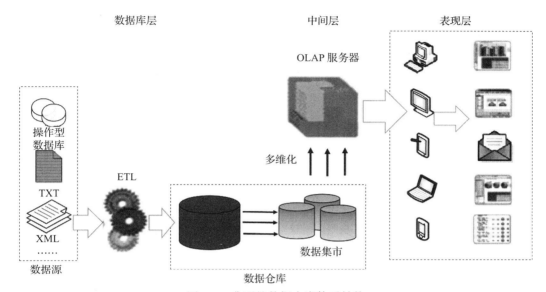

图 3-1　典型的数据仓库体系结构

在图 3-1 中，数据仓库的体系结构被分为数据库层、中间层和表现层 3 部分。

1. 数据库层

数据库层的数据来源于数据源所示的位置，即提供初始数据的地方，它是数据仓库系统的基础。通过 ETL（Extract-Transform-Load，抽取 – 转换 – 加载）对数据进行处理，最后将处理好的数据加载至数据仓库中。

数据仓库中的数据多以一个或多个小型的数据集市的结构进行存储。通常情况下，数据集市多以"自顶向下"或"自底向上"的思想进行建立。其中，"自顶向下"就是先创建一个中央数据仓库，然后按照各个特定部门的特定需求建立多个从属型的数据集市，而"自底向上"就是先以最少的投资，根据部门的实际需要，创建多个独立的数据集市，然后不断扩充和完善，最终形成一个中央数据仓库。

2. 中间层

中间层使用 OLAP 服务器对分析需要的数据按照多维数据模型进行再次重组，目的是支持用户多角度、多层级的数据分析。

3. 表现层

表现层主要描述从数据仓库中读取的数据的最终展现方式或展现形式。展现方式可以是计算机、平板、手机等形式；展现形式主要是通过对 OLAP 服务器或数据仓库进行统计查询或分析形成的各种报表、图表、邮件等内容。

3.1.3　数据仓库的模型

1. 数据仓库的概念模型

数据仓库是为分析数据而设计的，它的两个基本元素是事实表和维表。

（1）事实表

数据仓库的核心是事实表，围绕事实表的是维表。通过事实表将各种不同的维表连接起来。事实表中一般包含两部分，一个是由主键和外键所组成的键部分，另一部分是用户希望在数据仓库中所了解的数值指标，也就是说，事实表中每条元组都含有指向各个维表的键和一些相应的测量数据。

（2）维表

维度是人们观察数据的特定角度，是考虑问题时的一类属性，属性的集合构成一个维（时间维、地理维等），而维表中记录的是有关于这一维的属性。维表有如下要素：

- 维的层次：人们观察数据的某个特定角度（即某个维），还可以存在细节程度不同的各个描述方面，例如时间维可以包括日、月、季度、年等。
- 维的成员：维的一个取值。它是数据项在某维中位置的描述，例如"某年某月某日"是在时间维上对时间的描述。

2. 数据仓库的多维数据模型

常规条件下，面向主题的数据集合以多维特点呈现在数据仓库中，其语义和结构很难在关系数据模型的条件下表达。多次实验研究得出的结论是，多维数据模型是数据仓库的激发点。但截至目前，尚没有一个统一的认知，现有的模型大致可分为 3 类。

- 简单多维数据模型认为，多维空间中的点可以作为数据集合的抽象体现，有维和度量（或事实）两种分类，但其不能清晰表示维层次。
- 结构化多维数据模型在此基础上间接推动层次结构表示，但还不完整。
- 统计对象模型支持与每一个特定的聚集函数对应的结构化分类层次，但度量属性受限，回应特定的统计分析还存在一定的问题。

下面介绍多维数据集合的定义及关系的表示法。

表 3-2 为汽车产品的销售数据集合，销售时间、销售地点、生产厂家及产品名为分析销售过程的 4 个维度，即接下来阐述的多维数据集合。其中，销售额及销量是决策者在做决策时所需要的数值型数据，我们称这部分数据作用于数据集合的度量属性。销售时间、销售地点、产品名等是从决策者需要的数据分析的角度具体描述度量属性的，称这部分数据表达了数据集合的维属性。这两部分构成了数据仓库中面向主题的数据集合中的数据。

表 3-2　汽车产品销售数据集合

销售时间	生产厂家	产品名	销售地点	销售量	销售额
2003	一汽	轿车	哈尔滨	1 万	20 亿
2003	一汽	轿车	北京	4 万	80 亿
2002	二汽	卡车	武汉	5 万	5 亿
2002	二汽	卡车	广州	1 万	10 亿

以上针对汽车销售过程的例子是简化的多维数据集合，实际应用中以更加复杂的性质呈现，例如以上数据中还可以按时间分为月、季度、年三个层级，按地点分为市、省（州）、国家三个层级，如图 3-2 所示。

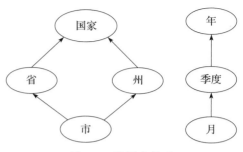

这种层次分级表现了研究者分析数据的粗细粒度。其满足偏序（或全序）关系。用数值表示的维叫维值，多层次的维对应维值的集合，例如，销售时间可以分为年、季度、月三个层级，组合起来得到时间维的维值。但数据集合中的数据不一定要两两组合起来或单独出现。在度量属性基础上计算的函数都是聚集函数，分为以下 3 类。

图 3-2　维层次关系

- ❑ 分布聚集函数（distributive）：S 作为数据集合，聚集函数 F 在 S_1 上，S 被函数 G 划分为 n 个子集合 S_1，S_2，…，S_n，有 F(S)= G({F(S_i)|i=1，2，…，n})，如 count、sum 等聚集函数的分布状态。
- ❑ 代数聚集函数（algebraic）：代数聚集函数 F 能用一个含 M 个参数的代数函数 H 计算，分布聚集函数 G 可以得到每个参数，例如均值函数 avg 可以由 sum/count 计算。
- ❑ 整体的（holistic）聚集函数：能进行计算，但前提是不存在一个具有 M 个参数的代数函数。

多维数据集合被形象地称为多维立方体。图 3-3 是抽象成一个三维立方体实例的数据集合，对应的三维数据集合是 S（销售时间、销售地点、产品名、销量、销售额）。

多维数据集合的维属性用维表关系呈现，度量属性用事实表的关系呈现。表示维属性后得到星形模式和雪花模式的体现。

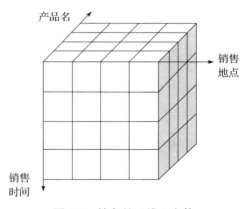

图 3-3　抽象的三维立方体

（1）星形模式（star schema）

对于一个多维数据集合 MDS（D_1，D_2，…，D_n；M_1，M_2，…，M_k），用一种关系（称为事实表）体现 MDS 的所有度量属性，用 n 个维表表示 n 个维属性即为 MDS 的星形模式。事实表是星形的中心，数据量巨大，而维表作为附属，数据量小。所以涉及复杂的应用需多个事实表共享维表。

图 3-4 表现了表 3-2 中多维数据集合的实例。S（销售时间，销售地点，产品名，生产厂家；销售量，销售额）呈星形模式，内含 1 个事实表和 4 个维表。前者模式为 Sales（Tid，Pid，Lid，销售量，销售额），后者模式为 Time（Tid，年，季度，月）、Locaiton（Lid，国家，省（州），市）、Product（Pid，产品名，分类，价格）、Factory（Fid，厂名，所在地，类别）。但是，为了让维表的数据能够准确地识别和描述事实表中的度量属性值，在 4 个维表上各自增加了 Tid、Lid、Fid、Pid 共 4 个键属性，在事实表上则只是增加了外键 Tid、Llid、Fid 和 Pid。

图 3-4　星形模式

（2）雪花模式（snowflake schema）

在星形模式中，一个维表表示多维数据集合的多个维属性。在维属性复杂的情况下，一张维表会带来过多的冗余数据。所以为了避免这种资源浪费，用多张表来表示一个层次复杂的维属性。例如，产品维表可以进一步分出一个类型表，厂家维表可以再细分地址、类别表，这样星形模式变为雪花模式。图 3-5 所示的雪花模式是一种进阶，产品维、厂家维、地点维、时间维都用了多于一张的维表来表示。

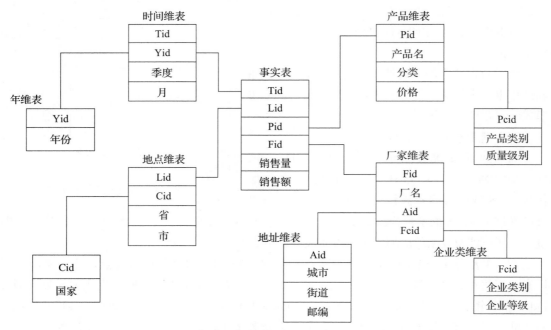

图 3-5　多维数据集合的雪花模式

但是由于这种模式在查询时需要更多连接，降低了查询的效率，从而影响系统的性能，所以星形模式应用得更广泛。

3. 数据仓库内的数据组织

数据仓库的数据存储有 3 种类型：虚拟存储方式、基于关系表的存储方式和多维数据库的组织。

（1）虚拟存储方式

在虚拟存储方式下无专门的数据仓库存储数据，数据仍然在源数据库中。多维分析是用户的多维需求及形成的多维视图临时在源数据库中找出所需要的数据。优点是组织方式单一、成本低、使用方便；缺点是只有当源数据库的数据组织完善、整齐又接近多维数据模型时，虚拟数据仓库的多维语义才容易被理解，这种存储方式在实际应用中很少见。

（2）基于关系表的存储方式

基于关系表的存储方式下，本应该在数据仓库中的数据完全存储在关系型数据库的表结构中，在元数据的干涉下完成数据仓库。建库时，要存在图形化的界面，源数据库的内容可以被选择，于此定义多维数据模型，之后再编写程序把数据库中的数据抽取到数据仓库中。缺点是在多维数据模型进行完整定义后，抽取数据的过程独立、复杂。这种存储方式不被广泛使用。

（3）多维数据库的组织

多维数据库的组织是唯一一种直接面向 OLAP 分析操作的数据组织形式。这种数据库产品很多，实现方法也不尽相同，其数据组织结构采用多维数据文件存储，并有维索引及相应元素与之对应。

3.1.4　数据仓库关键技术

1. 联机分析处理的基础数据操作

联机分析处理（OLAP）作为数据仓库的功能之一是针对特定主题的结论在多维数据集合上进行的联机数据查看和计算。多维数据集合上的操作主要包括多维数据集合的切片、切块、钻取旋转、数据立方操作等。操作者可使用这些步骤发现数据中的信息，继续合乎逻辑的操作。以下为多维数据集合上的几种基本操作。

（1）切片和切块

切片和切块是在维上做投影操作。切片就是在多维数据上选定一个二维子集的操作，即在某两个维上取一定区间的维成员或全部维成员，而在其余的维上选定一个维成员的操作。相应地，对两个或多个维执行选择叫作切块。

【例 3-1】图 3-6 列举了一个产品销售数据集合，它具有产品维、地区维和时间维，表示 Sales（地区，时间，产品；销售额）。如果进行具有选择条件"时间维 = 2019"的步骤，可得到时间维上的一个切片。

（2）钻取

钻取有向下钻取（drill down）和向上钻取（drill up）操作。向下钻取是使用户在多层数据中展现渐增的细节层次，获得更多的细节数据。向上钻取以渐增概括方式汇总数据（例如，从街道到区再到城市）。

（3）旋转

通过旋转可以得到不同视角的数据，旋转操作相当于在平面内将坐标轴旋转。例如，旋转可能包含交换行和列，或是把某一个行维移到列维中去，或是把页面显示中的一个维和页面外的维进行交换（令其成为新的行或列中的一个），如图 3-7 所示。

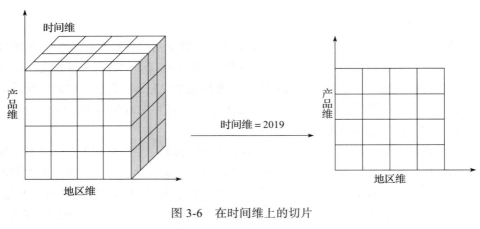

图 3-6   在时间维上的切片

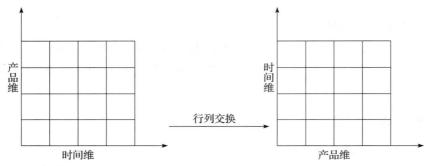

图 3-7   旋转操作示例

（4）数据立方

数据立方提供数据的多维视图，并允许预计算和快速访问汇总数据。数据立方体允许以多维数据进行建模和观察。在数据仓库的研究文献中，一个 n 维的数据的立方体叫作基本方体。给定一个维的集合，我们可以构造一个方体的格，每个都在不同的汇总级或不同的数据子集显示数据，方体的格称为数据立方体。0 维方体存放最高层的汇总，称为顶点方体，存放最底层汇总的方体称为基本方体。

2. 存储数据仓库

数据仓库的存储本质是多维数据集合的存储。关系与多维数组存储方法构成多维数据集合的存储方法。

前者将关系作为多维数据集合的存储结构，用一个元组来表示多维空间中的一个点。某些属性值就是点的位置，剩余的属性值体现点的数据值。如元组（彩电，中央百货，2019，2030）表示示例内多维数据集合的一个三维点，（彩电，中央百货，2019）是该点在三维空间中的位置，2030 则是该点的数据值。彩电、中央百货、2019、2030 在关系表中显式存储。

后者用多维数组存储多维数据集合。多维数据集合的维属性值被用作数组的维索引，确定多维数据集合中每个点在多维数组中的位置，不需要存储维属性值。多维数据集合的度量属性值表示点的数据值。如使用多维数组存储元组（长虹彩电，中央百货，2019，2030）时，只需在数组中存储度量属性 Sales 的值 2030。2030 是用维属性值（长虹彩电，中央百货，2019）计算的。

使用时，多维数组中的数据少。多个维属性值域的笛卡儿积构成的多维空间本身特性及多维数据集合的维属性值本身有很高的重复性。因此数据压缩技术及多维数组压缩技术得到了发展。

3. 数据仓库的索引技术

作为增强数据仓库查询性能的重要一环，相对静态的数据仓库支持索引结构，存在批量更新。下面介绍位图索引和连接索引对多维数据集合进行索引的示例。

（1）位图索引（bitmap indexing）

这是一种常用的索引方法。位图索引将比较、连接和聚集操作都变成了位运算，运行时间得以压缩，检索速度得以提升。字符串用单个位（bit）表示，很大程度上又降低了空间和 I/O 开销。但值域较大时，存储空间利用率低，会影响查询效率。目前提出以下方法：

- 属性值的编码，一个属性值用 $\log_2|A|$ 个位表示，A 就是属性的值域，因此降低了空间开销。如果某一属性的取值范围为 1000 个不同的整数，就对应 10 个位编码。
- LZ 编码、ExpGol 编码和 Bytealigned 位图编码等压缩技术的应用。根据研究，压缩效率与布尔操作的性能和编码方式等多方面因素有关。

（2）连接索引（join indexing）

在使用关系存储多维数据集合后，常见的索引方法源于关系数据库查询处理，传统的索引将给定列上的值映射到具有该值的行表上。不同的是，连接索引对可连接的关系元组实施索引。假设两个关系 R（RID，A）和 S（B，SID）在属性 A 和 B 上连接，则连接索引记录的形式为（RID，SID）对，其中 RID 和 SID 分别为来自 R 和 S 的记录标识符，有助于提升连接操作的效率。

采用星形模式存储的数据仓库在应用中存在大量连接操作，这时应用连接索引会提升分析查询效率。

3.1.5　数据仓库与大数据

数据仓库和大数据之间关系的讨论可参见拙作《大数据分析原理与实践》[⊝]的第 10 章，这里仅讨论传统的数据仓库结构在管理大数据时一些性能上的限制。

- 分片。由于 ACID 合规性规则，关系数据库管理系统无法有效地对数据进行分片。在数据分区方法中应用分片概念不会降低可伸缩性和工作的负载，而且分区通常会增加工作量。
- 磁盘架构。SAN 的磁盘架构表现不佳，并且由于数据架构和数据模型问题，数据分布存在严重偏差，导致数据库层的优化不佳。
- 数据布局架构。磁盘上的数据布局是主要的性能抑制因素，有助于提高工作负载。通常，大型表与其索引一起位于同一磁盘中。还有一个问题是磁盘或存储单元的尺寸过小，使同一个表的碎片太多而导致链接过多。
- CPU 利用不足。在许多系统中，CPU 总是未得到充分利用，需要针对高效吞吐量和可扩展的线程管理进行更正。

⊝　该书由机械工业出版社出版，书号 978-111-56943-5。——编辑注

❑ 内存利用不足。大量数据集成通常会绕过内存使用并依赖磁盘。这些情况下通常在连接中使用一个或多个较小的表和两个或多个大表。查询处理的有效设计可以在内存中使用较小的表，并且可以在内存和磁盘的组合中处理较大的表。这将减少数据库服务器和存储之间的几次往返，从而减少磁盘工作负载和网络工作负载。

❑ 查询设计不佳。无论查询是由开发人员编写还是基于报表工具中的语义层集成生成，当查询符合并且具有大量连接时，通常会在整个系统中增加工作负载。例如，在第三范式（3NF）数据库模型上会生成星形模式类型的查询，尽管在数据库中具有语义层，包括聚合表和摘要视图，这种情况总是会产生大量 I/O，并且往往会导致较大的网络吞吐量。如果向查询添加更多操作，则磁盘 I/O 上的工作负载将大大增加。

虽然许多架构师和系统设计人员尝试为当前状态创建变通方法，但由于系统已从基础进行设计，因此解决方法无法提供明确的工作负载优化。对已经很庞大的数据仓库来说将导致工作压力过大，系统表现不佳。分发具有有限的可伸缩性，工作负载不会像用户预期的那样提高可伸缩性并减少工作量。针对大数据，一系列新的数据仓库系统被提出来，有关实例可以参见《大数据分析原理与实践》一书的第 10 章，本章重点介绍 Hive。

3.2　Hive 概述

Hive 是一个基于 Apache Hadoop 的数据仓库基础架构。它可以直接操作 HDFS（Hadoop Distributed File System，Hadoop 分布式文件系统）平台的数据，也可以简化 MapReduce 的写法（有关 MapReduce 的介绍，可参见《大数据算法》的第 7 章），通过类似 SQL 的语法功能，用户可以轻松地进行查询、汇总和数据分析操作。同时，Hive 的 SQL 为用户提供了多种接口、可供集成用户定义的语句，例如用户定义函数（UDF）。

Hive 最初是 Facebook 的 Jeff Hammerbacher 领导的团队开发的一个开源项目，设计目标是使 Hadoop 上的数据操作与传统 SQL 思想结合，让熟悉 SQL 编程的开发人员能够轻松地对 Hadoop 平台上的数据进行查询、汇总和数据分析。后来，Hive 成为 Apache Hadoop 的子项目，目前 Apache Hive 已经成为独立的顶级项目，是由 Apache Software Foundation 的志愿者运行的开源项目。

3.2.1　Hive 存储结构

Hive 本身有一套逻辑模型结构，它并不像传统的仓库那样依赖于关系模型建立的数据集市。通常情况下，Hive 应用的数据存储在 HDFS 上。而 HDFS 本身就是为设计成适合运行在通用硬件（commodity hardware）上的分布式文件系统而生的。HDFS 将大文件切分成等大小的数据块以多副本的形式分布在服务器集群中，且支持流式的读写操作，满足廉价服务器的性能要求。

从建表的语法上看，Hive 的存储结构与 MySQL 类似，需要指定库表名、表中的字段名及字段对应的数据类型，但在建表的规范上和底层存储格式上与传统 SQL 有很大的区别。用户可以非常自由地组织 Hive 中的表，只需要在创建表的时候告诉 Hive 数据中的列分隔符和行分隔符就可以解析数据。在存储上，Hive 的存储位置可在建立表时自由指定在 HDFS 之上的合适位置。而且，Hive 本身没有专门的数据存储格式，它基本支持 HDFS 支持的所有文本格式。

Hadoop 文件系统上 Hive 的存储结构主要包括 4 个层次：表（table）、外部表（external table）、分区（partition）和桶（bucket）。其中表存在于指定的数据库中。可通过 HDFS 命令或者 Hive 命令行命令查看表在 HDFS 上的存储结构，下面通过 Hive 命令行查看 HDFS 平台上现有库表的存储。

```
hive> dfs -lsr /;
lsr: DEPRECATED: Please use 'ls -R' instead.
drwxr-xr-x   - root supergroup       0 2018-07-10 02:20 /data
drwxr-xr-x   - root supergroup       0 2018-07-10 02:20 /data/hive
drwxr-xr-x   - root supergroup       0 2018-07-10 02:21 /data/hive/warehouse
drwxr-xr-x   - root supergroup       0 2018-07-10 02:23 /data/hive/warehouse/dbtest.db
-rwxr-xr-x   1 root supergroup     784 2018-07-10 02:33 /user/hive/warehouse/dbtest.
db/tb1/file1.txt
-rwxr-xr-x   1 root supergroup     784 2018-07-10 02:43 /user/hive/warehouse/dbtest.
db/tb1/file2.txt
drwxr-xr-x   - root supergroup       0 2018-07-10 03:23 /data/hive/warehouse/dbtest.
db/tb2
drwxr-xr-x   - root supergroup       0 2018-07-10 03:23 /data/hive/warehouse/dbtest.
db/tb2/fq=A
-rwxr-xr-x   1 root supergroup     784 2018-07-10 03:33 /data/hive/warehouse/dbtest.
db/tb2/fq=A/file3.txt
drwxr-xr-x   - root supergroup       0 2018-07-10 02:21 /data/hive/warehouse/df_tb1
-rwxr-xr-x   1 root supergroup      71 2018-07-10 02:23 /user/hive/warehouse/df_tb1/
file.txt
```

其中 /user/hive/warehouse 目录是 Hive 在配置环境时，${Hive_Home}/conf 文件夹下由 hive-default.xml 文件中的 hive.metastore.warehouse.dir 属性指定的默认值，用户也可以用同目录下的 hive-site.xml 文件对此属性重新定义。

dbtest.db 是数据库名，tb1、tb2 是表名，file1.txt 和 file2.txt 是存储表 tb1 的数据文件（这里以文本文件格式展示，也可以是其他格式）。file3.txt 是表 tb2 中分区 A 下的数据文件。file.txt 是 df_tb1 表中的数据文件。

🗣 **注意**

Hive 有一个默认的数据库 default，故用户在建表时如果不指定数据库，表会建立在 default 数据库下，该数据库下的所有表直接存储在 /user/hive/warehouse 目录下，并不显示数据库 default 的名字，如表 df_tb1；其实就是存储在了默认的数据库 default 下。如果数据库为用户自定义的，则会显示，如表 tb1 和 tb2 建立在用户自定义的数据库 dbtest 下。

HDFS 上以目录的形式对用户的数据进行了存储，Hive 将这些表数据作为一个单独的进程存储于元数据中进行管理。由于 Hive 的元数据可能要面临不断的更新、修改和读取，所以它显然不适合使用 Hadoop 文件系统进行存储。目前 Hive 将元数据存储在 RDBMS 中，比如 MySQL、Derby，其中 Derby 是存储于本地磁盘的 Hive 自带的数据库，Hive 进行内嵌模式安装时会用到它。

3.2.2 Hive 体系结构

Apache Hive 数据仓库软件建立在 Hadoop 体系架构上，提供了一个 SQL 解析过程，并从外部接口获取命令，以对用户指令进行解析。它将外部命令解析成一个 MapReduce 可执行计划，并按照该计划生成 MapReduce 任务后交给 Hadoop 集群处理。

Hive 支持以类似 SQL 的声明性语言表示的查询（HiveQL），它们被编译为在 Hadoop 上执行的 MapReduce 作业。此外，HiveQL 支持将自定义 MapReduce 脚本插入查询中。该语言包括一个类型系统，它支持包含基本类型的表、类似数组和映射的集合，以及它们之间的嵌套组合。底层 I/O 库可以扩展为以自定义格式查询数据，如 UDF。Hive 还包括一个包含模式和统计信息的系统目录的 Hive 元数据（Metastore），它在数据探索和查询优化中很有用。2009 年，由 Facebook 数据基础架构团队成员 Ashish Thusoo 等人发表的文章《Hive：A Warehousing Solution Over a MapReduce Framework》中提及，当时在 Facebook 中，Hive 仓库包含数千个表，其中包含超过 700 TB 的数据，并且被 100 多个用户广泛用于报告和临时分析。这是最初的 Hive 雏形。此时，Hive 向用户提供了不同的用户访问接口，除 shell 之外，通过配置，Hive 还可以提供诸如 Thrift 服务器、Web 接口、元数据和 JDBC/ODBC 服务务，具有强大的功能和良好的可扩展性。

随着 Hive 框架的不断完善，其发生了一些较大的变化。具体 Hive 的体系结构如图 3-8 所示。

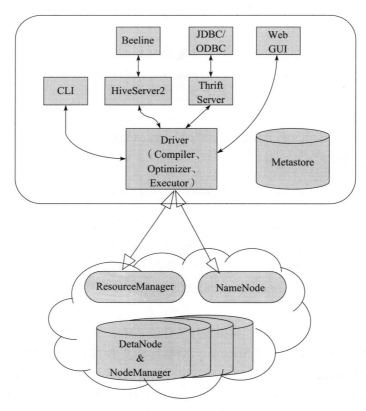

图 3-8　Hive 的体系结构

在图 3-8 中，Driver 是 Hive 的一个组件，负责 HiveQL 解析和优化 HQL 语句，将其转换成一个 Hive Job（可以是 MapReduce，也可以是 Spark 等其他 Hive 支持的任务形式），并提交给 Hadoop 集群。

CLI 是 Hive 命令行接口，提供了执行 HiveQL、设置参数等功能。具体使用方法请参见 3.5.1 节。

HiveServer2 是一种能使客户端执行 Hive 查询的服务，是 HiveServer1 的改进版（HiveServer1 已经被废弃）。HiveServer2 可以支持多客户端并发和身份认证，旨在为开放 API 客户端（如 JDBC 和 ODBC）提供更好的支持。HiveServer2 单进程运行，提供组合服务，包括基于 Thrift 的 Hive 服务（TCP 或 HTTP）和用于 Web UI 的 Jetty Web 服务器，同时也可以执行新的工具 Beeline，给维护带来了新的便利。

Beeline 是 Hive 新的命令行客户端工具，从 Hive 0.11 版本开始引入。HiveServer2 支持一个新的命令行 Shell，称为 Beeline，它支持嵌入模式和远程模式。在嵌入式模式下，运行嵌入式的 Hive（类似 Hive CLI），而远程模式可以通过 Thrift 连接到独立的 HiveServer2 进程上。从 Hive 0.14 版本开始，Beeline 使用 HiveServer2 工作时，也会从 HiveServer2 输出日志信息到 STDERR。

Hive 提供了 Thrift 服务器（Thrift Server），只要客户端符合 Thrift 标准就可以与它对接。这样可以在一台服务器上启动一个 Hive，其他用户通过 Thrift 访问 Hive，例如 JDBC/ODBC。

JDBC（Java DataBase Connectivity，Java 数据库连接）是一种用于执行 SQL 语句的 Java API，可以为多种关系数据库提供统一访问，它由一组用 Java 语言编写的类和接口组成。JDBC 提供了一种基准，据此可以构建更高级的工具和接口，使数据库开发人员能够编写数据库应用程序。

ODBC（Open Database Connectivity，开放数据库连接）是为解决异构数据库间的数据共享而产生的，现已成为 WOSA（Windows Open System Architecture，Windows 开放系统体系结构）的主要部分和基于 Windows 环境的一种数据库访问接口标准，ODBC 为异构数据库访问提供统一接口，允许应用程序以 SQL 为数据存取标准，存取不同 DBMS 管理的数据，使应用程序直接操纵 DB 中的数据，免除随 DB 的改变而改变。用 ODBC 可以访问各类计算机上的 DB 文件，甚至访问如 Excel 表和 ASCII 数据文件这类非数据库对象。

Metastore 即元数据，包含 Hive 自身应用的信息和创建的数据库、表等元信息。默认情况下，这些元数据存储在 Hive 自带的关系型数据库 Derby 中。用户也可以参见官网将元数据配置在外关系库中，例如 MySQL 等。

Hadoop 集群通常由一个 NameNode 主节点和多个 DataNode 数据节点组成。其中 NameNode 是集群中的管理者，DataNode 是 HDFS 的工作节点，存储实际的数据。ResourceManager 工作在主节点上，负责对多个 NodeManager 的资源进行统一管理和调度。NodeManager 相当于管理所在机器的代理，负责本机程序运行、资源管理和监控。

Hive 在 2.0.0 之前支持 Hadoop1.x，那时 Hive 的执行计划由 JobTracker 到 Tasktracker 运行。在 Hadoop 平台上，自 Hive 2.0.0 以后的版本不再支持 Hadoop1.x，故变更为由 ResourceManager 到 NodeManager 的过程。

3.2.3　Hive 的任务执行流程

简单地讲，Hive 中的任务执行流程就是将客户端（Client）提交的任务，如 HiveQL，通过驱动（Driver）找到 HiveQL 中的相关元数据（Metastore）确定表及存储的情况，然后编译（Compiler）相关信息，生成执行计划，提交给 Hadoop 完成 Hive 的执行过程。它的执行流程如图 3-9 所示。

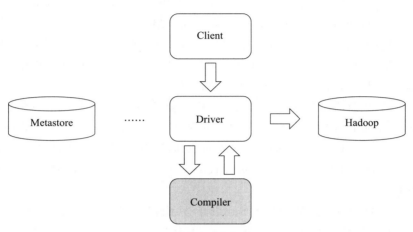

图 3-9　Hive 执行流程

在图 3-9 中，Driver 可以是由 HiveServer2 或 CLI 触发的作业，我们以经典的 CLI 为例讲解一条 HiveQL 执行的过程，即将 HiveQL 转换成 MapReduce 任务的过程。在解释之前，先来了解一个基本操作（Operator），它是 Hive 最小的处理单元。具体来讲，操作可以是运行在集群中的 Map 任务或 Reduce 任务，也可以是在本地进行 HDFS 操作的任务等。而 Hive 的编译的作用就是把一条 HiveQL 转换成一个关于操作的算子构造的图（大多情况下可以用树描述图的语义）结构；依据这个图构造生成 MapReduce 作业的执行计划，完成 HiveQL 的执行过程。Hive 的编译流程大体分六大步，可以用一个图来描述它，如图 3-10 所示。

图 3-10　Hive 执行流程

图 3-10 中 6 个流程的主要功能如下。

❑ Parser（解析器）：将字符串转换成为语法树的形式。

❑ Semantic Analyzer（语义分析器）：将语法树转换成为查询块的图构造形式，并填充元数据和校验。

❑ Logical Plan Generator（逻辑计划生成器）：将图构造转换成一系列的逻辑执行计划，这些计划描述的就是各个操作构成的树结构。

❑ Logical Optimizer（逻辑优化器）：执行一些特定的优化算法，优化算子构成的图结构。

❑ Physical Plan Generator（物理计划生成器）：将算子组成的逻辑执行计划进行切分，改写成可以执行的物理执行计划，例如 MapReduce 作业。

❑ Physical Optimizer（物理分析器）：优化物理执行计划。

3.3　Hive 的特征

Hive 格式定义较为宽松，是解决大数据量统计与分析的工具，与传统数据仓库又存在差别，具体情况如表 3-3 所示。

表 3-3　Hive 与传统数据仓库的对比

对比内容	Hive	传统数据仓库
存储	HDFS，理论上有无限拓展的可能	集群存储，存在容量上限（一般几百个 TB，不超过 PB），而且随容量的增长，计算速度急剧下降。只能适应于数据量比较小的商业应用，对于超大规模数据无能为力
使用方式	HQL（类似于 SQL）	SQL
可靠性	数据存储在 HDFS，可靠性高，容错性高	可靠性较低，一次查询失败就需要重新开始。数据容错依赖于硬件 Raid
分析速度	计算依赖于 MapReduce 和集群规模，易拓展，在大数据量情况下，远远快于普通数据仓库	在数据容量较小时非常快速，数据量较大时，速度急剧下降
灵活性	元数据存储独立于数据存储之外，从而解耦含元数据和数据，同样的数据，不同的用户可以有不同的元数据，可以进行不同的操作	低，数据用途单一
依赖环境	依赖硬件较低，可适应一般的普通机器	依赖于高性能的商业服务器
价格	开源产品	商用比较昂贵，开源的性能较低
易用性	需要自行开发应用模型，灵活度较高，但是易用性较低	集成一整套成熟的报表解决方案，可以较为方便地进行数据分析
执行引擎	依赖于 MapReduce 框架，可进行的各类优化较少，但是比较简单	可以选择更加高效的算法来执行查询，也可以进行更多的优化措施来提高速度
索引	低效，目前还不完善	高效

Hive 在大数据的应用分析上有以下优点。

❑ Hive 主要是针对 HDFS 上海量结构化数据分析汇总而产生的工具，定位为数据仓库，应用上更偏向于数据分析和统计。

❑ Hive 格式宽松，计算引擎也不唯一，支持当前流行的 MapReduce、Tez 和 Spark 应用。

❑ Hive Server 采用主备模式，当主机挂掉时，备用机器马上启动，具有超时重试、高可靠性、高容错性的特点。

❑ 语法格式简单，类似 SQL 语法规则，开发人员可以非常容易地通过编写类 SQL 语句来实现较复杂的 MapReduce 程序统计，提升了开发效率，节约了企业项目成本。

❑ 灵活的数据存储，支持 JSON、CSV、RCFile、SequenceFile、TextFile 等多种格式，也支持用户自定义格式。

Hive 也有其不足的地方，需要大家关注。这在业务应用与项目设计时显得尤为重要。

❑ Hive 默认为 MapReduce 执行引擎，计算缓慢，启动有延迟。

❑ 不支持物化视图，故不能在视图上执行更新、插入、删除操作。

❑ 不适用 OLTP。

❑ 暂不支持存储过程。

❑ Hive 的 HQL 表达能力有限，迭代式算法无法表达。

本节重点讨论 Hive 一些面向大数据的特点。

3.3.1　一致性

Hive 数据存储于 HDFS 之上，数据的存储一致性也依赖于 HDFS 数据一致性策略，如图 3-11 所示。

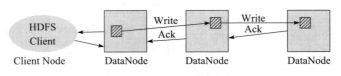

图 3-11　HDFS 写数据过程

HDFS 客户端接收到存储数据的文件后，首先将文件切分成等大小的数据块，然后按 HDFS 系统中副本的个数对数据进行各节点的依次存储，直到文件切分的所有数据发送完毕，由最后一个数据包发送回写成功的消息，维护了数据的最终一致性。

3.3.2　可扩展性

HDFS 采用 master/slave 架构。一个 HDFS 集群由一个 NameNode 和一定数目的 DataNode 组成。NameNode 是一个中心服务器（master 机），负责管理文件系统的命名空间以及客户端对文件的访问。集群中的 DataNode 一般是集群中一台服务器（slave 机）充当一个 node（节点），启动一个 DataNode 的守护进程，负责管理它所在节点上的存储。HDFS 公开了文件系统的命名空间，用户能够以文件的形式在上面存储数据。管理者可以动态增加、减少服务器集群中的 DataNode。同时数据以多副本的主从模式进行存储，保障了数据的可用性。

3.3.3　事务

事务是传统数据库很重要的一个功能。Hive 从 0.13 版本开始，在分区级别提供原子性、一致性和持久性。可以通过打开其中一个可用的锁定机制（ZooKeeper 或内存）来提供隔离。通过在 Hive 0.13 中添加事务，现在可以在行级别提供完整的 ACID 语义，这样一个应用程序可以添加行，而另一个应用程序从同一个分区读取而不会相互干扰。

Hive 中添加了带有 ACID 语义的事务，以处理以下情况。

❑ 流式传输数据。许多用户使用 Apache Flume、Apache Storm 或 Apache Kafka 等工具将数据流传输到他们的 Hadoop 集群中。虽然这些工具可以以每秒数百行或更多行的速率写入数据，但 Hive 只能每 15 分钟到一小时添加一次分区，因为过于频繁地添加分区很快就会使一个表中的分区数量难以维护，而且这些工具还可能向已存在的分区中写数据，但是这样将会产生脏读（可能读到查询开始时间点以后写入的数据），并在目录中留下许多小文件，这会给 NameNode 带来压力。在这个使用场景下，事务支持获得数据的一致性视图，同时避免产生过多的文件。

- □ 缓慢变化维。在典型的星形模式数据仓库中，维度表随时间变化缓慢。例如，零售商将打开需要添加到商店表的新商店数据，或者现有商店可能会更改其面积等信息。这些更改会导致插入单个记录或更新记录（取决于所选策略）。从 0.14 版本开始，Hive 能够支持等级更新。
- □ 数据重述。有时收集的数据不正确并需要更正，或者当前数据只是一个近似值（如只有全部数据的 90%，得到全部数据会滞后），或者业务规则可能要求由于后续交易而重申某些交易（例如，在进行购买之后，客户可以购买会员资格，因此有权享受折扣价格，包括先前购买的折扣价格），或者合同要求用户在终止其关系时删除其客户的数据。从 Hive 0.14 开始，可以通过插入、更新和删除操作支持这些场景。
- □ 使用 SQL MERGE 语句进行批量更新。

3.4 Hive 的基本概念

本节介绍 Hive 中的一系列基本概念。Hive 建表的语法与 MySQL 类似，需要指定表名、表中的字段名及字段对应的数据类型。所以在学习 Hive 建立表前，明确数据类型、关键字就显得很必要。

同时，与较传统数据库相比，Hive 格式较为宽松，它在建表时，可以由用户指定表的字段间间隔符、换行符以及存储位置等，形式较自由。由于 Hive 的存储是建立在 HDFS 基础之上的，较复杂的 HiveQL 也会解释成 MapReduce（Hadoop 分布式计算框架）后计算大数据集的统计结果，因此 Hive 在设计时，允许用户非常自由地组织 Hive 中的表，只需要在创建表的时候，告诉 Hive 数据文件存储的位置以及数据中的列分隔符和行分隔符就可以解析数据了。Hive 对于数据在文件中的编码方式具有非常大的灵活性。大多数的数据库对数据具有完全的控制，这种控制既包括对数据存储到磁盘过程的控制，也包括对数据生命周期的控制。Hive 将这些方面的控制权转交给用户，以便更加容易地使用各种各样的工具来管理和处理数据。

Hive 的数据类型能够很好地与 Hadoop 平台（框架源码由 Java 开发）融合，HiveQL 数据类型都是对 Java 中接口的实现。大体上讲，Hive 支持的数据类型可分为基本数据类型和复杂数据类型两种。

如果采用 HDFS 平台的现有文件，需要在 Hive 框架中支持 HDFS 平台上的现有文件格式。

关键字指 Hive 本身规定的有指定含义的词，用户在进行系统属性字段命名时，应尽量避开这样的词。

3.4.1 基本数据类型

Hive 数据类型实现了 Java 的接口，它支持类似 Java 中 INT 和 FLOAT 这样不同长度的类型，也支持 STRING 这样无长度限制的类型。大体来说，Hive 基本数据类型主要有数值类型、日期 / 时间类型、字符串类型和布尔型 4 种，每种数据类型又分成许多细节的类型，供 Hive 使用。具体内容如表 3-4 所示。

表 3-4 HiveQL 基本数据类型表

大类	类型	描述	示例
数值类型	TINYINT	1 字节，有符号整数，−128 ～ 127	1
	SMALLINT	2 字节，有符号整数，−32 768 ～ 32 767	1
	INT/INTEGER	4 字节，有符号整数，−2 147 483 648 ～ 2 147 483 647	1
	BIGINT	8 字节，有符号整数，−9 223 372 036 854 775 808 ～ 9 223 372 036 854 775 807	1
	FLOAT	4 字节，单精度浮点数	1.0
	DOUBLE	8 字节，双精度浮点数	1.0
	DECIMAL	在 Hive 0.11.0 中引入，精度为 38 位 Hive 0.13.0 引入了用户可定义的精度和比例	DECIMAL(38,18)
	DOUBLE PRECISION	仅从 Hive 2.2.0 开始有效	
	NUMERIC	从 Hive 3.0.0 开始有效	
字符串类型	STRING	字符串	'a',"a"
	VARCHAR	仅从 Hive 0.12.0 开始有效	
	CHAR	仅从 Hive 0.13.0 开始有效	
Misc 类型	BOOLEAN	TRUE/FALSE	TRUE
	BINARY	仅从 Hive 0.8.0 开始有效	
日期 / 时间类型	TIMESTAMP	精度到纳秒的时间戳，仅从 Hive 0.8.0 开始有效	132550247050
	DATE	仅从 Hive 0.12.0 开始有效	
	INTERVAL	仅从 Hive 1.2.0 开始有效	

和其他 SQL 语言一样，这些都是保留字。但不同的是，传统关系型数据库基于性能优化的考虑，通常提供的数据类型都有长度的限制，因为定长的记录更容易建立索引、进行数据扫描等。而 Hive 所有的这些数据类型都是对 Java 中接口的实现，因此这些类型的具体行为细节和 Java 中对应的类型是完全一致的。此外，Hive 主要针对大数据下的行为分析，它更强调优化磁盘的读和写的性能，而限制列的值的长度相对来说并不重要。

Hive 中的 DECIMAL 类型基于 Java 的 BigDecimal，用于表示 Java 中不可变的任意精度十进制数，可应用于所有常规数字操作（例如 +、−、*、/）和相关 UDF（例如 Floor、Ceil、Round 等）。可以像使用其他数字类型一样将其转换为十进制类型。十进制类型的持久性格式支持科学和非科学表示法。Hive 0.11.0 和 0.12.0 具有固定的 DECIMAL 类型的精度，限制为 38 位。从 Hive 0.13.0 开始，用户可以使用 DECIMAL（precision，scale）语法创建具有 DECIMAL 数据类型的表来指定比例和精度。如果未指定范围（scale），则默认为 0（无小数位）；如果未指定精度（precision），则默认为 10。可以使用强制转换将 DECIMAL 值转换为任何其他基本类型，例如 BOOLEAN：

```
select cast(t as boolean) from decimal_2;
```

TIMESTAMP 类型，它的值可以是整数（如距离 UNIX 新纪元时间（1970 年 1 月 1 日，午夜 12 点）的秒数）、浮点数（如距离 UNIX 新纪元时间的秒数，精确到纳秒，即小数点后保留 9 位数），也可以是字符串（如 JDBC 所约定的时间字符串格式，格式为 YYYY-MM-DD hh:mm:ss:ffffffffff）。

3.4.2 数据类型转换

在适当的时候，Hive 可对数据类型进行隐式的类型转换，例如，对两个不同数据类型的数字进行比较，假如一个数据类型是 INT 型，另一个是 SMALLINT 类型，那么 SMALLINT 类型的数据将会被隐式地转换为 INT 类型，但是不能隐式地将一个 INT 类型的数据转换成 SMALLINT 或 TINYINT 类型的数据，这将会返回错误，除非使用了 CAST 操作。

任何整数类型都可以隐式地转换成一个范围更大的类型。TINYINT、SMALLINT、INT、BIGINT、FLOAT 和 STRING 都可以隐式地转换成 DOUBLE，BOOLEAN 类型不能转换为其他任何数据类型。表 3-5 中列出了 Hive 内置的数据类型之间是否可以进行隐式的转换操作。

表 3-5　HiveQL 是否允许隐式类型转换示意表

	vt	bl	ty	st	i	bt	f	d	dc	str	vc	ts	dt	br
vt	T	T	T	T	T	T	T	T	T	T	T	T	T	T
bl	F	T	F	F	F	F	F	F	F	F	F	F	F	F
ty	F	F	T	T	T	T	T	T	T	T	F	F	F	F
st	F	F	F	T	T	T	T	T	T	T	F	F	F	F
i	F	F	F	F	T	T	T	T	T	T	F	F	F	F
bt	F	F	F	F	F	T	T	T	T	T	F	F	F	F
f	F	F	F	F	F	F	T	T	T	T	F	F	F	F
d	F	F	F	F	F	F	F	T	T	T	F	F	F	F
dc	F	F	F	F	F	F	F	T	T	T	F	F	F	F
str	F	F	F	F	F	F	T	T	T	T	F	F	F	F
vc	F	F	F	F	F	F	F	F	T	T	T	F	F	F
ts	F	F	F	F	F	F	F	T	F	T	F	T	T	F
dt	F	F	F	F	F	F	F	T	T	T	T	T	T	F
br	F	F	F	F	F	F	F	F	F	T	F	F	F	T

为了美观，表 3-5 中的表头进行了简写，如 vt（VOID）、bl（BOOLEAN）、ty（TINYINT）、st（SMALLINT）、i（INT）、bt（BIGINT）、f（FLOAT）、d（DOUBLE）、dc（DECIMAL）、str（STRING）、vc（VARCHAR）、ts（TIMESTAMP）、dt（DATE）、br（BINARY）。

十进制值和任何其他基本类型（如整数、双精度、布尔值等）之间支持强制转换，类型转换函数的语法是 cast(value AS TYPE)。例如：

```
SELECT uname,salary FROM userinfo WHERE cast(salary AS FLOAT)<5000.0;
```

注意

如果上例中 salary 字段的值不是合法的 FLOAT 字符串，Hive 并不会做报错处理，而是返回 NULL。

Hive 0.80.0 版本中新引入的 BINARY 类型只支持将 BINARY 类型转换为 STRING 类型。如果该值为数值，用户可通过 cast() 方法对其转换，例如：

```
SELECT (2.0*cast(b AS STRING) AS DOUBLE)) FROM table1;
```

用户同样可以将 STRING 类型转换为 BINARY 类型。

3.4.3 复杂数据类型

传统数据库中，一些数据，例如用户信息（用户名、用户 ID、性别、住址）和用户工资表（用户 ID、工资、税率）通常建立在两个表中，通过用户 ID 进行两个表的关联，以减少数据的冗余，节省磁盘空间。在大数据环境下，并不主张传统数据库的这个思想，它更重视数据读取时的吞吐量，希望能够以最少的"头部寻址"来从大数据平台的众多磁盘中获得需要的数据。采用主外键的映射关系会增加寻址的操作，降低磁盘的性能。复杂类型的存在可以将用户信息表和用户工资表的内容建立在一张表中，如建立用户工资表时，可将用户信息表内所有内容通过 STRUCT 类型的一个字段建立出来。

在 Hive 中，复杂类型共分为数组类型（array_type）、映射类型（map_type）、结构类型（struct_type）和联合类型（union_type）四大类，类型的详细情况如表 3-6 所示。

表 3-6　HiveQL 复杂数据类型表

类型	描述	示例
ARRAY\<data_type\>	从 Hive 0.14 开始，一组有序字段，字段的类型必须相同	array(1,2)
MAP\<primitive_type, data_type\>	从 Hive 0.14 开始，一组无序的键值对，键的类型必须是原子的，值可以是任何类型。同一个映射的键类型必须相同，值的类型也必须相同	map('a',1,'b',2)
STRUCT\<col_name : data_type [COMMENT col_comment], ...\>	一组命名的字段，字段的类型可以不同	struct('a',1,1,0)
UNIONTYPE\<data_type, data_type, ...\>	只能从 Hive 0.7.0 开始，支持符合数据类型（data_type）多个值的列举存储格式	create_union(1,'a','20')

表 3-6 中所示的类型是传统关系型数据库中很少出现的，它们极大地方便了大数据场景下文本数据的存储。需要注意的是，表 3-6 中的语法示例实际上调用的是内置函数。

【例 3-2】建立一个用户表 userinfo，里面包含用户信息与用户工资情况的表。

```
CREATE TABLE userinfo (
    uname              STRING,
    salary             FLOAT,
    familyMembers      ARRAY<STRING>,
    deductions         MAP<STRING,FLOAT>,
    address            STRUCT<province:STRING,city:STRING,zip:INT>
);
```

建表的格式与传统 SQL 有些相似，通过 CREATE TABLE 指定要建立的表名为 userinfo，有 5 个字段名及字段对应的数据类型。其中，uname（用户名）是一个简单的字符串 STRING；对于大多数人来讲，salary（薪资）使用 FLOAT 浮点数类型表示已经足够；familyMembers（家庭成员）列表是一个字符串值数组。在该数组中，可以认为 uname 是"主键"，因此familyMembers 中的每一个元素都将会引用这张表中的另一条记录。如果是"孤家寡人"，该字段对应的值就是一个空的数组。在传统的模型中，通常会使用两张表，通过 uname 设置主外键关联来表示这种关系，也就是用户和用户的家庭成员的这种对应关系。这里并非强调我们的模型对于 Hive 来说是最好的，而只是为了举例展示如何使用数组。

字段 deductions 是一个由键值对（key/value）构成的 MAP，记录了养老保险、医疗保险和公积金被扣除后工资的额度。

字段 address 使用 STRUCT 数据类型存储每位用户的家庭住址，其中住址分隔了省、城市、邮编三个区域，并都被进行命名，且具有一个特定的类型。

3.4.4 文本文件数据编码

所有由 ASCII 字符构成的文件都称为文本文件，其他文件都称为二进制文件。对 Hive 来讲，主要操作的是文本格式的文件，尤其应用较频繁的是以逗号或制表符分隔的文本文件。但这两种文件格式有一个共同的缺点：如果表中字段间的分隔符以逗号或制表符表示，那么如果字段中的内容包括逗号这样的符号，结果就会出现异常。因此，Hive 框架中默认设定了几个字段中不常出现的控制字符，作为表中字段间及字段内容中嵌套字段间的分隔符。这些分隔符在建立表时指定，分隔符的具体内容及描述如表 3-7 所示。

表 3-7 HiveQL 文本文件数据编码表

类型	描述
\n	对于文本文件来说，每行都是一条记录，因此换行符可以分隔记录
^A(Ctrl+A)	用于分隔字段（列）。在 CREATE TABLE 语句中可以使用八进制编码 \001 表示
^B	用于分隔 ARRARY 或者 STRUCT 中的元素，或用于 MAP 中键值对之间的分隔。在 CREATE TABLE 语句中可以使用八进制编码 \002 表示
^C	用于 MAP 中键和值之间的分隔。在 CREATE TABLE 语句中可以使用八进制编码 \003 表示

相对于例 3-2 建立的表，匹配一段文本数据编码的数据，如下所示。其中 ^A 用于字段间的分隔符。^B 用于 ARRARY 类型字段 familyMembers 中各数组元素（家庭成员）间的分隔符。^B 还用于字段 address 使用 STRUCT 数据类型中省、城市、邮编三个区域间的分隔符。^C 用于字段 deductions 使用的键值对构成的 MAP 类型中键和值之间的分隔符。

```
John^A10000.0^Afather^Bmother^Apension^C.2^Bmedical^C.05^Bprovident^C.1^AHeiLo
ngJiang^BHarbin^B150000
    Mary^A8000.0^Agrandma^Apension^C.2^Bmedical^C.05^Bprovident^C.1^AHeiLongJiang^
BHarbin^B150000
    Jones^A7000.0^A^Apension^C.15^Bmedical^C.03^Bprovident^C.1^ABeiJing^BHaiDian^B100000
    Bill^A6000.0^A^Apension^C.15^Bmedical^C.03^Bprovident^C.1^ABeiJing^BWangFuJing
^B100000
    Smith^A3900.0^Afather^Bmother^Apension^C.3^Bmedical^C.02^Bprovident^C.08^AHeiLong
Jiang^BDaQing^B150000
    Fred^A4500.0^Asister^Apension^C.3^Bmedical^C.07^Bprovident^C.08^AHeiLongJiang^BYiChun^
B150000
    July^A6000.0^A^Apension^C.15^Bmedical^C.03^Bprovident^C.1^AHeiLongJiang^BACheng^B150000
```

当然，用户也可以使用自定义的分隔符。确定数据使用的分隔符后，Hive 建表时需要指定分隔符的内容。在例 3-2 的基础上，声明表结构中的分隔符。

【例 3-3】建立表 userinfo，同时指定文本数据的分隔符。

```
CREATE TABLE userinfo (
```

```
    uname           STRING,
    salary          FLOAT,
    familyMembers      ARRAY<STRING>,
    deductions         MAP<STRING,FLOAT>,
    address            STRUCT<province:STRING,city:STRING,zip:INT>
)
PARTITIONED BY (country String)
ROW FORMAT DELIMITED
FIELDS TERMINATED BY '\001'
COLLECTION ITEMS TERMINATED BY '\002'
MAP KEYS TERMINATED BY '\003'
LINES TERMINATED BY '\n'
STORED AS TEXTFILE;
```

ROW FORMAT DELIMITED 这组关键字必须写在其他子句（除 STORED AS 子句之外）之前。

'\001' 是 ^A 的八进制编码表示，FIELDS TERMINATED BY '\001' 表示表 userinfo 将使用 ^A 字符作为列分隔符。

'\002' 是 ^B 的八进制编码表示，COLLECTION ITEMS TERMINATED BY '\002' 表示 Hive 将使用 ^B 作为集合元素间的分隔符。

'\003' 是 ^C 的八进制编码表示，MAP KEYS TERMINATED BY '\003' 声明 Hive 将使用 ^C 作为 MAP 的键和值之间的分隔符。

子句 LINES TERMINATED BY '...' 和 STORED AS ... 不需要 ROW FORMAT DELIMITED 关键字。其中 LINES TERMINATED BY'\n' 声明表示 userinfo 存储的数据行与行之间的分隔符为 '\n'（即回车），该分隔符也可由用户人为指定，如指定为 '\t'。而 STORED AS TEXTFILE 声明数据以文本方式存储。该子句很少用到，因为 Hive 默认为 TEXTFILE 的文本格式。当然 Hive 也支持其他格式的存储。

3.4.5　数据读取模式

读时模式是相对于写时模式而言的，传统数据库（如 MySQL）采用的是写时模式（schema on write），即在数据写入数据库时有着极为严格的标准，写入数据时对模式进行检查，不符合库表建立时的要求会被拒绝写入数据。

Hive 采用的是读时模式，即对数据的验证并不在加载数据时进行，而是在数据读取时验证。比如向 Hive 指定的表中导入一批数据，如果这批数据的格式并不符合表的设计要求，仍然会被导入，在数据读取时对模式进行验证，不符合要求的数据会以 NULL 的形式显示给用户，这称为"读时模式"。

比较一下读时模式与写时模式的特点：

❑ 读时模式可以使数据加载非常迅速，因为其不需要读取数据，进行解析，再进行序列化以数据库内部格式存入磁盘，数据加载操作仅仅是文件的复制或移动。但针对不同的分析，认为同一个数据可能会有两个模式（Hive 使用"外部表"时）。

❑ 写时模式有利于提升查询性能。因为数据库可以对列进行索引，并对数据进行压缩，但是作为权衡，此时加载数据会花费更多时间。此外，在加载时模式未知的情况下，因为查询尚未确定，所以不能决定使用何种索引。

3.4.6　文件格式与压缩

Hive 基于 Hadoop 运行，许多 Hadoop 支持的文件存储格式 Hive 都支持。同时，Hive 宽松的格式也决定了它会给用户很大的发挥空间，即它给用户留有自定义的接口。总体来讲，Hive 文件格式分为内置和自定义开发两种形式。考虑文件网络传输的 I/O 性能，Hadoop 支持文件的压缩。同样，Hive 基于文件格式的压缩也是一个专门的专题，将在下一小节讨论。

Hive 内置的文件格式

截至 2018 年 8 月 2 日，Apache 官网给出的 Hive 文件格式列表如表 3-8 所示。

表 3-8　Hive 文件格式列表

存储格式	描述
TEXTFILE	通过 STORED AS 子句存储为纯文本文件。TEXTFILE 是通过 hive.default.fileformat 属性设置的默认文件格式，用户也可通过改变该属性的值设置不同于 TEXTFILE 的格式。 使用 DELIMITED 子句读取分隔文件。 通过使用 ESCAPED BY 子句（例如 ESCAPED BY'\'）为分隔符字符启用转义，如果要处理包含这些分隔符字符的数据，即数据包含分隔符，启用转义是必需的。 也可以使用 NULL DEFINED AS 子句指定自定义 NULL 格式（默认为 '\N'）
SEQUENCEFILE	通过 STORED AS 子句存储为可压缩的 Sequence 格式文件（SequenceFile 是 Hadoop API 提供的一种二进制文件，支持多种压缩格式，如 RECORD、BLOCK 等，具体看 Hive 应用的 Hadoop 版本）
ORC	通过 STORED AS 子句存储为 ORC 文件格式。支持 ACID 和基于成本的优化（Cost-Based Optimi-zation，CBO）。存储列级元数据。例如 STORED AS ORC TBLPROPERTIES ('transactional'='true');
PARQUET	通过 STORED AS 子句存储为 Parquet 格式（从 Hive 0.13.0 及更高版本开始）。 在 Hive 0.10、0.11 或 0.12 中使用 ROW FORMAT SERDE … STORED AS INPUTFORMAT … OUTPUTFORMAT 语法存储
AVRO	通过 STORED AS 子句存储为 Avro 格式（从 Hive 0.14.0 及更高版本开始）。有关此选项的更多信息，请参见 https://cwiki.apache.org/confluence/display/Hive/AvroSerDe
RCFILE	通过 STORED AS 子句存储为 RCFILE 格式。有关此选项的更多信息，请参见 https://en.wikipedia.org/wiki/RCFile
JSONFILE	通过 STORED AS 子句存储为 JSON 文件格式（从 Hive 4.0.0 及更高版本开始）
STORED BY	以非 Hive 本身表格形式存储，可创建或链接到要整合的其他工具的表，例如 HBase、Druid 或 Accumulo 支持的表。有关此选项的更多信息，请参见 https://cwiki.apache.org/confluence/display/Hive/StorageHandlers
INPUTFORMAT 和 OUTPUTFORMAT	在设定文件格式中，将相应的 InputFormat 和 OutputFormat 类的名称指定为字符串文字。例如 org.apache.hadoop.hive.contrib.fileformat.base64.Base64TextInputFormat。对于 LZO 压缩，INPUTFORMAT 要使用的值是 com.hadoop.mapred.DeprecatedLzoTextInputFormat，而 OUTPUTFORMAT 要使用的值是 org.apache.hadoop.hive.ql.io.HiveIgnoreKeyTextOutputFormat。 有关 LZO 压缩的更多信息，请参见 https://cwiki.apache.org/confluence/display/Hive/LanguageManual + LZO

3.4.7　Hive 压缩

Hive 是基于 Hadoop 运行的，Hadoop 原有的压缩功能，它也一并接收。在某些情况下，例如在磁盘使用和查询性能方面，相较于未压缩存储，Hive 表中数据压缩存储能提供更好的性能，下面首先讨论一下 Hadoop 的压缩。

Hadoop 文件数据存取与计算需要集群中相应众多节点通过网络连接的方式进行相互协作完成作业，节点间数据采用压缩形式传输，这样一来可以减少存储文件所需要的磁盘空间，二来可以加速数据在网络和磁盘上的传输。这两大好处在处理大规模数据时相当重要，值得我们认真讨论一下 Hadoop 中文件压缩的用法。Hadoop 常用的几款压缩方法与工具如表 3-9 所示。

表 3-9　Hadoop 压缩工具总结

压缩格式	工具	算法	文件扩展名	是否可分割	是否 Java 实现
DEFLATE	无	DEFLATE	.deflate	否	是
gzip	Gzip	DEFLATE	.gz	否	是
bzip2	bzip2	bzip2	.bz2	是	是
LZO	Lzop	LZO	.lzo	否	否
LZ4	无	LZ4	.lz4	否	否
Snappy	无	Snappy	.snappy	否	否

注意

传输数据在采用压缩算法前，需要考虑的问题是 Hadoop 需要能够辨识压缩算法计算后的文件，依据业务需求考虑压缩算法的空间占比与时间占比的均衡。

下面简述表 3-9 中每种压缩的特点。

❑ DEFLATE 是同时使用了 LZ77 算法与哈夫曼编码的一个无损数据压缩算法。它最初是由菲尔·卡茨（Phil Katz）为他的 PKZIP 软件第二版所定义的，后来被 RFC 1951 标准化。它是一个标准压缩算法，该算法的标准实现是 zlib，压缩与解压的源代码可以在自由、通用的压缩库 zlib 上找到。目前没有通用的命令行工具生成 DEFLATE 格式，通常都用 gzip 格式。

注意

gzip 文件格式只是在 DEFLATE 格式上增加了文件头和一个文件尾。DEFLATE 文件扩展名是 Hadoop 约定的。

❑ bzip2 是 Julian Seward 开发并按照自由软件 / 开源软件协议发布的数据压缩算法及程序。从压缩率角度讲，bzip2 比传统的 gzip 或者 ZIP 的压缩效率更高，但是它的压缩速度较慢。

❑ LZO（Lempel-Ziv-Oberhumer）是致力于解压速度的一种数据压缩算法，这个算法是无损算法，参考实现程序是线程安全的。如果 LZO 文件已经在预处理过程中被索引，那么 LZO 文件是可切分的。

❑ LZ4 是一种无损数据压缩算法，着重于压缩和解压缩速度。它属于面向字节的 LZ77 压缩方案家族。该算法提供一个比 LZO 算法稍差的压缩率——这逊于 gzip 等算法。但是，它的压缩速度类似 LZO——比 gzip 快几倍，而解压速度显著快于 LZO。

❑ Snappy（以前称 Zippy）是 Google 基于 LZ77 的思路用 C++ 语言编写的快速数据压缩与解压程序库，并在 2011 年开源。它的目标并非最大压缩率或与其他压缩程序库的兼容性，而是非常高的速度和合理的压缩率。

下面通过几个案例来说明 Hive 压缩的用法。

【例 3-4】将使用 Hadoop 自带的 gzip 或 bzip2 压缩的文本文件直接导入存储为 TextFile 的表中，实现直接解压缩。

建立一个以 TextFile 格式存储的 Hive 表 raw。

```
CREATE TABLE raw (line STRING)
    ROW FORMAT DELIMITED
    FIELDS TERMINATED BY '\t'
    LINES TERMINATED BY '\n';
    STORED AS TEXTFILE;
```

注意，代码第 5 行 "STORED AS TEXTFILE;" 表示表 raw 的存储格式，由于 TextFile 是默认的格式，故此行可省略不写。

将本地 gz 压缩格式的文件 20090603-access.log.gz 传至 Hive 表 raw 中。

```
LOAD DATA LOCAL INPATH '/tmp/weblogs/20090603-access.log.gz' INTO TABLE raw;
```

在这种情况下，Hadoop 无法将文件拆分为块（Block）以实现多个并行 Map，集群资源未得到充分利用。可建立支持多种压缩格式的 Sequence 格式文件存储模式，通过设置压缩的相应属性值实现该功能。

【例 3-5】建立 Sequence 存储格式的表，启用块压缩。

```
-- 建立表 raw_sequence, 存储格式为 SEQUENCEFILE
CREATE TABLE raw_sequence (line STRING)
    STORED AS SEQUENCEFILE;
-- 设置 Hive 查询时 job 的输出为压缩格式
SET hive.exec.compress.output=true;
-- 设置 Sequence 文件具体的压缩方式是块
-- 目前 Sequence 支持 [NONE|RECORD|BLOCK] 格式，分别代表 [ 不压缩 | 记录级别压缩 | 块级别压缩 ]
SET io.seqfile.compression.type=BLOCK;
-- 将 raw 表中数据以覆盖的形式插入表 raw_sequence 中
INSERT OVERWRITE TABLE raw_sequence SELECT * FROM raw;
```

此外，Hive 也可实现单独安装的如 LZO 这样的压缩工具，详见官网 https://cwiki.apache.org/confluence/display/Hive/LanguageManual+LZO。

3.4.8　Hive 关键字

关键字，这里指 Hive 框架本身规定的有特殊意义的词。一般建议用户在进行表创建等操作（如列名的定义）时设置的名称不要与这些关键字相同。

如果业务要求中的定义与关键字重名不可避免，可参照官网的建议：①在名称上加引号后再作为标识符使用（仅在 0.13.0 及更高版本中支持，请参阅 HIVE-6013）。大多数关键字是通过 HIVE-6617 保留的，以减少语法歧义（1.2.0 及更高版本）。② set hive.support.sql11.reserved.keywords = false（2.1.0 及更早版本支持）。

以目前 Hive 最新版本（Hive 3.0.0）为例，总结 Hive 中的所有关键字，如表 3-10 所示。

表 3-10　Hive 关键字列表

版本	非保留关键字	保留关键字
Hive 1.2.0	ADD, ADMIN, AFTER, ANALYZE, ARCHIVE, ASC, BEFORE, BUCKET, BUCKETS, CASCADE, CHANGE, CLUSTER, CLUSTERED, CLUSTERSTATUS, COLLECTION, COLUMNS, COMMENT, COMPACT, COMPACTIONS, COMPUTE, CONCATENATE, CONTINUE, DATA, DATABASES, DATETIME, DAY, DBPROPERTIES, DEFERRED, DEFINED, DELIMITED, DEPENDENCY, DESC, DIRECTORIES, DIRECTORY, DISABLE, DISTRIBUTE, ELEM_TYPE, ENABLE, ESCAPED, EXCLUSIVE, EXPLAIN, EXPORT, FIELDS, FILE, FILEFORMAT, FIRST, FORMAT, FORMATTED, FUNCTIONS, HOLD_DDLTIME, HOUR, IDXPROPERTIES, IGNORE, INDEX, INDEXES, INPATH, INPUTDRIVER, INPUTFORMAT, ITEMS, JAR, KEYS, KEY_TYPE, LIMIT, LINES, LOAD, LOCATION, LOCK, LOCKS, LOGICAL, LONG, MAPJOIN, MATERIALIZED, METADATA, MINUS, MINUTE, MONTH, MSCK, NOSCAN, NO_DROP, OFFLINE, OPTION, OUTPUTDRIVER, OUTPUTFORMAT, OVERWRITE, OWNER, PARTITIONED, PARTITIONS, PLUS, PRETTY, PRINCIPALS, PROTECTION, PURGE, READ, READONLY, REBUILD, RECORDREADER, RECORDWRITER, REGEXP, RELOAD, RENAME, REPAIR, REPLACE, REPLICATION, RESTRICT, REWRITE, RLIKE, ROLE, ROLES, SCHEMA, SCHEMAS, SECOND, SEMI, SERDE, SERDEPROPERTIES, SERVER, SETS, SHARED, SHOW, SHOW_DATABASE, SKEWED, SORT, SORTED, SSL, STATISTICS, STORED, STREAMTABLE, STRING, STRUCT, TABLES, TBLPROPERTIES, TEMPORARY, TERMINATED, TINYINT, TOUCH, TRANSACTIONS, UNARCHIVE, UNDO, UNIONTYPE, UNLOCK, UNSET, UNSIGNED, URI, USE, UTC, UTCTIMESTAMP, VALUE_TYPE, VIEW, WHILE, YEAR	ALL, ALTER, AND, ARRAY, AS, AUTHORIZATION, BETWEEN, BIGINT, BINARY, BOOLEAN, BOTH, BY, CASE, CAST, CHAR, COLUMN, CONF, CREATE, CROSS, CUBE, CURRENT, CURRENT_DATE, CURRENT_TIMESTAMP, CURSOR, DATABASE, DATE, DECIMAL, DELETE, DESCRIBE, DISTINCT, DOUBLE, DROP, ELSE, END, EXCHANGE, EXISTS, EXTENDED, EXTERNAL, FALSE, FETCH, FLOAT, FOLLOWING, FOR, FROM, FULL, FUNCTION, GRANT, GROUP, GROUPING, HAVING, IF, IMPORT, IN, INNER, INSERT, INT, INTERSECT, INTERVAL, INTO, IS, JOIN, LATERAL, LEFT, LESS, LIKE, LOCAL, MACRO, MAP, MORE, NONE, NOT, NULL, OF, ON, OR, ORDER, OUT, OUTER, OVER, PARTIALSCAN, PARTITION, PERCENT, PRECEDING, PRESERVE, PROCEDURE, RANGE, READS, REDUCE, REVOKE, RIGHT, ROLLUP, ROW, ROWS, SELECT, SET, SMALLINT, TABLE, TABLESAMPLE, THEN, TIMESTAMP, TO, TRANSFORM, TRIGGER, TRUE, TRUNCATE, UNBOUNDED, UNION, UNIQUEJOIN, UPDATE, USER, USING, UTC_TMESTAMP, VALUES, VARCHAR, WHEN, WHERE, WINDOW, WITH
Hive 2.0.0	删除：REGEXP, RLIKE 增加：AUTOCOMMIT, ISOLATION, LEVEL, OFFSET, SNAPSHOT, TRANSACTION, WORK, WRITE	增加：COMMIT, ONLY, REGEXP, RLIKE, ROLLBACK, START
Hive 2.1.0	增加：ABORT, KEY, LAST, NORELY, NOVALIDATE, NULLS, RELY, VALIDATE	增加：CACHE, CONSTRAINT, FOREIGN, PRIMARY, REFERENCES
Hive 2.2.0	增加：DETAIL, DOW, EXPRESSION, OPERATOR, QUARTER, SUMMARY, VECTORIZATION, WEEK, YEARS, MONTHS, WEEKS, DAYS, HOURS, MINUTES, SECONDS	增加：DAYOFWEEK, EXTRACT, FLOOR, INTEGER, PRECISION, VIEWS
Hive 3.0.0	增加：TIMESTAMPTZ, ZONE	增加：TIME, NUMERIC

📖 学习提示

　　REGEXP 和 RLIKE 是 Hive 2.0.0 之前的非保留关键字。从 Hive 2.0.0（HIVE-11703）开始，它们变更为保留关键字。

3.5　Hive 的使用

与传统的数据库类似，Hive 不但提供了可供用户交互的命令窗口 Shell，同时还提供了对数据库表结构及表数据进行管理与查询统计的 SQL 语句。其中，Shell 命令提供了丰富的 Help 功能，用户可直接操作数据库相应命令及 SQL 语句。为了维护数据库、表结构，提供了丰富的 DML（Data Manipulation Language，数据操纵语言）语法；为了维护表数据的内容，提供了丰富的 DDL（Data Definition Language，数据定义语言）语法。此外，为了方便对表数据进行统计与分析，Hive 提供了丰富的 SQL 查询语法，与此同时，Hive 内嵌了丰富的函数可供用户直接调用，也提供了灵活的接口供用户编写自定义函数。

3.5.1　Hive 命令

启动 Hive 命令窗口的方法为通过 $HIVE_HOME/bin 文件下的 hive 脚本命令启动命令窗口。如果已经将 $HIVE_HOME/bin 加入系统的环境变量 PATH 中，则只需要在系统 shell 提示符后直接输入 hive，系统的 shell 环境就可以找到此命令。

1. Hive 帮助

Hive 官网给出了较详细的 Hive 指令语句的语法规则，同时，Hive 也提供了较完整的 Help，帮助用户学习 Hive 命令使用的整体概况。

通过在系统 shell 窗口输入 hive --help 命令，可以查看 Hive 命令说明的简明选项列表。下面是 Hive 2.3.3 版本的输出。

```
[root@master ~]# hive --help
Usage ./hive <parameters> --service serviceName <service parameters>
Service List: beeline cleardanglingscratchdir cli hbaseimport hbaseschematool help
hiveburninclient hiveserver2 hplsql jar lineage llapdump llap llapstatus metastore metatool
orcfiledump rcfilecat schemaTool version
    Parameters parsed:
        --auxpath : Auxiliary jars
        --config : Hive configuration directory
        --service : Starts specific service/component. cli is default
    Parameters used:
        HADOOP_HOME or HADOOP_PREFIX : Hadoop install directory
        HIVE_OPT : Hive options
    For help on a particular service:
        ./hive --service serviceName --help
    Debug help:  ./hive --debug --help
```

这里强调一下 Service List 的内容列表，它较 Hive 早期版本增加了很多内容。如 Hive 0.8.* 时，该服务列表下包含的命令有 cli、help、hiveserver、hwi、jar、lineage、metastore、rcfilecat。如今在此基础上进行了补充与改进，这里主要介绍几个常用的命令。① hiveserver 不建议使用，改为 hiveserver2，可以支持多客户端并发和身份认证，旨在为开放 API 客户端（如 JDBC 和 ODBC）提供更好的支持。② Beeline 是 HiveServer2 新的命令行 Shell，它是基于 SQLLine CLI 的 JDBC 客户端。Beeline 支持嵌入模式和远程模式。在嵌入式模式下，运行嵌入式的 Hive（类似 Hive CLI），而远程模式可以通过 Thrift 连接到独立的 HiveServer2 进程上。从 Hive 0.14 版本开始，Beeline 使用 HiveServer2 工作时，它也会从 HiveServer2 输出日志信息到 STDERR。③ hplsql：在 Hive 2.0 中集成了 hplsql，可使用 hplsql 命令执行存储过程。实现 SQL 在 Apache Hive、Spark SQL，以及其他基于 Hadoop 的 SQL、NoSQL 和关系数据库的使用。

2. Hive 命令行界面

命令行界面是学习和使用 Hive 时用户与 Hive 交互时常用的方式。用户可通过它在 Hive 中建立表、导入数据、查询表、检查 Hive 等。Hive 与系统的 Shell 结合得很好，可以在系统的 Shell 下操作 Hive，同时在 Hive Shell 下也可操作系统内容或 HDFS。

（1）在系统的 Shell 下操作 Hive

用户可通过 hive --help --service cli 命令查看当前 Hive 版本支持的 CLI 命令选项列表。

```
[root@master ~]# hive --help --service cli
usage: hive
 -d,--define <key=value>          Variable substitution to apply to Hive
                                  commands. e.g. -d A=B or --define A=B
    --database <databasename>     Specify the database to use
 -e <quoted-query-string>         SQL from command line
 -f <filename>                    SQL from files
 -H,--help                        Print help information
    --hiveconf <property=value>   Use value for given property
    --hivevar <key=value>         Variable substitution to apply to Hive
                                  commands. e.g. --hivevar A=B
 -i <filename>                    Initialization SQL file
 -S,--silent                      Silent mode in interactive shell
 -v,--verbose                     Verbose mode (echo executed SQL to the console)
```

从帮助命令中，可以看出 Hive 帮助能做的事情很多，如通过 -f 执行一个 HiveQL 文件，通过 -e 执行 SQL 语句等。下面给出几个较常用的命令。

-d，- define：定义一个变量值，这个变量可以在 Hive 交互 Shell 中引用，例如 -d A = B 或 --define A = B。可通过 --database <databasename> 指定要使用的数据库，例如在指定的默认数据库 default 中，定义变量 k1，对应值为 v1。进入 Hive 交互 Shell 之后，通过 ${k1} 来引用该变量，将 k1 的值 v1 打印出来。

```
$HIVE_HOME/bin/hive -d k1=v1 -database default
hive> select '${k1}' from stocks limit 1;
OK
v1
Time taken: 2.718 seconds, Fetched: 1 row(s)
```

-e：执行一条 HiveQL 语句，执行完退出 Hive 环境，例如查询表 stocks 中的所有信息。

```
[root@master ~]# hive -e "SELECT * FROM stocks"
NASDAQ   APPL    2009-12-9      2.55    2.77    2.5     2.67    158500   2.67
NASDAQ   APPL    2009-12-8      2.71    2.74    2.52    2.55    131700   2.55
Time taken: 8.61 seconds, Fetched: 10 row(s)
```

-f：执行一个 HiveQL 的文件。例如：查询 test.q 文件中记录的 SQL 语句的内容。其中 test.q 文件内容如下：

```
[root@master ~]# vi test.q
SELECT * FROM stocks
```

执行 test.q 文件。

```
[root@master ~]# hive -f /opt/hive/examples/queries/test.q
NASDAQ  APPL     2009-12-9        2.55    2.77    2.5     2.67    158500  2.67
NASDAQ  APPL     2009-12-8        2.71    2.74    2.52    2.55    131700  2.55
Time taken: 7.845 seconds, Fetched: 10 row(s)
```

-H：显示帮助信息。

```
[root@master queries]# hive -H
```

-i：初始化 SQL 文件，即进入 Hive 交互 Shell 时先执行指定 HiveQL 文件中的 HQL 语句。例如：执行完 test.q 文件中记录的 SQL 语句的内容，再进入 Hive Shell 状态。

```
[root@master queries]# hive -i /opt/hive/examples/queries/test.q
NASDAQ  APPL     2009-12-9        2.55    2.77    2.5     2.67    158500  2.67
NASDAQ  APPL     2009-12-8        2.71    2.74    2.52    2.55    131700  2.55hive -e
```

-S：交互式 Shell 中的静默模式，只显示最终结果。例如：向表中导入数据等，不会显示 MR-Job 的信息。

```
[root@master ~]# hive -S -e "load data local inpath '/root/experiment/datas/hiveselect/
stocks.csv' overwrite into table stocks"
```

-v：详细模式，额外将 SQL 打印输出至控制台。

```
[root@master ~]# hive -v -e "SELECT * FROM stocks"
SELECT * FROM stocks
OK
NASDAQ  APPL     2009-12-9        2.55    2.77    2.5     2.67    158500  2.67
NASDAQ  APPL     2009-12-8        2.71    2.74    2.52    2.55    131700  2.55
Time taken: 8.553 seconds, Fetched: 10 row(s)
```

（2）Hive Shell 下的常用操作

操作一些常用的 Bash Shell 命令：hive> 紧跟一个 "!" 号 + Bash Shell 命令 + 结尾加 ";"。

```
hive>!pwd;
hive>!ls /home/user
```

操作 HDFS 平台相关的命令：去掉 HDFS 平台命令前的 Hadoop 关键字，其他保留，以 ";" 号结尾。

```
hive>dfs -ls /
```

注释：相当于 [user@master ~]$ hadoop dfs -ls / 命令查询的结果，但不同的是 Hadoop dfs 每次运行的时候都会单独启用一个 JVM，而 hive>dfs -ls / 命令是在单线程下运行的，感觉上比前者快很多。

正常的 Hive 本身操作：

```
hive>SELECT * FROM tb;
```

通过 set 重新定义配置参数：

```
hive>set hive.cli.print.header=true;
```

用户可以通过帮助信息尝试一下这些体贴的服务。

3.5.2 Hive DDL

Hive DDL（数据定义语言）主要完成 Hive 数据存储所依赖的数据库及表结构的定义、表描述查看和表结构更改的工作。与传统数据库用法类似，例如 MySQL，先有数据库，然后有表，表中有表结构，数据按表结构存储。所不同的是，Hive 对表格式的定义更加宽松、随性。本节主要介绍基本功能，更详细的描述可参见 Apache 官网的维基（https://cwiki.apache.org/confluence/display/Hive/LanguageManual+DDL）查看。

1. 数据库操作

数据库操作主要包括数据的创建、删除、更改和使用四大项。

（1）创建数据库语法规则

```
CREATE (DATABASE|SCHEMA) [IF NOT EXISTS] database_name
[COMMENT database_comment]
[LOCATION hdfs_path]
[WITH DBPROPERTIES (property_name=property_value,...)];
```

其中 CREATE DATABASE 子句添加于 Hive 0.6（HIVE-675），WITH DBPROPERTIES 子句添加于 Hive 0.7（HIVE-1836）。

（2）删除数据库语法规则

```
DROP (DATABASE|SCHEMA) [IF EXISTS] database_name [RESTRICT|CASCADE];
```

SCHEMA 和 DATABASE 的使用是可以互换的，它们的意思相同。在 Hive 0.6（HIVE-675）中加入了 DROP DATABASE。默认行为是 RESTRICT，如果数据库不为空，DROP DATABASE 将失败。要删除数据库中的表，请使用 DROP DATABASE ... CASCADE。在 Hive 0.8（HIVE-2090）中添加了对 RESTRICT 和 CASCADE 的支持。

（3）更改数据库语法规则

```
ALTER (DATABASE|SCHEMA) database_name SET DBPROPERTIES (property_name=property_
value,...);   -- (Note: SCHEMA added in Hive 0.14.0)

ALTER (DATABASE|SCHEMA) database_name SET OWNER [USER|ROLE] user_or_role; -- (Note:
Hive 0.13.0 and later; SCHEMA added in Hive0.14.0)

ALTER (DATABASE|SCHEMA) database_name SET LOCATION hdfs_path; -- (Note: Hive2.2.1,2.4.
0 and later)
```

SCHEMA 和 DATABASE 的使用是可以互换的，它们的意思相同。在 Hive 0.14（HIVE-6601）中添加了 ALTER SCHEMA。

ALTER DATABASE ... SET LOCATION 语句不会将数据库当前目录的内容移动到新指定的位置。它不会更改与指定数据库下的任何表 / 分区关联的位置。它仅更改将为此数据库添加新表的默认父目录。此行为类似于更改表目录不会将现有分区移动到其他位置的方式。

不能更改有关数据库的其他元数据。

（4）使用数据库语法规则

```
USE database_name;
USE DEFAULT;
```

在 Hive 0.6（HIVE-675）中添加了 USE database_name。通过 USE 为所有后续 HiveQL
语句设置当前数据库。要将当前工作表所在数据库还原为默认数据库，请使用关键字 default
而不是数据库名称。要检查当前正在使用的数据库则执行语句 SELECT current_database()
（从 Hive 0.13.0 开始）。

2. 表操作

Hive 与传统数据库相比，格式较为宽松，它在建表时，可以由用户指定表的字段间间隔
符及换行符，以及存储位置等，形式较自由。而且表存储形式也较自由，可以建立外部表（删
除表时数据不会被删除），也可以建立管理表（删除表时数据也同时删除）。官网（https://cwiki.
apache.org/confluence/display/Hive/LanguageManual+DDL#LanguageManualDDL-CreateTable）给
出了两种建表的语法规则：建立新表的语法规则，参照已存在表的建表语法规则。

（1）建立新表的语法规则

在指定的数据库中，按照建表的规则进行 Hive 表的建立，基本语法规则如下。

```
CREATE [TEMPORARY] [EXTERNAL] TABLE [IF NOT EXISTS] [db_name.]table_name --
(Note: TEMPORARY available in Hive 0.14.0 and later)
    [(col_name data_type [COMMENT col_comment], ... [constraint_specification])]
    [COMMENT table_comment]
    [PARTITIONED BY (col_name data_type [COMMENT col_comment], ...)]
    [CLUSTERED BY (col_name, col_name, ...) [SORTED BY (col_name [ASC|DESC], ...)]
INTO num_buckets BUCKETS]
    [SKEWED BY (col_name, col_name, ...)    -- (Note: Available in Hive 0.10.0 and later)]
        ON ((col_value, col_value, ...), (col_value, col_value, ...), ...)
        [STORED AS DIRECTORIES]
    [
        [ROW FORMAT row_format]
        [STORED AS file_format]
          | STORED BY 'storage.handler.class.name' [WITH SERDEPROPERTIES (...)]-- (Note:
Available in Hive 0.6.0 and later)
    ]
    [LOCATION hdfs_path]
    [TBLPROPERTIES (property_name=property_value, ...)]   -- (Note: Available in Hive
0.6.0 and later)
    [AS select_statement];   -- (Note: Available in Hive 0.5.0 and later; not supported
for external tables)
```

EXTERNAL：Hive 表有内部表与外部表之分，EXTERNAL 标识建立的表为外部表，否
则，说明此表为内部表（也被称为管理表）。其中内部表供 Hive 本身使用，当此表执行 Hive
删除命令时，此表包括表内容将被清除；外部表执行 Hive 删除命令时，数据仍存在于 HDFS
上的原有位置，Hive 只删除该表的元数据信息。

IF NOT EXISTS：在建表之前检查并判断如果指定数据库中不存在建立的表名时，才会
建立新表。

db_name：指定要建立的表所属数据库的名称。

col_name data_type [COMMENT col_comment], ... [constraint_specification])：要建立的
表中的列名、列的数据类型、列的描述，不同列之间用 "," 号分隔，最后一列尾部无 ","。

COMMENT table_comment：指定表的描述信息。

PARTITIONED BY (col_name data_type [COMMENT col_comment], ...)：指定表的分区。

其中 col_name 表示分区名，data_type 表示分区名的数据类型，",..."表示此处可指定多个分区，但请注意","号分隔的多个分区名是从属关系。

[CLUSTERED BY (col_name, col_name, ...)]：指定表划分桶时所用的列。

[SORTED BY (col_name [ASC|DESC], ...)]：一个高效的归并排序，指定按指定列进行升序（ASC）或降序（DESC）排列。

INTO num_buckets BUCKETS：指定该表分的桶数，其中 num_buckets 代表要划分的桶的数量。

[ROW FORMAT row_format]：指定表对应的数据行与行之间的格式化标识。

[STORED AS file_format]：指定该表数据存储的格式。如 Sequence 格式、文本格式等。

[LOCATION hdfs_path]：指定该表数据的存储位置。

[AS SELECT_statement]：复制指定表字段结构及相应数据进行表的建立。

（2）参照已经存在的表建表的语法规则

```
CREATE [TEMPORARY] [EXTERNAL] TABLE [IF NOT EXISTS] [db_name.]table_name
    LIKE existing_table_or_view_name
    [LOCATION hdfs_path];
```

（3）删除 / 截断表（Drop/ Truncate Table）操作的语法规则

删除表

```
DROP TABLE [IF EXISTS] table_name [PURGE];
    -- (Note: PURGE available in Hive 0.14.0 and later)
```

删除表的消除功能从 Hive 0.14.0 开始提供。

DROP TABLE 删除此表的元数据和数据。如果配置了"废纸篓"（并且未指定 PURGE），则实际将数据移动到 .Trash/Current 目录。元数据完全丢失。

截断表

```
TRUNCATE TABLE table_name [PARTITION partition_spec];
partition_spec:
    : (partition_column = partition_col_value, partition_column = partition_col_value, ...)
```

3. 元数据存储（Metastore）

Hive 元数据主要记录了 Hive 库表的结构信息、表分区、索引、授权及用户注册函数等信息，方便 Impala、Spark SQL、Hive 等组件访问元数据库。

默认情况下，元数据位于嵌入式 Derby 数据库中，其磁盘存储位置由属性名为 javax.jdo.option.ConnectionURL 的 Hive 配置变量确定。默认情况下，此位置为 ./metastore_db（请参阅 $/HIVE_HOME/conf / hive-default.xml）。在默认配置中，此元数据一次只能由一个 Session 用户查看。

元数据可以存储在 JPOX 支持的任何数据库中，如 MySQL。数据库的位置和类型可以通过两个变量 javax.jdo.option.ConnectionURL 和 javax.jdo.option.ConnectionDriverName 来控制。配置参考案例如下所示：

```
<property>
    <name>javax.jdo.option.ConnectionURL</name>
```

```
        <value>jdbc:mysql://master/hive?createDatabaseIfNotExist=true&amp;useSSL=
false</value>
    </property>
    <property>
            <name>javax.jdo.option.ConnectionDriverName</name>
            <value>com.mysql.jdbc.Driver</value>
    </property>
    <property>
            <name>javax.jdo.option.ConnectionUserName</name>
            <value>root</value>
    </property>
    <property>
            <name>javax.jdo.option.ConnectionPassword</name>
            <value>root</value>
    </property>
```

有关受支持的数据库的更多详细信息，请参阅 JDO（或 JPOX）文档。

4. 综合举例

【例 3-6】一个创建数据库表与删除数据库表的简单示例。

```
-- 如果当前 Hive 中不存在名为 dbtest 的数据库就创建它 --
hive> CREATE DATABASE IF NOT EXISTS dbtest;
OK
Time taken: 0.453 seconds
-- 显示当前 Hive 中存在的所有的数据库名 --
hive> SHOW DATABASES;
OK
dbtest
default
Time taken: 0.113 seconds, Fetched: 2 row(s)
-- 使用数据库 dbtest--
hive> use dbtest;
OK
Time taken: 0.041 seconds
-- 显示当前使用的数据库：true 显示，false 不显示 --
hive> set hive.cli.print.current.db=true;
hive (dbtest)> CREATE EXTERNAL TABLE dbtest.userinfo(
            > uname            STRING,
            > salary           FLOAT,
            > family           ARRAY<STRING>,
            > deductions       MAP<STRING,FLOAT>,
            > address          STRUCT<street:STRING,city:STRING,state:STRING,zip:INT>)
            > PARTITIONED BY (country String)
            > row format delimited
            > fields terminated by '\001'
            > collection items terminated by '\002'
            > MAP KEYS terminated by '\003'
            > LINES terminated by '\n'
            > stored as textfile;
OK
Time taken: 0.527 seconds
-- 显示当前数据库中所有的表 --
hive (dbtest)> show tables;
OK
userinfo
```

```
Time taken: 0.038 seconds, Fetched: 1 row(s)
-- 复制数据库 dbtest 中表 userinfo 的结构, 建立新表 userinfo_copy1
hive (dbtest)> CREATE TABLE IF NOT EXISTS userinfo_copy1 LIKE dbtest.userinfo;
OK
Time taken: 0.527 seconds
-- 复制复制数据库 dbtest 中表 userinfo 的字段结构及相应数据, 建立表 userinfo_copy2--
hive (dbtest)> CREATE TABLE IF NOT EXISTS userinfo_copy2
> AS select uname,deductions from dbtest.userinfo;
OK
Time taken: 0.527 seconds
-- 通过 select 查询数据库 dbtest 中表 userinfo, 按 SELECT 结果创建表 userinfo_copy3--
hive (dbtest)> create table userinfo_copy3 as select * from dbtest.userinfo;
OK
Time taken: 0.527 seconds
-- 创建表的时候通过 select 指定建立的字段并加载指定字段的数据 --
hive (dbtest)> create table userinfo_copy 4 as select name from dbtest.userinfo;
OK
Time taken: 0.527 seconds
-- 删除表 userinfo--
hive (dbtest)> drop table userinfo;
OK
Time taken: 1.506 seconds
-- 删除数据库 dbtest--
hive (dbtest)> drop database dbtest CASCADE;
OK
Time taken: 0.322 seconds
-- 显示当前 Hive 中所有的数据库名列表 --
hive (dbtest)> show databases;
OK
default
Time taken: 0.032 seconds, Fetched: 1 row(s)
hive (dbtest)>
```

3.5.3　Hive DML

Hive DML（数据操作语言）是 SQL 语言中负责对数据库对象运行数据访问工作的指令集，以 INSERT、UPDATE、DELETE 三种指令为核心，分别代表插入、更新与删除，是开发以数据为中心的应用程序时必定用到的指令。Hive DML 主要指表数据的加载、插入、更新、删除和合并。

1. 向表中加载数据

在 Hive 3.0 之前，将数据加载到表中时，Hive 不会进行任何转换。LOAD 操作是纯复制 / 移动操作，它仅负责将数据文件移动到与 Hive 表对应的位置。基本语法规则如下。

```
LOAD DATA [LOCAL] INPATH 'filepath' [OVERWRITE] INTO TABLE tablename [PARTITION
(partcol1=val1, partcol2=val2 ...)]
```

filepath：可以是相对路径，如 project/data1；也可以是绝对路径，如 /user/hive/project/data1；或者是一个完整 URI，如 hdfs://namenode:9000/user/hive/project/data1。filepath 引用的路径，可以引用至文件名，在这种情况下，Hive 会将文件移动到表中，或者它可以是一个目录，在这种情况下，Hive 将把该目录内的所有文件移到表中。在这两种情况下，filepath 都会处理一组文件。

[PARTITION(partcol1 = val1, partcol2 = val2 ...)]：如果 LOAD 指定的 tablename（表名）包含分区，则必须通过该指令为每个分区指定分区名。

[LOCAL]：此项为可选项，如果被指定，则 LOAD 会参照 filepath 指定的位置在本地文件系统中查找。如果发现是相对路径，则路径会被解释为相对于当前用户的当前路径。用户也可以为本地文件指定一个完整的 URI（如 file:///user/hive/project/data1）。LOAD 命令参照 filepath 指定的地址将文件复制到目标文件系统中。

[OVERWRITE]：此项为可选项，如果被指定，则删除目标表（或分区）中的内容，并将 filepath 指向的文件 / 目录中的内容添加至目标表（或分区）中。如果新添加的文件名已经存在，用新文件替代。

在 Hive 3.0 以后支持其他加载操作，因为 Hive 在内部将加载重写为 INSERT AS SELECT。基本语法规则如下。

```
LOAD DATA [LOCAL] INPATH 'filepath' [OVERWRITE] INTO TABLE tablename [PARTITION
(partcol1=val1, partcol2=val2 ...)] [INPUTFORMAT 'inputformat' SERDE 'serde']
```

如果 tablename 具有分区，但 LOAD 命令中没有分区（PARTITION），则 LOAD 将转换为 INSERT AS SELECT 并假设最后一组列是分区列。如果文件不符合预期的架构，它将抛出错误。

如果表格被分桶，则适用以下规则。

❑ 在严格模式下：启动 INSERT AS SELECT 作业。

❑ 在非严格模式下：如果文件名符合命名约定（如果文件属于存储桶 0，则应将其命名为 000000_0 或 000000_0_copy_1，如果它属于存储桶 2，则名称应为 000002_0 或 000002_0_copy_3 等），然后它将是纯复制 / 移动操作，否则它将启动 INSERT AS SELECT 作业。

filepath：可以包含子目录，前提是每个文件都符合模式。

inputformat：可以是任何 Hive 输入格式，如文本、ORC 等。

serde：可以是相关的 Hive SERDE。

🗣 **注意**

inputformat 和 serde 都区分大小写。

【例 3-7】 假设 3.5.2 节范例中 userinfo 表对应的数据存在本地 /root/datas/hive/ 目录下的两个文件中，userinfo_C.txt 记录是中国区的用户信息，userinfo_A.txt 记录的是美国区的用户信息。请将这两张表中的数据导入表 userinfo 中。

```
load data local inpath '/root/datas/hive/userinfo_C.txt' overwrite into table
userinfo partition (country='China');
    load data local inpath '/root/datas/hive/userinfo_A.txt' overwrite into table
userinfo partition (country='America');
```

2. 通过查询语句向表中插入数据

Hive 支持将查询表的结果通过 INSERT 子句插入 Hive 表中。基本语法规则如下：

```
    INSERT OVERWRITE TABLE tablename1 [PARTITION (partcol1=val1, partcol2=val2 ...) [IF NOT
EXISTS]] select_statement1 FROM from_statement;
    INSERT INTO TABLE tablename1 [PARTITION (partcol1=val1, partcol2=val2 ...)] select_
statement1 FROM from_statement;

    Hive extension (multiple inserts):
    FROM from_statement
    INSERT OVERWRITE TABLE tablename1 [PARTITION (partcol1=val1, partcol2=val2 ...) [IF
NOT EXISTS]] select_statement1
    [INSERT OVERWRITE TABLE tablename2 [PARTITION ... [IF NOT EXISTS]] select_statement2]
    [INSERT INTO TABLE tablename2 [PARTITION ...] select_statement2] ...;
    FROM from_statement
    INSERT INTO TABLE tablename1 [PARTITION (partcol1=val1, partcol2=val2 ...)] select_
statement1
    [INSERT INTO TABLE tablename2 [PARTITION ...] select_statement2]
    [INSERT OVERWRITE TABLE tablename2 [PARTITION ... [IF NOT EXISTS]] select_statement2] ...;

    Hive extension (dynamic partition inserts):
    INSERT OVERWRITE TABLE tablename PARTITION (partcol1[=val1], partcol2[=val2] ...)
select_statement FROM from_statement;
    INSERT INTO TABLE tablename PARTITION (partcol1[=val1], partcol2[=val2] ...) select_
statement FROM from_statement;
```

INSERT OVERWRITE：覆盖表或分区中的所有现有数据。

❑ 除非为分区指定 IF NOT EXISTS 关键字，该功能在 Hive 0.9.0 开始得到支持。

❑ 从 Hive 2.3.0 开始，如果表指定 TBLPROPERTIES ("auto.purge"="true")，则在表中 INSERT OVERWRITE 查询时，表之前的数据不会被移除。注意：当 "auto.purge" 未设置时，此功能仅适用于管理表（managed tables）。

INSERT INTO：将数据追加至指定的表或分区中，它会保持现有数据的完整性。该功能从 Hive 0.8 开始生效。

【例 3-8】使用 SELECT 语句从表 userinfo 中选出中国用户的信息，并将其追加到相应的分区中。

```
 hive (dbtest)> FROM userinfo cu
             > INSERT OVERWRITE TABLE copy_userinfo PARTITION(country='China')
             > SELECT cu.uname, cu.salary,cu.family,cu.deductions,cu.address
             > WHERE country='China'
             > ;
Query ID = root_20180814045548_b8b4ef8f-6dbd-459e-8733-e8642ed99137
Total jobs = 3
Launching Job 1 out of 3
Number of reduce tasks is set to 0 since there's no reduce operator
Starting Job = job_1533872294962_0028, Tracking URL = http://master:8088/proxy/
application_1533872294962_0028/
Kill Command = /opt/hadoop/bin/hadoop job  -kill job_1533872294962_0028
Hadoop job information for Stage-1: number of mappers: 1; number of reducers: 0
2018-08-14 04:55:56,450 Stage-1 map = 0%,  reduce = 0%
2018-08-14 04:56:03,979 Stage-1 map = 100%,  reduce = 0%, Cumulative CPU 1.11 sec
MapReduce Total cumulative CPU time: 1 seconds 110 msec
Ended Job = job_1533872294962_0028
Stage-4 is selected by condition resolver.
Stage-3 is filtered out by condition resolver.
```

```
Stage-5 is filtered out by condition resolver.
Moving data to directory hdfs://master:9000/data/hive/warehouse/dbtest.db/copy_
userinfo/country=China/.hive-staging_hive_2018-08-14_04-55-48_169_3714945973612668424-1/-
ext-10000
    Loading data to table dbtest.copy_userinfo partition (country=China)
    MapReduce Jobs Launched:
    Stage-Stage-1: Map: 1    Cumulative CPU: 1.11 sec    HDFS Read: 5893 HDFS Write:
438 SUCCESS
    Total MapReduce CPU Time Spent: 1 seconds 110 msec
    OK
    Time taken: 17.353 seconds
```

3. 将查询的结果写入文件系统

将上面的语法进行略微的更改，就可将查询结果插入文件系统目录中。基本语法规则如下。

```
INSERT OVERWRITE [LOCAL] DIRECTORY directory1
    [ROW FORMAT row_format] [STORED AS file_format] (从 Hive 0.11.0 开始生效)
    SELECT ... FROM ...

Hive extension (multiple inserts):
FROM from_statement
INSERT OVERWRITE [LOCAL] DIRECTORY directory1 select_statement1
[INSERT OVERWRITE [LOCAL] DIRECTORY directory2 select_statement2] ...

row_format
    : DELIMITED [FIELDS TERMINATED BY char [ESCAPED BY char]] [COLLECTION ITEMS
TERMINATED BY char]
        [MAP KEYS TERMINATED BY char] [LINES TERMINATED BY char]
        [NULL DEFINED AS char] (从 Hive 0.13 开始生效)
```

这里需要注意的是，目录可以是完整的 URI。如果 scheme 或 authority 没有定义，那么 Hive 会使用 Hadoop 配置参数 fS.default.name 中的 scheme 和 authority 来定义 NameNode 的 URI。如果使用 LOCAL 关键字，那么 Hive 会将数据写入本地文件系统中。数据写入文件系统时会进行文本序列化，且每列用 ^A 来区分，换行表示一行数据结束。如果任何一列不是原始类型，那么该列将会被序列化为 JSON 格式。

此外，Hive 还提供了对文件系统数据的写入，通过 SQL 向表中插入数据以及更新、删除和合并数据的功能。详细的语法规则及案例可参见官方网站提供的文档：https://cwiki.apache.org/confluence/display/Hive/LanguageManual+DML。

4. 动态分区插入

动态分区插入功能是从 Hive 0.6 开始生效的。动态分区意在用户指定的分区字段名上，在插入数据时可动态设定，但动态分区的创建是由输入列决定的，例如 userinfo 表中指定了按 country 字段建立分区，且字段类型为 String。

```
PARTITIONED BY (country String)
```

在向 userinfo 表中加载数据时，动态指定了分区的动态内容：China 和 America。

```
    load data local inpath '/root/datas/hive/userinfo_C.txt' overwrite into table
userinfo partition (country='China');
    load data local inpath '/root/datas/hive/userinfo_A.txt' overwrite into table
userinfo partition (country='America');
```

此时，查看 Hive 表的存储结构，发现在 HDFS 平台上表 userinfo 下面已经生成了由分区指定的文件夹 China 和 America。

```
hive (dbtest)> dfs -lsr /data/hive/warehouse/dbtest.db/userinfo;
drwxr-xr-x - root supergroup 0 2018-08-14 04:55 /data/hive/warehouse/dbtest.db/userinfo/
country=America
drwxr-xr-x - root supergroup 0 2018-08-14 04:55 /data/hive/warehouse/dbtest.db/userinfo/
country=China
```

可见，动态分区是由输入列的值决定的。在插入数据的操作中，从 Hive 3.0.0 开始，即使没有指定动态分区的列，Hive 也会自动生成分区的规范。动态分区的功能在 Hive 0.9.0 之前默认是禁用的。从 Hive 0.9.0 开始，默认启用动态分区的功能。关于动态分区插入相关的配置项如表 3-11 所示。

表 3-11　动态分区插入相关的配置项

配置项	默认值	描述
hive.error.on.empty.partition	false	如果动态分区插入产生空结果，是否抛出异常
hive.exec.dynamic.partition	true	设置 true，启用动态分区功能
hive.exec.dynamic.partition.mode	strict	在严格（strict）模式下，用户必须指定至少一个静态分区，以防用户意外地覆盖所有分区。在非严格模式下，所有分区都可以是动态的
hive.exec.max.created.files	100000	MapReduce 作业中由所有的 Mappers 和 Reducers 允许创建的 HDFS 文件的最大数目
hive.exec.max.dynamic.partitions	1000	允许创建的动态分区的最大数目
hive.exec.max.dynamic.partitions.pernode	100	允许在每个 Mappers 或 Reducers 节点中创建的最大动态分区数目

有关动态分区配置项的具体设置方法，可参见 3.7.10 节。

3.5.4　HiveQL 基本查询

1. 查询基本语法概述

从 Hive 0.13.0 开始，HiveQL 可以像传统 SQL 那样来表达表的查询规则，具体语法规则如下。

```
SELECT [ALL | DISTINCT] select_expr, select_expr, ...
FROM table_reference
[WHERE where_condition]
[GROUP BY col_list]
[ORDER BY col_list]
[CLUSTER BY col_list
| [DISTRIBUTE BY col_list] [SORT BY col_list]
]
[LIMIT [offset,] rows]
```

SELECT 语句可以是整个查询语句的一部分，也可以是另一查询中子查询的一部分。其中"[]"中的内容为可选项，其他内容是 SELECT 语句中必须具备的内容。

SELECT 是选择指令，指定要查询的具体选择表达式 select_expr。

select_expr：指定 SELECT 语句中要查询的表或视图中的列属性名。

注意

Hive 中，表名和列名是大小写不敏感的。但一般情况下，工程师们更愿意遵守关键字或保留字大写、用户自定义的内容（如表名、列名等）小写的规范来工作。在 Hive 0.12 和更早时，只有字母数字和下划线字符允许在表和列名中使用。从 Hive 0.13 开始，列名可以包含任何 Unicode 字符（见 HIVE-6013）。若要使用 Hive 0.13.0 之前的列名应用字母或下划线，可设置环境变量属性 hive.support.quoted.identifiers 值为 none 来实现。此外，Hive 在 0.13.0 版本之前，列名支持正则规范，具体详见 Apache 官网维基 https://cwiki.apache.org/confluence/display/Hive/LanguageManual+Select#LanguageManualSelect-REGEXColumnSpecification。

FROM 是查询的输入，指定查询的数据来源，可以是常规表、视图、连接结构或子查询。WHERE 指明 SELECT 语句中的筛选条件。

❑ DISTRIBUTE BY col_list：根据指定的 col_list 字段列表，将数据分到不同的 Reducer 中，且分发算法是 Hash 散列，常和 SORT BY 排序一起使用。

❑ SORT BY col_list：指明 SELECT 语句查询内容按 col_list 局部排序。在数据进入 Reducer 前完成排序。如果设置 Reduce 任务数大于 1，通过 mapred.reduce.tasks 属性设置，则 SORT BY 只保证每个 Reducer 的输出有序，不保证全局有序。一般 SORT BY 不单独使用。设置的 Reduce 任务数量实际是为了依此按 Hash 散列出的文件个数，因为 Hash 散列是通过 Hash 值与 Reducer 个数取模决定数据存储在哪个文件中的。具体计算公式如下：

```
(key.hashCode() & Integer.MAX_VALUE) % numReduceTasks;
```

其中，key 和 value 为 map 输出的 <key,value>，numReduceTasks 取自 Reduce 的任务数。

❑ CLUSTER BY col_list：指明 SELECT 语句按 col_list 在 Hadoop 集群中分发数据，确保类似的数据可以分发到同一个 Reduce 任务中，而且保证数据是有序的。CLUSTER BY word 等价于 DISTRIBUTE BY word SORT BY word ASC。

GROUP BY 指明 SELECT 语句查询内容按 col_list 分组，其中 col_list 表示一列或多列的列名的列表，经常与聚合函数一起使用。

ORDER BY 指明 SELECT 语句查询内容按 col_list 做全局排序，因此只有一个 Reducer。数据量大时，会导致当输入规模较大时，需要较长的计算时间。

2. SELECT-FROM 语句

SELECT 是 SQL 中的射影算子，FROM 子句标识了从哪个表、视图或嵌套查询中选择记录。对于一个给定的记录，SELECT 指定了要保存的列以及输出函数需要调用的一个或多个列，列与列之间支持做相应的算术计算。

（1）查询表中指定字段的数据

结合 SELECT 查询基本语法规则，先来看一个最基本的查询，即去掉语法规则中所有 "[ ]" 中的内容，即最简的 SELECT 语法格式，也是查询语句时必须具备的关键字。"SELECT * FROM tablename" 指查询表 tablename 中所有的数据。

如果查询表中指定的字段，可用相应字段以 "," 分隔进行查询，如查询 userinfo 表中的 uname 和 salary 字段对应的所有内容：

```
hive> SELECT uname,salary FROM userinfo;
OK
Smith     3900.0
Fred      4500.0
July      6000.0
John      10000.0
Mary      8000.0
Jones     7000.0
Bill      6000.0
Time taken: 2.369 seconds, Fetched: 7 row(s)
hive> SELECT * FROM userinfo;
OK
```

（2）给表起别名

Hive 支持给表起别名，用"别名"＋"."＋"列名"的格式对表进行查询，尤其在对多表处理时，特别管用。仍然查询上例的内容，将表起别名为 u。

```
hive> SELECT u.uname,u.salary FROM userinfo u;
OK
Smith     3900.0
Fred      4500.0
July      6000.0
John      10000.0
Mary      8000.0
Jones     7000.0
Bill      6000.0
Time taken: 0.245 seconds, Fetched: 7 row(s)
```

（3）复杂类型数据查询

复杂数据类型如 map、array、struct 等如何查询其中的子项。Hive 提供的内置复杂类型的操作符，可供访问复杂类型中元素，如表 3-12 所示。

表 3-12　复杂类型操作符

操作符	操作类型	描述
A[n]	A 是一个数组 n 是一个 int	返回数组中的第 n 个元素。例如，如果 A 是包含 ['foo', 'bar'] 的数组，则 A[0] 返回 'foo'，A[1] 返回 'bar'
M[key]	M 是 Map <K，V> key 键是 K 型	返回 Map 中与 key 相对应的值。例如，如果 M 是包含 {'f - >'foo', 'b - >'bar', 'all' - >'foobar'} 的映射，则 M ['all'] 返回 'foobar'
S.x	S 是一个 struct	返回 S 的 x 字段。例如，对于 struct foobar {int foo，int bar}，foobar.foo 返回存储在结构中 foo 字段中的整数值

表 3-12 中的三个操作符分别针对 array、map、struct 三种类型的查询。例如，查询 userinfo 表中 uname 用户名、family 中第一家庭成员（array 类型中的 0 位）、deductions 纳税中的公积金比率（map 类型中 provident 的 key 对应的值）和 country 中的城市（struct 类型中 city 字段对应的值）：

```
hive> SELECT uname,family[0],deductions["provident"],address.city FROM userinfo;
OK
Smith     father    0.08    DaQing
Fred      sister    0.08    YiChun
July      NULL      0.1     ACheng
```

```
John      father     0.1      Harbin
Mary      grandma    0.1      Harbin
Jones     NULL       0.1      HaiDian
Bill      NULL       0.1      WangFuJing
Time taken: 0.912 seconds, Fetched: 7 row(s)
```

（4）使用列值进行计算

Hive 提供了优先运算符，主要完成字段或字段间的算术运算关系，在运算过程中符合字段间数据类型的隐式转换规则，如表 3-13 所示。

表 3-13　优先运算符

举例	操作	描述
A[B] , A.identifier	bracket_op([]), dot(.)	元素选择器，点
-A	unary(+), unary(−), unary(~)	一元前缀运算符
A IS [NOT] (NULL|TRUE|FALSE)	IS NULL,IS NOT NULL, ...	一元后缀
A ^ B	bitwise xor(^)	按位异或
A * B	star(*), divide(/), mod(%), div(DIV)	乘法运算符
A + B	plus(+), minus(−)	加运算符
A || B	string concatenate(||)	字符串连接
A & B	bitwise and(&)	按位与
A | B	bitwise or(|)	按位或

Hive 支持字段与数值的计算，以及字段间的计算关系。查询每位员工的税后工资，即用 salary 字段的值减去 deductions 时记录的所有税率：

```
hive> SELECT uname,salary,
    > salary*(1-deductions["pension"]-deductions["medical"]-deductions["provident"])
    > FROM userinfo;
OK
Smith    3900.0   2340.0
Fred     4500.0   2475.0
July     6000.0   4320.0
John     10000.0  6500.0
Mary     8000.0   5200.0
Jones    7000.0   5040.0
Bill     6000.0   4320.0
Time taken: 0.371 seconds, Fetched: 7 row(s)
```

（5）使 LIMIT 查询表结果中的前几行

通过 LIMIT 语句，查询 userinfo 表中前 3 个用户名及用户住址。

```
hive> SELECT uname,address FROM userinfo LIMIT 3;
OK
Smith    {"street":"HeiLongJiang","city":"DaQing","state":"IL","zip":150000}
Fred     {"street":"HeiLongJiang","city":"YiChun","state":"IL","zip":150000}
July     {"street":"HeiLongJiang","city":"ACheng","state":"IL","zip":150000}
Time taken: 0.232 seconds, Fetched: 3 row(s)
```

（6）使用 DISTINCT 去掉查询结果中重复的值

通过 DISTINCT 语句，查询 userinfo 表所有用户来自哪些城市。

```
hive> SELECT DISTINCT address.city FROM userinfo;
Query ID = root_20180815023948_a80f1105-e1d8-4acd-9745-2deb26804777
Total jobs = 1
Launching Job 1 out of 1
Number of reduce tasks not specified. Estimated from input data size: 1
In order to change the average load for a reducer (in bytes):
    set hive.exec.reducers.bytes.per.reducer=<number>
In order to limit the maximum number of reducers:
    set hive.exec.reducers.max=<number>
In order to set a constant number of reducers:
    set mapreduce.job.reduces=<number>
Starting Job = job_1533872294962_0034, Tracking URL = http://master:8088/proxy/
application_1533872294962_0034/
    Kill Command = /opt/hadoop/bin/hadoop job  -kill job_1533872294962_0034
    Hadoop job information for Stage-1: number of mappers: 1; number of reducers: 1
    2018-08-15 02:40:05,319 Stage-1 map = 0%,  reduce = 0%
    2018-08-15 02:40:13,119 Stage-1 map = 100%,  reduce = 0%, Cumulative CPU 1.81 sec
    2018-08-15 02:40:20,819 Stage-1 map = 100%,  reduce = 100%, Cumulative CPU 3.31 sec
    MapReduce Total cumulative CPU time: 3 seconds 310 msec
    Ended Job = job_1533872294962_0034
    MapReduce Jobs Launched:
    Stage-Stage-1: Map: 1  Reduce: 1   Cumulative CPU: 3.31 sec   HDFS Read: 10335
HDFS Write: 206 SUCCESS
    Total MapReduce CPU Time Spent: 3 seconds 310 msec
    OK
    ACheng
    DaQing
    HaiDian
    Harbin
    WangFuJing
    YiChun
    Time taken: 34.742 seconds, Fetched: 6 row(s)
```

（7）CASE-WHEN-THEN 句式

查询 userinfo 表的所有用户及其税前工资，其中工资低于 5000 的标记为低收入（Low），在 [5000，7000）之间的标记为中等收入（Middle），在 [7000，11000）之间的标记为高收入（High），其他标记为特别高的收入（Very High）。

```
hive> SELECT uname,salary,
    >    CASE
    >    WHEN salary <5000.0 THEN 'Low'
    >    WHEN salary >=5000.0 AND salary <7000.0 THEN 'Middle'
    >    WHEN salary >=7000.0 AND salary <11000.0 THEN 'High'
    >    ELSE 'Very High'
    >    END AS bracket
    > FROM userinfo
    > ;
    OK
    Smith    3900.0  Low
    Fred     4500.0  Low
    July     6000.0  Middle
    John    10000.0  High
    Mary     8000.0  High
    Jones    7000.0  High
```

```
Bill     6000.0  Middle
Time taken: 0.226 seconds, Fetched: 7 row(s)
```

3. 嵌套 SELECT

与传统的 SQL 类似，在 HiveQL 中也可以给表中的字段或表名起别名，且可以对 SELECT 语句进行嵌套查询。

```
hive> FROM(
    > SELECT uname, salary,family FROM userinfo) AS a
    > SELECT a.uname, a.salary
    > ;
OK
Smith    3900.0
Fred     4500.0
July     6000.0
John     10000.0
Mary     8000.0
Jones    7000.0
Bill     6000.0
Time taken: 0.182 seconds, Fetched: 7 row(s)
```

这里把 SELECT uname, salary, family FROM userinfo 查询充当一张表，并为该表起了别名 a，即用 a 代表这张表。a 表里包括 uname、salary、family 字段的内容。外面的 FROM…SELECT 与 a 表组成一个嵌套查询的结构，并在 SELECT 语句中采用 "表别名 +.+ 字段名" 的规则，意在取 a 表中 a.uname 和 a.salary 字段的值。

4. WHERE 语句

SELECT 语句用于选取字段，WHERE 语句用于过滤条件，两者结合使用可以找到符合过滤条件的记录。

（1）指定分区数据查询

查询表 userinfo 中 China 分区下的用户名、住址。

```
hive> SELECT uname,address,country FROM userinfo WHERE country='China';
OK
John   {"street":"HeiLongJiang","city":"Harbin","state":"IL","zip":150000}    China
Mary   {"street":"HeiLongJiang","city":"Harbin","state":"IL","zip":150000}    China
Jones  {"street":"BeiJing","city":"HaiDian","state":"IL","zip":100000}    China
Bill   {"street":"BeiJing","city":"WangFuJing","state":"IL","zip":100000}    China
Time taken: 0.312 seconds, Fetched: 4 row(s)
```

（2）LIKE 查询

LIKE 和 RLIKE 是标准的 SQL 操作符，可以让我们通过字符串的开头或结尾，以及指定的子字符串，或当子字符串出现在字符串内的任何位置时进行匹配。查询 userinfo 表中地址（address）中所有城市（city）中含有 "Har" 字样的信息。

```
hive> SELECT uname,address FROM userinfo WHERE address.city LIKE '%Har%';
OK
John    {"street":"HeiLongJiang","city":"Harbin","state":"IL","zip":150000}
Mary    {"street":"HeiLongJiang","city":"Harbin","state":"IL","zip":150000}
Time taken: 0.279 seconds, Fetched: 2 row(s)
```

LIKE 是标准的 SQL 操作符，它可以让我们查询指定字段值开头或结尾模糊匹配的值。

（3）RLIKE 查询

RLIKE 子句是 Hive 中模糊查询的一个扩展功能，可以通过 Java 的正则表达式来指定匹配条件进行查询。查询 userinfo 表中地址（address）中所有城市（city）是 DaQing 或 YiChun 的信息。

```
hive> SELECT uname,address FROM userinfo WHERE address.city RLIKE 'DaQing|YiChun';
OK
Smith    {"street":"HeiLongJiang","city":"DaQing","state":"IL","zip":150000}
Fred     {"street":"HeiLongJiang","city":"YiChun","state":"IL","zip":150000}
Time taken: 0.231 seconds, Fetched: 2 row(s)
```

此例子中，RLIKE 后面的字符"|"表示或的关系。

5. Hive 运算符

Hive 本身内嵌了一些运算符，供 HiveQL 在字段间进行比较、计算或者 WHERE 条件筛选时使用。这些运算符按功能分为算术运算符、字符串运算符、关系运算符、逻辑运算符和复杂类型构造函数，其中算术运算符和字符串运算符主要用于表字段间的运算，关系运算符和逻辑运算符用于表字段间的比较，而复杂类型构造函数用于复杂类型的构造。

（1）算术运算符

所有算术运算符都支持常见的算术运算关系，所有返回值都为数据值类型。这里要注意的是如果操作过程中有任一操作数为 NULL，那么结果也是 NULL。

表 3-14　算术运算符表

操作	操作数类型	描述
A + B	所有数值类型	给出 A 和 B 相加的结果。结果的类型与操作数类型的公共父级（在类型层次结构中）相同。例如，浮点数和 int 相加将导致一个浮点数的结果。因为 float 是一个包含整型的类型
A − B	所有数值类型	给出 A 减去 B 的结果。结果的类型与操作数类型的公共父类（在类型层次结构中）相同
A * B	所有数值类型	给出 A 和 B 相乘的结果。结果的类型与操作数类型的公共父类（在类型层次结构中）相同。请注意，如果乘法导致溢出，则必须将其中一个运算符转换为类型层次结构中较高的类型
A/B	所有数值类型	给出将 A 除以 B 得到的结果。在大多数情况下，结果是双精度型。当 A 和 B 都是整数时，结果为双精度型，将 hive.compat 配置参数设置为 0.13 或 latest 时结果为十进制类型
A DIV B	Integer 类型	给出由 A 除以 B 得到的整数部分。例如，17 除以 3 结果为 5
A % B	所有数值类型	给出由 A 除以 B 产生的余数。结果的类型与操作数类型的公共父类（在类型层次结构中）相同
A & B	所有数值类型	给出 A 和 B 的按位与的结果。结果的类型与操作数类型的公共父类（在类型层次结构中）相同
A|B	所有数值类型	给出 A 和 B 的按位或的结果。结果的类型与操作数类型的公共父类（在类型层次结构中）相同
A^B	所有数值类型	给出 A 和 B 的按位异或的结果。结果的类型与操作数类型的公共父类（在类型层次结构中）相同
～ A	所有数值类型	给出 A 和 B 的按位取反的结果。结果的类型与操作数类型的公共父类（在类型层次结构中）相同

【**例 3-9**】查询 userinfo 表中用户名、用户总税点。

```
hive> SELECT uname,deductions["pension"]+deductions["medical"]+deductions["pro
vident"]
    > FROM userinfo;
OK
Smith    0.40000004
Fred     0.45
July     0.28
John     0.35
Mary     0.35
Jones    0.28
Bill     0.28
Time taken: 0.195 seconds, Fetched: 7 row(s)
```

这里需要强调的是用户在进行字段间计算时一定要注意数据结果的溢出问题，如两个 SMALLINT 字段 A 和 B 在进行加减运算时，如果 A 为 –32 766，而 B 为 200，那么 A – B = –32 966，结果超出了 SMALLINT 的取值范围（–32 768 ～ 32 767）。在 Hive 中，遵循的是底层 Java 中数据类型的规则，因此当溢出或下溢发生时计算，计算结果不会自动转换为更广泛的数据类型。但在计算中，仍建议使用者依据实际情况确认业务数据是否接近表中操作数定义数据类型所规定的数值范围的上下限问题。

（2）字符串运算符

表 3-15　字符串操作符

操作	操作数类型	描述
A‖B	字符串	连接操作数 - concat（A，B）的简写，自 Hive 2.2.0 起支持

【**例 3-10**】查询 userinfo 表中用户名、所在省市。

```
hive> SELECT uname,address.street||address.city FROM userinfo;
OK
Smith    HeiLongJiangDaQing
Fred     HeiLongJiangYiChun
July     HeiLongJiangACheng
John     HeiLongJiangHarbin
Mary     HeiLongJiangHarbin
Jones    BeiJingHaiDian
Bill     BeiJingWangFuJing
Time taken: 0.237 seconds, Fetched: 7 row(s)
```

其中 address.street‖address.city 可看作 CONCAT（address.street,address.city）的简写形式。

（3）关系运算符

这些运算符比较传递过来的 A 与 B 的操作数，并根据操作数之间的比较是否成立生成 TRUE 值或 FALSE 值。

表 3-16　关系运算符表

举例	操作数类型	描述
A = B	基本数据类型	如果表达式 A 等于表达式 B，则返回 FALSE
A == B	基本数据类型	同 "=" 运算符

（续）

举例	操作数类型	描述
A <=> B	基本数据类型	对于非空操作数，返回与 EQUAL（=）运算符相同的结果，但如果两个都为 NULL，则返回 TRUE；如果其中一个为 NULL，则返回 FALSE（从版本 0.9.0 开始新增）
A <> B	基本数据类型	A 或 B 为 NULL 则返回 NULL；如果 A 不等于 B 则返回 TRUE，否则返回 FALSE
A != B	基本数据类型	同 "<>" 操作符
A < B	基本数据类型	A 或 B 为 NULL 则返回 NULL；如果 A 小于 B 则返回 TRUE，否则返回 FALSE
A <= B	基本数据类型	A 或 B 为 NULL 则返回 NULL；如果 A 小于或等于 B 则返回 TRUE，否则返回 FALSE
A > B	基本数据类型	A 或 B 为 NULL 则返回 NULL；如果 A 大于 B 则返回 TRUE，否则返回 FALSE
A >= B	基本数据类型	A 或 B 为 NULL 则返回 NULL；如果 A 大于或等于 B 则返回 TRUE，否则返回 FALSE
A [NOT] BETWEEN B AND C	基本数据类型	A、B 或 C 为 NULL 则返回 NULL；如果 A 大于或等于 B 且小于或等于 C 返回 TRUE，否则返回 FALSE；如果使用 NOT 关键字则达到相反的结果（Hive 0.9.0 版本新增）
A IS NULL	所有类型	如果 A 为空则返回 TRUE，否则返回 FALSE
A IS NOT NULL	所有类型	如果 A 为空则返回 FALSE，否则返回 TRUE
A IS [NOT] (TRUE|FALSE)	布尔类型	只有在满足条件时才评估为 TRUE。（Hive3.0.0 新增）注意：NULL 是 UNKNOWN，因此（UNKNOWN IS TRUE）和（UNKNOWN IS FALSE）都评估为 FALSE
A [NOT] LIKE B	String 类型	如果 A 或 B 为 NULL，则为 NULL；如果字符串 A 与 SQL 简单正则表达式 B 匹配，则为 TRUE，否则为 FALSE。比较按字符完成。B 中的 _ 字符与 A 中的任何字符相似（与 POSIX 正则表达式类似），而 B 中的 % 字符与 A 中任意数量的字符匹配（类似于 POSIX 正则表达式中的 .*）。例如，like 'foo' 为 FALSE，而 'foobar' like 'foo___' 则为 TRUE，'foobar' like 'foo%' 也为 TRUE
A RLIKE B	String 类型	如果 A 或 B 为 NULL，则为 NULL；如果 A 与正则表达式 B 匹配则返回 TRUE，否则返回 FALSE。例如：'foobar' RLIKE 'foo' 返回 TRUE，相当于 'foobar' RLIKE '^f.*r$'
A REGEXP B	String 类型	同 RLIKE

注意：计算机底层数据存储的原理

先来看一下 "查询出所有扣除养老金税率大于 0.2" 的例子，在 Hive 2.3.3 版本中结果如下：

```
hive> SELECT uname,deductions["pension"] FROM userinfo WHERE deductions
["pension"]>0.2;
OK
Smith   0.3
Fred    0.3
Time taken: 0.207 seconds, Fetched: 4 row(s)
```

在 Hive 1.2 版本中运行出现如下的结果：

```
hive> SELECT uname,deductions["pension"] FROM userinfo WHERE deductions["pension"]>0.2;
OK
```

```
Smith     0.3
Fred      0.3
John      0.2
Mary      0.2
```

结果中多出两条带有 0.2 的数据。为什么会发生这种情况呢？因为客户端录入 0.2 时，Hive 会将该值保存为 DOUBLE 类型，而我们之前定义 deductions 这个 map 的值的类型是 FLOAT 类型，这意味着 Hive 将隐式地将税收减免值转换为 DOUBLE 类型后再进行比较，但此例中，0.2 的最近似的精确值应略大于 0.2，0.2 对于 FLOAT 类型是 0.200 000 1，而对于 DOUBLE 类型是 0.200 000 000 001。这是因为 8 个字节的 DOUBLE 值具有更多的小数位。当表中的 FLOAT 值通过 Hive 转换为 DOUBLE 值时，其产生的 DOUBLE 值是 0.200 000 010 000 0，这个值实际要比 0.200 000 000 001 大。

所以用户在不同版本 Hive 下应用时，还需注意类似的细节问题。

（4）逻辑运算符

表 3-17 所示的运算符为创建逻辑表达式时的应用，它们的结果是布尔值操作数间的计算结果，即 TRUE、FALSE 或 NULL，其中 NULL 为"未知"标志，故如果结果取决于未知状态，则结果本身是未知的。

表 3-17 逻辑运算符表

操作	操作数类型	描述
A AND B	布尔类型	如果 A 和 B 都为 TRUE，则为 TRUE，否则为 FALSE。 如果 A 或 B 为 NULL，则为 NULL
A OR B	布尔类型	A 或 B 为 TRUE，则结果为 TRUE，A 或 B 为 NULL，则结果为空，否则结果为 FALSE
NOT A	布尔类型	A 为 FALSE，结果为 TRUE，A 为 NULL，结果为 NULL，否则为 FALSE
! A	布尔类型	同 NOT A
A IN (val1, val2, ...)	布尔类型	如果 A 等于（val1, val2, ...）中的任一值，则为真。Hive 0.13 支持 IN 说明的子查询
A NOT IN (val1, val2, ...)	布尔类型	如果 A 不等于（val1, val2, ...）中任一值，则为真。Hive 0.13 支持 NOT IN 说明的子查询
[NOT] EXISTS (subquery)		如果子查询返回至少一行，则为 TRUE。自 Hive 0.13 起支持

【例 3-11】查询用户名在（"Smith","July","Bill"）中的所有用户的用户名、薪水。

```
hive> SELECT uname,salary FROM userinfo WHERE uname IN ("Smith","July","Bill");
OK
Smith     3900.0
July      6000.0
Bill      6000.0
Time taken: 0.239 seconds, Fetched: 3 row(s)
```

（5）复杂类型构造函数

表 3-18 中的函数构造复杂类型的实例。

表 3-18 复杂构造函数类型

构造函数	操作	描述
map	(key1, value1, key2, value2, ...)	用给定的键 / 值对创建一个 map
named_struct	(name1, val1, name2, val2, ...)	用给定的字段名称和值创建一个结构体 struct（Hive 0.8.0 新增）
create_union	(tag, val1, val2, ...)	使用 tag 参数指向的值创建 union 类型
Array	(val1, val2, ...)	使用给定的元素创建 array
Struct	(val1, val2, val3, ...)	用给定的字段值创建一个 struct。struct 字段名称将是 col1，col2，…

【例 3-12】将 userinfo 表中的 uname、salary 字段构造成一个 struct 结构。

```
hive> FROM(
    > SELECT (uname,salary) stuct1 FROM userinfo) AS a
    > SELECT a.stuct1
    > ;
OK
{"col1":"Smith","col2":3900.0}
{"col1":"Fred","col2":4500.0}
{"col1":"July","col2":6000.0}
{"col1":"John","col2":10000.0}
{"col1":"Mary","col2":8000.0}
{"col1":"Jones","col2":7000.0}
{"col1":"Bill","col2":6000.0}
Time taken: 0.3 seconds, Fetched: 7 row(s)
```

3.5.5 Hive 函数

为了方便用户的应用，Hive 内嵌了相应的内置标准 UDF（User Defined Function，函数）、UDAF（User Defined Aggregation Funcation，聚合函数）和 UDTF（User Defined Table-Generating Functions，表生成函数）。其中 UDF 在狭义概念上表示以一行数据中的一列或多列数据作为参数，返回结果是一个值的函数，例如数学函数、集合函数、类型转换函数、日期函数、条件函数、字符串函数等。UDAF 是所有聚合函数、用户自定义函数和内置函数的统称。UDAF 接受从零行到多行的零个到多个列，然后返回一个值。Hive 所支持的第 3 类函数就是 UDTF。和其他函数类别一样，UDTF 接受零个或多个输入，然后产生多列或多行输出。Hive 也给用户提供了可进行函数自定义的接口。Hive 官网文档在函数页面（https://cwiki.apache.org/confluence/display/Hive/LanguageManual+UDF）中给出了 Hive 内嵌函数的列表及解释。

下面将对 Hive 本身已经内嵌的函数应用进行实例演示。

1. 内置函数

以应用较频繁的数学函数、字符串函数和日期函数为例进行内置函数的应用演示。

【例 3-13】数学函数演示：查询 userinfo 表中的用户名及需要上缴的税率。

```
hive> SELECT uname,round(deductions["pension"]+deductions["provident"],2)  FROM userinfo;
OK
Smith    0.38
Fred     0.38
July     0.25
John     0.3
```

```
Mary      0.3
Jones     0.25
Bill      0.25
Time taken: 0.252 seconds, Fetched: 7 row(s)
```

注意:

DECIMAL 数据类型在 Hive 0.11.0（HIVE-2693）中引入。

所有常规算术运算符（如 +、-、、/）和相关的数学 UDF（Floor、Ceil、Round 等）已经更新至可以处理十进制类型。*

【例 3-14】字符串函数演示：查询 userinfo 表中的用户名及地址，其中地址中的省市之间用逗号连接。

```
hive> SELECT uname,CONCAT_WS(",","address",address.street,address.city) FROM userinfo;
OK
Smith    address,HeiLongJiang,DaQing
Fred     address,HeiLongJiang,YiChun
July     address,HeiLongJiang,ACheng
John     address,HeiLongJiang,Harbin
Mary     address,HeiLongJiang,Harbin
Jones    address,BeiJing,HaiDian
Bill     address,BeiJing,WangFuJing
Time taken: 0.175 seconds, Fetched: 7 row(s)
```

【例 3-15】常用日期函数用法举例。

```
hive> SELECT unix_timestamp();                      -- 获取当前 UNIX 时间戳函数 --
unix_timestamp(void) is deprecated. Use current_timestamp instead.
OK
1534317767
Time taken: 0.384 seconds, Fetched: 1 row(s)
-- 转化 UNIX 时间戳（从 1970-01-01 00:00:00 UTC 到指定时间的秒数）到当前时区的时间格式 --
hive> SELECT from_unixtime(1534317767,'yyyy-MM-dd');
OK
2018-08-15
Time taken: 0.069 seconds, Fetched: 1 row(s)
hive> SELECT year('2018-08-15');                    -- 获取日期中的年 --
OK
2018
Time taken: 0.117 seconds, Fetched: 1 row(s)
-- 返回结束日期减去开始日期的天数，本例计算 2018 年从 8 月 15 日到 10 月 1 日有多少天 --
hive> SELECT datediff('2018-10-01','2018-08-15');
OK
47
Time taken: 0.087 seconds, Fetched: 1 row(s)
```

2. 内置聚合函数

聚合函数可以对多行的零个或多个列进行统计计算，然后返回单一值供用户使用。Hive 内置了一些常用的聚合函数供用户直接调用。

【例 3-16】查询 userinfo 表中员工的人数，以及所有员工的平均薪水。由于每位员工是一条数据，故只需统计表中共有多少条数据即可，平均薪水也是将每位员工的 salary 相加再除以总条数，聚合函数分别为我们提供了这样的函数：count 和 avg。

```
hive> SELECT count(*),avg(salary) FROM userinfo;
Query ID = root_20180815075428_ecc22bf0-7f0d-4799-9dbc-5c5521ac3aad
Total jobs = 1
Launching Job 1 out of 1
Number of reduce tasks determined at compile time: 1
In order to change the average load for a reducer (in bytes):
    set hive.exec.reducers.bytes.per.reducer=<number>
In order to limit the maximum number of reducers:
    set hive.exec.reducers.max=<number>
In order to set a constant number of reducers:
    set mapreduce.job.reduces=<number>
Starting Job = job_1533872294962_0035, Tracking URL = http://master:8088/proxy/
application_1533872294962_0035/
Kill Command = /opt/hadoop/bin/hadoop job  -kill job_1533872294962_0035
Hadoop job information for Stage-1: number of mappers: 1; number of reducers: 1
2018-08-15 07:54:39,125 Stage-1 map = 0%,  reduce = 0%
2018-08-15 07:54:48,022 Stage-1 map = 100%,  reduce = 0%, Cumulative CPU 1.86 sec
2018-08-15 07:54:55,741 Stage-1 map = 100%,  reduce = 100%, Cumulative CPU 3.46 sec
MapReduce Total cumulative CPU time: 3 seconds 460 msec
Ended Job = job_1533872294962_0035
MapReduce Jobs Launched:
Stage-Stage-1: Map: 1  Reduce: 1   Cumulative CPU: 3.46 sec   HDFS Read: 12036
HDFS Write: 119 SUCCESS
Total MapReduce CPU Time Spent: 3 seconds 460 msec
OK
7       6485.714285714285
Time taken: 28.517 seconds, Fetched: 1 row(s)
```

该聚合函数启用了 MapReduce 程序。在 Hive 中可通过设置 hive.map.aggr 的属性值为 true 来提高聚合的性能。上例可写成：

```
hive> SET hive.map.aggr=true;
hive> SELECT count(*),avg(salary) FROM userinfo;
```

该种写法会触发 Map 阶段的顶级聚合过程，提高 HiveQL 聚合的执行性能，即将顶层的聚合操作（top-level aggregation operation，通常指在 group by 语句之前的聚合操作）放在 Map 阶段执行，减少清洗阶段数据传输和 Reduce 阶段的执行时间，提升总体性能。但该设置会消耗更多的内存。此外，还可以通过设置黑体参数：

```
set hive.exec.reducers.bytes.per.reducer=<number>
set hive.exec.reducers.max=<number>
set mapreduce.job.reduces
```

来调节 Mapper 与 Reducer 的个数，提高运行效率。

此外，Hive 还向用户提供了 UDAF 的自定义接口，用户可通过实现 GenericUDAFResolver 接口，结合业务需求进行 UDAF 函数的自定义编写。该接口位于源码包 org.apache.hadoop.hive.ql.udf.generic 下。

3. 内置表生成函数

通常用户定义的函数（如 concat()）具有单个输入行输出单个输出行。相比之下，表生成函数将单个输入行转换为多个输出行。

【例 3-17】查询 userinfo 表中 Smith 的家庭成员情况。

```
hive> SELECT uname,family FROM userinfo WHERE uname='Smith';
OK
Smith    ["father","mother"]
Time taken: 0.332 seconds, Fetched: 1 row(s)
```

下面用 UDTF 中的 explode 函数，将上例中家庭成员以多行的形式读取出来。

```
hive> SELECT explode(family) FROM userinfo WHERE uname='Smith';
OK
father
mother
Time taken: 0.228 seconds, Fetched: 2 row(s)
```

此外 Hive 向用户提供了 UDTF 的抽象类，用户可通过继承 GenericUDTF 这个抽象类，结合业务需求进行 UDTF 函数的自定义编写。该类位于源码包"org.apache.hadoop.hive.ql.udf.generic"下。

3.5.6　HiveQL 高级查询

1. GROUP BY 语句

GROUP BY 语句通常和聚合函数一起使用，按照一个或者多个列对结果进行分组，然后对每个组执行聚合操作。它的语法与 SQL 非常相似，GROUP BY 后面接的字段必须是表中有的字段或者经过处理的字段。带有 GROUP BY 的 SELECT 查询语句，SELECT 后的查询字段必须是 GROUP BY 后面有的，或者是经过处理的表中有但 GROUP BY 后面不一定有的字段。

在 GROUP BY 语句中，还有一个配合的关键字 HAVING，它完成原本需要通过子查询才能对 GROUP BY 语句产生的分组进行条件过滤的任务。它与同样对查询结果进行筛选的 WHERE 有着本质上的不同，WHERE 通常指定查询表内容的筛选条件。

例如，存在一个股市交易的信息表，其表结构如下：

```
hive> DESC stocks;
exchanger              string              -- 股票交易所代码 --
symbol                 string              -- 股票代码 ----------
ymd                    string              -- 股票交易日期 -----
price_open             float               -- 股票开盘价 -------
price_high             float               -- 股票开盘价 -------
price_low              float               -- 股票最低价 -------
price_close            float               -- 股票收盘价 -------
volume                 int                 -- 股票交易量 -------
price_adj_close        float               -- 股票成交价 -------
```

为方便学习，本节中只选 10 条样本数据进行演示。

```
hive> SELECT * FROM stocks;
OK
NASDAQ   APPL    2009-12-9    2.55    2.77    2.5     2.67    158500   2.67
NASDAQ   APPL    2009-12-8    2.71    2.74    2.52    2.55    131700   2.55
NASDAQ   AAME    2000-11-9    2.0     2.0     2.0     2.0     0        2.0
```

NASDAQ	AAME	2000-11-8	2.0	2.0	2.0	2.0	100	2.0
NASDAQ	IBM	2009-12-9	13.89	14.2	13.78	14.09	165100	14.09
NASDAQ	IBM	2009-9-29	14.06	14.12	13.86	13.92	56300	13.92
NASDAQ	ACFN	1998-2-2	4.5	4.63	3.94	4.0	141100	4.0
NASDAQ	ACFN	1998-1-30	4.63	4.81	4.44	4.44	41300	4.44
NASDAQ	ACAT	1992-11-3	16.61	16.72	16.28	16.28	49300	5.32
NASDAQ	ACAT	1992-11-2	16.72	17.15	16.61	16.61	50400	5.43

```
Time taken: 0.185 seconds, Fetched: 10 row(s)
```

【例 3-18】查询股票交易所 NASDAQ 每支股年销售额的平均收盘价 >$10.0 的信息。其中平均收盘价的最终显示结果保留 2 位小数。

```
hive> SELECT symbol,year(ymd),bround(avg(price_close),2) FROM stocks
    > WHERE exchanger='NASDAQ'
    > GROUP BY symbol,year(ymd)
    > HAVING avg(price_close)>10.0
    > ;
Query ID = root_20180815085255_81663056-97b2-4db8-bea4-fd3ce73fe2fd
Total jobs = 1
Launching Job 1 out of 1
Number of reduce tasks not specified. Estimated from input data size: 1
In order to change the average load for a reducer (in bytes):
    set hive.exec.reducers.bytes.per.reducer=<number>
In order to limit the maximum number of reducers:
    set hive.exec.reducers.max=<number>
In order to set a constant number of reducers:
    set mapreduce.job.reduces=<number>
Starting Job = job_1533872294962_0040, Tracking URL = http://master:8088/proxy/
application_1533872294962_0040/
    Kill Command = /opt/hadoop/bin/hadoop job  -kill job_1533872294962_0040
    Hadoop job information for Stage-1: number of mappers: 1; number of reducers: 1
2018-08-15 08:53:04,757 Stage-1 map = 0%,  reduce = 0%
2018-08-15 08:53:12,307 Stage-1 map = 100%,  reduce = 0%, Cumulative CPU 1.78 sec
2018-08-15 08:53:22,074 Stage-1 map = 100%,  reduce = 100%, Cumulative CPU 3.95 sec
MapReduce Total cumulative CPU time: 3 seconds 950 msec
Ended Job = job_1533872294962_0040
MapReduce Jobs Launched:
Stage-Stage-1: Map: 1  Reduce: 1   Cumulative CPU: 3.95 sec    HDFS Read: 12050
HDFS Write: 142 SUCCESS
Total MapReduce CPU Time Spent: 3 seconds 950 msec
OK
ACAT    1992    16.45
IBM     2009    14.01
Time taken: 27.482 seconds, Fetched: 2 row(s)
```

可用嵌套 SELECT 子句代替 HAVING 查询出上面的业务需求信息。

```
hive> SELECT s.symbol,s.year,s.avg FROM(
    > SELECT symbol,year(ymd) AS year,bround(avg(price_close),2) AS avg FROM stocks
    > WHERE exchanger='NASDAQ'
    > GROUP BY symbol,year(ymd)) s
    > WHERE s.avg>10.0
    > ;
Query ID = root_20180815085814_dfbce228-ae26-4659-a411-491b9f9510d8
Total jobs = 1
Launching Job 1 out of 1
```

```
Number of reduce tasks not specified. Estimated from input data size: 1
In order to change the average load for a reducer (in bytes):
    set hive.exec.reducers.bytes.per.reducer=<number>
In order to limit the maximum number of reducers:
    set hive.exec.reducers.max=<number>
In order to set a constant number of reducers:
    set mapreduce.job.reduces=<number>
Starting Job = job_1533872294962_0041, Tracking URL = http://master:8088/proxy/application_
1533872294962_0041/
Kill Command = /opt/hadoop/bin/hadoop job  -kill job_1533872294962_0041
Hadoop job information for Stage-1: number of mappers: 1; number of reducers: 1
2018-08-15 08:58:22,277 Stage-1 map = 0%,  reduce = 0%
2018-08-15 08:58:28,708 Stage-1 map = 100%,  reduce = 0%, Cumulative CPU 1.7 sec
2018-08-15 08:58:37,248 Stage-1 map = 100%,  reduce = 100%, Cumulative CPU 3.61 sec
MapReduce Total cumulative CPU time: 3 seconds 610 msec
Ended Job = job_1533872294962_0041
MapReduce Jobs Launched:
Stage-Stage-1: Map: 1  Reduce: 1   Cumulative CPU: 3.61 sec   HDFS Read: 12094
HDFS Write: 142 SUCCESS
Total MapReduce CPU Time Spent: 3 seconds 610 msec
OK
ACAT    1992    16.45
IBM     2009    14.01
Time taken: 24.069 seconds, Fetched: 2 row(s)
```

2. ORDER BY 和 SORT BY
（1）ORDER BY
HiveQL 中的 ORDER BY 语法类似于 SQL 语言中的 ORDER BY 语法，它的基本语法规则如下。

```
colOrder: ( ASC | DESC )
colNullOrder: (NULLS FIRST | NULLS LAST)              -- （从 Hive 2.1.0 开始生效）
orderBy: ORDER BY colName colOrder? colNullOrder? (',' colName colOrder?
colNullOrder?)*
query: SELECT expression (',' expression)* FROM src orderBy
```

ORDER BY 子句有一些限制。在严格模式（如 hive.mapred.mode = strict）中，ORDER BY 子句后面必须跟一个 LIMIT 子句，将 strict 重新设置成 nonstrict，变更为非严格模式，则不需要 LIMIT 子句。这是因为必须保证有一个 Reducer 来对所有结果的总顺序进行排序。这里要注意的是，如果输出中的行数太大，则单个 Reducer 可能需要很长时间才能完成。

请注意，在 ORDER BY 的谓词中，列是按名称指定的，而不是按位置编号指定的。如查询股票中的日期、股票代码和收盘价，且按日期降序、股票代码升序对结果进行排序。

```
SELECT ymd,symbol,price_close FROM stocks ORDER BY ymd DESC,symbol ASC;
```

其中"ymd DESC,symbol ASC"中的 ymd 和 symbol 是列名。DESC 代表降序，ASC 是升序，默认排序顺序为升序（ASC）。从 Hive 0.11.0 开始，可以按位置指定列，即可以将上面的查询语句中的"ymd DESC,symbol ASC"改为"1 DESC,2 ASC"。

```
hive> SELECT ymd,symbol,price_close
    > FROM stocks
    > ORDER BY year(1) DESC,2 ASC;
```

```
Query ID = root_20180817012722_e8c7608c-f414-4d2c-9560-c6108e5914ea
Total jobs = 1
Launching Job 1 out of 1
Number of reduce tasks determined at compile time: 1
In order to change the average load for a reducer (in bytes):
    set hive.exec.reducers.bytes.per.reducer=<number>
In order to limit the maximum number of reducers:
    set hive.exec.reducers.max=<number>
In order to set a constant number of reducers:
    set mapreduce.job.reduces=<number>
Starting Job = job_1533872294962_0054, Tracking URL = http://master:8088/proxy/
application_1533872294962_0054/
Kill Command = /opt/hadoop/bin/hadoop job  -kill job_1533872294962_0054
Hadoop job information for Stage-1: number of mappers: 1; number of reducers: 1
2018-08-17 01:27:30,601 Stage-1 map = 0%,   reduce = 0%
2018-08-17 01:27:37,010 Stage-1 map = 100%,   reduce = 0%, Cumulative CPU 1.45 sec
2018-08-17 01:27:43,416 Stage-1 map = 100%,   reduce = 100%, Cumulative CPU 2.75 sec
MapReduce Total cumulative CPU time: 2 seconds 750 msec
Ended Job = job_1533872294962_0054
MapReduce Jobs Launched:
Stage-Stage-1: Map: 1  Reduce: 1   Cumulative CPU: 2.75 sec   HDFS Read: 9298
HDFS Write: 405 SUCCESS
Total MapReduce CPU Time Spent: 2 seconds 750 msec
OK
2009-12-8      APPL    2.55
2009-12-9      APPL    2.67
2009-9-29      IBM     13.92
2009-12-9      IBM     14.09
2000-11-8      AAME    2.0
2000-11-9      AAME    2.0
1998-1-30      ACFN    4.44
1998-2-2       ACFN    4.0
1992-11-2      ACAT    16.61
1992-11-3      ACAT    16.28
Time taken: 22.672 seconds, Fetched: 10 row(s)
```

该功能通过 hive.groupby.orderby.position.alias 属性设置，ture 代表开启，false 代表禁用。从 Hive 0.11.0 到 2.1.x，属性的默认值为 false，从 Hive 2.2.0 开始，默认值为 true。

从 Hive 2.1.0 版本开始，支持在 ORDER BY 子句中为指定列进行空排序顺序。ASC 订单的默认空排序顺序是 NULLS FIRST，而 DESC 顺序的默认空排序顺序是 NULLS LAST。

从 Hive 3.0.0 版本开始，HiveQL 在优化过程中，删除了 LIMIT 对子查询和视图中的排序。可将 hive.remove.orderby.in.subquery 设置为 false 来禁用该功能。

（2）SORT BY

SORT BY 语法同 ORDER BY 一样，类似于 SQL 语言中 ORDER BY 的语法。它的基本语法规则如下。

```
colOrder: ( ASC | DESC )
sortBy: SORT BY colName colOrder? (',' colName colOrder?)*
query: SELECT expression (',' expression)* FROM src sortBy
```

Hive 使用 SORT BY 中的列对行进行排序，然后将行提供给 Reducer。排序的顺序取决于列类型。如果列是数值（Numeric）类型，则按数值顺序排序。如果列是字符串类型，则按字典顺序排序。

【例 3-19】实现股票信息查询结果按日期升序、股票交易码降序排序。

```
hive> SELECT ymd,symbol,price_close
    > FROM stocks
    > SORT BY year(ymd) DESC,symbol ASC;
Query ID = root_20180816091346_139fcd68-f59e-4253-b71d-499bdb198476
Total jobs = 1
Launching Job 1 out of 1
Number of reduce tasks not specified. Defaulting to jobconf value of: 2
In order to change the average load for a reducer (in bytes):
    set hive.exec.reducers.bytes.per.reducer=<number>
In order to limit the maximum number of reducers:
    set hive.exec.reducers.max=<number>
In order to set a constant number of reducers:
    set mapreduce.job.reduces=<number>
Starting Job = job_1533872294962_0051, Tracking URL = http://master:8088/proxy/
application_1533872294962_0051/
Kill Command = /opt/hadoop/bin/hadoop job  -kill job_1533872294962_0051
Hadoop job information for Stage-1: number of mappers: 1; number of reducers: 2
2018-08-16 09:13:53,683 Stage-1 map = 0%,  reduce = 0%
2018-08-16 09:14:01,200 Stage-1 map = 100%,  reduce = 0%, Cumulative CPU 2.11 sec
2018-08-16 09:14:08,643 Stage-1 map = 100%,  reduce = 50%, Cumulative CPU 3.46 sec
2018-08-16 09:14:14,055 Stage-1 map = 100%,  reduce = 100%, Cumulative CPU 4.76 sec
MapReduce Total cumulative CPU time: 4 seconds 760 msec
Ended Job = job_1533872294962_0051
MapReduce Jobs Launched:
Stage-Stage-1: Map: 1  Reduce: 2   Cumulative CPU: 4.76 sec   HDFS Read: 13677
HDFS Write: 492 SUCCESS
Total MapReduce CPU Time Spent: 4 seconds 760 msec
OK
-- 第 1 个 Reducer 里的排序结果 --
2009-12-9       APPL    2.67
2009-12-9       IBM     14.09
2000-11-8       AAME    2.0
2000-11-9       AAME    2.0
1998-1-30       ACFN    4.44
1992-11-2       ACAT    16.61
-- 第 2 个 Reducer 里的排序结果 --
2009-12-8       APPL    2.55
2009-9-29       IBM     13.92
1998-2-2        ACFN    4.0
1992-11-3       ACAT    16.28
Time taken: 28.597 seconds, Fetched: 10 row(s)
```

从 Hive 3.0.0 版本开始，子查询和视图在优化的过程中移除了 LIMIT 限制。可将 hive. remove.orderby.in.subquery 设置为 false 来禁用该功能。

（3）ORDER BY 与 SORT BY 的区别

Hive 支持 SORT BY，它对每个 Reducer 的数据进行排序。ORDER BY 与 SORT BY 的区别在于前者保证输出中的总顺序，而后者仅保证在当前 Reducer 中排序。如果有多个 Reducer 参与计算，SORT BY 可能会给出部分有序的最终结果。

针对上面两个案例，为了验证效果，笔者通过 "set mapreduce.job.reduces=2" 设置两个

Reducer 输出。但 SORT BY 运行时，仍然输出一个 Reducer，且排序总体都是在按年降序的前提下按股票代码降序排列的。而 SORT BY 启用了两个 Reducer，每个 Reducer 里按设定条件排序，总体上并没有按指定条件排序。

3. DISTRIBUTE BY 和 CLUSTER BY

CLUSTER BY 和 DISTRIBUTE BY 主要用于内容转换或 MapReduce。但是，如果需要对后续查询的输出进行分区和排序，它们就很有用。CLUSTER BY 是 DISTRIBUTE BY 和 SORT BY 的快捷方式。

Hive 使用 DISTRIBUTE BY 中的列在 Reducer 之间分配行。具有相同 DISTRIBUTE BY 的列对应的所有行将传输给相同的 Reducer 进行操作。但是，DISTRIBUTE BY 不保证分布式集群上所有键（Key）的排序属性。

（1）SORT BY 和 DISTRIBUTE BY

当需要控制某个特定行应该到哪个 Reducer（通常是为了进行后续的聚集操作）时，需要使用 Hive 的 DISTRIBUTE BY 子句进行排序。DISTRIBUTE BY 可以控制在 Map 端如何拆分数据给 Reducer 端。Hive 会根据 DISTRIBUTE BY 后面的列，根据 Reducer 的个数进行数据分发，默认采用 Hash 算法。

DISTRIBUTE BY 和 GROUP BY 控制着 Reducer 是如何接受一行行数据并进行处理的。SORT BY 则控制着 Reducer 内的数据是如何进行排序的。Hive 要求 DISTRIBUTE BY 语句要写在 SORT BY 语句之前。

【例 3-20】实现股票信息查询结果按日期升序、股票交易码降序排序，其中要确保所有具有相同股票交易码的记录被分发到同一个 Reducer 中进行处理。

```
hive> SELECT ymd,symbol,price_close
    > FROM stocks
    > DISTRIBUTE BY symbol
    > SORT BY year(ymd) DESC,symbol ASC;
Query ID = root_20180816085721_24351f4b-9744-4b43-915b-8a76377515d6
Total jobs = 1
Launching Job 1 out of 1
Number of reduce tasks not specified. Defaulting to jobconf value of: 2
In order to change the average load for a reducer (in bytes):
    set hive.exec.reducers.bytes.per.reducer=<number>
In order to limit the maximum number of reducers:
    set hive.exec.reducers.max=<number>
In order to set a constant number of reducers:
    set mapreduce.job.reduces=<number>
Starting Job = job_1533872294962_0050, Tracking URL = http://master:8088/proxy/
application_1533872294962_0050/
    Kill Command = /opt/hadoop/bin/hadoop job  -kill job_1533872294962_0050
    Hadoop job information for Stage-1: number of mappers: 1; number of reducers: 2
    2018-08-16 08:57:30,291 Stage-1 map = 0%,  reduce = 0%
    2018-08-16 08:57:36,928 Stage-1 map = 100%,  reduce = 0%, Cumulative CPU 1.77 sec
    2018-08-16 08:57:44,480 Stage-1 map = 100%,  reduce = 50%, Cumulative CPU 2.98 sec
    2018-08-16 08:57:49,866 Stage-1 map = 100%,  reduce = 100%, Cumulative CPU 4.3 sec
MapReduce Total cumulative CPU time: 4 seconds 300 msec
Ended Job = job_1533872294962_0050
MapReduce Jobs Launched:
```

```
Stage-Stage-1: Map: 1  Reduce: 2   Cumulative CPU: 4.3 sec   HDFS Read: 13721
HDFS Write: 492 SUCCESS
Total MapReduce CPU Time Spent: 4 seconds 300 msec
OK
-- 第 1 个 Reducer 里的排序结果 --
2009-9-29        IBM       13.92
2009-12-9        IBM       14.09
2000-11-8        AAME      2.0
2000-11-9        AAME      2.0
1998-1-30        ACFN      4.44
1998-2-2         ACFN      4.0
-- 第 2 个 Reducer 里的排序结果 --
2009-12-8        APPL      2.55
2009-12-9        APPL      2.67
1992-11-2        ACAT      16.61
1992-11-3        ACAT      16.28
Time taken: 29.614 seconds, Fetched: 10 row(s)
```

注意

单个 SORT BY 和 DISTRIBUTE BY 之间的差异可能会令人困惑。不同之处在于 SORT BY 按字段分区，如果有多个 Reducer 则随机分配 SORT BY，以便在 Reducer 之间统一分配（和加载）数据。而 DISTRIBUTE BY 在向多个 Reducer 里分配时，保证了相同的 Key（这里指定的 symbol），被分配到相同的 Reducer 里。

（2）CLUSTER BY

如果在 DISTRIBUTE BY 语句和 SORT BY 语句中涉及的列完全相同，而且采用的是升序排序方式，那么 CLUSTER BY 就等价于前面两个语句。

【例 3-21】实现股票信息查询结果按年升序排序，其中确保所有具有相同年份的记录被分发到同一个 Reducer 中进行处理。语句应该如下：

```
SELECT ymd,symbol,price_close
FROM stocks
DISTRIBUTE BY year(ymd)
SORT BY year(ymd) ASC;
```

将上面的语句改写成 CLUSTER BY 后，发现运行结果与上面一致。具体运行过程如下。

```
hive> SELECT ymd,symbol,price_close
    > FROM stocks
    > CLUSTER BY year(ymd);
Query ID = root_20180817021638_06d367e8-1ba5-44ff-beae-6bfc345aba5c
Total jobs = 1
Launching Job 1 out of 1
Number of reduce tasks not specified. Defaulting to jobconf value of: 2
In order to change the average load for a reducer (in bytes):
    set hive.exec.reducers.bytes.per.reducer=<number>
In order to limit the maximum number of reducers:
    set hive.exec.reducers.max=<number>
In order to set a constant number of reducers:
    set mapreduce.job.reduces=<number>
Starting Job = job_1533872294962_0057, Tracking URL = http://master:8088/proxy/
```

```
application_1533872294962_0057/
    Kill Command = /opt/hadoop/bin/hadoop job  -kill job_1533872294962_0057
    Hadoop job information for Stage-1: number of mappers: 1; number of reducers: 2
    2018-08-17 02:16:46,087 Stage-1 map = 0%,   reduce = 0%
    2018-08-17 02:16:53,528 Stage-1 map = 100%,  reduce = 0%, Cumulative CPU 1.52 sec
    2018-08-17 02:17:00,986 Stage-1 map = 100%,  reduce = 50%, Cumulative CPU 3.06 sec
    2018-08-17 02:17:06,348 Stage-1 map = 100%,  reduce = 100%, Cumulative CPU 4.45 sec
    MapReduce Total cumulative CPU time: 4 seconds 450 msec
    Ended Job = job_1533872294962_0057
    MapReduce Jobs Launched:
    Stage-Stage-1: Map: 1  Reduce: 2   Cumulative CPU: 4.45 sec   HDFS Read: 13627
HDFS Write: 492 SUCCESS
    Total MapReduce CPU Time Spent: 4 seconds 450 msec
    OK
    1992-11-2       ACAT      16.61
    1992-11-3       ACAT      16.28
    1998-1-30       ACFN      4.44
    1998-2-2        ACFN      4.0
    2000-11-8       AAME      2.0
    2000-11-9       AAME      2.0
    2009-9-29       IBM       13.92
    2009-12-9       IBM       14.09
    2009-12-8       APPL      2.55
    2009-12-9       APPL      2.67
```

4. JOIN 语句

Hive 支持同一张表或不同表之间进行连接操作。与直接使用 MapReduce 相比，Hive 连接更加容易操作。Hive 支持的连接的基本语法规则如下。

```
join_table:
table_reference [INNER] JOIN table_factor [join_condition]
| table_reference {LEFT|RIGHT|FULL} [OUTER] JOIN table_reference join_condition
| table_reference LEFT SEMI JOIN table_reference join_condition
| table_reference CROSS JOIN table_reference [join_condition] (as of Hive 0.10)
table_reference:
table_factor
| join_table
table_factor:
tbl_name [alias]
| table_subquery alias
| ( table_references )
join_condition:
ON expression
```

join_table：指定表的连接方法，包括内连接（Inner Join）、外连接（左外连接、右外连接、全外连接）、半连接（Left Semi Join）和交叉连接（Cross Join）。每种连接的定义都会返回不同的结果，外连接（Outer Join）必须返回所有的行。对于左外连接（Left Outer Join）保留左表的所有数据，对于右外连接（Right Outer Join）保留右表所有数据，对于全外连接（Full Outer Join）保留连接两个表的所有行。

table_reference：指定要连接的表。

table_factor：指定连接表中的哪些子项，如表指定哪些字段的内容。

join_condition：指定表间的连接条件。

从 Hive 0.13.0 开始支持隐式连接表示法，允许 FROM 子句加入以逗号分隔的表列表，省略 JOIN 关键字，用 WHERE 连接。从 Hive 2.2.0 开始，ON 子句中支持复杂表达式，即 Hive 支持不是平等条件的连接条件。

【例 3-22】求苹果公司股票收盘价与 IBM 公司股票收盘价每日价格对比表。

1）两个公司数据都存在的时候，显示数据（内连接：inner join）。

第一种写法：

```
hive> SELECT a.ymd,a.price_close,b.price_close
    > FROM
    > (SELECT ymd,price_close FROM stocks WHERE symbol='APPL') a,
    > (SELECT ymd,price_close FROM stocks WHERE symbol='IBM') b
    > WHERE a.ymd=b.ymd;
Query ID = root_20180816021248_ed1000e2-1ecb-4444-af39-3ba6ecf32870
Total jobs = 1
2018-08-16 02:13:04    Starting to launch local task to process map join;    maximum
memory = 518979584
    2018-08-16 02:13:07    Dump the side-table for tag: 0 with group count: 2 into file:
file:/tmp/root/0edc5e16-9fc8-42d2-81ae-b097a3cf58fa/hive_2018-08-16_02-12-48_881_167880308
9938989711-1/-local-10004/HashTable-Stage-3/MapJoin-mapfile00--.hashtable
    2018-08-16 02:13:08    Uploaded 1 File to: file:/tmp/root/0edc5e16-9fc8-42d2-
81ae-b097a3cf58fa/hive_2018-08-16_02-12-48_881_1678803089938989711-1/-local-10004/
HashTable-Stage-3/MapJoin-mapfile00--.hashtable (324 bytes)
    2018-08-16 02:13:08    End of local task; Time Taken: 3.301 sec.
Execution completed successfully
MapredLocal task succeeded
Launching Job 1 out of 1
Number of reduce tasks is set to 0 since there's no reduce operator
Starting Job = job_1533872294962_0042, Tracking URL = http://master:8088/proxy/
application_1533872294962_0042/
    Kill Command = /opt/hadoop/bin/hadoop job  -kill job_1533872294962_0042
Hadoop job information for Stage-3: number of mappers: 1; number of reducers: 0
2018-08-16 02:13:18,978 Stage-3 map = 0%,   reduce = 0%
2018-08-16 02:13:26,521 Stage-3 map = 100%,   reduce = 0%, Cumulative CPU 1.67 sec
MapReduce Total cumulative CPU time: 1 seconds 670 msec
Ended Job = job_1533872294962_0042
MapReduce Jobs Launched:
Stage-Stage-3: Map: 1   Cumulative CPU: 1.67 sec   HDFS Read: 7323 HDFS Write:
120 SUCCESS
Total MapReduce CPU Time Spent: 1 seconds 670 msec
OK
2009-12-9        2.67    14.09
Time taken: 38.727 seconds, Fetched: 1 row(s)
```

第二种写法，也是推荐的写法：

```
hive> SELECT a.ymd,a.price_close,b.price_close
    > FROM
    > (SELECT ymd,price_close FROM stocks WHERE symbol='APPL') a
    > INNER JOIN
    > (SELECT ymd,price_close FROM stocks WHERE symbol='IBM') b
    > ON a.ymd=b.ymd;
Query ID = root_20180816021657_f500c2f4-ff12-408f-9a9f-bf284b2f2ce9
Total jobs = 1
```

```
     2018-08-16 02:17:05     Starting to launch local task to process map join;      maximum
memory = 518979584
     2018-08-16 02:17:07     Dump the side-table for tag: 0 with group count: 2 into file:
file:/tmp/root/0edc5e16-9fc8-42d2-81ae-b097a3cf58fa/hive_2018-08-16_02-16-57_722_5638235
761251652088-1/-local-10004/HashTable-Stage-3/MapJoin-mapfile10--.hashtable
     2018-08-16 02:17:07     Uploaded 1 File to: file:/tmp/root/0edc5e16-9fc8-42d2-
81ae-b097a3cf58fa/hive_2018-08-16_02-16-57_722_5638235761251652088-1/-local-10004/
HashTable-Stage-3/MapJoin-mapfile10--.hashtable (324 bytes)
     2018-08-16 02:17:07     End of local task; Time Taken: 1.76 sec.
     Execution completed successfully
     MapredLocal task succeeded
     Launching Job 1 out of 1
     Number of reduce tasks is set to 0 since there's no reduce operator
     Starting Job = job_1533872294962_0043, Tracking URL = http://master:8088/proxy/
application_1533872294962_0043/
     Kill Command = /opt/hadoop/bin/hadoop job  -kill job_1533872294962_0043
     Hadoop job information for Stage-3: number of mappers: 1; number of reducers: 0
     2018-08-16 02:17:15,926 Stage-3 map = 0%,  reduce = 0%
     2018-08-16 02:17:22,503 Stage-3 map = 100%,  reduce = 0%, Cumulative CPU 1.58 sec
     MapReduce Total cumulative CPU time: 1 seconds 580 msec
     Ended Job = job_1533872294962_0043
     MapReduce Jobs Launched:
     Stage-Stage-3: Map: 1   Cumulative CPU: 1.58 sec   HDFS Read: 7337 HDFS Write:
120 SUCCESS
     Total MapReduce CPU Time Spent: 1 seconds 580 msec
     OK
     2009-12-9       2.67    14.09
     Time taken: 26.949 seconds, Fetched: 1 row(s)
```

2）苹果公司查询它的收盘价，同时，如果同期 IBM 公司有收盘价就显示，没有则不显示或者显示 NULL（左外连接：LEFT OUTER JOIN）。

```
hive> SELECT a.ymd,a.symbol,a.price_close,b.symbol,b.price_close
    > FROM
    > (SELECT ymd,symbol,price_close FROM stocks WHERE symbol='APPL') a
    > LEFT OUTER JOIN
    > (SELECT ymd,symbol,price_close FROM stocks WHERE symbol='IBM') b
    > ON a.ymd=b.ymd;
Query ID = root_20180816022900_9aa46fdd-66f3-4b2c-affe-28d92089580a
Total jobs = 1
     2018-08-16 02:29:07     Starting to launch local task to process map join;      maximum
memory = 518979584
     2018-08-16 02:29:09     Dump the side-table for tag: 1 with group count: 2 into file:
file:/tmp/root/0edc5e16-9fc8-42d2-81ae-b097a3cf58fa/hive_2018-08-16_02-29-00_933_5949384
134481438856-1/-local-10004/HashTable-Stage-3/MapJoin-mapfile21--.hashtable
     2018-08-16 02:29:09     Uploaded 1 File to: file:/tmp/root/0edc5e16-9fc8-42d2-
81ae-b097a3cf58fa/hive_2018-08-16_02-29-00_933_5949384134481438856-1/-local-10004/
HashTable-Stage-3/MapJoin-mapfile21--.hashtable (332 bytes)
     2018-08-16 02:29:09     End of local task; Time Taken: 1.741 sec.
     Execution completed successfully
     MapredLocal task succeeded
     Launching Job 1 out of 1
     Number of reduce tasks is set to 0 since there's no reduce operator
     Starting Job = job_1533872294962_0044, Tracking URL = http://master:8088/proxy/
application_1533872294962_0044/
```

```
Kill Command = /opt/hadoop/bin/hadoop job  -kill job_1533872294962_0044
Hadoop job information for Stage-3: number of mappers: 1; number of reducers: 0
2018-08-16 02:29:18,040 Stage-3 map = 0%,  reduce = 0%
2018-08-16 02:29:24,510 Stage-3 map = 100%,  reduce = 0%, Cumulative CPU 1.52 sec
MapReduce Total cumulative CPU time: 1 seconds 520 msec
Ended Job = job_1533872294962_0044
MapReduce Jobs Launched:
Stage-Stage-3: Map: 1   Cumulative CPU: 1.52 sec   HDFS Read: 7546 HDFS Write:
167 SUCCESS
Total MapReduce CPU Time Spent: 1 seconds 520 msec
OK
2009-12-9        APPL     2.67      IBM       14.09
2009-12-8        APPL     2.55      NULL      NULL
Time taken: 25.753 seconds, Fetched: 2 row(s)
```

3）将上例的 LEFT 改成 RIGHT，结果显示 IBM 公司的收盘价，同期苹果公司有收盘价就显示，没有则不显示或者显示 NULL（右外连接：RITHT OUTER JOIN）。

```
hive> SELECT a.ymd,a.symbol,a.price_close,b.symbol,b.price_close
    > FROM
    > (SELECT ymd,symbol,price_close FROM stocks WHERE symbol='APPL') a
    > RIGHT OUTER JOIN
    > (SELECT ymd,symbol,price_close FROM stocks WHERE symbol='IBM') b
    > ON a.ymd=b.ymd;
Query ID = root_20180816023313_882b2ed3-b306-4272-8c90-001f58948c84
Total jobs = 1
2018-08-16 02:33:20    Starting to launch local task to process map join;       maximum
memory = 518979584
2018-08-16 02:33:21    Dump the side-table for tag: 0 with group count: 2 into file:
file:/tmp/root/0edc5e16-9fc8-42d2-81ae-b097a3cf58fa/hive_2018-08-16_02-33-13_812_370226285
6771669469-1/-local-10004/HashTable-Stage-3/MapJoin-mapfile30--.hashtable
2018-08-16 02:33:22    Uploaded 1 File to: file:/tmp/root/0edc5e16-9fc8-42d2-
81ae-b097a3cf58fa/hive_2018-08-16_02-33-13_812_3702262856771669469-1/-local-10004/
HashTable-Stage-3/MapJoin-mapfile30--.hashtable (334 bytes)
2018-08-16 02:33:22    End of local task; Time Taken: 1.734 sec.
Execution completed successfully
MapredLocal task succeeded
Launching Job 1 out of 1
Number of reduce tasks is set to 0 since there's no reduce operator
Starting Job = job_1533872294962_0045, Tracking URL = http://master:8088/proxy/
application_1533872294962_0045/
Kill Command = /opt/hadoop/bin/hadoop job  -kill job_1533872294962_0045
Hadoop job information for Stage-3: number of mappers: 1; number of reducers: 0
2018-08-16 02:33:30,622 Stage-3 map = 0%,  reduce = 0%
2018-08-16 02:33:37,028 Stage-3 map = 100%,  reduce = 0%, Cumulative CPU 1.35 sec
MapReduce Total cumulative CPU time: 1 seconds 350 msec
Ended Job = job_1533872294962_0045
MapReduce Jobs Launched:
Stage-Stage-3: Map: 1   Cumulative CPU: 1.35 sec   HDFS Read: 7548 HDFS Write:
160 SUCCESS
Total MapReduce CPU Time Spent: 1 seconds 350 msec
OK
2009-12-9        APPL     2.67      IBM       14.09
NULL     NULL     NULL      IBM       13.92
Time taken: 25.381 seconds, Fetched: 2 row(s)
```

4）IBM 公司和苹果公司收盘价内容全部显示出来（全外连接：FULL OUTER JOIN）

```
hive> SELECT a.ymd,a.symbol,a.price_close,b.symbol,b.price_close
    > FROM
    > (SELECT ymd,symbol,price_close FROM stocks WHERE symbol='APPL') a
    > FULL OUTER JOIN
    > (SELECT ymd,symbol,price_close FROM stocks WHERE symbol='IBM') b
    > ON a.ymd=b.ymd;
Query ID = root_20180816024050_fbfd1392-031e-47cd-bbaf-d1e5eecdabbe
Total jobs = 1
Launching Job 1 out of 1
Number of reduce tasks not specified. Estimated from input data size: 1
In order to change the average load for a reducer (in bytes):
    set hive.exec.reducers.bytes.per.reducer=<number>
In order to limit the maximum number of reducers:
    set hive.exec.reducers.max=<number>
In order to set a constant number of reducers:
    set mapreduce.job.reduces=<number>
Starting Job = job_1533872294962_0046, Tracking URL = http://master:8088/proxy/
application_1533872294962_0046/
Kill Command = /opt/hadoop/bin/hadoop job  -kill job_1533872294962_0046
Hadoop job information for Stage-1: number of mappers: 1; number of reducers: 1
2018-08-16 02:40:58,240 Stage-1 map = 0%,  reduce = 0%
2018-08-16 02:41:04,749 Stage-1 map = 100%,  reduce = 0%, Cumulative CPU 1.6 sec
2018-08-16 02:41:13,337 Stage-1 map = 100%,  reduce = 100%, Cumulative CPU 3.01 sec
MapReduce Total cumulative CPU time: 3 seconds 10 msec
Ended Job = job_1533872294962_0046
MapReduce Jobs Launched:
Stage-Stage-1: Map: 1  Reduce: 1   Cumulative CPU: 3.01 sec   HDFS Read: 12969
HDFS Write: 198 SUCCESS
Total MapReduce CPU Time Spent: 3 seconds 10 msec
OK
2009-12-8        APPL     2.55     NULL     NULL
2009-12-9        APPL     2.67     IBM      14.09
NULL    NULL     NULL     IBM      13.92
Time taken: 24.045 seconds, Fetched: 3 row(s)
```

👤 **注意**

在进行连接时，建议先筛选数据，再进行连接。全外连接时，如果按规则生成两条一模一样的数据，它只会保留其中的一条数据输出。

在 Map 连接过程中，如果有一个连接表小到足以放入内存，Hive 就可以把较小的表放入每个 Mapper 的内存来执行连接操作。执行该查询不使用 Reducer，在进行左右连接时因为使用了同一张表里很少的数据，恰巧符合它的要求，所以大家可以看到这两个过程中 Reducer 被设置为 0，最终只用 Map 进行计算。但在 FULL OUTER JOIN 时，用到了 Reducer，这不是 Map 连接，因为只有在对所有输入进行聚集（reduce）的步骤才能检测到哪个数据行无法匹配。

Map 连接可以利用分桶的表，因为作用于桶的 Mapper 加载右侧表中对应的桶即可执行连接。这时使用的语法和前面提到的在内存中进行连接是一样的，只不过还需要用下面的语法启用优化选项：

```
SET hive.optimize.bucketmapjoin=true;
```

多表连接时可用多个 JOIN—ON 进行连接操作。当多个表连接时，通常情况下会先启用一个 Job1 执行 A 表和 B 表连接操作，生成一个结果 result1，然后再启用一个 Job2 执行 result1 与 C 表连接，生成最终的结果。但需要注意的是，当对 3 个或者更多表进行 JOIN 连接时，如果每个 ON 子句都使用相同的连接键的话，那么只会产生一个 MapReduce Job。

5. UNION

UNION 用于将多个 SELECT 语句的结果组合到单个结果集中。

Hive 1.2.0 之前的版本仅支持 UNION ALL，不会删除重复行。在 Hive 1.2.0 及更高版本中，UNION 的默认行为是从结果中删除重复的行。可选的 DISTINCT 关键字除了默认值之外没有任何影响，因为它还指定了重复行删除。使用可选的 ALL 关键字，不会发生重复行删除，结果包括所有 SELECT 语句中的所有匹配行。

可以在同一查询中混合使用 UNION ALL 和 UNION DISTINCT。处理混合 UNION 类型，使得 DISTINCT 联合覆盖其左侧的任何 ALL 联合。可以使用 UNION DISTINCT 显式生成 DISTINCT 联合，也可以使用没有后续 DISTINCT 或 ALL 关键字的 UNION 隐式生成 DISTINCT 联合。

UNION 的基本语法规则如下。

```
select_statement UNION [ALL | DISTINCT] select_statement UNION [ALL | DISTINCT] select_
statement ...
```

注意

每个 select_statement 返回的列的数量和名称必须相同。否则，将引发架构错误。

UNION ALL 可以将两个或多个表进行合并。每个 UNION 子查询都必须具有相同的列，而且对应的每个字段的字段类型必须是一致的。UNION ALL 也可以用于同一个源表的数据合并。从逻辑上讲，可以使用一个 SELECT 和 WHERE 语句来获得相同的结果。这个技术便于将一个长的复杂的 WHERE 语句分隔成两个或者多个 UNION 子查询。不过除非源表建立了索引，否则，该查询将会对同一分源数据进行多次拷贝分发。

3.6　面向大数据的优化策略

Hive 格式宽松，数据多存储于 HDFS 之上，复杂的 SQL 查询可借助于 MapReduce 计算框架进行数据的分布式统计计算。由于 MapReduce 计算原理按 Key 进行分区、分组和计算，这也决定了大数据中 Key 分配不均匀会导致数据倾斜的问题。为了合理地应用 Hive 工具，本节通过引入分桶、视图、索引及模式设计的理论，帮助用户理解 Hive 表设计中需要注意的问题。

分桶类似于 MapReduce 里分区的思路，即将同一批数据按一定规则（默认规则是 HashPartition），将数据基本均匀地分于各桶中，再进行计算，以此力求数据的均匀分布。视图主要用于公共调用语句的管理，类似于 MySQL 视图的设计思想。索引是为了数据的寻找速度而增加的关系设定。在模式设计中，主要通过分区、分桶及数据存储的规则，完成数据合理建设的功能。

3.6.1　分桶

分区按指定的格式在表下面分出若干个（有限的）文件夹，把相应的文件分到指定的文件夹下，达到从粗粒度上对表数据的划分，以此加快数据的查找速度。但此种方法在细粒度的划分或者数据均匀分配上并不擅长。例如按 userid 进行划分时，会产生众多分区，从而非常容易产生众多的小文件。Hive 里提供了把表（或分区）组织成桶（bucket）的功能，它默认采用 HashPartition 分区，能够满足把数据近似均匀地分配到不同的桶里。具体来说，分桶有如下好处：

- ❑ 获得更高的查询处理效率。桶为表加上了额外的结构，Hive 在处理有些查询时能够利用该结构。具体而言，连接两个在（包含连接列的）相同列上划分了桶的表，可以使用 Map 端连接（Map-side Join）高效地实现。
- ❑ 使取样（sampling）更高效。在处理大规模数据集时，在开发和修改查询的阶段，如果能在数据集的一小部分数据上试运行查询，会很方便。

要创建桶，先对数据进行哈希取值，然后放到不同文件中存储，使用 CLUSTERED BY 子句来指定划分桶所用的列和要划分的桶的个数。

【例 3-23】将 3.5.6 节的股市交易的信息表建立成带分桶的表，指定按股票码 symbol 字段的信息进行分桶。考虑实际生产中该信息大，在插入时可将该信息形成的大文件按分桶的数据插入至不同的小文件中。

创建带分桶的表：

```
hive> CREATE EXTERNAL TABLE stocks_buckets(
    > exchanger STRING,
    > symbol STRING,
    > ymd STRING,
    > price_open FLOAT,
    > price_high FLOAT,
    > price_low FLOAT,
    > price_close FLOAT,
    > volume INT,
    > price_adj_close FLOAT)
    > CLUSTERED BY (symbol) INTO 3 BUCKETS
    > ROW FORMAT DELIMITED FIELDS TERMINATED BY ',';
```

设置分桶，设置 Reducer 的数量与分桶的数量一致。

```
hive> SET hive.enforce.bucketing=true;
hive> SET mapreduce.job.reduces=3;
```

将 stocks 表里的数据查询出来，插入到带分桶的表 stocks_buckets 中。

```
hive> INSERT INTO TABLE stocks_buckets
    > SELECT * FROM stocks CLUSTER BY symbol;
```

发现在表 stocks_buckets 中形成了三个文件：

```
hive> dfs -lsr /data/hive/warehouse/stocks_buckets;
```

```
lsr: DEPRECATED: Please use 'ls -R' instead.
-rwxr-xr-x   1 root supergroup        204 2018-08-17 03:30 /data/hive/warehouse/
stocks_buckets/000000_0
-rwxr-xr-x   1 root supergroup        210 2018-08-17 03:30 /data/hive/warehouse/
stocks_buckets/000001_0
-rwxr-xr-x   1 root supergroup        114 2018-08-17 03:30 /data/hive/warehouse/
stocks_buckets/000002_0
```

每个文件的内容如下：

```
hive> dfs -cat /data/hive/warehouse/stocks_buckets/000000_0;
NASDAQ,IBM,2009-12-9,13.89,14.2,13.78,14.09,165100,14.09
NASDAQ,IBM,2009-9-29,14.06,14.12,13.86,13.92,56300,13.92
NASDAQ,AAME,2000-11-9,2.0,2.0,2.0,2.0,0,2.0
NASDAQ,AAME,2000-11-8,2.0,2.0,2.0,2.0,100,2.0
hive> dfs -cat /data/hive/warehouse/stocks_buckets/000001_0;
NASDAQ,APPL,2009-12-9,2.55,2.77,2.5,2.67,158500,2.67
NASDAQ,APPL,2009-12-8,2.71,2.74,2.52,2.55,131700,2.55
NASDAQ,ACFN,1998-2-2,4.5,4.63,3.94,4.0,141100,4.0
NASDAQ,ACFN,1998-1-30,4.63,4.81,4.44,4.44,41300,4.44
hive> dfs -cat /data/hive/warehouse/stocks_buckets/000002_0;
NASDAQ,ACAT,1992-11-3,16.61,16.72,16.28,16.28,49300,5.32
NASDAQ,ACAT,1992-11-2,16.72,17.15,16.61,16.61,50400,5.43
```

分桶的计算方法，默认情况下是按 Hash 分区计算的，它的计算公式如下：

```
key.hashCode() & Integer.MAX_VALUE) % numReduceTasks;
```

在建立表时，CLUSTERED BY 指定按 symbol 列划分桶，用 INTO 3 BUCKETS 指定分成 3 桶。按查询分桶的方法，查询表 stocks_buckets 中的数据，看与表中存储文件的内容是否一致。

针对有分桶的数据表进行抽样查询时，主要用 tablesample（bucket x out of y on K）进行取桶，其中 tablesample 是抽样语句：

❑ y：必须是 table 总 bucket 数的倍数或者因子。hive 根据 y 的大小，决定抽样的比例。

❑ x：表示从哪个 bucket 开始抽取。

❑ K：表示分桶时用的列，本例是 symbol。

计算举例：假设表被分成 64 桶，y = 32，抽取（64/32 =）2 个桶的数据量；y = 128，抽取（64/128 =）1/2 个桶的数据量。

现在查询每 1 桶中的数据，与表中存储的文件的内容一致。具体内容如下。

```
hive> SELECT * FROM stocks_buckets tablesample(BUCKET 1 out of 3 ON symbol);
OK
NASDAQ   IBM      2009-12-9     13.89   14.2    13.78   14.09   165100   14.09
NASDAQ   IBM      2009-9-29     14.06   14.12   13.86   13.92   56300    13.92
NASDAQ   AAME     2000-11-9     2.0     2.0     2.0     2.0     0        2.0
NASDAQ   AAME     2000-11-8     2.0     2.0     2.0     2.0     100      2.0
Time taken: 0.131 seconds, Fetched: 4 row(s)
hive> SELECT * FROM stocks_buckets tablesample(BUCKET 2 out of 3 ON symbol);
OK
NASDAQ   APPL     2009-12-9     2.55    2.77    2.5     2.67    158500   2.67
NASDAQ   APPL     2009-12-8     2.71    2.74    2.52    2.55    131700   2.55
NASDAQ   ACFN     1998-2-2      4.5     4.63    3.94    4.0     141100   4.0
```

```
NASDAQ   ACFN   1998-1-30      4.63   4.81   4.44   4.44   41300   4.44
Time taken: 0.1 seconds, Fetched: 4 row(s)
hive> SELECT * FROM stocks_buckets tablesample(BUCKET 3 out of 3 ON symbol);
OK
NASDAQ   ACAT   1992-11-3     16.61  16.72  16.28  16.28   49300   5.32
NASDAQ   ACAT   1992-11-2     16.72  17.15  16.61  16.61   50400   5.43
Time taken: 0.094 seconds, Fetched: 2 row(s)
```

对没有分桶的数据表进行抽样查询，本例采用 rand() 进行随机抽样。具体过程是，将没有经过分桶的表 stocks 随机分成 3 桶，从中取出 1 桶数据。

```
hive> SELECT * FROM stocks tablesample(BUCKET 1 out of 3 ON rand());
OK
NASDAQ   APPL   2009-12-9      2.55   2.77   2.5    2.67  158500   2.67
NASDAQ   ACFN   1998-2-2       4.5    4.63   3.94   4.0   141100   4.0
NASDAQ   ACFN   1998-1-30      4.63   4.81   4.44   4.44   41300   4.44
NASDAQ   ACAT   1992-11-2     16.72  17.15  16.61  16.61   50400   5.43
Time taken: 0.086 seconds, Fetched: 4 row(s)
```

3.6.2 视图和索引

1. 视图

视图是一种用 SELECT 语句定义的虚表（virtual table）。现有表中的数据常常需要以一种特殊的方式进行简化和聚集，以便后期处理。视图可以把不同于磁盘实际存储形式的数据呈现给用户。视图也可以用来限制用户，使其只能访问授权可以看到的表的子集。但在 Hive中，创建视图时并不把视图物化（materialize）存储到磁盘上。故如果数据量规模非常大时，用户可依据实际情况做相应的处理，比如创建一张新表，把视图的内容存储到新表中，以此来物化它（CREATE TABLE...AS SELECT）。

视图操作的基本规则：

```
-- 建立视图
create   view 视图名字 [( 字段名 1，字段名 2，…)]
        as
        HiveQL
-- 查询视图
        数据：可以像查表那样查视图
        结构：desc 视图名
-- 删除视图
        drop view 视图名
```

【例 3-24】Hive 视图常规操作的演示。

1）将一个嵌套子查询变成一个视图，视图名为 v_userinfo。

```
hive> CREATE VIEW v_userinfo AS
    >    SELECT a.uname, a.salary
    >    FROM(
    >    SELECT uname, salary,family FROM userinfo) a
    >    WHERE a.salary>7000
    >    ;
OK
Time taken: 0.229 seconds
```

2）像操作表一样，查询视图是否存在。

```
hive> show tables;
OK
copy_userinfo
copy_userinfo2
userinfo
v_userinfo
Time taken: 0.047 seconds, Fetched: 4 row(s)
```

3）查看视图涉及字段类型。

```
hive> desc v_userinfo;
OK
uname                      string
salary                     float
Time taken: 0.108 seconds, Fetched: 2 row(s)
```

4）查看视图详细信息。

```
hive> DESCRIBE EXTENDED v_userinfo;
OK
uname                      string
salary                     float

Detailed Table Information      Table(tableName:v_userinfo, dbName:dbtest, owner:root,
createTime:1534481107, lastAccessTime:0, retention:0, sd:StorageDescriptor(cols:[Field
Schema(name:uname, type:string, comment:null), FieldSchema(name:salary, type:float,
comment:null)], location:null, inputFormat:org.apache.hadoop.mapred.TextInputFormat,
outputFormat:org.apache.hadoop.hive.ql.io.HiveIgnoreKeyTextOutputFormat, compressed:false,
numBuckets:-1, serdeInfo:SerDeInfo(name:null, serializationLib:null, parameters:{}),
bucketCols:[], sortCols:[], parameters:{}, skewedInfo:SkewedInfo(skewedColNames:[],
skewedColValues:[], skewedColValueLocationMaps:{}), storedAsSubDirectories:false),
partitionKeys:[], parameters:{transient_lastDdlTime=1534481107}, viewOriginalText:
SELECT a.uname, a.salary
      FROM(
      SELECT uname, salary,family FROM userinfo) a
      WHERE a.salary>7000, viewExpandedText:SELECT 'a'.'uname', 'a'.'salary'
      FROM(
      SELECT 'userinfo'.'uname', 'userinfo'.'salary','userinfo'.'family' FROM 'dbtest'.
'userinfo') 'a'
      WHERE 'a'.'salary'>7000, tableType:VIRTUAL_VIEW, rewriteEnabled:false)
Time taken: 0.076 seconds, Fetched: 10 row(s)
```

5）复制视图的结构，建立新表。

```
hive> CREATE TABLE tb_v_userinfo LIKE v_userinfo;
OK
Time taken: 0.154 seconds
hive> desc tb_v_userinfo;
OK
uname                      string
salary                     float
Time taken: 0.047 seconds, Fetched: 2 row(s)
hive> select * from  tb_v_userinfo;
OK
Time taken: 0.124 seconds
```

6）删除视图。

```
hive> DROP VIEW IF EXISTS v_userinfo;
OK
Time taken: 1.305 seconds
```

7）如何判断是视图还是表？

可以查看元数据表 TBLS 中的 TBL_TYPE 字段：VIRTUAL_VIEW 代表视图，MANAGED_TABLE 代表内部表，EXTERNAL_TABLE 代表外部表。

```
mysql> SELECT tbl_name,tbl_type FROM TBLS;
+----------------------+-----------------+
| tbl_name             | tbl_type        |
+----------------------+-----------------+
| stocks               | EXTERNAL_TABLE  |
| stocks_info          | MANAGED_TABLE   |
| stocks_p             | EXTERNAL_TABLE  |
| userinfo             | EXTERNAL_TABLE  |
| copy_userinfo        | EXTERNAL_TABLE  |
| copy_userinfo2       | EXTERNAL_TABLE  |
| stocks_buckets       | EXTERNAL_TABLE  |
| v_userinfo           | VIRTUAL_VIEW    |
| tb_v_userinfo        | MANAGED_TABLE   |
| v_map_userinfo       | VIRTUAL_VIEW    |
+----------------------+-----------------+
10 rows in set (0.00 sec)
```

8）动态分区中的视图和 Map 类型。

```
hive> CREATE VIEW v_map_userinfo(pension,medical,provident) AS
    >     SELECT deductions["pension"],deductions["medical"],deductions["provident"]
    >     FROM userinfo
    >     WHERE salary>7000
    > ;
OK
Time taken: 0.224 seconds
```

9）查询动态分区的视图。

```
hive> SELECT pension,medical,provident FROM v_map_userinfo;
OK
0.2     0.05    0.1
0.2     0.05    0.1
Time taken: 0.2 seconds, Fetched: 2 row(s)
```

2. 索引

Hive 0.7 版本之后支持索引。用户在某些列上创建索引可以加速某些操作。Hive 索引被设计为可使用内置的可插拔的 Java 代码来定制，用户可以扩展该功能来满足自己的需求。

创建索引的语法规则如下：

```
CREATE INDEX index_name
ON TABLE base_table_name (col_name, ...)
AS 'index.handler.class.name'
[WITH DEFERRED REBUILD]
```

```
[IDXPROPERTIES (property_name=property_value, ...)]
[IN TABLE index_table_name]
[PARTITIONED BY (col_name, ...)]
[
    [ ROW FORMAT ...] STORED AS ...
    | STORED BY ...
]
[LOCATION hdfs_path]
[TBLPROPERTIES (...)]
[COMMENT "index comment"]
```

【例 3-25】Hive 索引基本操作的演示。

1）给表 stocks 在字段 symbol 上创建一个索引。

```
hive> CREATE INDEX stocks_index
    > ON TABLE stocks(symbol)
    > AS 'org.apache.hadoop.hive.ql.index.compact.CompactIndexHandler'
    > WITH DEFERRED REBUILD;
OK
Time taken: 0.357 seconds
```

2）查看索引。

```
hive> SHOW INDEX ON stocks;
OK
stocks_index    stocks    symbol    default__stocks_stocks_index__    compact
Time taken: 0.06 seconds, Fetched: 1 row(s)
hive> SHOW FORMATTED INDEX ON stocks;
OK
idx_name    tab_name    col_names    idx_tab_name    idx_type    comment

stocks_index    stocks    symbol    default__stocks_stocks_index__    compact
Time taken: 0.063 seconds, Fetched: 4 row(s)
```

3）删除索引。

```
hive> DROP INDEX IF EXISTS stocks_index ON stocks;
OK
Time taken: 0.179 seconds
hive> SHOW INDEX ON stocks;
OK
Time taken: 0.039 seconds
```

3.6.3　模式设计

尽管 HiveQL 的语法规则与 SQL 语法非常相似，但是，Hive 在模式设计上与传统关系型数据库非常不同。Hive 是反模式的，且在反模式的应用中，与传统数据库也是有区别的。

1. 按天划分的表

随着信息化的不断推进，实际项目中数据集增长很快，这已经不是罕见的事情。在实际生产中，工程师非常愿意以按天划分表的模式进行数据库设计，即每天用一张表进行数据存储，这在数据库领域是一种反模式设计的方式。

```
hive> CREATE TABLE info_2018_08_01(id int,ip char,remark varchar);
hive> CREATE TABLE info_2018_08_02(id int,ip char,remark varchar);
......
hive> CREATE TABLE info_2018_08_31(id int,ip char,remark varchar);
hive> load data inpath 'log_2018_08_01.txt' into table info;
hive> load data inpath 'log_2018_08_02.txt' into table info;
----- 省略 ------
hive> load data inpath 'log_2018_08_31.txt' into table info;
hive> select ip info_2018_08_01
    > UNION ALL
    > select ip info_2018_08_02;
----- 省略 ------
Hadoop job information for Stage-1: number of mappers: 2; number of reducers: 0
2018-08-13 08:00:09,725 Stage-1 map = 0%,  reduce = 0%
2018-08-13 08:00:16,246 Stage-1 map = 50%,  reduce = 0%, Cumulative CPU 1.05 sec
2018-08-13 08:00:21,649 Stage-1 map = 100%,  reduce = 0%, Cumulative CPU 2.14 sec
MapReduce Total cumulative CPU time: 2 seconds 140 msec
Ended Job = job_1533872294962_0025
MapReduce Jobs Launched:
Stage-Stage-1: Map: 2   Cumulative CPU: 2.14 sec   HDFS Read: 13062 HDFS Write: 510
SUCCESS
Total MapReduce CPU Time Spent: 2 seconds 140 msec
OK
111.13.100.92
124.108.103.103
Time taken: 22.411 seconds, Fetched: 20 row(s)
```

在这种设计下，如果想查询前两天的数据，需要用 UNION 将两张表连接在一起，启用 MapReduce 的程序执行。在 Hive 中，并不建议这样使用。建议通过 WHERE 子句中的表达式来选择指定分区下的内容，该过程不会执行 MapReduce 过程，查询执行效率高。

```
hive> CREATE TABLE info (id int,ip char,remark varchar)
hive> partitioned by (day string);
hive> load data inpath 'log_2018_08_01.txt' into table info partition
(day='2018_08_01'');
hive> load data inpath 'log_2018_08_02.txt' into table info partition
(day='2018_08_02'');
----- 省略 ------
hive> load data inpath 'log_2018_08_31.txt' into table info partition
(day='2018_08_31'');
hive> select symbol From info where day='2018_08_01' AND day='2018_08_02';
OK
111.13.100.92
124.108.103.103
Time taken: 0.241 seconds, Fetched: 10 row(s)
```

2. 关于分区

通过上一节的学习，可以看到分区可以优化查询，避免 Hive 对输入进行全盘扫描来满足查询条件（不考虑索引功能）。在正式谈论分区之前，先来查看一下它在 HDFS 上的存储结构，以上面的表为例，每个分区会单独建立一个文件夹，每个分区下的文件每导入一次会重新生成一个文件。

```
hive> dfs -lsr /data/hive;
```

```
lsr: DEPRECATED: Please use 'ls -R' instead.
drwxr-xr-x  - root supergroup  0 2018-08-13 00:49 /data/hive/warehouse
drwxr-xr-x  - root supergroup  0 2018-08-13 00:50 /data/hive/warehouse/info
drwxr-xr-x  - root supergroup  0 2018-08-13 00:50 /data/hive/warehouse/info/day=
2018_08_01
-rwxr-xr-x  1 root supergroup  514 2018-08-13 00:50 /data/hive/warehouse/info/day=
2018_08_01/ log_2018_08_01.txt
drwxr-xr-x  - root supergroup  0 2018-08-13 00:51 /data/hive/warehouse/info/day=
2018_08_02
-rwxr-xr-x  1 root supergroup  514 2018-08-13 00:51 /data/hive/warehouse/info/day=
2018_08_02/ log_2018_08_02.txt
----- 省略 ------
drwxr-xr-x  - root supergroup  0 2018-08-13 01:50 /data/hive/warehouse/info/day=
2018_08_31
-rwxr-xr-x  1 root supergroup  514 2018-08-13 01:50 /data/hive/warehouse/info/day=
2018_08_31/ log_2018_08_31.txt
```

众所周知，HDFS 的总体目标是存储少量大文件，但并不适合存储大量小文件，Hive 基于 HDFS 存储，同样遵循这样的理论。考虑一下，每个分区会重新建立一个文件夹，每个分区下每导入一次数据都会重新生成一个文件，如果分区过多或者分区下的数据导入次数多，那么 HDFS 上就会产生众多的文件夹与文件，这些文件夹与文件的存储信息及关联信息以元数据的形式存储在 HDFS 上，而 NameNode 在启动时需要将系统文件的元数据信息保存在内存中。内存是有限的，官网给出了数据参考，即每个文件产生的元数据需要大约 150 字节的内存空间，故在建立分区时并不适合建立太多，且往分区里导入数据时也不适合少量数据的频繁导入。

从运行角度来讲，分区也不适合过多，导入文件次数也不宜过于频繁。因为 HiveQL 是转换成 MapReduce 运行的，而 MapReduce 会将一个作业转换成多个任务。默认情况下，每个任务都会启用一个新的 JVM，每个 JVM 实例都需要开启和销毁系统资源的开销。对于小文件作为 Mapper 输入而言，每个小文件都会对应一个任务，这无疑会给系统带来资源和时间上不必要的消耗。

因此，一个理想的分区模式不应该产生太多的分区（即 HDFS 上的文件夹目录），且每个分区下在导入数据时最好成批大数据导入，即导入文件的大小要足够大，应该是文件系统中块大小的若干倍。

按时间进行分区的设计是实际生产中常用的设计模式，但粒度大小的确定要合适，例如时间的粒度划分成按天、月、季还是年，要遵循实际需要。

另外，Hive 支持多级分区的设定，例如按地区分区，国家分区下再按省分区，省下再按市分区。但这种分区模式不像按时间分区那样，数据容易达到较均衡的状态，按地区分区时，由于各地区的差异可能导致各区存储数据量的大小差异较大，从而在 MapReduce 任务分配时，会出现数据倾斜导致的各个任务不均衡的状态。基于这种情况，用户可以考虑使用分桶技术。

3. 唯一键和标准化

传统关系型数据库通过使用唯一键、索引和标准化来存储数据集，大部分存储至内存中进行编译查询。即使是数据仓库的使用，很多典型的关系库（如 SQL Server）也是将关系表建立好主外键，构成数据集市，然后转换成仓库模型进行操作，数据少冗余。但 Hive 本身是一种宽松的格式，可以建立好表结构后向表里导入数据，也可以按 HDFS 上现有的规整的数据格式建立表规则，直接操作现有数据。Hive 本身没有主键或基于序列密钥生成自增键的概念。对于一些在关系库中的设计，如星形设计的两张表，在 Hive 中可用复杂的数据类型（如 array、map 和 struct）替代一对多的数据，如查询 userinfo 表中用户名字段 uname 与用户对应的住址字段 address，如下所示。

```
hive (dbtest)> select uname,address from userinfo;
Smith    {"street":"HeiLongJiang","city":"DaQing","state":"IL","zip":150000}
Fred     {"street":"HeiLongJiang","city":"YiChun","state":"IL","zip":150000}
July     {"street":"HeiLongJiang","city":"ACheng","state":"IL","zip":150000}
John     {"street":"HeiLongJiang","city":"Harbin","state":"IL","zip":150000}
Mary     {"street":"HeiLongJiang","city":"Harbin","state":"IL","zip":150000}
Jones    {"street":"BeiJing","city":"HaiDian","state":"IL","zip":100000}
Bill     {"street":"BeiJing","city":"WangFuJing","state":"IL","zip":100000}
```

从数据上来看，7 个人来自两个地区：HeiLongJiang 和 BeiJing。每个地区下又分不同的城市，城市下面又分不同地区。这明显是一对多的关系，在传统关系库中更倾向于用两张表建立一对多的关系来表达，如将人员信息放入一张表，将地区的分类放入一张表，然后通过地区 ID 进行人员信息的关联。而在 Hive 中并不主张这样做。Hive 将应用中的复杂类型存储在一张表中，虽然数据存在冗余，如 BeiJing 这个字段进行了多次的存储。但节省了大量磁盘的寻道工作。这种设计避免了传统标准化的数据库设计模式，牺牲了磁盘的存储空间，意在能够扫描或写入到大的、连续的磁盘存储区域，从而优化磁盘驱动器的 I/O 性能。当然，这种设计模式对于使用者来讲也是一种考验，重复的数据存储有着更大的导致数据不一致的风险。但对于大集群下的大数据量（如数十 TB 到 PB 级别），相对于这种风险，优化执行 HiveQL 显得更加重要。

4. 同一份数据多种处理

对于一个大型的数据集，每次扫描计算都需要一定的时间，针对这样的情况，Hive 在 HiveQL 转化成 MapReduce 任务前进行了优化工作，尽量少启用 Mapper 和 Reducer 的任务。在表设计上，尽量减少表间的关联关系。同时，Hive 还可以在同一数据源基础上产生多个数据聚合，即多次聚合的操作，只要扫描一次数据即可，无须进行多次的扫描。对于大的数据输入集来说，这个优化可以节约非常可观的时间。

比较典型的例子是从同一数据源中查找数据，插入到不同的表中。

【例 3-26】查询表 userinfo 中的数据，将其分别插入到表 copy_userinfo 与表 copy_userinfo2 中。

第一种方法：分别写一个 INSERT 语句实现需求。显而易见，每个 INSERT 语句都需要执行一次 Mapper 过程。

```
INSERT OVERWRITE TABLE copy_userinfo PARTITION(country='China')
SELECT uname,salary,family,deductions,address FROM userinfo WHERE country='China';
INSERT OVERWRITE TABLE copy_userinfo2  PARTITION(country='America')
SELECT uname,salary,family,deductions,address FROM userinfo WHERE country='America';
```

第二种方法：将上面的语句进行改动，由于都来自同一个数据源 userinfo，故将上面的两个语句改成由 FROM 引导的 INSERT 语句。查询语句及过程如下：

```
hive (dbtest)> FROM userinfo
             > INSERT OVERWRITE TABLE copy_userinfo PARTITION(country='China')
             > SELECT uname,salary,family,deductions,address WHERE country='China'
             > INSERT OVERWRITE TABLE copy_userinfo2  PARTITION(country='America')
             > SELECT uname,salary,family,deductions,address WHERE country='America';
    Query ID = root_20180814065254_e47dd186-04dc-482b-aab7-cf8eb3a27266
    Total jobs = 5
    Launching Job 1 out of 5
    Number of reduce tasks is set to 0 since there's no reduce operator
    Starting Job = job_1533872294962_0033, Tracking URL = http://master:8088/proxy/
application_1533872294962_0033/
    Kill Command = /opt/hadoop/bin/hadoop job  -kill job_1533872294962_0033
    Hadoop job information for Stage-2: number of mappers: 1; number of reducers: 0
    2018-08-14 06:53:02,206 Stage-2 map = 0%,  reduce = 0%
    2018-08-14 06:53:08,812 Stage-2 map = 100%,  reduce = 0%, Cumulative CPU 1.8 sec
    MapReduce Total cumulative CPU time: 1 seconds 800 msec
    Ended Job = job_1533872294962_0033
    Stage-5 is selected by condition resolver.
    Stage-4 is filtered out by condition resolver.
    Stage-6 is filtered out by condition resolver.
    Stage-11 is selected by condition resolver.
    Stage-10 is filtered out by condition resolver.
    Stage-12 is filtered out by condition resolver.
    Moving data to directory hdfs://master:9000/data/hive/warehouse/dbtest.db/copy_userinfo/
country=China/.hive-staging_hive_2018-08-14_06-52-54_283_5617334904810865375-1/-ext-10000
    Moving data to directory hdfs://master:9000/data/hive/warehouse/dbtest.db/copy_userinfo2/
country=America/.hive-staging_hive_2018-08-14_06-52-54_283_5617334904810865375-1/-ext-10002
    Loading data to table dbtest.copy_userinfo partition (country=China)
    Loading data to table dbtest.copy_userinfo2 partition (country=America)
    MapReduce Jobs Launched:
    Stage-Stage-2: Map: 1   Cumulative CPU: 1.8 sec   HDFS Read: 8589 HDFS Write: 801
SUCCESS
    Total MapReduce CPU Time Spent: 1 seconds 800 msec
    OK
    Time taken: 17.314 seconds
```

从查询的过程来看，发现只启用了一个 Mapper，只需扫描一次 userinfo 表即可。

5. 对于每个表的分区

在大数据平台下必然经过的一项工作是 ETL（Extract-Transform-Load，抽取 - 转换 - 加载），它用来描述将数据从来源按业务需求抽取出来，经过格式与内容的转换，加载到平台指定位置的过程。向大数据平台增量 ETL 数据，是常见的工作形式。向 Hive 表中增量加载数据的过程中，如果数据量较规律且业务也不复杂，则建立几个临时表，进行加载过程中中间值的临时存储，显示已经够用。但如果对好几天的数据进行重跑，且还有其他工程师也对临时表中的数据进行处理，就存在一定的数据在 INSERT OVERWRITE 时被覆盖的风险。还有两个工程师处理不同日期的情况，在这种情况下，进行表的分区处理会减少数据覆盖的风险性。使数据具有很好的鲁棒性，比如对表进行按天的分区，那么这两个工程师只需要对自己分区内的数据进行处理即可。

6. 分桶表数据存储

分区提供了隔离数据和优化查询的设计模式。Hive 的操作可针对表分区内的数据，而不对整张表进行操作。但并非所有的数据集都可形成合理的分区。

分桶是将数据集分解成更容易管理的若干部分的另一项技术。分区是按指定条件分区，分桶默认是按指定的分桶值进行 HASH 后分发到各桶中。Hive 中数据库、表、分区与分桶之间的关系如图 3-12 所示。

Hive 中可以建立多个数据库，如图 3-12 所示，数据库与表及分区与分桶的关系如下：

- 每个数据库中可以建立多张表。
- 每张表下可以直接存储数据，也可以在表下直接建立分区或分桶。
- 分区下可以再建立分区，即建立层级分区。
- 分区下可以建立分桶。在按地区进行分区导致数据倾斜时，可以考虑在数据量大的地区下建立分桶。

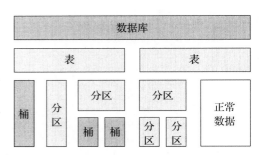

图 3-12　Hive 数据库表中分区与分桶的关系

要向一张已经建立分桶的表中填充成员，需要将 hive.enforce.bucketing 属性设置为 true，强制 Hive 为目标表的分桶初始化过程时设置一个正确的 Reducer 个数。然后再执行查询来填充分区。可在 Hive CLI 窗口中通过 set 命令查看是否设定 hive.enforce.bucketing。

```
hive (dbtest)> set hive.enforce.bucketing;
hive.enforce.bucketing is undefined    --- hive.enforce.bucketing 属性未定义
hive (dbtest)> set hive.enforce.bucketing=true;
hive (dbtest)> set hive.enforce.bucketing;
hive.enforce.bucketing=true             --- hive.enforce.bucketing 属性值定义为 true
```

如果 hive.enforce.bucketing 属性未被设定，需要自定义与分桶情况相匹配的 Reducer 个数，例如 set mapreduce.job.reduces=96。

3.7　Hive 的调优

用户只提交按 HiveQL 语法规则建立业务需要声明的内容，Hive 就会将其转换成本地或 MapReduce 任务。在不了解 Hive 内部运行原理的情况下，更利于工程师们专注于手头上的事情。而内部复杂的查询解析、规划、优化和执行过程是由 Hive 开发团队多年的艰难工作实现的，不过大部分时间用户可以直接无视这些内部逻辑。

但当进行一些系统设计或者应付大量数据时，学习一下 Hive 背后的理论知识以及底层的实现细节会更有利于高效、正确地使用 Hive，如设置 Map 与 Reduce 数量、如何更有效地编写 JOIN 等。

本节将首先介绍 Hive 的内部运行原理，然后学习 Hive 的一些调优功能。其中调优涉及的参数配置项基本都可以在 {$HIVE_HOME/conf/hive-defaut.xml.template} 文件中找到。该文件中给出了 Hive 的默认配置，同时也给出了相应配置属性的描述。值得说明的是，目前（以 Hive 2.3.3 为例）Hive 配置中还保持对 Hadoop 老版本配置项的配置，虽然也好用，但建议读者在学习中尝试查阅 Hive 和 Hadoop 当前版本下的实际配置项进行参考。

3.7.1 使用 EXPLAIN 查看执行计划

Hive 最核心的应用是 HiveQL 对于 MapReduce 转换的工作。因此，在进行 Hive 调优之前，要学习 Hive 如何工作，从 EXPLAIN 命令下手是一个明智的选择。它会帮助我们学习 Hive 是如何转化成 MapReduce 任务的。Hive 中查询处理过程的介绍可参见 3.2.3 节。

下面通过一个针对股票信息的全外连接的查询结果建立一个新表 stocks 的案例的执行计算，来进一步理解 HiveQL 的执行过程。

```
hive> EXPLAIN CREATE TABLE IF NOT EXISTS stocks_info
    > AS
    > SELECT a.ymd,a.symbol appl_symbol,b.symbol ibm_symbol,a.price_close
appl_price_close,b.price_close ibm_price_close
    > FROM (SELECT * FROM stocks WHERE symbol='APPL') a
    > FULL OUTER JOIN (SELECT * FROM stocks WHERE symbol='IBM') b
    > ON a.ymd=b.ymd;
OK
STAGE DEPENDENCIES:
    Stage-1 is a root stage
    Stage-0 depends on stages: Stage-1
    Stage-4 depends on stages: Stage-0
    Stage-2 depends on stages: Stage-4

STAGE PLANS:
    Stage: Stage-1
        Map Reduce
            Map Operator Tree:
                TableScan
                alias: stocks
                Statistics: Num rows: 2 Data size: 514 Basic stats: COMPLETE Column stats:
NONE
                    Filter Operator
                        predicate: (symbol = 'APPL') (type: boolean)
                        Statistics: Num rows: 1 Data size: 257 Basic stats: COMPLETE
Column stats:NONE
                        Select Operator
                          expressions: 'APPL' (type: string), ymd (type: string), price_
close(type: float)
                          outputColumnNames: _col0, _col1, _col2
                          Statistics: Num rows: 1 Data size: 257 Basic stats: COMPLETE
Column stats: NONE
                        Reduce Output Operator
                            key expressions: _col1 (type: string)
                            sort order: +
                            Map-reduce partition columns: _col1 (type: string)
                            Statistics: Num rows: 1 Data size: 257 Basic stats: COMPLETE
Column stats: NONE
                            value expressions: _col0 (type: string), _col2 (type: float)
                TableScan
                    alias: stocks
                    Statistics: Num rows: 2 Data size: 514 Basic stats: COMPLETE
Column stats: NONE
                    Filter Operator
                        predicate: (symbol = 'IBM') (type: boolean)
                        Statistics: Num rows: 1 Data size: 257 Basic stats: COMPLETE
```

```
Column stats: NONE
                            Select Operator
                              expressions: 'IBM' (type: string), ymd (type: string), price_
close (type: float)
                              outputColumnNames: _col0, _col1, _col2
                              Statistics: Num rows: 1 Data size: 257 Basic stats: COMPLETE
Column stats: NONE
                            Reduce Output Operator
                               key expressions: _col1 (type: string)
                               sort order: +
                               Map-reduce partition columns: _col1 (type: string)
                               Statistics: Num rows: 1 Data size: 257 Basic stats: COMPLETE
Column stats: NONE
                               value expressions: _col0 (type: string), _col2 (type: float)
            Reduce Operator Tree:
                Join Operator
                    condition map:
                        Outer Join 0 to 1
                    keys:
                      0 _col1 (type: string)
                      1 _col1 (type: string)
                    outputColumnNames: _col0, _col1, _col2, _col3, _col5
                    Statistics: Num rows: 1 Data size: 282 Basic stats: COMPLETE Column
stats: NONE
                    Select Operator
                      expressions: _col1 (type: string), _col0 (type: string), _
col3 (type: string), _col2 (type: float), _col5 (type: float)
                      outputColumnNames: _col0, _col1, _col2, _col3, _col4
                      Statistics: Num rows: 1 Data size: 282 Basic stats: COMPLETE
Column stats: NONE
                      File Output Operator
                        compressed: false
                        Statistics: Num rows: 1 Data size: 282 Basic stats: COMPLETE
Column stats: NONE
                        table:
                            input format: org.apache.hadoop.mapred.TextInputFormat
                            output format: org.apache.hadoop.hive.ql.io.HiveIgnore
KeyTextOutputFormat
                            serde: org.apache.hadoop.hive.serde2.lazy.LazySimpleSerDe
                            name: default.stocks_info

      Stage: Stage-0
          Move Operator
              files:
                      hdfs directory: true
                      destination: hdfs://master:9000/data/hive/warehouse/stocks_info

      Stage: Stage-4
          Create Table Operator:
              Create Table
                  columns: ymd string, appl_symbol string, ibm_symbol string, appl_price_
close float, ibm_price_close float
                  if not exists: true
                  input format: org.apache.hadoop.mapred.TextInputFormat
                  output format: org.apache.hadoop.hive.ql.io.IgnoreKeyTextOutputFormat
                  serde name: org.apache.hadoop.hive.serde2.lazy.LazySimpleSerDe
```

```
        name: default.stocks_info

    Stage: Stage-2
        Stats-Aggr Operator

Time taken: 0.571 seconds, Fetched: 83 row(s)
```

通过 EXPLAIN 命令，看到 HiveQL 的执行计划中共分为 4 个 Stage，在执行计划的初始给出了这 4 个 Stage 的依赖关系。

❑ Stage-1：Task Tree 的根结点。

❑ Stage-0：依赖于 Stage-1 的结果。

❑ Stage-4：依赖于 Stage-0 的结果。

❑ Stage-2：依赖于 Stage-4 的结果。

Hive 案例中 HiveQL 的整个执行过程及这 4 个 Stage 的关系，可简化为图 3-13。

在图 3-13 中，这 4 个 Stage 构成了一个有向无环图。一个 Hive 任务会包含一个或多个 Stage，不同的 Stage 之间会存在依赖关系。通常编写越复杂的 HiveQL 会引入越多的 Stage，Stage 越多就需要越多的时间来完成任务。各个 Stage 执行时间并不均匀，任务少执行就快（如 Stage-0），任务多执行就慢（如 Stage-1）。

❑ Stage-1 阶段，包括一个 Map 操作树（Map Operator Tree）和一个 Reduce 操作树（Reduce Operator Tree）。其中 Map 操作树通过两个 TableScan 扫描出将要连接的两个表，经过 FilterOperator 过滤出仅需要的操作符内容，确定两张表分区所依赖的 Key 的操作符 _col1。Reduce 操作树依赖 Map 树传递过来的信息，按 Key 执行 Join 操作。

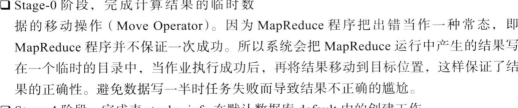

图 3-13　HiveQL 案例执行计划流程

❑ Stage-0 阶段，完成计算结果的临时数据的移动操作（Move Operator）。因为 MapReduce 程序把出错当作一种常态，即 MapReduce 程序并不保证一次成功。所以系统会把 MapReduce 运行中产生的结果写在一个临时的目录中，当作业执行成功后，再将结果移动到目标位置，这样保证了结果的正确性。避免数据写一半时任务失败而导致结果不正确的尴尬。

❑ Stage-4 阶段，完成表 stocks_info 在默认数据库 default 中的创建工作。

❑ Stage-2 阶段，进行一些统计聚合的工作，以及统计任务过程中的计数工作。

3.7.2　Hive 配置管理

为了 Hive 以合适的方式运行指定的业务语句，Hive 允许用户调整参数改变 Hive 的默认行为。Hive 在 {$HIVE_HOME/conf} 目录下提供了 hive-default.xml.template 文件，该文件包含各个配置参数的默认值。在 Hive 环境搭建与调优过程中，通常需要改变一些 Hive 本身默认的属性信息。总体来讲，常用的三种改变 Hive 参数属性的方法如下。

在 Hive 的 CLI（命令行接口）使用 set 命令在会话层级为后续语句设置参数值。例如：

```
set hive.exec.scratchdir=/tmp/myhive
```

将后续语句的临时目录（该目录用于存储 Hive 作业的 HDFS 临时目录，它默认使用 733 权限）从默认值 /tmp/hive 重新设置为 /tmp/myhive。

使用 --hiveconf 选项为整个会话设置参数。例如：

```
bin/hive --hiveconf hive.exec.scratchdir=/tmp/myhive
```

这样在启动 hive 后，在 CLI 中执行的所有语句的临时目录都为 /tmp/myhive。

通过在 {$HIVE_HOME/conf} 目录下创建 hive-site.xml 文件，重新指定参数的属性值来覆盖默认值。用于为整个 Hive 的配置管理设置参数值，每次启动 hive 时都按新配置的参数值运行。例如：

```
<property>
    <name>hive.exec.scratchdir</name>
    <value>/tmp/myhive</value>
    <description>
HDFS root scratch dir for Hive jobs which gets created with write all (733) permission.
For each connecting user, an HDFS scratch dir: ${hive.exec.scratchdir}/&lt;
username&gt; is created, with ${hive.scratch.dir.permission}.
</description>
</property>
```

3.7.3　限制调整

LIMIT 语句是大家经常用到的，经常使用 CLI 的用户都会用到。不过，在很多情况下 LIMIT 语句还需要执行整个查询语句，然后再返回部分结果。该情况通常会浪费系统的资源，如果可能，建议尽量避免这种情况的发生。Hive 有一个配置属性可以开启这样的功能，当使用 LIMTI 语句时，其可以对源数据进行抽样。

```
<property>
    <name>hive.limit.optimize.enable</name>
    <value>false</value>
    <description>
Whether to enable to optimization to trying a smaller subset of data for simple LIMIT first.
</description>
</property>
```

其中 hive.limit.optimize.enable 默认值是 false。与此同时，另外提供两个属性可进一步约束 LIMTI 的操作，当且仅当 hive.limit.optimize.enable 值设置为 true 时有效。这两个约束条件属性设置如下。

```
<property>
    <name>hive.limit.row.max.size</name>
    <value>100000</value>
```

```
        <description>When trying a smaller subset of data for simple LIMIT, how much
size we need to guarantee each row to have at least.</description>
        </property>
        <property>
            <name>hive.limit.optimize.limit.file</name>
            <value>10</value>
            <description>When trying a smaller subset of data for simple LIMIT, maximum
number of files we can sample.</description>
        </property>
```

其中 hive.limit.row.max.size 设置最小的采样容量（默认值是 100 000），hive.limit. optimize.limit.file 设置最大的采样样本数（默认值是 10）。

这个功能的一个缺点就是，可能输入中部分有用的数据永远不会被处理到。例如，任意一个需要 Reduce 步骤的查询、JOIN 和 GROUP BY 操作，以及聚合函数的大多数调用等，将会产生很不同的结果。也许这个差异在很多情况下是可以接受的，但有些业务是不允许的，请斟酌使用。

3.7.4　JOIN 优化

Hive 通过一个优化可以在同一个 MapReduce 任务中连接多张表。对多个表进行 JOIN 连接时，如果每个 ON 子句都使用相同的连接键，也可能发生只有一个 MapReduce 任务的情况。

Hive 同时假定查询中最后一个表是最大的那个表。在对每行记录进行连接操作时，它会尝试将其他表缓存起来，然后扫描最后那个表进行计算。因此，用户需要保证连续查询中表的大小从左到右是依次增加的。

如果所有表中只有一张表是小表，那么可以在最大的表通过 Mapper 的时候将小表完全放到内存中。Hive 可以在 Map 端执行连接过程（称为 Map-side Join），这是因为 Hive 可以和内存中的小表进行逐一匹配，从而省略掉常规连接操作所需要的 Reduce 过程。即使对于很小的数据集，这个优化也明显地快于常规的连接操作。这样不仅减少了 Reduce 过程，而且有时还可以同时减少 Mapper 过程的执行步骤。执行计划如图 3-14 所示。

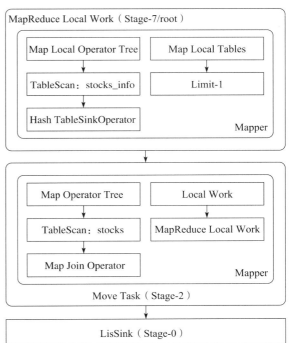

图 3-14　HiveQL 案例执行计划流程

【例 3-27】对表 stocks 和表 stocks_info 进行多次连接，体验 Join 的优化过程。

```
hive> SELECT ymd
    > FROM (
    >       SELECT ymd FROM stocks WHERE symbol='AAME'
```

```
> UNION ALL
>     SELECT ymd FROM stocks WHERE symbol='IBM'
> UNION ALL
> SELECT a.ymd
> FROM (SELECT * FROM stocks_info) a
> JOIN (SELECT * FROM stocks) b
> ON a.ymd=b.ymd
> ) t;
Query ID = root_20180810043539_c496440d-a6d1-4b8b-9cdb-de50b843caf0
Total jobs = 1
2018-08-10 04:35:46      Starting to launch local task to process map join;
maximum memory = 518979584
2018-08-10 04:35:48     Dump the side-table for tag: 0 with group count: 2 into file:
file:/tmp/root/aa1d2c98-357f-4292-9200-69c31a9eb2a0/hive_2018-08-10_04-35-39_298_8151769094
988409848-1/-local-10005/HashTable-Stage-2/MapJoin-mapfile180--.hashtable
2018-08-10 04:35:48     Uploaded 1 File to: file:/tmp/root/aa1d2c98-357f-4292-9200-
69c31a9eb2a0/hive_2018-08-10_04-35-39_298_8151769094988409848-1/-local-10005/HashTable-
Stage-2/MapJoin-mapfile180--.hashtable (314 bytes)
2018-08-10 04:35:48     End of local task; Time Taken: 1.476 sec.
Execution completed successfully
MapredLocal task succeeded
Launching Job 1 out of 1
Number of reduce tasks is set to 0 since there's no reduce operator
Starting Job = job_1533872294962_0005, Tracking URL = http://master:8088/proxy/
application_1533872294962_0005/
Kill Command = /opt/hadoop/bin/hadoop job  -kill job_1533872294962_0005
Hadoop job information for Stage-2: number of mappers: 1; number of reducers: 0
2018-08-10 04:35:57,903 Stage-2 map = 0%,  reduce = 0%
2018-08-10 04:36:04,447 Stage-2 map = 100%,  reduce = 0%, Cumulative CPU 1.56 sec
MapReduce Total cumulative CPU time: 1 seconds 560 msec
Ended Job = job_1533872294962_0005
MapReduce Jobs Launched:
Stage-Stage-2: Map: 1   Cumulative CPU: 1.56 sec   HDFS Read: 9299 HDFS Write:
241 SUCCESS
Total MapReduce CPU Time Spent: 1 seconds 560 msec
OK
2009-12-9
2009-12-8
2000-11-9
2000-11-8
2009-12-9
2009-12-9
2009-9-29
Time taken: 27.794 seconds, Fetched: 7 row(s)
```

如果所有表中有一个表足够小，是可以完成载入到内存中的，那么这时 Hive 可以执行一个 Map-side Join，这样可以减少 Reduce 过程，有时甚至可以减少某些 Map 任务。有时候即使某些表不适合载入内存也可以使用 Map-side Join，因为减少 Reduce 阶段可能比将不太大的表分发到每个 Map 任务中带来更多的好处。

为了优化 HiveQL 查询，Hive 支持谓词下推的功能。例如，将外层查询块的 WHERE 子句中的谓词移入所包含的较低层查询块，从而能够提早进行数据过滤，达到快速查询的目的。在探讨谓词下推之前，来回顾一下表的连接操作过程中涉及的一些术语，如表 3-19 所示。

表 3-19　连接相关术语及其描述

术语	描述
保留行	Outer Join 必须返回所有的行。对于 Left Outer Join 保留左表的所有数据，对于 Right Outer Join 保留右表所有数据，对于 Full Outer Join 保留连接两个表的所有行
NULL 供应表	这是在不匹配的行中为其列填充空值的表 在非 Full Outer Join 的情况下，这是 Join 中的另一个表。对于 Full Outer Join，两个表都是 Null 的供应表
Join 谓词期间	主要指 JOIN ON 子句中的谓词 例如：R1 join R2 on R1.x = 5，其中 R1.x = 5 是 JOIN 期间谓词
Join 谓词后	指 WHERE 子句中的谓词

在 Hive Join 中，谓词下推的规则如表 3-20 所示。

表 3-20　谓词下推规则

	保留行	NULL 供应表
Join 谓词	谓词不下推	谓词下推
Where 谓词	谓词下推	谓词不下推

Hive 通过 SemanticAnalyzer 和 JoinPPD 类中的这些方法强制执行规则：

❑ 规则 1：在 Plan Generator 中的 QBJoinTree 构造期间，parseJoinCondition() 逻辑应用此规则。

❑ 规则 2：在 JoinPPD（Join Predicate PushDown）期间，getQualifiedAliases() 逻辑应用此规则。

下面以表 Src（Key String，Value String）为基础，以 Left Outer Join 为例，通过几个案例的执行计划演示谓词下推的过程。

【例 3-28】Join 谓词基于保留行时的执行计划。

```
explain
select s1.key, s2.key
from src s1 left join src s2 on s1.key > '2';

STAGE DEPENDENCIES:
    Stage-1 is a root stage
    Stage-0 is a root stage

STAGE PLANS:
    Stage: Stage-1
        Map Reduce
        Alias -> Map Operator Tree:
    s1
        TableScan
        alias: s1
        Reduce Output Operator
            sort order:
            tag: 0
            value expressions:
                expr: key
                type: string
    s2
```

```
        TableScan
            alias: s2
            Reduce Output Operator
                sort order:
                tag: 1
                value expressions:
                    expr: key
                    type: string
                Reduce Operator Tree:
Join Operator
    condition map:
            Left Outer Join0 to 1
    condition expressions:
        0 {VALUE._col0}
        1 {VALUE._col0}
        filter predicates:
        0 {(VALUE._col0 > '2')}
        1
    handleSkewJoin: false
    outputColumnNames: _col0, _col4
    Select Operator
        expressions:
            expr: _col0
            type: string
            expr: _col4
            type: string
        outputColumnNames: _col0, _col1
        File Output Operator
            compressed: false
            GlobalTableId: 0
            table:
            input format: org.apache.hadoop.mapred.TextInputFormat
            output format: org.apache.hadoop.hive.ql.io.HiveIgnoreKeyTextOutputFormat
            serde: org.apache.hadoop.hive.serde2.lazy.LazySimpleSerDe

    Stage: Stage-0
        Fetch Operator
            limit: -1
```

【例 3-29】Join 谓词在 NULL 供应表上的执行计划。

```
explain
select s1.key, s2.key
from src s1 left join src s2 on s2.key > '2';

STAGE PLANS:
    Stage: Stage-1
        Map Reduce
            Alias -> Map Operator Tree:
s1
        TableScan
            alias: s1
            Reduce Output Operator
                sort order:
                tag: 0
                value expressions:
```

```
                            expr: key
                            type: string
s2
    TableScan
        alias: s2
        Filter Operator
            predicate:
            expr: (key > '2')
            type: boolean
            Reduce Output Operator
        sort order:
        tag: 1
        value expressions:
                expr: key
                type: string
        Reduce Operator Tree:
Join Operator
    condition map:
            Left Outer Join0 to 1
    condition expressions:
        0 {VALUE._col0}
        1 {VALUE._col0}
    handleSkewJoin: false
    outputColumnNames: _col0, _col4
    Select Operator
        expressions:
            expr: _col0
            type: string
            expr: _col4
            type: string
        outputColumnNames: _col0, _col1
        File Output Operator
        compressed: false
        GlobalTableId: 0
        table:
        input format: org.apache.hadoop.mapred.TextInputFormat
        output format: org.apache.hadoop.hive.ql.io.HiveIgnoreKeyTextOutputFormat
        serde: org.apache.hadoop.hive.serde2.lazy.LazySimpleSerDe

    Stage: Stage-0
        Fetch Operator
            limit: -1
```

【例 3-30】Where 谓词基于保留行时的执行计划。

```
explain
select s1.key, s2.key
from src s1 left join src s2
where s1.key > '2';

STAGE PLANS:
    Stage: Stage-1
        Map Reduce
            Alias -> Map Operator Tree:
s1
    TableScan
```

```
        alias: s1
        Filter Operator
            predicate:
            expr: (key > '2')
            type: boolean
            Reduce Output Operator
        sort order:
        tag: 0
        value expressions:
                expr: key
                type: string
s2
    TableScan
        alias: s2
        Reduce Output Operator
            sort order:
            tag: 1
            value expressions:
                expr: key
                type: string
            Reduce Operator Tree:
Join Operator
    condition map:
            Left Outer Join0 to 1
    condition expressions:
        0 {VALUE._col0}
        1 {VALUE._col0}
    handleSkewJoin: false
    outputColumnNames: _col0, _col4
    Select Operator
        expressions:
            expr: _col0
            type: string
            expr: _col4
            type: string
    outputColumnNames: _col0, _col1
    File Output Operator
            compressed: false
            GlobalTableId: 0
            table:
            input format: org.apache.hadoop.mapred.TextInputFormat
            output format: org.apache.hadoop.hive.ql.io.HiveIgnoreKeyTextOutputFormat
            serde: org.apache.hadoop.hive.serde2.lazy.LazySimpleSerDe

    Stage: Stage-0
        Fetch Operator
            limit: -1
```

【例 3-31】Where 谓词基于 NULL 供应表时的执行计划。

```
explain
select s1.key, s2.key
from src s1 left join src s2
where s2.key > '2';

STAGE PLANS:
```

```
    Stage: Stage-1
        Map Reduce
            Alias -> Map Operator Tree:
s1
    TableScan
        alias: s1
        Reduce Output Operator
        sort order:
        tag: 0
        value expressions:
            expr: key
            type: string
s2
    TableScan
        alias: s2
        Reduce Output Operator
            sort order:
            tag: 1
            value expressions:
                expr: key
                type: string
        Reduce Operator Tree:
Join Operator
    condition map:
            Left Outer Join0 to 1
    condition expressions:
        0 {VALUE._col0}
        1 {VALUE._col0}
        handleSkewJoin: false
        outputColumnNames: _col0, _col4
        Filter Operator
            predicate:
            expr: (_col4 > '2')
            type: boolean
            Select Operator
                expressions:
                    expr: _col0
                    type: string
                    expr: _col4
                    type: string
                outputColumnNames: _col0, _col1
                File Output Operator
            compressed: false
            GlobalTableId: 0
            table:
                input format: org.apache.hadoop.mapred.TextInputFormat
                output format: org.apache.hadoop.hive.ql.io.HiveIgnoreKeyTextOutputFormat
                serde: org.apache.hadoop.hive.serde2.lazy.LazySimpleSerDe

    Stage: Stage-0
        Fetch Operator
            limit: -1
```

3.7.5 本地模式

Hive 0.7 开始支持本地模式（local mode）执行 Hive 任务。Hive 将 HiveQL 解析成 MapReduce

后，充分利用 Hadoop 集群模式，进行大数据任务的统计分析。但如果 Hive 的输入数据量很小，仍然将 MapReduce 任务通过网络分散至集群中执行，也许并不如在本地执行来得更切合实际些。因为 Hive 通过本地模式在单台机器上处理小数据集任务，执行时间会明显缩短。

　　Hive 本地模式的存在就是为了解决这样的问题。由于 Hive 基于 Hadoop 运行 MapReduce，因此，可通过改变 Hadoop 平台中 mapreduce.framework.name 属性值为 local 来指定 MapReduce 的本地运行模式。设置方法可通过在 {$HADOOP_HOME/etc/hadoop} 目录下 mapred-site.xml 文件中指定。但该方法只适用于 MapReduce 完全以本地运行模式的情况。如果临时开启 MapReduce 模式，可通过下面的方法实现。

```
hive> set oldjobtracker=${hiveconf:mapreduce.framework.name};
hive> set mapreduce.framework.name=local;
hive> SELECT * FROM userinfo WHERE salary>6000.0;
......
hive> set mapreduce.framework.name=${oldjobtracker}
```

注意

　　在 Hadoop1.x 中，通过设置 mapred.job.tracker 来决定执行 MapReduce 机制，如果设置为 local，则使用本地的作业运行器，如果设置为主机和端口号，则这个地址被解析为一个 jobtracker 地址，运行器将作业提交给 jobtracker。

　　在 Hadoop2.x 中，MapReduce 运行在 YARN 上，通过 mapreduce.framework.name 属性设置，local 表示本地运行，classic 表示经典 MapReduce 框架，YARN 表示新的框架。

　　用户可以通过设置属性 hive.exec.mode.local.auto 的值为 true（默认值为 false），来让 Hive 在适当的时候自动启动这个优化。通常用户可以将配置写在 $HOMEl. hiverc 文件中。

　　如果希望对所有的用户都使用该配置，那么可以将该配置项增加到 $HIVE_HOME/conf/hive-site.xml 文件中，具体配置如下：

```
<property>
    <name>hive.exec.mode.local.auto</name>
    <value>true</value>
    <description>Let Hive determine whether to run in local mode automatically</description>
</property>
```

　　与此同时，Hive 在给出的本地模式开启的条件中，有两个很有趣的属性，默认情况如下：

```
<property>
        <name>hive.exec.mode.local.auto.inputbytes.max</name>
        <value>134217728</value>
        <description>
When hive.exec.mode.local.auto is true, input bytes should less than this for local mode.
    </description>
    </property>
    <property>
        <name>hive.exec.mode.local.auto.input.files.max</name>
        <value>4</value>
        <description>
```

```
When hive.exec.mode.local.auto is true, the number of tasks should less than this
for local mode.
</description>
        </property>
```

其中 hive.exec.mode.local.auto.inputbytes.max 属性默认值是 128MB，意为仅当输入字节数小于 128MB 时，本地模式才开启。其中 128MB 这个参数，用户可依据实际情况自行定义。

hive.exec.mode.local.auto.input.files.max 属性默认值是 4，意为仅当任务数（主要指 Mapper 数量）小于 4 时，本地模式才开启。其中 4 这个参数，用户可依据实际情况自行定义。

【例 3-32】在 Hive 中使用本地模式的一个案例。

```
hive> set hive.exec.mode.local.auto=true;
hive> set hive.exec.mode.local.auto.inputbytes.max=67108864;
hive> set hive.exec.mode.local.auto.tasks.max=8;
hive> SELECT * FROM userinfo WHERE salary>6000.0;
```

注意

本地模式的执行是在 Hive 客户端的一个单独的 JVM 中完成的。如果用户希望，则可以通过 hive.mapred.local.mem 选项来控制此子 JVM 的最大内存量。默认情况下，它被设置为 0，

```
<property>
    <name>hive.mapred.local.mem</name>
    <value>0</value>
    <description>mapper/reducer memory in local mode</description>
</property>
```

在这种情况下，Hive 允许 Hadoop 确定子 JVM 的默认内存限制。

3.7.6　并行执行

一个 Stage 可以是一个 MapReduce 任务（如 Stage-1），也可以是一个抽样阶段、一个合并阶段、一个 Limit 阶段或者 Hive 需要的其他某个任务的一个阶段。默认情况下，Hive 一次只会执行一个阶段。不过，某个特定的 Job 可能包含众多的阶段，而这些阶段可能并非完全互相依赖，也就是说有些阶段是可以并行执行的，这样可能使得整个 Job 的执行时间缩短。不过，如果有更多的阶段可以并行执行，那么 Job 可能就越快完成。

通过设置参数 hive.exec.parallel 值为 true（默认值 false），就可以开启并发执行。

```
<property>
        <name>hive.exec.parallel</name>
        <value>true</value>
        <description>Whether to execute jobs in parallel</description>
    </property>
```

不过，在共享集群中，需要注意，如果 Job 中并行执行的阶段增多，那么集群利用率就会增加。

3.7.7 严格模式

Hive 提供了一个严格模式，用以限制某些查询的 HiveQL 在严格模式下无法执行，以便很好地防止用户执行过程中产生不好影响的查询。

通过设置 hive.mapred.mode 的值为 strict，开启严格模式。开启后可以禁止两种类型的查询：分区表的 HiveQL 和使用 ORDER BY 语句的 HiveQL。

1. 分区表的 HiveQL

除非 WHERE 语句中包含分区字段过滤条件来显示数据范围，否则不允许执行。换句话说，就是用户不允许扫描所有的分区。进行这个限制的原因是，通常分区表都拥有非常大的数据集，而且数据增加迅速。没有进行分区限制的查询可能会消耗令人不可接受的巨大资源来处理这个表。

```
hive> SET hive.mapred.mode=strict;
hive> SELECT DISTINCT(symbol) FROM stocks_p;
FAILED: SemanticException Queries against partitioned tables without a partition
filter are disabled for safety reasons. If you know what you are doing, please sethive.
strict.checks.large.query to false and that hive.mapred.mode is not set to 'strict'
to proceed. Note that if you may get errors or incorrect results if you make a mistake
while using some of the unsafe features. No partition predicate for Alias "stocks_p"
Table "stocks_p"
```

在 WHERE 语句中增加了一个分区过滤条件（即限制了表分区）：

```
hive> SELECT DISTINCT(symbol) FROM stocks_p WHERE country='America';
... HiveQL 正常运行 ...
```

2. 使用 ORDER BY 语句的 HiveQL

对于使用了 ORDER BY 的查询，要求必须有 LIMIT 语句。因为 ORDER BY 为了执行排序过程会将所有的结果分发到同一个 Reducer 中进行处理，如果数据量很大，会导致执行该 Reducer 的节点任务过重，故强烈要求用户增加这个 LIMIT 语句，用于防止 Reducer 任务过重、执行时间过长、出现机器不能承重或增加不必要的执行时间的问题。

```
hive> SET hive.mapred.mode=strict;
hive> SELECT DISTINCT(symbol) FROM stocks_p WHERE country='America' ORDER BY symbol;
FAILED: SemanticException 1:71 Order by-s without limit are disabled for safety reasons.
If you know what you are doing, please sethive.strict.checks.large.query to false and
that hive.mapred.mode is not set to 'strict' to proceed. Note that if you may get errors
or incorrect results if you make a mistake while using some of the unsafe features.. Error
encountered near token 'symbol'
hive>
```

只需要增加 LIMIT 语句就可以解决这个问题：

```
hive> SELECT DISTINCT(symbol) FROM stocks_p WHERE country='America' ORDER BY
symbol LIMIT 100000;
... HiveQL 正常运行 ...
```

如果想要进行更加细致的严格模式设计，可通过使用 hive.strict.checks.* 属性的设置替代 hive.mapred.mode。

```
<property>
        <name>hive.strict.checks.large.query</name>
        <value>false</value>
        <description>
            Enabling strict large query checks disallows the following:
                Orderby without limit.
                No partition being picked up for a query against partitioned table.
            Note that these checks currently do not consider data size, only the query pattern.
        </description>
</property>
<property>
        <name>hive.strict.checks.type.safety</name>
        <value>true</value>
        <description>
            Enabling strict type safety checks disallows the following:
                Comparing bigints and strings.
                Comparing bigints and doubles.
        </description>
</property>
<property>
        <name>hive.strict.checks.cartesian.product</name>
        <value>true</value>
        <description>
            Enabling strict Cartesian join checks disallows the following:
                Cartesian product (cross join).
        </description>
</property>
<property>
        <name>hive.strict.checks.bucketing</name>
        <value>true</value>
        <description>
            Enabling strict bucketing checks disallows the following:
                Load into bucketed tables.
        </description>
</property>
```

3.7.8　调整 Mapper 和 Reducer 个数

Hive 通过将查询划分成一个或者多个 MapReduce 任务达到并行的目的。每个任务都可能具有多个 Mapper 和 Reducer 任务，其中至少有一些是可以并行执行的。然而 Hadoop 平台的特点是对每个 Mapper 与 Reducer 分配单独的资源进行作业，而 Mapper 的个数取决于数据输入。如果有太多的 Mapper 或 Reducer 任务，就会导致启动阶段、调度和运行 Job 过程中产生过多的开销；而如果设置的任务数量太少，那么就可能没有充分利用好集群内在的并行性。默认值在通常情况下都是较合适的。在有些情况下，进行合理的 Map 的 Reduce 设定很有必要。这些情况包括在 Mapper 前处理小文件，大数据量下 key 设置不合理导致 Reduce 任务过多等。

默认情况下，输入文件以 Hadoop2.6 以上版本为例，按 128MB 一个 Block 进行切分，不足 128MB 的文件单独成 Block。Mapper 输入按公式

```
splitSize=max{minSize,min{maxSize,blockSize}}
```

进行分片计算。其中：minSize 可通过 mapred.min.split.size 属性进行设置；maxSize 可通过

mapred.max.split.size 属性进行设置；blockSize 可通过 dfs.blocksize 属性进行设置。在 Hive 平台下可通过 set 命令查看当前运行平台下这三个参数的情况。

```
hive> set mapred.min.split.size;
mapred.min.split.size=1
hive> set mapred.max.split.size;
mapred.max.split.size=256000000
hive> set dfs.blocksize;
dfs.blocksize=134217728
```

此外，可设置节点和机架中处理最小文件的大小。

```
set mapred.min.split.size.per.node=100000000;
set mapred.min.split.size.per.rack=100000000;
```

mapred.min.split.size.per.node 设置一个数据节点中可以处理的最小文件的大小，mapred. min.split.size.per.rack 设置机架中可以处理的最小文件的大小。这些决定了多个数据节点或机架上的小文件是否需要合并。此外，Hive 还提供了 hive.input.format，默认值是 org.apache. hadoop.hive.ql.io.CombineHiveInputFormat，它在 Mapper 前进行小文件的合并。

```
<property>
        <name>hive.input.format</name>
        <value>org.apache.hadoop.hive.ql.io.CombineHiveInputFormat</value>
        <description>The default input format. Set this to HiveInputFormat if
you encounter problems with CombineHiveInputFormat.</description>
    </property>
```

以上这些参数的设置决定了 Mapper 输入的数量，也解决了一些小文件给集群带来的影响。Hive 是按照输入的数据量来确定 Reducer 个数的。当执行的 Hive 查询具有 Reducer 过程时，CLI 控制台会打印出调优后的个数。用户可通过设置 Hadoop 平台中 mapreduce.job. reduces 属性设定 Reducer 个数（Hadoop1 版本时，该属性名称为 mapred.reduce.tasks）。同时，Hive 本身提供了关于 Reducer 任务的两个很有用的参数。

```
<property>
        <name>hive.exec.reducers.bytes.per.reducer</name>
        <value>256000000</value>
        <description>size per reducer.The default is 256Mb, i.e if the input size
is 1G, it will use 4 reducers.</description>
    </property>
    <property>
        <name>hive.exec.reducers.max</name>
        <value>1009</value>
        <description>
            max number of reducers will be used. If the one specified in the con
figuration parameter mapred.reduce.tasks is
            negative, Hive will use this one as the max number of reducers when
automatically determine number of reducers.
        </description>
    </property>
```

其中 hive.exec.reducers.bytes.per.reducer 设定了每个 Reducer 任务处理的数据量，默认是 256MB。hive.exec.reducers.max 设定每个任务最大的 Reducer 数目。在设定该参数时，用

户可依据 dfs -count 命令来查看并计算输入量的大小。

```
hive>dfs -count /data/hive/warehouse/stocks;
      1       7       21100113 /data/hive/warehouse/stocks
```

依据查到的输入数据量的情况进行 hive.exec.reducers.bytes.per.reducer 设定显得较合理。不过这里要注意业务的需求，例如 Mapper 输入大数据量情况下，只有个别几个 Key，而业务需求是求大数据量里的 Key 内容，这时 Mapper 阶段就会过滤掉大量的数据，到 Reducer 阶段已经没有多少数据了，此时有一个 Reducer 就足够了。

3.7.9　JVM 重用

提到 Hive 调优时，大多数人会想到 JVM 重用的问题。但它主要是针对 Hadoop1 时代来讲的。在 Hadoop1 时代，会对一些小文件的场景，为了避免 JVM 启动过程中可能会造成的开销，允许用户在 mapred-site.xml 文件中设置 mapred.job.reuse.jvm.num.tasks 属性的值，来指定 TaskTracker 在同一个 JVM 里面最多可以累积执行的任务的数量（默认是 1）。这样做的好处是减少 JVM 启动、退出的次数，从而达到提高任务执行效率的目的，以确定同一个 JVM 中最多依次执行 Task 的数量。如设置成 10，意味着同一 JVM 中 JVM 实例在同一个 Job 中重新使用 10 次。此时，JVM 重用会一直战胜任务使用的 Slot（插槽），直到任务完成后才能释放。如果出现不平衡的 Job，那么保留的 Slot 即使空着也无法被其他 Job 使用，直到所有的任务都结束才会被释放。

Hadoop2 时代，引入 YARN 后，取消了 Slot 的概念，把 JobTracker 由一个守护进程分为 ResourceManager 和 ApplicationMaster 两个守护进程，将 JobTracker 所负责的资源管理与作业调度分离进行管理。其中 ResourceManager 负责原来 JobTracker 负责管理的所有应用程序计算资源的分配、监控和管理；ApplicationMaster 负责每一个具体应用程序的调度和协调。在 YARN 环境下，mapred.job.reuse.jvm.num.tasks 不建议支持，JVM 重用也就不被使用了。但在 Hadoop2 时代提供了 Uber，它的使用类似于 JVM 重用，不过，由于 YARN 的结构已经大不同于 Hadoop1 时代，故 Uber 的原理和配置都和之前的 JVM 重用机制大不相同。据 Arun 的说法，启用 Uber 功能能够让一些任务的执行效率提高 2 到 3 倍（"we've observed 2x-3x speedup for some jobs"）。

YARN 默认情况下禁用 Uber 组件，在这种情况下也不会有 JVM 重用发生。YARN 默认情况下执行 MapReduce 作业的过程如下：首先，Resource Manager 里的 Application Manager 会为每一个 Application（如用户提交的 MapReduce 作业）在 NodeManager 里面申请一个 container，然后在该 container 里面启动一个 Application Master。container 在 YARN 中是分配资源的容器（内存、CPU、硬盘等），它启动时便会相应启动一个 JVM。此时，Application Master 便陆续为 application 包含的每一个任务（一个 Map 任务或 Reduce 任务）向 Resource Manager 申请一个 container。每得到一个 container 后，便要求该 container 所属的 NodeManager 将此 container 启动，执行相应的任务，任务结束后，该 container 被 NodeManager 收回，而 container 所拥有的 JVM 也相应地被退出。在整个过程中，每个 JVM 仅会依次执行一个任务，JVM 并未被重用。

可通过在 $HADOOP_HOME/etc/Hadoop/mapred-site.xml 中配置对应的参数，启用 Uber

来达到同一个 container 里面依次执行多个任务的目的。

```
<property>
    <name>mapreduce.job.ubertask.enable</name>
    <value>true</value>
</property>
```

Uber 启用后，会对小作业进行优化，不会给每个任务分别申请分配 Container 资源，这些小任务将统一在一个 container 中按照先执行 Map 任务后执行 Reduce 任务的顺序依次执行。

小任务的确定可使用下面几个参数。

❑ mapreduce.job.ubertask.maxmaps：设置 Map 任务的最大数量，默认值是 9，即如果一个 Application 包含的 Map 任务数不大于该值，那么该 Application 被认为是小任务。

❑ mapreduce.job.ubertask.maxreduces：设置 Reduce 任务数的最大数量，默认值是 1。如果一个 Application 包含的 Reduce 数不大于该值，那么该 Application 就会被认为是一个小任务。当设置该值时，建议去官网查阅当前用的 Hadoop 版本是否支持大于 1 的情况。

❑ mapreduce.job.ubertask.maxbytes：设置任务输入大小的阈值。默认为 dfs.block.size 的值。如果实际的输入大小未超过该值的设定，则会认为该 Application 为一个小的任务。

Uber 功能被启用后，当 Application Manager 为 Application 在 NodeManager 里面申请的 container 中启动 Application Master 时，同时启动一个 JVM，此时如果 Application 符合小任务条件，那么 Application Master 便会将该 Application 包含的每一个任务依次在该 container 里的 JVM 里顺序执行，直到所有任务被执行完。这样 Application Master 便不用再为每一个任务向 Resource Manager 去申请一个单独的 container，最终达到 JVM 重用（资源重用）的目的。

3.7.10　动态分区调整

在 3.5.3 节，向分区表中导入数据时，INSERT 语句可以通过简单的 SELECT 语句在分区表中创建很多新的分区。这是一个非常强大的功能，不过如果分区的个数非常多，就会在系统中产生大量的输出控制流。

默认情况下，Hive 动态分区功能是以严格的格式开启的。默认的配置参数如下：

```
<property>
    <name>hive.exec.dynamic.partition</name>
    <value>true</value>
    <description>Whether or not to allow dynamic partitions in DML/DDL.</description>
</property>
<property>
    <name>hive.exec.dynamic.partition.mode</name>
    <value>strict</value>
    <description>
        In strict mode, the user must specify at least one static partition
        in case the user accidentally overwrites all partitions.
        In nonstrict mode all partitions are allowed to be dynamic.
    </description>
</property>
```

与此同时，Hive 还提供了 hive.exec.max.dynamic.partitions 属性，限制动态分区插入允许创建的分区数，默认值为 1000。hive.exec.max.dynamic.partitions.pernode 属性用于限制每个节点上能够生成的最大分区数。它们的默认配置如下：

```
<property>
    <name>hive.exec.max.dynamic.partitions</name>
    <value>1000</value>
    <description>Maximum number of dynamic partitions allowed to be created in total.
</description>
    </property>
    <property>
    <name>hive.exec.max.dynamic.partitions.pernode</name>
    <value>100</value>
    <description>Maximum number of dynamic partitions allowed to be created in each
mapper/reducer node.</description>
    </property>
```

如果想修改它们的值，可在 hive-site.xml 配置文件中重新设置成符合当前使用平台情况的数值。

3.7.11　推测执行

推测执行（Speculative Execution）是 Hive 所依赖的 Hadoop 平台本身具有的一项功能，是指在集群中运行的一个作业下的多个任务不一致时，如果启用了推测执行的机制，Hadoop 会为该任务启动备份任务与原任务同时运行，只要有一个任务运行完成，另一个任务就会被终止，从而保障整体任务尽快完成，将推测到执行慢的任务加入黑名单中。

- ❑ mapreduce.map.speculative：如果为 true 则 Map Task 可以推测执行，即一个 Map Task 可以启动 Speculative Task 运行并行执行，该 Speculative Task 与原始 Task 同时处理同一份数据，谁先处理完，则将谁的结果作为最终结果。默认为 true。
- ❑ mapreduce.reduce.speculative：如果为 true 则 Reduce Task 可以推测执行，即一个 Reduce Task 可以启动 Speculative Task 运行并行执行，该 Speculative Task 与原始 Task 同时处理同一份数据，谁先处理完，则将谁的结果作为最终结果。默认值为 true。
- ❑ mapreduce.job.speculative.speculative-cap-running-tasks：能够推测重跑正在运行任务（单个 JOB）的百分之几，默认值是 0.1。
- ❑ mapreduce.job.speculative.speculative-cap-total-tasks：能够推测重跑全部任务（单个 JOB）的百分之几，默认值是 0.01。
- ❑ mapreduce.job.speculative.minimum-allowed-tasks：可以推测重新执行允许的最小任务数。默认值是 10。
- ❑ mapreduce.job.speculative.retry-after-no-speculate：等待时间（毫秒）做下一轮的猜测，如果没有任务，推测在这一轮。默认值是 1000（ms）。
- ❑ mapreduce.job.speculative.retry-after-speculate：等待时间（毫秒）做下一轮的猜测，如果有任务推测在这一轮。默认值是 15000（ms）。
- ❑ mapreduce.job.speculative.slowtaskthreshold：标准差，任务的平均进展率必须低于所有正在运行任务的平均值才会被认为是太慢的任务，默认值是 1.0。

其中，猜测执行的任务数的计算公式：

Max｛Max{mapreduce.job.speculative.minimum-allowed-tasks,mapreduce.job.speculative.speculative-cap-total-tasks * 总任务数}，mapreduce.job.speculative.speculative-cap-running-tasks * 正在运行的任务数｝。

此外，Hive 本身也提供了配置项来控制 Reducer 端的推测执行。

```
<property>
    <name>hive.mapred.reduce.tasks.speculative.execution</name>
    <value>true</value>
    <description>Whether speculative execution for reducers should be turned on.
</description>
</property>
```

推测机制是通过利用更多的资源来换取时间的一种优化策略，但是在资源很紧张的情况下，从整体上来讲，启用推测机制有时并不合适。总之，如果运行的作业并不大，需求时间也不长并不建议启用。但这并不能给出一致的意见，还需要用户依据实际情况来确定。

3.7.12　单个 MapReduce 中的多个 GROUP BY

如果试图将查询中的多个具有相同 Key 组的 GROUP BY 操作组装到单个 MapReduce 任务中，可启动这个优化。许多 Hive 版本中该参数值默认是 true。

```
<property>
    <name>hive.multigroupby.singlereducer</name>
    <value>true</value>
    <description>
        Whether to optimize multi group by query to generate single M/R  job plan.
If the multi group by query has common group by keys, it will be optimized to generate
single M/R job.
    </description>
</property>
```

3.7.13　虚拟列

Hive 自 0.8.0 开始提供了两种虚拟列：INPUT__FILE__NAME 和 BLOCK__OFFSET__INSIDE__FILE。

❑ INPUT__FILE__NAME：用于表述 Mapper 任务输入的文件名。
❑ BLOCK__OFFSET__INSIDE__FILE：当前全局文件的块内偏移量。对于块压缩文件，它是当前块的文件偏移量，即当前块的第一个字节在文件中的偏移量。

当 Hive 产生了非预期的或 NULL 返回结果时，可以通过这些虚拟列诊断查询。通过查询这些"字段"，用户可以查看到哪个文件甚至哪行数据出现了问题。

【例 3-33】查询数据的文件名及文件的块内偏移量。

```
hive> select symbol,INPUT__FILE__NAME,BLOCK__OFFSET__INSIDE__FILE from stocks;
OK
APPL    hdfs://master:9000/data/hive/warehouse/stocks/stocks.csv          0
APPL    hdfs://master:9000/data/hive/warehouse/stocks/stocks.csv          54
AAME    hdfs://master:9000/data/hive/warehouse/stocks/stocks.csv          109
```

```
AAME       hdfs://master:9000/data/hive/warehouse/stocks/stocks.csv          144
IBM        hdfs://master:9000/data/hive/warehouse/stocks/stocks.csv          181
IBM        hdfs://master:9000/data/hive/warehouse/stocks/stocks.csv          239
ACFN       hdfs://master:9000/data/hive/warehouse/stocks/stocks.csv          297
ACFN       hdfs://master:9000/data/hive/warehouse/stocks/stocks.csv          344
ACAT       hdfs://master:9000/data/hive/warehouse/stocks/stocks.csv          398
ACAT       hdfs://master:9000/data/hive/warehouse/stocks/stocks.csv          456
Time taken: 0.265 seconds, Fetched: 10 row(s)
```

【例 3-34】统计查询文件名个数。

```
hive> select symbol,count(INPUT__FILE__NAME) from stocks group by symbol order
by symbol;
--- 省略执行过程描述 ----
AAME    2
ACAT    2
ACFN    2
APPL    2
IBM     2
Time taken: 60.242 seconds, Fetched: 5 row(s)
```

【例 3-35】查询文件的块内偏移量大于 300 的值。

```
hive> select * from stocks WHERE BLOCK__OFFSET__INSIDE__FILE>300 order by symbol;
--- 省略执行过程描述 ----
NASDAQ   ACAT    1992-11-2      16.72   17.15   16.61   16.61   50400   5.43
NASDAQ   ACAT    1992-11-3      16.61   16.72   16.28   16.28   49300   5.32
NASDAQ   ACFN    1998-1-30      4.63    4.81    4.44    4.44    41300   4.44
Time taken: 22.812 seconds, Fetched: 3 row(s)
```

3.8 Java 通过 JDBC 操作 Hive

在使用 JDBC 开发 Hive 程序时，必须首先开启 Hive 的远程服务接口。可使用下面命令进行开启：

```
hive --service hiveserver2
```

然后即可像 Java 通过 JDBC 调用 MySQL 那样进行 Hive 的调用了。

【例 3-36】Java 通过 JDBC 操作 Hive 数据库的应用。

示例中用到了文件 userinfo.txt，可将其传到 Hive 所在节点的 /home/user/ 目录下的磁盘上，内容如下：

```
1       lixiaosan       20
2       wangyanli       23
3       zhangxiaojun    32
4       zhengshuang     43
```

第 1 步：建立一个 Java 项目，并导入需要的 jar。

```
commons-logging-1.2.jar
hadoop-common-2.7.4.jar
hive-exec-2.3.3.jar
hive-jdbc-2.3.3.jar
```

```
hive-metastore-2.3.3.jar
hive-service-2.3.3.jar
httpclient-4.4.jar
httpcore-4.4.jar
libfb303-0.9.3.jar
log4j-1.2.17.jar
log4j-1.2-api-2.6.2.jar
log4j-api-2.6.3.jar
log4j-core-2.6.2.jar
log4j-slf4j-impl-2.6.2.jar
mysql-connector-java-5.1.10.jar
slf4j-api-1.7.5.jar
```

第 2 步：建立类文件，编写实现代码，具体代码如下：

```java
package com;

import java.sql.Connection;
import java.sql.DriverManager;
import java.sql.ResultSet;
import java.sql.Statement;

public class HiveAPITest {
    private static String driverName = "org.apache.hive.jdbc.HiveDriver";
    private static Connection conn;
    private static Statement stmt;
    private static ResultSet res;
    private static String sql = "";

    public static void main(String[] args) throws Exception {
        Class.forName(driverName);
        conn = DriverManager.getConnection("jdbc:hive2://192.168.0.145:10000/
default", "hive", "123456");
        stmt = conn.createStatement();
        // 创建的表名
        String tableName = "testHiveDriverTable";
        /** 第一步：存在就先删除 **/
        sql = "drop table " + tableName;
        stmt.executeUpdate(sql);
        /** 第二步：如果表不存在就创建表 tableName **/
        sql = "create table " + tableName + " (id int,name string,age int) ";
        sql += " row format delimited fields terminated by '\t'";
        stmt.executeUpdate(sql);
        // 执行 "show tables" 操作
        sql = "show tables " + tableName + "'";
        System.out.println("Running:" + sql);
        res = stmt.executeQuery(sql);
        System.out.println(" 执行 "show tables" 运行结果: ");
        if (res.next()) {
            System.out.println(res.getString(1));
        }
        // 执行 "describe table" 操作
        sql = "describe " + tableName;
        System.out.println("Running:" + sql);
        res = stmt.executeQuery(sql);
        System.out.println(" 执行 "describe table" 运行结果: ");
```

```
            while (res.next()) {
                System.out.println(res.getString(1) + "\t" + res.getString(2));
            }
            // 执行 "load data into table" 操作
            String filepath = "/home/user/userinfo.txt";
            sql = "load data local inpath " + filepath + " into table "
                    + tableName;
            System.out.println("Running:" + sql);
            stmt.executeUpdate(sql);
            // 执行 "SELECT * query" 操作
            sql = "SELECT * FROM " + tableName;
            System.out.println("Running:" + sql);
            res = stmt.executeQuery(sql);
            System.out.println(" 执行 "SELECT * query" 运行结果: ");
            while (res.next()) {
                System.out.println(res.getInt(1) + "\t" + res.getString(2) + "\t"+
res.getInt(3));
            }
            // 执行 "regular hive query" 操作
            sql = "SELECT count(1) FROM " + tableName;
            System.out.println("Running:" + sql);
            res = stmt.executeQuery(sql);
            System.out.println(" 执行 "regular hive query" 运行结果: ");
            while (res.next()) {
                System.out.println(res.getString(1));
            }
            res.close();
            stmt.close();
            conn.close();
        }
    }
```

运行结果如下：

```
Running:show tables 'testHiveDriverTable'
执行 "show tables" 运行结果:
testhivedrivertable
Running:describe testHiveDriverTable
执行 "describe table" 运行结果:
id int
name        string
age         int
Running:load data local inpath '/home/user/userinfo.txt' into table testHiveDriverTable
Running:SELECT * FROM testHiveDriverTable
执行 "SELECT * query" 运行结果:
1    lixiaosan    20
2    wangyanli    23
3    zhangxiaojun 32
4    zhengshuang  43
Running:SELECT count(1) FROM testHiveDriverTable
执行 "regular hive query" 运行结果:
4
```

第 4 章

NoSQL 概述

4.1 NoSQL 与非关系型数据库

尽管不同种类的大数据存在一定的差异，但支持大数据管理的系统应具有的特性包括：高可扩展性（满足数据量增长的需要）、高性能（满足数据读写的实时性和查询处理的高性能）、容错性（保证分布式系统的可用性）、可伸缩性（按需分配资源）和尽可能低的运营成本等。然而，由于传统关系数据库所固有的局限性，如峰值性能、伸缩性、容错性、可扩展性差等，很难满足大数据的柔性管理需求，因此，NoSQL 应运而生。

NoSQL 一词最早出现于 1998 年，它是由 Carlo Strozzi 开发的一个轻量、开源、不提供 SQL 功能的关系型数据库。

2009 年，Last.fm 的 Johan Oskarsson 发起了一次关于分布式开源数据库的讨论，来自 Rackspace 的 Eric Evans 再次提出了 NoSQL 的概念，这时的 NoSQL 主要指非关系型、分布式、不提供 ACID 的数据库设计模式。

2009 年在亚特兰大举行的"no:sql(east)"讨论会是一个里程碑，其口号是"select fun, profit from real_world where relational=false;"。因此，对 NoSQL 普遍的解释是"非关系型的"，强调键值存储（详见 4.2.1 节）和文档数据库（详见 4.2.2 节）的优点，而不是单纯地反对关系型数据库。

NoSQL 数据库系统范围很广，总结起来，其大致特点如下：

❑ 简单数据模型。不同于分布式数据库，大多数 NoSQL 系统采用更加简单的数据模型，在这种数据模型中，每个记录拥有唯一的键，而且系统只需支持单记录级别的原子性，不支持外键和跨记录的关系。这种一次操作获取单个记录的约束极大地增强了系统的可扩展性，而且数据操作可以在单台机器中执行，没有分布式事务的开销。

❑ 元数据和应用数据分离。NoSQL 数据管理系统需要维护两种数据：元数据和应用数据。元数据用于系统管理，如数据分区到集群中节点和副本的映射数据。应用数据是用户存储在系统中的商业数据。系统之所以将这两类数据分开，是因为它们有着不同的一致性要求。若要系统正常运转，元数据必须是一致且实时的，而应用数据的一致性需求则因应用场合而异。因此，为了达到可扩展性，NoSQL 系统在管理两类数据上采用不同的策略。还有一些 NoSQL 系统没有元数据，它们通过其他方式解决数据和节点的映射问题。

- □ 弱一致性。NoSQL 系统通过复制应用数据来达到一致性（详见 4.3.3 节）。这种设计使得更新数据时副本同步的开销很大，为了减少这种同步开销，弱一致性、最终一致性和时间轴一致性得到广泛应用。

基于上述特点，NoSQL 能够很好地应对海量数据的挑战。相对于关系型数据库，NoSQL 数据管理系统的主要优势有：

- □ 避免不必要的复杂性。关系型数据库提供各种各样的特性和强一致性，但是许多特性只能在某些特定的应用中使用，大部分功能很少被使用。NoSQL 系统则提供了较少的功能来提高性能。

- □ 高吞吐量。一些 NoSQL 数据系统的吞吐量比传统关系数据管理系统要高很多，如 Google 使用 MapReduce 每天可处理 20PB 存储在 Bigtable 中的数据。

- □ 高水平扩展能力和低端硬件集群。NoSQL 数据系统能够很好地进行水平扩展，与关系型数据库集群方法不同，这种扩展不需要很大的代价。而基于低端硬件的设计理念为采用 NoSQL 数据系统的用户节省了很多硬件上的开销。

- □ 避免了昂贵的对象 – 关系映射。许多 NoSQL 系统能够存储数据对象，这就避免了数据库中关系模型和程序中对象模型相互转化的代价。

NoSQL 向人们提供了高效且经济的数据管理方案，许多公司不再使用 Oracle 甚至 MySQL，而是借鉴 Amazon 的 Dynamo 和 Google 的 Bigtable 的主要思想建立自己的海量数据存储管理系统，一些系统也开始开源，如 Facebook 将其开发的 Cassandra 捐给了 Apache 软件基金会。

虽然 NoSQL 数据库提供了高扩展性和灵活性，但是它也有自己的缺点，主要包括：

- □ 数据模型和查询语言没有经过数学验证。SQL 这种基于关系代数和关系演算的查询结构有着坚实的数学基础，即使一个结构化的查询本身很复杂，它也能够获取满足条件的所有数据。而 NoSQL 系统没有使用 SQL，所使用的一些模型还没有完善的数学基础。这也是 NoSQL 系统较为混乱的主要原因之一。

- □ 不支持 ACID 特性。这为 NoSQL 带来优势的同时也是其缺点，毕竟事务在很多场合下还是需要的，ACID 特性使系统在中断的情况下也能够保证在线事务准确执行。

- □ 功能简单。大多数 NoSQL 系统提供的功能都比较简单，这就增加了应用层的负担。例如，在应用层实现 ACID 特性时，编写代码的程序员一定极其痛苦。

- □ 没有统一的查询模型。NoSQL 系统一般提供不同查询模型，这在一定程度上增加了开发者的负担。

4.2　NoSQL 数据模型

在数据模型方面，传统的数据库主要是关系模型，其特点是对 join 类操作和 ACID 事务的支持，而 NoSQL 数据库的数据模型是聚合模型。

聚合数据模型的特点就是把经常访问的数据放在一起（聚合在一块），这样带来的好处很明显，即对于某个查询请求，能够在与数据库的一次交互中将所有数据都取出来，当然，以这种方式存储不可避免地会有重复，重复是为了更少交互。

聚合数据模型的缺点如下：

- 聚合结构对某些交互有利，却阻碍另一些交互。比如以学生学号聚合学生信息（包含学生姓名、班级、年龄甚至英语学科成绩等信息），通过学号查询时，能够在一次交互中查询出该学生的所有信息，但如果想通过学生姓名来查询，就很困难。
- 不支持跨越多个聚合的 ACID 事务。聚合结构在事务方面的支持有限，有些 NoSQL 产品实现了简单的事务支持，但对于跨越多个聚合结构的事务并不完善。

面向聚合的数据模型主要有以下 4 种。

1. 键值（key-value）

这种数据模型比传统的关系型简单，一个 key 对应一个 value，能提供非常快的查询速度、大的数据存放量和高并发操作，非常适合通过主键对数据进行查询和修改等操作。它不支持复杂的操作，但是可以通过上层的开发来弥补这个缺陷。

2. 文档（document）

在结构上与 key-value 相似，一个 key 对应一个 value，但是 value 主要以 JSON 或 XML 等格式的文档来进行存储，是有语义的，并且可以对 value 创建二级索引来方便上层的应用。

3. 列族（column-oriented）

主要使用表这样的模型，在存储数据时是按列存储的，这种数据模型的优点是比较适合汇总和数据仓库这类应用。

4. 图（graph）

使用图结构构建关系图谱，可以利用图结构相关算法，如最短路径寻址、N 度关系查询。

下面将对这些模型进行详细介绍。

4.2.1 键值数据库

键值数据模型的主要思想来自哈希表：在哈希表中有一个特定的 key 和一个 value 指针，该指针指向特定的数据。对整个 NoSQL 系统来说，数据存取层并不关心这个数据是什么。

我们通过简单的微博系统的例子来进行说明（如表 4-1 所示）。无论是用户信息、消息信息，还是用户和消息对应信息，都需要通过主键定位。在这里可以把主键理解为 key-value 中的一个 key。这个 key 所对应的 value 可以是名字、消息、关系数据，甚至可以是用户头像照片这样的二进制数据。

表 4-1 键值示例

key	value
Name:101	Bill
Name:102	Steve
Message:201	"Microsoft is great!"
Message:202	"@Bill, U mean the BEAUTIFUL blue screen?"
Name-Message:1	101:201
Name-Message:2	102:202

如果采用基本的键值存储模型来保存结构化数据,就要在应用层处理具体的数据结构。这就是说,单纯的键值存储模型弱化了数据结构,如果需要对数据结构内部进行属性的访问或修改等操作,则需要另外实现。通常,键值数据模型数据库只提供像 Get、Set 这样的操作。

对于海量数据存储系统来说,键值模型的优势在于数据模型简单、易于实现,非常适合通过 key 对数据进行查询和修改等操作。但是如果整个海量数据存储系统需要更侧重于批量数据的查询、更新操作,则键值数据模型在效率上处于明显的劣势。同样,键值存储也不支持逻辑特别复杂的数据操作。当然,可以通过整个海量数据存储系统的其他存取技术来弥补这个缺陷。

基于键值模型的高性能海量数据存储系统的主要特点是具有极高的并发读写性能,如业内比较流行的 Redis 是用 C 语言编写的,在系统效率上具有出色的性能。此外,一些键值模型的数据库,如 Dynamo 和 Voldemort,还具备分布式数据存储功能,在系统容错性和扩展性上具有自己的特色。

4.2.2　文档数据库

文档数据库的灵感来自 Lotus Notes 办公软件,其主要目标是在键值存储方式(提供了高性能和高伸缩性)和传统的关系数据系统(丰富的功能)之间架起一座桥梁,集两者的优势于一身。其数据主要以 JSON 或者类 JSON 格式的文档来进行存储,是有语义的。文档数据库可以被看作键值数据库的升级版,允许在存储的值中再嵌套键值,且文档存储模型一般可以对其值创建索引来方便上层的应用,而这一点是普通键值数据库无法支持的。

通常键值数据模型可以应用于那些不太强调数据模式这一概念的场景。仍然用前面简单微博系统中用户信息的例子,一个典型的 JSON 文档数据如下:

```
{User: {
    name: Bill,
    comp: Microsoft,
    birth: 1955-10-28,
    email: bill@microsoft.com
}}

{User: {
    name: Steve,
    comp: Apple,
    birth: 1955-2-24,
    email: steve@apple.com
}}
```

有时,用户希望自由定制自己的个人信息字段,这样显然不能预先指定好一个数据模式。这时文档数据模型就体现出了它特有的优势,如下所示:

```
{User: {
    name: Mark,
    comp: Facebook,
    girlfriend: a Chinese gal,
```

```
        university: Harvard
}}

{User: {
    name: Serge,
    comp: Google,
    belief: Don't Be Evil,
    birthplace: USSR
}}
```

在部分应用中，文档数据库比键值数据库的查询效率更高。应用文档数据模型的数据库主要有 MongoDB 和 CouchDB。

4.2.3 列族数据库

列式存储主要使用类似于"表"的传统数据模型，但是它并不支持类似表连接这样的多表操作，它的主要特点是在存储数据时围绕着"列"（column），而不是像传统的关系型数据库那样根据"行"（row）进行存储。也就是说，属于同一列的数据会尽可能地存储在硬盘同一个页（page）中，而不是将属于同一行的数据存放在一起。这样做的好处是，对于很多具有海量数据分析需求的应用，虽然每次查询都会处理很多数据，但是每次所涉及的列并不是很多，因此使用列式数据库将会节省大量 I/O 操作。

以前面提到的简单微博系统中的用户信息表为例（如表 4-2 所示）。通常在一个应用系统中，除了用户名外往往还要增设一些字段保存用户的其他基本信息。在传统的基于行的存储模型中，同一 id 下的用户信息在磁盘上存储在一起。但是设想这样的应用需求：单单获取用户名字的信息。这样在进行从磁盘读的操作时需要逐步读取，显然效率不高。相应地，如果将某一 id 范围内的用户信息按列来组织存储，这样一次 I/O 读取到的信息就是所需要的数据。

表 4-2　列存储示例

id	name	company	birthday	email
101	Bill	Microsoft	1955-10-28	bill@microsoft.com
102	Steve	Apple	1955-2-24	steve@apple.com
103	Larry	Google	1973-3-26	larry@google.com
104	Serge	Google	1973-8-21	serge@google.com
105	Mark	Facebook	1984-5-14	mark@facebook.com
106	Jeff	Amazon	1964-1-12	jeff@amazon.com
...	...	...	...	...

大多数列式数据库都支持"列族"这个特性，所谓列族就是将多个列并为一个组。而从宏观上来看，这类数据模型又类似于键值存储模型，只不过这里的值对应于多个列。这样做的好处是能将相似的列放在一起存储，提高这些列的存储和查询效率。

总体而言，这种数据模型的优点是比较适合数据分析和数据仓库这类需要迅速查找且数据量大的应用。

4.2.4　图数据库

从数据模型的早期发展来看，主要有两个流派：传统关系数据库所采用的关系模型和语义网采用的网络结构。这里的网络结构即图。尽管图结构在理论上也可以用关系数据库模型规范化，但由于关系数据库的实现特点，对于文件树这样的递归结构和社交图这样的网络结构执行查询时，数据库性能将受到严重影响。在网络关系上的每次操作都会导致关系数据库模型上的一次表连接操作，以两个表的主键集合间的集合操作来实现。这种操作不仅缓慢而且无法随着表中元组数量的增加而伸缩。

为了克服这种性能缺陷，人们提出了图模型。按照该模型，一个网络图结构主要包含以下几个构造单元：

- ❑ 节点（即顶点）。
- ❑ 关系（即边）：具有方向和类型。在节点与节点之间可以连接多条边。
- ❑ 节点和关系上面的属性。

前面提到的简单微博系统如果采用图结构来进行描述，显然更符合真实世界中人与人交互的模型（如图 4-1 所示）。

在图 4-1 中，每个用户就是一个单独的节点，用户信息作为节点的属性附着在相应的节点上。用户之间发送的信息用边来表示。有向的边连接着消息的发送方与接收方。消息的内容作为消息边的属性附着在相应的边上。

采用图结构存储数据可以应用图论算法进行各种复杂的运算，如短路径计算、测地线、集中度测量等。近年来比较著名的基于图结构的数据库是基于 Java 的开源图数据库 Neo4j。

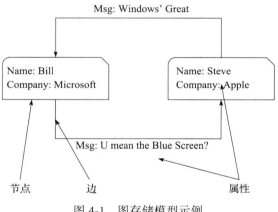

图 4-1　图存储模型示例

4.2.5　四者对比

NoSQL 的数据存储不需要基于关系模型的固定的表结构，因此通常没有基于表的连接操作。然而 NoSQL 却在大量数据存取上具备关系型数据库无法比拟的性能优势，从根源上来讲，这是由于 NoSQL 的数据模型首先是基于高性能的需求提出的。根据数据的存储模型和特点，NoSQL 数据库主要分为以下 4 个类型：键值模型（如表 4-3 所示）、列族模型（如表 4-4 所示）、文档模型（如表 4-5 所示）与图模型（如表 4-6 所示）。

表 4-3　键值模型

实例	Dynamo、Redis、Voldemort
应用场景	内容缓存，主要用于处理大量数据的高访问负载，也用于一些日志系统
数据模型	key 与 value 间建立的键值映射，通常用哈希表实现
优点	查找迅速
缺点	数据无结构，通常只被当作字符串或者二进制数据

表 4-4   列族模型

实例	Bigtable、Cassandra、HBase
应用场景	分布式文件系统
数据模型	以列存储，将同一列数据存在一起
优点	查找迅速、可扩展性强，更容易进行分布式扩展
缺点	功能相对有限

表 4-5   文档模型

实例	CouchDB、MongoDB
应用场景	Web 应用
数据模型	与键值模型类似，value 指向结构化数据
优点	数据要求不严格，不需要预先定义结构
缺点	查询性能不高，缺乏统一查询语法

表 4-6   图模型

实例	Neo4j
应用场景	社交网络、推荐系统、关系图谱
数据模型	图结构
优点	利用图结构相关算法提高性能
缺点	功能相对有限，不好做分布式集群解决方案

4.3   NoSQL 数据库中的事务

关系型数据库严格遵循 ACID 理论，但当数据库要满足横向扩展、高可用、模式自由等需求时，需要对 ACID 理论进行取舍，不能严格遵循 ACID。如果我们期待实现一套严格满足 ACID 的分布式事务，很可能出现的情况就是系统的可用性和严格一致性发生冲突。在可用性和一致性之间永远无法存在两全其美的方案。

由于很多大数据应用并不要求严格的数据库事务，对读一致性的要求低，有些场合对写一致性要求并不高，允许实现最终一致性。因而 NoSQL 数据库以 CAP 理论和 BASE 原则为基础。而 NoSQL 的基本需求就是支持分布式存储，严格一致性与可用性需要互相取舍，由此延伸出了 CAP 理论来定义分布式存储遇到的问题。本节首先介绍 CAP 理论和 BASE 原则，接下来介绍一致性理论以及 NoSQL 系统中与一致性维护相关的一些技术。

4.3.1   CAP 理论

CAP 理论是 2000 年 Eric Brewer 在 ACM PODC 会议上首次提出的，是 NoSQL 数据库的理论基础。2002年，Seth Gilbert 和 Nancy Lynch 证明了 CAP 理论的正确性，如图 4-2 所示。

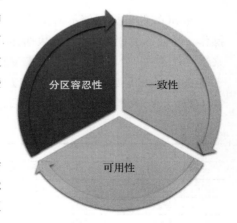

图 4-2   CAP 理论

CAP 理论是指在一个分布式系统中，一致性（Consistency）、可用性（Availability）和分区容错性（Partition tolerance）三者不可兼得。

- ❏ 一致性（这里指强一致性）：每一个读操作获得最新操作的结果，否则返回错误。这意味着在分布式系统中，所有数据备份在同一时刻是否具有同样的值（相当于所有节点访问同样的最新数据副本）。也就是说，如果系统对一个写操作返回成功，那么之后的读请求都必须读到这个新数据；如果返回失败，那么所有读操作都不能读到这个数据，对调用者而言，数据具有强一致性（又叫原子性、线性一致性）。
- ❏ 可用性。每一个请求都能得到响应。请求只需要在一定时间内返回结果即可，结果可以是成功或者失败，也不需要确保返回的是最新版本的信息。

  "一定时间内"是指系统的结果必须在给定时间内返回，如果超时则被认为不可用。"返回结果"是指系统返回一个确定的结果——成功或者失败，是一个确定的状态，而不是不确定的值。
- ❏ 分区容错性。大多数分布式系统都分布在多个子网络中。每个子网络就叫作一个区（Partition），区间通信可能失败，分区容错性的含义是：在网络中断、消息丢失的情况下，系统照样能够工作。

根据 CAP 理论，分布式系统只能满足三项中的两项而不可能满足全部三项。系统设计者一般需要在 CAP 三个特性之间做出选择，三种不同的组合对应着放弃了 CAP 三个特性中的一个。

- ❏ CA：放弃分区容错性，将所有的数据（与事务相关的）都放到一台机器上，缺点是这个选择会严重影响数据的规模，例如传统数据库、集群数据库、LDAP、GFS。
- ❏ CP：放弃可用性，一旦遇到跨区事件，受影响的服务需要等待数据一致，因此在等待期间就无法对外提供服务，例如分布式数据库、分布式加锁维护并发的系统。
- ❏ AP：放弃一致性，接受事情会变得"最终一致"（Eventually Consistent），例如 DNS、Coda 等。

由于在大规模的系统中，网络硬件肯定会出现延迟丢包等问题，所以分区容错性是必须要实现的。分布式系统通常在可用性和一致性之间权衡。例如，互联网应用主机多、数据大、部署分散，所以节点故障、网络故障是常态。这种情况下，要保证 A 和 P。舍弃 C 虽然会影响客户体验，但保证 AP，才能不影响用户使用流程。另一个情况是金融领域，必须要保证 C 和 A，舍弃 P，所以金融领域的网络设备故障可能会造成用户无法使用。

4.3.2　BASE 原则

BASE 是为了解决关系数据库强一致性引起的可用性降低而提出的解决方案。BASE 原则如下。

1. 基本可用

基本可用是指分布式系统在出现不可预知故障的时候，允许损失部分可用性。注意，这绝不等价于系统不可用。

1）响应时间上的损失。正常情况下，一个在线搜索引擎需要在 0.5 秒内返回给用户相应的查询结果，但由于出现故障，查询结果的响应时间增加了 1 ～ 2 秒。

2）系统功能上的损失。正常情况下，在一个电子商务网站上购物的时候，消费者几乎能够顺利完成每一笔订单，但是在一些节日大促购物高峰的时候，由于消费者的购物行为激增，为了保护购物系统的稳定性，部分消费者可能会被引导到一个等待页面。

2. 软状态或者柔性状态

软状态指允许系统中的数据存在中间状态，并认为该中间状态的存在不会影响系统的整体可用性，即允许系统在不同节点的数据副本之间进行数据同步的过程存在延时。

3. 最终一致性

最终一致性强调的是所有的数据副本在经过一段时间的同步之后最终都能够达到一个一致的状态。因此，最终一致性的本质是需要系统保证最终数据能够达到一致，而不需要实时保证系统数据的强一致性。

总的来说，BASE 原则面向的是大型、高可用、可扩展的分布式系统，和传统的事务 ACID 特性是相反的，它完全不同于 ACID 的强一致性模型，而是通过牺牲强一致性来获得可用性，并允许数据在一段时间内是不一致的，最终达到一致状态。但同时，在实际的分布式场景中，不同业务单元和组件对数据一致性的要求是不同的，因此在具体的分布式系统架构设计过程中，ACID 理论和 BASE 原则往往结合在一起。

4.3.3 一致性协议

本小节主要介绍分布式数据库系统中最常见的一些一致性协议，其中很多协议在 NoSQL 系统中得到了广泛使用。

1. 向量时钟

向量时钟（Vector Clock）是一种在分布式环境中为各种操作或者时间产生偏序值的技术，它可以检测操作活动时间的并行冲突，用来保持系统的数据一致性。向量时钟在分布式系统中用于保持操作的有序性和数据的一致性。

2. RWN 协议

RWN 协议是一种通过对分布式环境下多备份数据如何读写成功进行配置来保证达到数据一致性的简明分析和约束设置。

- □ N：在分布式存储系统中，有多少份备份数据。
- □ W：代表一次成功的更新操作要求至少有 W 份数据写入成功。
- □ R：代表一次成功的读数据操作要求至少有 R 份数据读取成功。

如果能够满足以下公式，则可称为满足"数据一致性协议"：R + W > N。例如，N = 5，R = 1，W = 1，R + W < N，当 W 在 N1 同步完成时，其他 4 个节点都还未同步更新，此时写操作即可返回成功状态。只要 R 进行读操作落在 N2 ～ N5 之间就会出现读取不一致的数据。

3. Paxos 协议

该协议的基本思想也是两阶段提交，但是与两阶段的目的不同。

1）第一阶段的主要目的是选出提案编号最大的 proposer。所有的 proposer 向超过半数的 acceptor 提出编号为 n 的提案，acceptor 收到编号为 n 的请求，会出现两种情况：

- 编号 n 大于所有 acceptor 之前已经批准过的提案的最大编号及内容 m。acceptor 同意该提案，响应 [n, m] 给 proposer，并且承诺今后不再批准任何编号小于 n 的提案。
- 编号 n 小于 acceptor 之前批准过的任意提案的编号。acceptor 拒绝该提案。

2）第二阶段尝试对某一提案达成一致。

proposer 收到超过半数的 acceptor 返回的响应，proposer 就会将响应的最大编号 [n, m] 对应的提案提交到 acceptor，要求 acceptor 批准该提案。

acceptor 收到最大编号 [n, m] 的提案，也分为两种情况：

- 未响应过编号大于 n 的 proposer 请求，通过该提案。
- 已响应过编号大于 n 的 proposer 请求，拒绝该提案。

4. Raft 协议

该协议通过当选的领导者达成共识。集群中的服务器可以是领导者或追随者，并且在选举的精确情况下可以是候选者（领导者不可用）。领导者负责将日志复制到关注者。它通过发送心跳消息定期通知追随者它的存在。每个追随者都有一个超时阈值，它期望领导者的心跳。接收心跳时重置超时。如果超过阈值没有收到心跳，则关注者将其状态更改为候选者并开始进行领导选举。

5. Gossip 协议

这个协议的作用就像其名字的含义一样，它的方式类似于电脑病毒、森林大火、细胞扩散等。该协议主要用于在分布式数据库系统中对各个副本节点的数据同步，这种场景的一个最大特点就是组成网络的节点都是对等节点，是非结构化网络。

Gossip 过程由种子节点发起，当一个种子节点有状态需要更新到网络中的其他节点时，它会随机选择周围几个节点散播消息，收到消息的节点也会重复该过程，直至最终网络中所有的节点都收到了消息。这个过程可能需要一定的时间，由于不能保证某个时刻所有节点都收到消息，但是理论上最终所有节点都会收到消息，因此它是一个最终一致性协议。

4.4　NoSQL 关键技术

4.4.1　NoSQL 的技术原则

NoSQL 需要的核心是数据库的扩展性和性能问题，NoSQL 数据库管理系统有一系列设计原则去解决可扩展性和性能问题，本小节将介绍这些原则。

1. 假设失效必然发生

与通过昂贵硬件之类的手段尽力去避免失效不同，NoSQL 实现都建立在硬盘、机器和网络会失效这些假设之上。我们需要认定不能彻底阻止这些失效，相反，需要让系统在即使非常极端的条件下也能应付这些失效。Amazon S3 就是这种设计的一个好的例子。

2. 对数据进行分区

通过对数据进行分区，我们最小化了失效带来的影响，也将读写操作的负载分布到了不同的机器上。如果一个节点失效了，只有该节点上存储的数据受到影响，而不是全部数据。

保存同一数据的多个副本，大部分 NoSQL 实现都基于数据副本的热备份来保证连续的高可用性。一些实现提供了 API，可以控制副本的复制，也就是说，当存储一个对象的时候，可以在对象级指定希望保存的副本数。

3. 动态伸缩

要掌控不断增长的数据，大部分 NoSQL 实现都提供了不停机或完全重新分区的扩展集群的方法。处理这个问题的一个已知算法称为一致哈希。有多种不同算法可以实现一致哈希，其中一个算法会在节点加入或失效时通知某一分区的邻居。仅有这些节点受到这一变化的影响，而不是整个集群。有一个协议用于掌控需要在原有集群和新节点之间重新分布的数据的变换区间。另一个（简单很多）算法使用逻辑分区。在逻辑分区中，分区的数量是固定的，但分区在机器上的分布是动态的。

4. 充分考虑多级存储

传统关系型数据库往往把数据存储在一个节点上。通过增加内存和磁盘的方式来提高系统的性能，以实现数据的纵向扩展，这种方式不仅昂贵且不可持续。NoSQL 数据库会将数据分区，存储在多个节点上，这是一种水平的扩展方式，这种方式不仅能够很好地满足大数据的存储要求，还可以提高数据的读写性能。

4.4.2　存储技术

在已有的 NoSQL 数据库中，数据读写方式可分为面向磁盘的读写方式和面向内存的读写方式两种。通常情况下，NoSQL 系统中存储着海量的数据，且无法全部维持在内存中，所以一般都采用面向磁盘的读写方式，图 4-3 描述了 NoSQL 系统中采用的面向磁盘读写的一般过程。

如图 4-3 所示，通常，当将数据写入数据库中时，该数据会先被写入一个内存的数据结构中，当达到一定大小或超过限制时，会被批量写入磁盘中，当需要读取数据时，首先访问内存结构，如果未命中则需要访问磁盘上的实例化文件。当系统发生意外宕机时，内存结构中的数据将丢失，因此，一般采用日志的方式来进行数据恢复，以便进一步提高写入效率和并发能力。

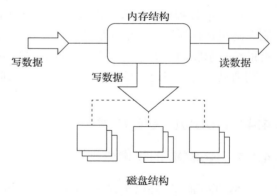

图 4-3　面向磁盘的读写过程

此外，在一些面向文档的 NoSQL 数据库（例如 MongoDB）中，采用内存文件映射的机制（MMAP）来实现对文档的读写操作，即把磁盘文件的一部分或全部内容直接映射到内存中，避免了频繁的磁盘 I/O，通过简单的指针来实现对文件的读写操作，极大地提高了读写效率。

4.4.3　数据划分技术

在大数据背景下，数据规模已经由 GB 级别跨越到 PB 级别，单机明显无法存储和处理如此大规模的数据量，只能依靠大规模集群来对这些数据进行存储和处理，所以系统可扩展性成为衡量系统优劣的重要指标。随着数据量的增加，垂直扩展（购买更好的服务器）使数据库变得运行困难和昂贵。水平扩展（将数据库运行在更多的机器组成的集群上）可以处理更大的数据请求量，在网络出现故障的情况下获得更高的可用性。但是数据库必须运行在集群上，这就带来了复杂性。

一般而言，数据库服务器的访问量很大，但是不同的应用程序访问数据库中不同的数据，因而可以将数据的不同部分分配到不同的数据库服务器上提高水平扩展性。可以经常在一起访问相互关联的数据分布在同一节点，以提供最佳的数据访问性能。如果了解某些数据的最大访问量来自一个物理位置，可以将数据放在最接近访问者的地方。负载均衡也是一个考虑因素，即合理安排数据使其均匀分布在各个结点上。

为了提高数据库系统的性能，也可以考虑将所有结点都经常使用的数据复制到这些节点中，每个节点保存数据的一个副本，从而在查询处理的时候可以避免远程访问数据，节约了网络通信的时间。

图 4-4 展示了数据分片与数据复制的关系。

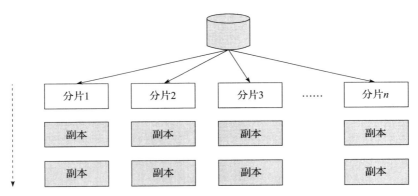

图 4-4 数据分片与数据副本的关系

数据副本虽然带来性能的提高，但也带来了相应的问题，由于每份数据存在多个副本，在并发对数据进行更新时如何保证数据的一致性就成为关键问题。常见的数据划分方法包括循环划分、散列划分与范围划分。循环划分将关系中的第 i 个数据送到第（$i \bmod n$）号机器，散列划分选择一个或多个属性作为划分属性，选择值域为 $0 \sim n-1$ 的散列函数 h，令 i 表示将散列函数 h 作用于划分属性值得到的结果，则该数据送往机器 i。范围划分选择一个属性作为划分属性，定义一个划分向量 $[v_0, v_1, \cdots, v_{n-2}]$，设数据的划分属性值为 v，将 $v_i \leqslant v \leqslant v_{i+1}$ 的元组分到机器 $i+1$，将 $v < v_0$ 的元组分到机器 0，将 $v \leqslant v_{n-2}$ 的元组分到机器 $n-1$。

4.4.4 索引技术

索引是提高数据库性能的一种重要手段，为了提高性能，NoSQL 数据库中引入了各种索引技术，一方面，传统关系数据库的索引（如哈希索引、B+ 树等）在 NoSQL 数据库中仍然有用武之地，另一方面，NoSQL 分布式处理大规模数据的要求使一些新的索引技术得到了广泛使用，本小节只概述其中有代表性的两种索引，一些和 NoSQL 数据库数据模型密切相关的索引技术将在后面章节具体介绍。

1. LSM 树

LSM 树（Log Structured Merge Tree，结构化合并树）的思想非常朴素，就是将对数据的修改增量保持在内存中，达到指定的大小后将这些修改操作批量写入磁盘（由此提升了写性能），是一种基于硬盘的数据结构。与 B+ 树相比，LSM 树能显著地减少硬盘磁盘臂的开销。当然凡事有利有弊，和 B+ 树相比，LSM 树牺牲了部分读性能，用来大幅提高写性能。

读取时需要合并磁盘中的历史数据和内存中最近的修改操作，可能需要先看是否命中内存，否则需要访问较多的磁盘文件（存储在磁盘中的是许多小批量数据，由此降低了部分读性能。但是磁盘中会定期做合并操作，即合并成一棵大树，以优化读性能）。LSM 树的优势在于有效地规避了磁盘随机写入问题，但读取时可能需要访问较多的磁盘文件。

总之，其核心思想就是放弃部分读能力，换取写入的最大化能力，即放弃磁盘读性能来换取写的顺序性。极端地说，基于 LSM 树实现的 HBase 的写性能比 MySQL 高了一个数量级，读性能低了一个数量级。其主要操作如下：

- 插入数据。可以看作是一个 N 阶合并树。数据写操作（插入、修改、删除也是写）都在内存中进行，数据首先会插入内存中的树，当内存树的数据量超过设定阈值后，会进行合并操作。合并操作会从左至右遍历内存中树的子节点与磁盘中树的子节点并进行合并，用最近更新的数据覆盖旧的数据（或者记录为不同版本）。当被合并数据量达到磁盘的存储页大小时，会将合并后的数据持久化到磁盘，同时更新父节点对子节点的指针。
- 读数据。磁盘中树的非子节点数据也被缓存到内存中。在需要进行读操作时，总是从内存中的排序树开始搜索，如果没有找到，就从磁盘上的排序树顺序查找。

  在 LSM 树上进行一次数据更新不需要磁盘访问，在内存中即可完成，速度远快于 B+ 树。当数据访问以写操作为主而读操作集中在最近写入的数据上时，使用 LSM 树可以最大限度地减少磁盘的访问次数，加快访问速度。
- 删除数据。LSM 树的所有操作都是在内存中进行的，那么删除并不是物理删除，而是逻辑删除，在被删除的数据上打上一个标签，当内存中的数据达到阈值时，会与内存中的其他数据一起顺序写入磁盘。这种操作会占用一定的空间，但是 LSM 树提供了一些机制回收这些空间。

2. Merkle 树

Merkle 树可以看作散列表的泛化（散列表可以看作一种特殊的 Merkle 树，即树高为 2 的多叉 Merkle 树）。

在底层，和散列表一样，把数据分成小的数据块，有相应的散列值和它对应。但是往上走，并不是直接去运算根散列值，而是把相邻的两个散列值合并成一个字符串，然后运算这个字符串的散列值，这样每两个散列值就得到了一个"子散列值"。如果底层的散列值总数是单数，那到最后必然出现一个单身散列值，这种情况下就直接对它进行散列值运算，所以也能得到它的子散列值。于是往上推，依然是一样的方式，可以得到数目更少的新一级散列值，最终必然形成一棵倒挂的树，到了树根的位置，就剩下一个根散列值了，把它叫作

Merkle 树根。

在访问数据之前，先从可信的源获得 Merkle 树根。一旦获得了树根，就可以从其他不可信的源获取 Merkle 树。通过可信的树根来检查 Merkle 树。如果 Merkle 树是损坏的或者虚假的，就从其他源获得另一个 Merkle 树，直到获得一个与可信树根匹配的 Merkle 树。

Merkle 树的基本思路非常简单直观，如图 4-5 所示。

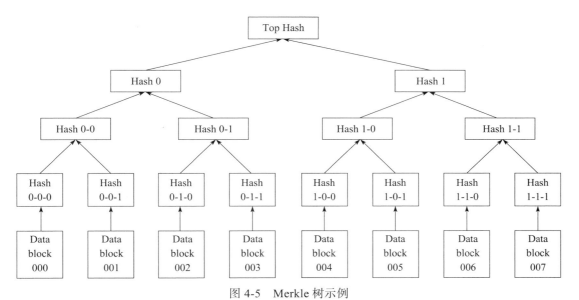

图 4-5　Merkle 树示例

由图 4-5 可见，其子节点是每个数据项或者一批数据项（数据块）对应的散列值，中间节点则保存对其所有子节点散列值再次进行散列运算后的值，依次由下往上类推直到根节点，其保存的 Top Hash 代表整棵树的散列值，也就是所有数据的整体散列值。在具体使用时，既可以像图 4-5 中一样是一个二叉树，也可以是一个多叉树。

第 5 章

键值数据库

5.1 模型结构

百度、Google、亚马逊等这样的互联网企业时刻面临着大量用户同时在线使用它们提供的互联网服务的情况。这些服务带来了大量的数据吞吐量，单台服务器远远不能满足这些数据处理的需求，简单地升级服务器性能无法应对与日俱增的用户访问，因此便出现了另一条解决途径：增加服务器的数量。同时提出，期望拥有一套能够简单地将数据拆分到不同服务器上的基本数据模型，即随着机器数量的上升，数据能够简单地进行切割划分，重新分配存储到每台机器上。为了满足这样的需求，需要设计符合相应业务逻辑的数据存储模型。key-value（键值）数据存储模型便是其中的一种。

key-value 存储模型的设计理念来自哈希表，在 key（键）与 value（值）之间建立映射关系，通过 key 可以直接访问 value，进而进行增、删、改等基本数据操作。

key-value 存储模型与 RDBMS 相比，较典型的区别是它没有模式的概念。在 RDBMS 中，模式所代表的其实就是对数据的约束，包括数据之间的关系和数据的完整性。比如 RDBMS 中对于某个数据属性会要求它的数据类型是确定的，数据的范围也是确定的，而在 key-value 数据库中没有这样的要求。在 key-value 存储模型中，对于某个 key，其对应的 value 可以是任意的数据类型。key-value 是海量数据处理的一种基本数据存储模型，当系统对于存储的可扩展性要求很高时，某些场景下 key-value 是一种较好的解决方案。

对于习惯应用关系型数据库的人员来讲，把 key-value 数据库中的 key 与 value 想象成关系库表中的两个列字段，也许更容易理解。只不过 key 列存储类似于关系数据库中 ID 的键数据，而 value 列存储的是关系数据库中 key 列对应的值数据。关系库中的一行数据，在键值库表中相当于一对 key-value，而关系数据库中的行 ID 相当于键值库中的 key。关系型数据库（以 MySQL 为例）与 key-value 数据库中相关术语的比较如表 5-1 所示。

表 5-1 MySQL 与 key-value 数据库术语

MySQL	key-value 数据库
数据库实例（database instance）	集群（cluster）

（续）

MySQL	key-value 数据库
表（table）	存储区
行（row）	键值对（key-value）
行 ID	键（key）

5.2　特征

从用户应用 API 角度看，key-value 数据库可以说是最简单的 NoSQL 数据库。用户只需要通过 key 操作对应的 value 即可。也因为如此，key-value 数据库一般性能较高，且易于扩展。本节介绍其一些特征。

5.2.1　一致性

在很多项目中，交互性比较强的数据存放于 MySQL，而热数据放在 key-value 数据库中，这是项目中一种通用的手段。在数据量较大时，key-value 数据库会跨越多台服务器。此时，为了保持数据存储的完整性，常常会将数据以分片、多副本的形式分配至服务器集群中。多副本存储在集群中表现一致性变得较为艰难，因为数据通过网络在集群中各个节点传输和存储，存在一定的延时性。如果数据分片存储的副本不能保持一致性，或者在数据表中进行数据读写时，分布式事务不能保持一致性，也就无法支持 key-value 数据库下相关读写的事务操作。

在 key-value 数据库中，可以通过对单 key 操作的模式保持一致性，因为该操作是原子性的，只可能是"获取""设置""删除"。当然，通过加锁实现"乐观写入"（optimistic write）功能也是可以实现一致性的，只是在这种情况下，数据锁定后，数据库无法侦测数值改动，所以其实现成本较高。

5.2.2　可扩展性

key-value 数据库都支持用分片技术进行数据扩展。在 key-value 数据库中，依据 key 的名字，按照一定规则进行计算，能够完成 key 所对应的 value 存储于哪些节点的判定。可将数据存储在不同的逻辑节点上，以减小单个节点的数据操作压力，如图 5-1 所示。

在图 5-1 中，▥、▨ 和 ▤ 代表"增量键值对存储大数据"经过按键计算规则分析后生成的三种分片文件，它们以多副本的形式存储于服务器集群中。随着数据量的增加，服务器集群也会存在随时增补机器的情况，实现服务器集群的扩展。

进行数据分片时，需要认真选择片策略，以达到数据分布尽量均衡的效果。如果数据分片不均衡，容易导致集群中数据计算出现某一节点过慢，致使其他节点被迫等待，从而浪费系统资源，达不到预期效果，即出现了业务逻辑上的热点问题。所以，对于 key-value 数据库，键的设定规则显得尤为重要，既要符合业务需求，又要满足均衡负载分片的计算规则。

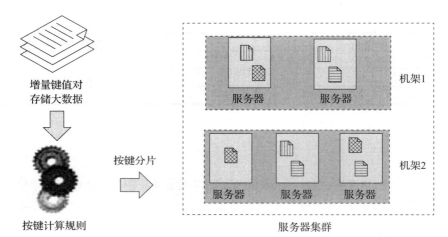

图 5-1 数据分片架构示意图

5.2.3 事务

不同类型的 key-value 数据库，其事务规范也不同。一般来讲，很难保证写操作的一致性，各种数据库实现事务的方式各异，例如，Riak 在调用写数据的 API 时，采用通过 W 值与复制因子实现 "仲裁" 的方式来满足事务的操作。而 Redis 中提供了 MULTI、EXEC、DISCARD、WATCH、UNWATCH 指令用来执行原子性的事务操作。从 2.2 版本开始，Redis 可以通过乐观锁（optimistic lock）实现 CAS（Check-And-Set）操作。key-value 数据库对于事务的具体支持情况，可参见官网给出的详细文档。

👤※ 注意

一个节点可以担当多个角色。Redis 中定义的事务并不是关系数据库中严格意义上的事务。当 Redis 事务中的某个操作执行失败，或者用 DISCARD 取消事务时，Redis 视情况确定是否需要全部执行事务回滚。

5.3 关键技术

key-value 数据模型是一种典型的弱关系的数据模型，可以提高 NoSQL 数据存储领域的存储能力和并发读写能力。key-value 数据库支持简单的查询操作，而将复杂操作留给应用层实现。本节将介绍 key-value 数据库的关键技术。

5.3.1 索引技术

key 索引、B 树索引以及 Hash 索引等都是局部索引，在 key-value 数据库中，用户可以基于索引进行关键字查询。key-value 数据库大多以 key 索引为主，其中一部分还建有二级索引（secondary index）以提供丰富的查询能力。另外一些系统采用了布隆过滤（Bloom Filter）技术，以便解决海量数据查询效率问题。

1. 二级索引

由于在 key-value 数据库中，是通过数据的 key 进行数据检索的，此时可以对 value 建立一个有效的索引，以便实现对 value 的查询。这就是二级索引，又称为列值索引或辅助索引。下面通过一个例子说明它的运作原理。

数据库中原有数据表 cf_1，如图 5-2a 所示，在 value 上建立二级索引 cf_1-c_1，如图 5-2b 所示。可以看出，所谓的二级索引也为键值结构。只不过将图 5-2a 中的 value 值作为新 key，值为其对应行下的 key。索引建立完成后，就可以利用它进行 value 的条件查询了。若想要查询图 5-2a 中 c_1.value=v_1 的数据，可以先查找 c_1 的索引 cf_1-c_1，即图 5-2b，在其中找到 key=v_1 的数据，读取对应的 value，即 k_1, k_3；之后在原有数据表 cf_1 中查询 key=k_1、key=k_3 的数据即可。

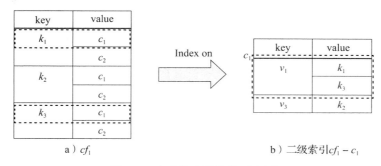

a）cf_1 b）二级索引$cf_1 - c_1$

图 5-2　索引的逻辑结构示意图

2. Bloom Filter 技术

在 key-value 数据库中，每一行数据对应一个键值对。通常，一个表中含有数十亿甚至更多行的数据，它们被实例化到众多磁盘文件当中。为了避免维护代价太大，可以分别对一个或一组实例化文件建立独立的索引，而不是建立统一的索引。这样一来，在检索一条数据时，就需要判断该数据是否在这个或这组文件当中，这种判断必须是快速的。Bloom Filter 技术就用来解决这一问题。它通过位数组表示一个集合，因而能够迅速判断一个元素是否属于这个集合，是一种空间效率很高的随机数据结构。使用 Bloom Filter 技术的查询过程如图 5-3 所示。

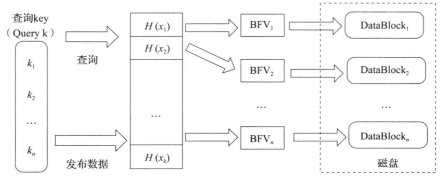

图 5-3　应用 Bloom Filter 示意图

图 5-3 中，关键字 k_1, k_2, $\cdots$, k_n 基于 Hash（哈希）函数，通过 Bloom Filter 技术分别生成 BFV$_1$, BFV$_2$, $\cdots$, BFV$_n$，记为 BFV 数组，当要查询 key=k 的数据时，基于 Hash 函数映射，通过 BFV$_i$ 判断相应的 DataBlock$_i$（数据块）中是否有要读取的 k。若存在，则进一步查找，否则跳到下一个数据块进行查找。由此，数据查找效率得到了有效提高。

3. 分布索引

迄今为止，局部索引被大多数 key-value 数据库系统采用，其"全局索引"采用 Hash 函数直接定位数据所在的节点。有两种典型的索引结构被应用于数据管理，一种索引结构可以支持多属性查询、范围查询、K-NN 查询，另一种索引结构适用于集群结构，而大数据需要二者的融合。

为了能够支持多维查询处理，多维索引机制将 CAN 路由协议和基于 R-tree 的索引模式进行集成。其主要思想是：为了实现全局索引分布存储，将服务器组织为 CAN 覆盖网络；为了有效减少全局索引的大小和维护代价，构建局部索引 R-tree，由 R-tree 点组成全局索引。

5.3.2　查询支持

各个 key-value 数据存储系统均具有简单查询功能，并支持面向 key 的索引。简单查询指的是简单 key-value 查询，其余均默认为复杂查询。key-value 数据库通过动态查询和视图查询，实现对复杂查询的支持。

动态查询直接基于数据进行任何限定条件的查询，它与关系数据库的查询类似，还可以根据数据设计索引机制以提高查询效率。

视图查询先为查询条件进行相应视图的创建，之后的查询在所创建的视图上进行。可以采用 MapReduce 框架实现，然而对于部分复杂查询来说，此方法可能导致视图定义复杂和查询处理代价过大的问题，这是因为其完全基于 MapReduce 模型组件定义相应的查询视图。

5.4　Redis

Redis 是一个开源的使用 ANSI C 语言编写、支持网络、可基于内存也可持久化的日志型高级 key-value 数据库。它的创建者 Salvatore Sanfilippo（Antirez）（个人网站 http://invece.org/）在 2007 年和一位朋友共同创建了 LLOOGG.com，为了解决该网站的数据负载问题，于 2009 年 2 月 26 日开发了 Redis。

Redis 从最初只能单机运行，没有内置的方法可以方便地将数据库分布到多台机器上，只支持列表结构的数据库产品，发展到如今可以支持字符串、列表、散列等多种结构，以及丰富的附加功能，且支持多机运行（包括复制、自动故障转移以及分布式数据库）的强大的开源 key-value 数据库。它的性能极高，可达到 110 000 次 / 秒读的速度和 81 000 次 / 秒写的速度。

通常情况下，Redis 被认为是一个数据结构服务器，因为其 value 不仅包括基本的 String

类型，还有 List、Set、Sorted Set 和 Hash 类型。对这些类型可以执行原子性的操作。比如向一个 String 类型的 value 后面追加字符串；向 List 中添加一个元素或减少一个元素；计算 Set 的交、并、减，甚至可以获取一个 Sorted Set 中的最大值。

为了保证这些灵活的特性，Redis 采用内存进行数据存储。根据实际业务要求的不同，可以定期将数据持久化到磁盘或将数据操作记录到日志中，也可将数据备份至远端服务器上。将数据存储至磁盘的两个主要原因是：①在之后的项目应用中重用数据；②防止 Redis 服务器故障导致数据丢失。

Redis 拥有丰富的特性，例如发布 / 订阅、通知、key 过期等。Redis 提供多种语言（Java、C/C++、C#、PHP、JavaScript、Perl、Object-C、Python、Ruby、Erlang 等）的 API 客户端调用，便于不同应用场景的开发。Redis 的代码遵循 ANSI C 标准，可以在支持 Posix 标准的系统（如 Linux、Mac OS X、*BSD、Solaris 等）上安装运行。

5.4.1　Redis 数据类型

Redis 不是普通的 key-value 存储库，它实际上是一个数据结构服务器，支持不同类型的值存储。这意味着在传统的 key-value 存储中，将字符串 key 与字符串 value 相关联，而在 Redis 中，value 不仅仅局限于简单的字符串，还可以包含更复杂的数据结构。以下是目前 Redis 支持的数据结构。

❑ 二进制安全字符串（Binary-safe String）。

❑ 列表（List）：根据插入顺序排序的字符串元素的集合，它们基本上是链表。

❑ 集（Set）：唯一的未排序字符串元素的集合。

❑ 排序集（Sorted Set）：类似于集，但每个字符串元素与浮点数值相关联，称为 score。元素总是按其 score 排序，因此与集合不同，可以检索一系列元素（例如，检索集合中的前 10 个或者后 10 个）。

❑ 哈希（Hash）：哈希是由与 value 相关联的字段组成的映射。字段和 value 都是字符串。这与 Ruby 或 Python 哈希非常相似。

❑ 位数组（Bit Array）（或简称位图，bitmap）：可以使用特殊命令处理字符串 value，如可以设置和清除各个位，将所有位设置为 1，查找第一组或未设置位，等等。

❑ HyperLogLog：这是一个概率数据结构，用于估计集合的基数。

本节将对 Redis 数据类型及其最常见模式进行简要介绍。

对于所有示例，我们将使用 redis-cli 实用程序（一个简单但方便的命令行实用程序）完成 Redis 服务器的命令演示。

1. Redis 键

Redis 键（key）是二进制安全的，这意味着可以使用任何二进制序列作为 key，从"foo"这样的字符串到 JPEG 文件，甚至空字符串都是有效的 key。

关于 key 的一些其他规则：

❑ 建议不要将 key 设置得太长。例如，1024 字节的 key 不仅需要占用较多的内存，而且在数据集中查找 key 可能需要几次昂贵的 key 比较。

□ 虽然短 key 会消耗更少的内存，但建议不要将 key 设置得太短。例如，有这样一个 key "user：1000：followers"，你为了节省资源将其写成 "u1000flw"，这几乎没什么意义。因为前者更易读懂，与密钥对象本身和 value 对象使用的空间相比，增加的空间也较小。需要在可读性与空间资源间找到合适的平衡点。

□ 可以尝试使用固定的设计结构。例如，"object-type：id" 和 "user：1000" 是不错的设计。通常用多个字词表达含义时，使用点或短画线是一个不错的主意，例如 "comment：1234：reply.to" 或 "comment：1234：reply-to"。

□ 理论上允许的最大密钥大小为 512MB。

常用 Redis key 命令如表 5-2 所示。

表 5-2　常用 Redis key 命令

命令	描述
DEL	该命令用于在 key 存在时删除 key
DUMP	序列化给定 key，并返回被序列化的 value
EXISTS	检查给定 key 是否存在
EXPIRE	给定 key 设置过期时间
EXPIREAT	作用与 EXPIRE 类似，都用于为 key 设置过期时间。不同在于 EXPIREAT 命令接受的时间参数是 UNIX 时间戳（UNIX timestamp）
PEXPIRE	设置 key 的过期时间，以毫秒计
PEXPIREAT	设置 key 过期时间的时间戳（UNIX timestamp），以毫秒计
KEYS	查找所有符合给定模式（pattern）的 key
MOVE	将当前数据库的 key 移动到给定的数据库 db 当中
PERSIST	移除 key 的过期时间，key 将持久保持
PTTL	以毫秒为单位返回 key 的剩余的过期时间
TTL	以秒为单位，返回给定 key 的剩余生存时间（Time To Live，TTL）
RANDOMKEY	从当前数据库中随机返回一个 key
RENAME	修改 key 的名称
RENAMENX	仅当重新命名的 key 名不存在时，将 key 重新命名
TYPE	返回 key 所存储的 value 的类型

【例 5-1】使用 Redis 键进行一些操作。

```
127.0.0.1:6379> SET mykey value1        # 设定名为 mykey 的 key，对应 value 为 value1
OK
127.0.0.1:6379> EXISTS mykey            # 检查给定名为 mykey 的 key 是否存在
(integer) 1
127.0.0.1:6379> EXISTS mykey1           # 返回结果 1 表示存在，返回结果 0 表示不存在
(integer) 0
127.0.0.1:6379> KEYS '*'                # 查找所有的 key
1) "mykey"
127.0.0.1:6379> SET key1 value1
OK
127.0.0.1:6379> KEYS '*'
1) "mykey"
2) "key1"
```

```
127.0.0.1:6379> DEL key1                # 删除名为 key1 的 key 及对应的值
(integer) 1
127.0.0.1:6379> KEYS '*'
1) "mykey"
127.0.0.1:6379> RENAME mykey newkey     # 修改 mykey 的名称为 newkey
OK
127.0.0.1:6379> DEL newkey
(integer) 1
127.0.0.1:6379>
```

2. String 类型

Redis String 类型是可以与 Redis 键关联的最简单的值类型。它是 Memcached 中唯一的数据类型，因此对于新手来说，在 Redis 中使用它也是非常自然的。

由于 Redis 键是字符串，当使用字符串类型作为值时，我们将字符串映射到另一个字符串。字符串数据类型对许多用例很有用，例如缓存 HTML 片段或页面。在 Redis 中，使用 SET 和 GET 命令是设置和检索字符串值的方式。

```
127.0.0.1:6379> SET mykey hello   # 设定名为 mykey 的 key, 对应 value 为 hello
OK
127.0.0.1:6379> GET mykey         # 获取名为 mykey 的 key, 对应的 value 为 hello
"hello"
```

值可以是各种字符串（包括二进制数据），例如，可以将 JPEG 图像存储在值中，值不能大于 512MB。

请注意，如果对已经存在的键进行赋值，即键对应的值已经存在，SET 也将用新赋予的值替换已存在的与 key 对应的任何现有值。

```
127.0.0.1:6379> SET mykey newstr
OK
127.0.0.1:6379> GET mykey
"newstr"
127.0.0.1:6379>
```

如果获取不存在的键的值，系统将返回 nil。

```
127.0.0.1:6379> GET mykey1
(nil)
127.0.0.1:6379>
```

Redis 提供了较全的字符串操作命令，常见的字符串命令如表 5-3 所示。因版本的不同，字符串命令可能有所差异，具体可参见官方网站（https://redis.io/commands）。

表 5-3   Redis 字符串命令

命令	描述
SET	设置指定 key 的 value
GET	获取指定 key 的 value
GETRANGE	返回 key 中字符串 value 的子字符
GETSET	将给定 key 的 value 设为新的 value，并返回 key 的旧 value
GETBIT	对 key 所存储的字符串 value，获取指定偏移量上的位

（续）

命令	描述
MGET	获取所有（一个或多个）给定 key 的 value
SETBIT	对 key 所存储的字符串 value，设置或清除指定偏移量上的位
SETEX	将 value 关联到 key，并将 key 的过期时间设为 second（以秒为单位）
SETNX	只有在 key 不存在时设置 key 的 value
SETRANGE	用 value 参数覆写给定 key 所存储的字符串 value，从偏移量 offset 开始
STRLEN	返回 key 所存储的字符串 value 的长度
MSET	同时设置一个或多个键值对
MSETNX	同时设置一个或多个键值对，当且仅当所有给定 key 都不存在
PSETEX	这个命令和 SETEX 命令相似，但它以毫秒为单位设置 key 的生存时间，而不是像 SETEX 命令那样，以秒为单位
INCR	将 key 中存储的数字值增加 1
INCRBY	将 key 所存储的 value 加上给定的增量值（increment）
INCRBYFLOAT	将 key 所存储的 value 加上给定的浮点增量值（increment）
DECR	将 key 中存储的数字值减 1
DECRBY	key 所存储的 value 减去给定的减量值（decrement）
APPEND	如果 key 已经存在并且是一个字符串，APPEND 命令将 value 追加到 key 原来的 value 的末尾

【例 5-2】使用 redis-cli 对字符串类型进行一些操作。

```
127.0.0.1:6379> SET mykey "This is first string."
OK
127.0.0.1:6379> GETRANGE mykey 8 12    # 返回 mykey 对应 value 中 [8,12] 范围的子字符串
"first"
# 将字符串 "No,It's the second." 追加至 mykey 对应 value 的尾部
127.0.0.1:6379> APPEND mykey "No,It's the second."
(integer) 40
127.0.0.1:6379> GET mykey
"This is first string.No,It's the second."
127.0.0.1:6379>
```

3. List 类型

从一般的角度来看，List 只是一系列有序元素，例如 10, 20, 1, 2, 3 是一个列表。Redis 列表是通过链接列表实现的简单的字符串列表，按照插入顺序排序。这意味着即使列表中有数百万个元素，也会在常量时间内在列表的头部或尾部添加新元素。使用 LPUSH 命令将新元素添加到具有 10 个元素的列表头部的速度与将一个元素添加到具有 1000 万个元素的列表头部相同。对于数据库系统而言，能够以非常快的方式将元素添加到很长的列表中是至关重要的。

常见的列表命令如表 5-4 所示。

表 5-4　Redis 列表命令

命令	描述
BLPOP	移出并获取列表的第一个元素，如果列表没有元素，则会阻塞列表，直到等待超时或发现可弹出元素为止

（续）

命令	描述
BRPOP	移出并获取列表的最后一个元素，如果列表没有元素，则会阻塞列表，直到等待超时或发现可弹出元素为止
BRPOPLPUSH	从列表中弹出一个 value，将弹出的元素插入另外一个列表中并返回它；如果列表没有元素，则会阻塞列表，直到等待超时或发现可弹出元素为止
LINDEX	通过索引获取列表中的元素
LINSERT	在列表的元素前或者后插入元素
LLEN	获取列表长度
LPOP	移出并获取列表的第一个元素
LPUSH	将一个或多个 value 插入列表头部
LPUSHX	将一个或多个 value 插入已存在的列表头部
LRANGE	获取列表指定范围内的元素
LREM	移除列表元素
LSET	通过索引设置列表元素的 value
LTRIM	对一个列表进行修剪（trim），也就是说，让列表只保留指定区间内的元素，不在指定区间之内的元素都将被删除
RPOP	移除并获取列表最后一个元素
RPOPLPUSH	移除列表的最后一个元素，并将该元素添加到另一个列表并返回
RPUSH	在列表中添加一个或多个 value
RPUSHX	为已存在的列表添加 value

【例 5-3】使用 redis-cli 对列表类型进行一些操作。

```
127.0.0.1:6379> LPUSH mylist "!"          # 将字符 "!" 插入列表 mylist 的头部
(integer) 1
127.0.0.1:6379> LPUSH mylist "world"      # 将字符串 "world" 插入列表 mylist 的头部
(integer) 2
127.0.0.1:6379> LPUSH mylist "hello"
(integer) 3
127.0.0.1:6379> LRANGE  mylist 0 -1       # 获取列表 mylist 位于 [0,-1] 范围内的所有元素
1) "hello"
2) "world"
3) "!"
127.0.0.1:6379> LRANGE  mylist -1 -2
(empty list or set)
127.0.0.1:6379> LRANGE  mylist -0 -2
(error) ERR value is not an integer or out of range
127.0.0.1:6379> LRANGE  mylist 0 -2
1) "hello"
2) "world"
127.0.0.1:6379> LRANGE  mylist 0 1
1) "hello"
2) "world"
127.0.0.1:6379> LRANGE  mylist 2 3
1) "!"
127.0.0.1:6379> LPOP mylist               # 移出并获取列表 mylist 的第一个元素
"hello"
127.0.0.1:6379> LRANGE  mylist 0 -1
1) "world"
2) "!"
```

其中"LRANGE key start stop"命令从 Redis 1.0.0 版本开始使用，意在返回存储在 key 列表里指定范围内的元素。开始（start）和结尾（end）偏移量都是基于 0 的下标，即列表的第一个元素下标是 0（列表的表头），第二个元素下标是 1，以此类推。

偏移量也可以是负数，表示偏移量从列表尾部开始计数。例如，–1 表示列表的最后一个元素，–2 表示列表的倒数第二个元素，以此类推。

需要注意的是，如果有一个列表，里面的元素从 0 到 100，那么 LRANGE list 0 10 这个命令会返回 11 个元素，即最右边的那个元素也会被包含在内。

当下标超过列表范围的时候不会产生错误。当开始索引位置比列表的尾部下标大的时候，会返回一个空列表。当结束的索引位置比列表的实际结尾的索引位置大的时候，Redis 会把它当成最后一个元素的下标。

4. Hash 类型

Redis Hash 是一个键值对的集合，也是一个字符串类型的 field 和 value 的映射表，Hash 特别适合用于存储对象。

常见的 Redis Hash 命令如表 5-5 所示。

表 5-5　Redis Hash 命令

命令	描述
HDEL	删除一个或多个 Hash 表的 field
HEXISTS	判断 field 是否存在于 Hash 表中
HGET	获取存储在 Hash 表中指定 field 的 value
HGETALL	获取在 Hash 表中指定 key 的全部 field 和 value
HINCRBY	为 Hash 表 key 中指定 field 的 value 增加给定的数字
HINCRBYFLOAT	为 Hash 表 key 中指定 field 的 value 增加给定的浮点数
HKEYS	获取 Hash 表中所有的 field
HLEN	获取 Hash 表中所有 field 的数量
HMGET	获取所有给定 field 的 value
HNSET	设置 Hash 表 key 中 field 的 value
HSET	设置 Hash 表 key 中一个 field 的 value
HSETNX	设置 Hash 的一个 field，只有该 field 不存在时有效
HVALS	获取 Hash 表中所有 value
STRLEN	获取 Hash 表中指定 field 的长度
HSCAN	迭代 Hash 里面的元素

【例 5-4】使用 redis-cli 对 Hash 类型进行一些操作。

```
# 设置 myhash 表中两个 field，分别为 filed1、field2，对应的 value 分别为 "Hello" 和 "world"
127.0.0.1:6379> HMSET myhash field1 "Hello" field2 "world"
OK
127.0.0.1:6379> HKEYS myhash          # 获取 myhash 表中所有的 field
1) "field1"
2) "field2"
127.0.0.1:6379> HGET myhash field1    # 获取存储在 myhash 表中 field1 的 value
"Hello"
127.0.0.1:6379> HGET myhash field2
"world"
```

Hash 便于表示对象，对可以放入 Hash 表中的 field 数也没有实际限制（除了可用内存），因此在应用程序中方便以多种不同方式使用 Hash。在例 5-4 中，命令 HMSET 设置 Hash 的多个 field，而 HGET 检索单个 field。

5. Set 类型

Redis 的 Set 是字符串类型的无序集合，集合是通过 Hash 表实现的。常见的集合命令如表 5-6 所示。

表 5-6　Redis Set 命令

命令	描述
SADD	向 Set 添加一个或多个 member（成员）
SCARD	获取 Set 中 member 的数量
SDIFF	返回给定所有 Set 的差集
SDIFFSTORE	返回给定所有 Set 的差集并存储于指定 key 结果集（resulting set）中
SINTER	返回给定所有 Set 的交集
SINTERSTORE	返回给定所有 Set 的交集并存储在指定 key 结果集（resulting set）中
SISMEMBER	判断给定 value 是否是 Set 中的 member
SMEMBERS	获取 Set 中的所有 member
SMOVE	将 member 从原 Set 移动到另一个 Set
SPOP	移除并返回 Set 中的一个或多个随机 member
SRANDMEMBER	返回 Set 中一个或多个随机 member
SREM	移除 Set 中一个或多个 member
SUNION	返回所有给定 Set 的并集
SUNIONSTORE	所有给定 Set 的并集存储在指定 key 结果集（resulting set）中
SSCAN	迭代 Set 中的元素

【例 5-5】使用 redis-cli 对集合进行成员的添加、获取、移动和移除。

```
127.0.0.1:6379> SADD myset1 redis            # 向 myset1 集合中添加一个成员 redis
(integer) 1
127.0.0.1:6379> SADD myset1 mongodb hbase    # 向 myset1 中添加 mongodb、hbase 两个成员
(integer) 2
127.0.0.1:6379> SADD myset1 hbase            # 向 myset1 集合中添加已有成员 hbase, 结果被忽略
(integer) 0
127.0.0.1:6379> SADD myset2 hbase hive
(integer) 2
127.0.0.1:6379> SMEMBERS myset1              # 获取 myset1 集合中所有成员
1) "hbase"
2) "mongodb"
3) "redis"
127.0.0.1:6379> SMEMBERS myset2
1) "hbase"
2) "hive"
127.0.0.1:6379> SDIFF myset1 myset2   # 返回 myset1 对于 myset2 集合中所有成员的差集
1) "redis"
2) "mongodb"
127.0.0.1:6379> SDIFF myset2 myset1   # 返回 myset2 对于 myset1 集合中所有成员的差集
1) "hive"
127.0.0.1:6379> SMOVE myset1 myset2 redis   # 将 redis 成员从集合 myset1 移动至 myset2
```

```
(integer) 1
127.0.0.1:6379> SREM myset1 mongodb          # 从 myset1 集合中移除成员 mongodb
(integer) 1
127.0.0.1:6379> SMEMBERS myset1
1) "hbase"
127.0.0.1:6379> SMEMBERS myset2
1) "redis"
2) "hbase"
3) "hive"
127.0.0.1:6379>
```

使用 SADD 命令添加一个字符串 member（成员）到 key 对应的 Set 中，成功返回添加 member 的个数，如果 member 已经在集合中，则返回 0，如果 key 对应的 Set 不存在，则返回错误。

❢ 注意

以上实例中 hbase 被添加了两次，但根据集合内 member 的唯一性，第二次插入的 member 将被忽略。

Set 中最大的成员数为 $2^{32}-1$（4 294 967 295，每个 Set 可存储 40 多亿个 member）。

6. Redis ZSet

Redis ZSet（Sorted Set，有序集合），也是字符串类型元素的集合，且不允许重复的 member。

不同的是在有序集合中，每个 member 都会关联一个 double 类型的分数（score）。Redis 正是通过分数来为集合中的 member 进行从小到大的排序。

ZSet 的 member 是唯一的，但分数却可以重复。

常见的 ZSet 命令如表 5-7 所示。

表 5-7　Redis ZSet 命令

命令	描述
ZADD	向 ZSet 添加一个或多个 member，或者更新已存在 member 的分数
ZCARD	获取 ZSet 的 member 数
ZCOUNT	计算在 ZSet 中指定区间分数的 member 数
ZINCRBY	ZSet 中对指定 member 的分数加上增量值
ZINTERSTORE	计算给定的一个或多个 ZSet 的交集并将结果集存储在新的 ZSet 的 key 中
ZLEXCOUNT	在 ZSet 中计算指定字典区间内 member 的数量
ZRANGE	通过索引区间返回 ZSet 指定区间内的 member
ZRANGEBYLEX	通过字典区间返回 ZSet 的 member
ZRANGEBYSCORE	通过分数返回 ZSet 指定区间内的 member
ZRANK	返回 ZSet 中指定 member 的索引
ZREM	移除 ZSet 中的一个或多个 member
ZREMRANGEBYLEX	移除 ZSet 中给定的字典区间的所有 member

（续）

命令	描述
ZREMRANGEBYRANK	移除 ZSet 中给定的排名区间的所有 member
ZREMRANGEBYSCORE	移除 ZSet 中给定的分数区间的所有 member
ZREVRANGE	返回 ZSet 指定区间内的 member，通过索引，分数从高到低排序
ZREVRANGEBYSCORE	返回 ZSet 指定分数区间内的 member，分数从高到低排序
ZREVRANK	返回 ZSet 中指定 member 的排名，有序集 member 按分数值递减（从大到小）排序
ZSCORE	返回 ZSet 中 member 的分数值
ZUNIONSTORE	计算给定的一个或多个 ZSet 的并集，并存储在新的 key 中
ZSCAN	迭代 ZSet 中的元素（包括元素 member 和元素分值）

【例 5-6】使用 redis-cli 对 ZSet 集合命令进行一些操作。

```
# 向有序集合 myzset 中添加 mongodb 和 hbase 两个 member，并赋予对应分数 12 和 6
127.0.0.1:6379> ZADD myzset 12 mongodb 6 hbase
(integer) 2
127.0.0.1:6379> ZADD myzset 10 hive
(integer) 1

# 通过索引区间 [0,-1]，返回 myzset 中所有 member
127.0.0.1:6379> ZRANGE myzset 0 -1
1) "hbase"
2) "hive"
3) "mongodb"

# 通过索引区间 [0,-1]，按 member 分数从高到低，返回 myzset 中所有 member
127.0.0.1:6379> ZREVRANGE myzset 0 -1
1) "mongodb"
2) "hive"
3) "hbase"
127.0.0.1:6379>
```

7. HyperLogLog

Redis 在 2.8.9 版本中添加了 HyperLogLog 结构。

HyperLogLog 是用来做基数统计的算法，它的优点是在输入元素的数量或者体积非常大时，计算基数所需的空间总是固定的并且是很小的。

在 Redis 里面，每个 HyperLogLog 键只需要花费 12KB 内存就可以计算接近 2^{64} 个不同元素的基数。这和计算基数时元素越多耗费内存就越多的集合形成鲜明对比。

但是，因为 HyperLogLog 只会根据输入元素来计算基数，而不会存储输入元素本身，所以 HyperLogLog 不能像集合那样，返回输入的各个元素。

什么是基数

比如数据集 {"redis" "hbase" "hive" "hbase"}，那么这个数据集的基数集为 {"redis" "hbase" "hive"}，基数（不重复元素）为 3。基数估计就是在误差可接受的范围内快速计算基数。

【例 5-7】通过实例演示 HyperLogLog 的工作过程。

```
# 添加指定元素 "redis" "hbase" "hive" "hbase" 到 HyperLogLog myHLkey 中
127.0.0.1:6379> PFADD myHLkey "redis" "hbase" "hive" "hbase"
(integer) 1
127.0.0.1:6379> PFCOUNT myHLkey   # 返回给定 HyperLogLog myHLkey 的基数估算值
(integer) 3
127.0.0.1:6379>
```

常见的 HyperLogLogs 命令如表 5-8 所示。

表 5-8　Redis HyperLogLog 命令

命令	描述
PFADD	添加指定元素到 HyperLogLog 中
PFCOUNT	返回给定 HyperLogLog 的基数估算值
PGMERGE	将多个 HyperLogLog 合并为一个 HyperLogLog

5.4.2　Redis 的持久化

Redis 采用内存进行数据存储，查询速度快，便于用户操作，但同时也存在隐患，即当运行的服务器出现宕机或事故等意外情况，或当服务器修复后启动运行时，存储在内存中的数据会消失不见。针对类似的情况，Redis 提供了 RDB（Redis DataBase）和 AOF（Append Only File）两种不同的持久化方法来将数据存储至磁盘。这样，当服务器重新启动时，将持久化至磁盘文件中的数据信息读至内存，就可以正常地继续 Redis 先前的工作。

RDB 持久化方式支持在指定的时间间隔内，对数据库进行全量地、将数据以二进制文件且以进行快照的形式存储到磁盘中。而 AOF 命令则依据 Redis 协议，以追加保存的形式将每次写的操作追加至文件末尾。AOF 持久化方式记录每次对服务器写的操作，当服务器重启的时候会重新执行这些命令来恢复原始的数据。Redis 支持 AOF 文件后台重写功能，将已经存储的命令进行重整，使得 AOF 文件的体积不至于过大。

持久化功能不是必需的，Redis 提供了可供选择的方法。例如，只希望数据在服务器运行的时候存在，可以选择不使用任何持久化方式。同时，Redis 支持只选择一种持久化方式，或者同时开启两种持久化方式。如果同时开启两种持久化方式，在 Redis 重启时，会优先载入 AOF 文件来恢复原始的数据，因为在通常情况下 AOF 文件保存的数据集要比 RDB 文件保存的数据集完整。

Redis 持久化的执行可通过命令行或配置文件 redis.conf 中的相应配置选项来完成。Redis 提供的持久化主要配置选项如表 5-9 所示。

表 5-9　Redis 持久化主要配置选项

配置选项	类别	描述	示例
save <seconds> <changes>	RDB	距离上一次创建 RDB 文件之后 seconds 秒，服务器的所有数据库总共发生了不少于 changes 次命令事件（如增加、删除 key 等），那么执行 BGSAVE 操作	save 60 10000
stop-writes-on-bgsave-error yes/no（默认值为 yes）	RDB	如果已经设置了对 Redis 服务器和持久性的正确监视，则可能需要禁用此功能，以便即使磁盘、权限等存在问题，Redis 也将继续正常工作	stop-writes-on-bgsave-error yes

（续）

配置选项	类别	描述	示例
rdbcompression yes/no（默认值为 yes）	RDB	默认设置为 yes，在转储 .rdb 数据库时使用 LZF 压缩字符串对象。如果要在保存子节点中保存一些 CPU，请将其设置为 no，但如果有可压缩值或键，则数据集可能会更大	rdbcompression yes
dbfilename <filename>	RDB	转储数据库的文件名	dbfilename dump.rdb
appendonly yes/no	AOF	从 1.1 版本开始，Redis 增加了一种完全耐久的持久化方式——AOF 持久化。通过设置 yes，开启 AOF 模式	appendonly yes
appendfsync always/everysec/ no（默认值为 everysec）	AOF	设置 AOF 文件的同步频率。其中：always，每个 Redis 写命令都要同步写入磁盘；everysec，每秒执行一次同步；no，让操作系统决定应该何时进行同步	appendfsync everysec
no-appendfsync-on-rewrite yes/no（默认值为 no）	AOF	指定是否在后台 AOF 文件 rewrite 期间调用 fsync，默认为 no，表示要调用 fsync（无论后台是否有子进程在刷盘）。Redis 在后台写 RDB 文件或重写 AOF 文件期间会存在大量磁盘 I/O，此时，在某些 Linux 系统中，调用 fsync 可能会引起阻塞	no-appendfsync-on-rewrite no
auto-aof-rewrite-percentage <percent>	AOF	指定 Redis 重写 AOF 文件的条件，默认为 100，表示与上次 rewrite 的 AOF 文件大小相比，当前 AOF 文件增长量超过上次 AOF 文件大小的 100% 时，就会触发 background rewrite。若配置为 0，则会禁用自动 rewrite	auto-aof-rewrite-percentage 100
auto-aof-rewrite-min-size <filesize>	AOF	指定触发 rewrite 的 AOF 文件大小。若 AOF 文件小于该值，即使当前文件的增量比例达到 auto-aof-rewrite-percentage 的配置值，也不会触发自动 rewrite，即这两个配置项同时满足时，才会触发 rewrite	auto-aof-rewrite-min-size 64MB
dir <filepath>	RDB/AOF	RDB 文件和 AOF 文件的保存位置	dir /var/lib/redis

1. RDB

RDB 是一个非常紧凑的文件，它保存了某个时间点的数据集，非常适用于数据集的全量备份，比如可以每隔 1 小时保存一次过去 24 小时内的数据，同时每天保存过去 30 天的数据，这样即使出现问题也可以根据需求恢复到不同版本的数据集。

RDB 是单一文件，很方便传送到另一个远程数据中心或者亚马逊的 S3（可能加密），非常适用于灾难恢复。

RDB 持久化可以手动执行（例如 SAVE、BGSAVE），也可以通过服务器配置选项条件自动执行。

（1）SAVE

可手动执行服务器客户端发送的 SAVE 命令。该命令执行时，Redis 服务器将被阻塞，直到 SAVE 命令执行完成，Redis 服务器才能重新开始处理客户端发送的命令请求。如果 RDB 文件已经存在，那么服务器将自动使用新的 RDB 文件去代替旧的 RDB 文件。

（2）BGSAVE

与 SAVE 命令不同的是，BGSAVE 命令不会造成 Redis 服务器的阻塞，在后台异步地进行快照操作。Redis 默认将快照文件存储在 Redis 当时进程的工作目录中的 dump.rdb 文件中，可以通过配置 dir 和 dbfilename 两个参数分别指定快照文件的存储路径和文件名。BGSAVE 命令进行 RDB 持久化的过程如下。

❑ 首先，服务器接收 BGSAVE 命令时，通过用 fork() 函数复制一份当前进程（父进程）来派生成一个子进程（父进程的副本）。

❑ 然后，子进程负责创建临时的 RDB 文件，并写入涉及的所有数据，而父进程则继续处理客户端的命令请求。

❑ 最后，当子进程将所有数据写入临时的 RDB 后，用临时的 RDB 文件替换旧的 RDB 文件。操作完成后，子进程退出，同时，它会向父进程（即负责处理命令请求的 Redis 服务器）发送一个信号，告知它 RDB 文件已经创建完毕。至此，一次快照的操作完成。

（3）RDB 的缺点

❑ 如果希望在 Redis 意外停止工作（例如电源中断）的情况下丢失的数据最少的话，那么 RDB 不适合。虽然可以配置不同的 SAVE 时间点（例如每隔 5 分钟并且对数据集有 100 个写的操作），但是 Redis 要完整地保存整个数据集是一项比较繁重的工作，通常会每隔 5 分钟或者更久做一次完整的保存，一旦 Redis 意外宕机，可能会丢失几分钟的数据。

❑ RDB 需要经常 fork 子进程来保存数据集到硬盘上，当数据集比较大的时候，fork 的过程是非常耗时的，可能会导致 Redis 在毫秒级内不能响应客户端的请求。如果数据集巨大并且 CPU 性能不是很好，这种情况会持续 1 秒，AOF 也需要 fork，但是可以调节重写日志文件的频率来提高数据集的耐久度。

与 AOF 相比，在恢复大数据集的时候，由于 RDB 持久化的文件是二进制文件，故 RDB 方式会更快一些。

2. AOF

简单来说，AOF 持久化会将被执行的写命令追加到 AOF 文件的末尾，即采用文件追加方式，将所有的写操作保存在 AOF 文件中。因此，Redis 只要从头到尾重新执行一次 AOF 文件包含的所有写命令，就可以恢复 AOF 文件所记录的数据集。

（1）AOF 的优点

❑ 使用 AOF 会让 Redis 更加耐久。可以使用不同的 fsync 策略：无 fsync，每秒 fsync，每次写的时候 fsync。使用默认的每秒 fsync 策略，Redis 的性能依然很好（fsync 是由后台线程进行处理的，主线程会尽力处理客户端请求），一旦出现故障，最多丢失 1 秒的数据。

❑ AOF 文件是一个只进行追加的日志文件，所以不需要写入 seek，即使由于某些原因（磁盘空间已满、写的过程中宕机等）未执行完整的写入命令，也可使用 redis-check-aof 工具修复。

❑ Redis 可以在 AOF 文件体积变得过大时，自动在后台对 AOF 进行重写：重写后的新

AOF 文件包含了恢复当前数据集所需的最小命令集合。整个重写操作是绝对安全的，因为 Redis 在创建新 AOF 文件的过程中，会继续将命令追加到现有的 AOF 文件里面，即使重写过程中发生停机，现有的 AOF 文件也不会丢失。而一旦新 AOF 文件创建完毕，Redis 就会从旧 AOF 文件切换到新 AOF 文件，并开始对新 AOF 文件进行追加操作。

❑ AOF 文件有序地保存了对数据库执行的所有写入操作，这些写入操作以 Redis 协议的格式保存，因此 AOF 文件的内容非常容易被人读懂，对文件进行分析（parse）也很轻松。导出（export）AOF 文件也非常简单。举个例子，如果不小心执行了 FLUSHALL 命令，但 AOF 文件未被重写，那么只要停止服务器，移除 AOF 文件末尾的 FLUSHALL 命令，并重启 Redis，就可以将数据集恢复到 FLUSHALL 执行之前的状态。

（2）AOF 的缺点

❑ 对于相同的数据集来说，AOF 文件的体积通常要大于 RDB 文件的体积。

❑ 根据所使用的 fsync 策略，AOF 的速度可能会慢于 RDB。在一般情况下，每秒 fsync 的性能依然非常高，而关闭 fsync 可以让 AOF 的速度和 RDB 一样快，即使在高负荷情况下也是如此。不过在处理巨大的写入负载时，RDB 可以提供更有保证的最大延迟时间（latency）。

一般来说，如果想达到足以媲美 PostgreSQL 的数据安全性，应该同时使用两种持久化功能。如果非常关心数据，但仍然可以承受数分钟以内的数据丢失，那么可以只使用 RDB 持久化。

有很多用户都只使用 AOF 持久化，但并不推荐这种方式。因为定时生成 RDB 快照非常便于进行数据库备份，并且 RDB 恢复数据集的速度也要比 AOF 恢复的速度快，除此之外，使用 RDB 还可以避免之前提到的 AOF 程序的 bug。

3. 举例：通过服务器配置选项条件自动间隔性执行

SAVE 命令由服务器进程执行保存工作，BGSAVE 命令则由子进程执行保存工作，即 SAVE 命令会阻塞服务器，而 BGSAVE 命令则不会。但 SAVE 与 BGSAVE 都需要手动完成。Redis 服务器另外提供了 SAVE 配置选项，支持用户设置任意多个保存条件，每当保存条件中的任意一个被满足时，服务器就会自动执行 BGSAVE 命令，自动完成 RDB 持久化操作。SAVE 选项的格式可参见表 5-9。

【例 5-8】通过在 redis.conf 文件中，设置 SAVE 条件：①如果距离上一次创建 RDB 操作 60 秒内，不少于 10 000 次命令事件，执行 BGSAVE 操作；②如果距离上一次创建 RDB 操作 300 秒内，不少于 10 次命令事件，执行 BGSAVE 操作；③如果距离上一次创建 RDB 操作 900 秒内，不少于 1 次命令事件，执行 BGSAVE 操作。

1）在 redis.conf 文件中，设置 SAVE 配置项。

```
[root@master ~]# whereis redis          # 查询配置文件 redis.conf 的位置 #
redis: /etc/redis.conf
[root@master ~]# vi /etc/redis.conf      # 打开配置文件 redis.conf, 配置 SAVE 选项 #
#    save ""
```

```
save 900 1
save 300 10
save 60 10000
```

2）查询 RDB 持久化文件 dump.rdb 的存储位置。

可查询 redis.conf 文件中选项 dir 的配置值，本例为 /var/lib/redis，如果未配置，默认在 Redis 根目录。也可以通过命令查询该配置文件的位置，如下所示。

```
[root@master ~]# ps -ef|grep redis          # 查询 Redis 服务 #
root        1650     1  0 00:20 ?          00:00:02 redis-server 127.0.0.1:6379
root        1980  1895  0 00:53 pts/1       00:00:00 redis-cli -p 6379
root        2024  1983  0 00:56 pts/3       00:00:00 grep --color=auto redis
# 通过查询 Redis 服务对应的 1650 查询持久化文件 dump.rdb 位置 #
[root@master ~]# ls -l /proc/1650/cwd
lrwxrwxrwx 1 root root 0 9 月 26 06:18 /proc/1650/cwd -> /var/lib/redis
```

查询 RDB 持久化文件 dump.rdb 上一次备份的时间。

```
[root@master redis]# ll /var/lib/redis/
-rw-r--r-- 1 root root 143 9 月 27 01:55 dump.rdb
```

查看 RDB 持久化文件 dump.rdb 的内容。由于 dump.rdb 文件是一个二进制文件，故通过 vi 命令查询出来的内容不直观，如下所示。

```
[root@master redis]# vi /var/lib/redis/dump.rdb
```

感兴趣的用户可安装二进制文件的解析工具，如 redis-rdb-tools，它是一个开源的解析 Redis 快照文件 dump.rdb 的工具，解析出 dump.rdb 文件后可以用来做数据分析。安装完成后，再次查看上面图中的文件，如下所示：

```
[root@master ~]# rdb --c json /var/lib/redis/dump.rdb
[{
"test":"hello",
"key":"hello",
"mylist":["world","!"],
"myhash":{"field1":"Hello","field2":"world"}}]
```

3）进入 Redis 环境，增加一个命令，执行一个测试命令：增加 key test1。

```
127.0.0.1:6379> SET test1 hellohello
OK
127.0.0.1:6379> GET test
"hellohello"
```

4）查询 RDB 持久化文件 dump.rdb 上一次备份的时间。

由于 60 秒内，执行了 1 次命令，小于 10 000 次，300 秒内只执行了 1 次命令，小于 10 次，不满足题设，故不执行持久化工作。900 秒内执行了 1 次命令，满足题设，故查询持久化文件时，发现于 02:10 时，距离上次 01:55，即 15 分钟（900 秒）时进行了持久化工作。

```
[root@master ~]# ll /var/lib/redis/
-rw-r--r-- 1 root root 174 9 月 27 02:10 dump.rdb
```

5.4.3　Redis 事务

有时为了同时处理多个结构，需要向 Redis 发送多个命令。尽管 Redis 有几个可以在两个键之间复制或移动元素的命令，却没有那种可以在两个不同类型之间移动元素的命令。为了对相同或者不同类型的多个键执行操作，Redis 提供 5 个命令可以让用户在不被打断（interruption）的情况下对多个键执行操作。具体相关命令及其描述如表 5-10 所示。

表 5-10　Redis 事务命令

命令	描述
DISCARD	取消事务，放弃执行事务块内的所有命令
EXEC	执行所有事务块内的命令
MULTI	标记一个事务块的开始
UNWATCH	取消 WATCH 命令对所有 key 的监视
WATCH	监视一个（或多个）key，如果在事务执行之前这个（或这些）key 被其他命令改动，那么事务将被打断

其中，MULTI、EXEC、DISCARD 和 WATCH 是 Redis 事务相关的命令。事务可以一次执行多个命令，并且带有以下两个重要的保证：

□ 事务是一个单独的隔离操作：事务中的所有命令都会序列化、按顺序地执行。事务在执行的过程中，不会被其他客户端发送来的命令请求所打断。

□ 事务是一个原子操作：事务中的命令要么全部被执行，要么全部不执行。

EXEC 命令负责触发并执行事务中的所有命令：

□ 如果客户端在使用 MULTI 命令开启了一个事务之后，却因为断线而没有成功执行 EXEC，那么事务中的所有命令都不会被执行。

□ 如果客户端在开启事务之后成功执行 EXEC，那么事务中的所有命令都会被执行。

当使用 AOF 方式进行持久化时，Redis 会使用单个 write 命令将事务写入磁盘中。然而，如果 Redis 服务器因为某些原因被管理员杀死，或者遇上某种硬件故障，那么可能只有部分事务命令会被成功写入磁盘中。

如果 Redis 在重新启动时发现 AOF 文件出了这样的问题，那么它会退出，并报告一个错误。使用 redis-check-aof 程序可以修复这一问题：它会移除 AOF 文件中不完整事务的信息，确保服务器可以顺利启动。

从 2.2 版本开始，Redis 还可以通过乐观锁（optimistic lock）实现 CAS（Check-And-Set）操作，具体内容可参见官网（https://redis.io/topics/transactions）的描述。

Redis 的基本事务（basic transaction）需要用到 MULTI 命令和 EXEC 命令，这种事务可以让一个客户端在不被其他客户端打断的情况下执行多个命令。与关系数据库中可以在执行的过程中进行回滚（rollback）的事务不同，在 Redis 里面，被 MULTI 命令和 EXEC 命令包围的所有命令会一个接一个地执行，直到所有命令都执行完毕为止。当一个事务执行完毕之后，Redis 才会处理其他客户端的命令。

要在 Redis 里面执行事务，首先需要执行 MULTI 命令，然后输入那些想要在事务里面执行的命令，最后再执行 EXEC 命令。当 Redis 从一个客户端那里接收到 MULTI 命令时，Redis 会将这个客户端之后发送的所有命令都放入一个队列里面，直到这个客户端发送 EXEC 命令为止，然后 Redis 就会在不被打断的情况下一个接一个地执行存储在队列里面的命令。

下面通过几个实例，进一步理解事务的应用过程。

1. 事务被正常执行的情况

【例 5-9】建立一个事务，增加三个不存在的键 ITEMA、ITEMB、ITEMC。

```
127.0.0.1:6379> MULTI
OK
127.0.0.1:6379> SET ITEMA 2
QUEUED
127.0.0.1:6379> SET ITEMB 3
QUEUED
127.0.0.1:6379> SET ITEMC 1
QUEUED
127.0.0.1:6379> EXEC
1) OK
2) OK
3) OK
```

运行结果：三个键 ITEMA、ITEMB、ITEMC 建立成功。

```
127.0.0.1:6379> KEYS *
1) "ITEMC"
2) "ITEMB"
3) "ITEMA"
```

2. 事务编写过程中语法没有出现问题，而是运行时出现错误的情况

【例 5-10】建立一个事务，获取四个键 ITEMA、ITEMB、ITEMD、ITEMC，其中键 ITEMD 在系统中不存在，按语法此时是会报错误的。观察运行过程及结果。

```
127.0.0.1:6379> MULTI
OK
127.0.0.1:6379> GET ITEMA
QUEUED
127.0.0.1:6379> GET ITEMB
QUEUED
127.0.0.1:6379> GET ITEMD
QUEUED
127.0.0.1:6379> GET ITEMC
QUEUED
127.0.0.1:6379> EXEC
1) "2"
2) "3"
3) (nil)
4) "1"
```

　　运行结果：程序正常运行，只是运行至出错的命令行（GET ITEMD，其中 ITEMD 键系统中不存在）时，结果返回 nil，然后继续执行，即其他键结果全部正确返回。

3. 事务编写过程中语法出现问题的情况

【例 5-11】建立一个事务，事务中出现语法错误的情况，如将"SET ITEM2 2"误写为"SET ITEM22"。

```
127.0.0.1:6379> KEYS *
(empty list or set)
127.0.0.1:6379> MULTI
OK
127.0.0.1:6379> SET ITEM1 1
QUEUED
127.0.0.1:6379> SET ITEM22
(error) ERR wrong number of arguments for 'set' command
127.0.0.1:6379> SET ITEM3 3
QUEUED
127.0.0.1:6379> EXEC
(error) EXECABORT Transaction discarded because of previous errors.
127.0.0.1:6379> KEYS *
(empty list or set)
```

　　运行结果：事务在开始执行时就报错，即整个事务中包含的内容都没有执行。

4. 带回滚的事务

【例 5-12】建立两个全新的键 key1、key2，然后建立一个事务，将这两个键的值重新建立。

```
127.0.0.1:6379> SET key1 1
OK
127.0.0.1:6379> GET key1
"1"
127.0.0.1:6379> SET key2 2
OK
127.0.0.1:6379> GET key2
"2"
127.0.0.1:6379> MULTI
OK
127.0.0.1:6379> SET key1 11
QUEUED
127.0.0.1:6379> SET key2 22
QUEUED
127.0.0.1:6379> DISCARD
OK
127.0.0.1:6379> EXEC
(error) ERR EXEC without MULTI
127.0.0.1:6379> GET key1
"1"
127.0.0.1:6379> GET key2
"2"
```

　　运行结果：DISCARD 刷新一个事务中所有在排队等待的指令，并且将连接状态恢复到正常。如果已使用 WATCH，DISCARD 将释放所有被 WATCH 的 key。该例中，DISCARD

所在 MULTI 事务回滚，再用 EXEC 执行时，系统提示没有可执行的 MULTI。事务中的操作都没有执行，涉及的键 key1 和 key2 还是原来的值。

5. 使用 WATCH 防止竞争条件

WATCH 命令对应一个乐观锁（optimistic locking），它可以在 EXEC 命令执行之前，监视任意数量的数据库键，并在 EXEC 命令执行时，检查被监视的键是否至少有一个已经被修改过了，如果是的话，服务器将拒绝执行事务，并向客户端返回代表事务执行失败的空回复。下面通过一个实例，来体验 WATCH 的使用过程。

【例 5-13】当事务正在排队时，有其他客户端在使用的情况。

1）数据的准备：打开一个 6379 端口的客户端，建立两个键 Hit1 和 Hit2，分别记录用户的点击事件，每次用户访问，键值都加 1。

```
127.0.0.1:6379> KEYS *
(empty list or set)
127.0.0.1:6379> SET Hit2 1
OK
127.0.0.1:6379> SET Hit1 1
OK
127.0.0.1:6379> KEYS *
1) "Hit1"
2) "Hit2"
```

2）编写事务：键 Hit1 和 Hit2 的值同时加 1。

```
127.0.0.1:6379> MULTI
OK
127.0.0.1:6379> INCR Hit2
QUEUED
127.0.0.1:6379> INCR Hit1
QUEUED
```

3）在事务执行 EXEC 命令之前，重新打开一个 6379 端口的客户端，并执行其中已经站队的命令。

```
127.0.0.1:6379> INCR Hit2
(integer) 2
```

4）执行 EXEC 命令。

```
127.0.0.1:6379> EXEC
1) (integer) 3
2) (integer) 2
```

结果：键 Hit2 的值加了两次 1，结果为 3。

5）应用 WATCH 命令，对键 Hit2 和键 Hit1 进行监控。

```
127.0.0.1:6379> WATCH Hit2 Hit1
OK
127.0.0.1:6379> MULTI
OK
127.0.0.1:6379> INCR Hit2
QUEUED
```

```
127.0.0.1:6379> INCR Hit1
QUEUED
```

6）在事务执行 EXEC 命令之前，另外开一个 6379 端口的客户端，并执行其中已经站队的命令。

```
127.0.0.1:6379> INCR Hit2
(integer) 4
```

7）执行 EXEC 命令。

```
127.0.0.1:6379> EXEC
(nil)
```

结果返回 nil 作为事务的回复。

8）此时查询键 Hit2 和键 Hit1 的值。

```
127.0.0.1:6379> GET Hit2
"4"
127.0.0.1:6379> GET Hit1
"2"
```

结果：Hit2 在原来 3 的基础上加了 1，是另一个客户端操作后的结果，而 Hit1 键仍然保持原来的值未变。

5.4.4　Redis 的发布订阅

一般来说，发布与订阅（又称 pub/sub）的特点是订阅者（listener）负责订阅频道（channel），可订阅一个或同时订阅多个频道。发送者（publisher）负责向频道发送二进制字符串消息（binary string message），发布的消息分到不同的频道，不需要知道什么样的订阅者订阅。每当有消息被发送至给定频道时，频道的所有订阅者都会收到消息。

如图 5-4 所示，共存在两个频道，即 redisChat 和 news，存在三个客户，即客户 1、客户 2 和客户 3，其中客户 1 订阅了 redisChat 频道，客户 2 订阅了 news 频道，而客户 3 订阅了 redisChat 和 news 两个频道。

图 5-4　客户订阅频道消息

Redis 客户端可以订阅任意数量的频道。

当有新消息通过 PUBLISH 命令发送给指定频道时，这个消息就会被发送给订阅它的三个客户端。如图 5-5 所示，redisChat 频道的消息发送给客户 1 和客户 3，而 news 频道的消息发送给客户 2 和客户 3。

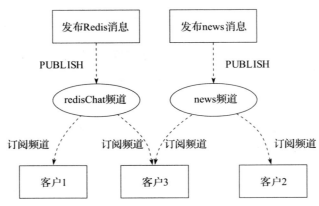

图 5-5   客户接收已经订阅的频道消息

订阅者对一个或多个频道感兴趣，只需接收感兴趣的消息，不需要知道是什么样的发布者发布的。这种发布者和订阅者的解耦合可以带来更大的扩展性和更加动态的网络拓扑。我们也可以把频道看作电台，其中订阅者可以同时收听多个电台，而发送者则可以在任何电台发送消息。

Redis 提供了 6 个发布与订阅相关的命令，如表 5-11 所示。

表 5-11   Redis 发布订阅命令

命令	描述
PSUBSCRIBE	从 2.0.0 版本开始，订阅一个或多个符合给定模式的频道
PUBSUB	从 2.8.0 版本开始，查看订阅与发布系统的状态
PUBLISH	从 2.0.0 版本开始，将信息发送到指定的频道
PUNSUBSCRIBE	从 2.0.0 版本开始，退订所有给定模式的频道
SUBSCRIBE	从 2.0.0 版本开始，订阅给定的一个或多个频道的信息
UNSUBSCRIBE	从 2.0.0 版本开始，退订给定的频道

【例 5-14】考虑到 PUBLISH 和 SUBSCRIBE 命令的客户端实现方式，准备 1 个发布者和 3 个客户端，参照图 5-4 和图 5-5 所示的内容进行发布与订阅的演示工作，以便进一步理解发布与订阅的实现过程。

1）准备 1 个发布者和 3 个客户端。

□ 3 个客户端的订阅情况。

打开一个 6379 端口的客户端，只订阅了 redisChat 频道：

```
127.0.0.1:6379> SUBSCRIBE redisChat
```

打开一个 6379 端口的客户端，只订阅了 news 频道：

```
127.0.0.1:6379> SUBSCRIBE news
```

打开一个 6379 端口的客户端，订阅了 redisChat 和 news 两个频道：

```
127.0.0.1:6379> SUBSCRIBE redisChat news
```

❏ 打开一个 6379 端口的客户端，作为发布者向不同频道（redisChat 和 news）发布内容。

```
127.0.0.1:6379> PUBLISH redisChat "Redis is a great caching technique"
(integer) 1
127.0.0.1:6379> PUBLISH news "China to mark Martyrs' Day"
(integer) 1
127.0.0.1:6379> PUBLISH redisChat "Learn redis by w3cschool.cc"
(integer) 2
127.0.0.1:6379> PUBLISH news "New site for news conferences opens"
(integer) 2
127.0.0.1:6379>
```

2）订阅 redisChat 频道客户端，收到了来自 redisChat 频道的消息。

```
127.0.0.1:6379> SUBSCRIBE redisChat
Reading messages... (press Ctrl-C to quit)
1) "subscribe"
2) "redisChat"
3) (integer) 1
1) "message"
2) "redisChat"
3) "Redis is a great caching technique"
1) "message"
2) "redisChat"
3) "Learn redis by w3cschool.cc"
```

3）订阅 news 频道客户端，收到了来自 news 频道的消息。

```
127.0.0.1:6379> SUBSCRIBE news
Reading messages... (press Ctrl-C to quit)
1) "subscribe"
2) "news"
3) (integer) 1
1) "message"
2) "news"
3) "China to mark Martyrs' Day"
1) "message"
2) "news"
3) "New site for news conferences opens"
```

4）订阅 redisChat 和 news 两个频道的客户端，收到了来自两个频道的消息。

```
127.0.0.1:6379> SUBSCRIBE redisChat news
Reading messages... (press Ctrl-C to quit)
1) "subscribe"
2) "redisChat"
3) (integer) 1
1) "subscribe"
2) "news"
3) (integer) 2
1) "message"
2) "redisChat"
3) "Learn redis by w3cschool.cc"
1) "message"
2) "news"
3) "New site for news conferences opens"
```

5.4.5 Redis 的主从复制

对于有扩展平台以适应更高负载经验的工程师和管理员来说，复制（replication）是不可或缺的。复制可以让其他服务拥有一个不断更新的数据副本，从而拥有数据副本的服务器可以用于处理客户端发送的读请求。关系数据库通常会使用一个主服务器（master）向多个从服务器（slave）发送更新，并使用从服务器来处理所有读请求。Redis 也采用了同样的方法来实现自己的复制特性，并将其用作扩展性能的一种手段。

尽管 Redis 的性能非常优秀，但它也会遇上没办法快速处理请求的情况，特别是在对 Set 和 ZSet 进行操作的时候，涉及的 member 元素可能会有上万个甚至上百万个，在这种情况下，执行操作所花费的时间可能需要以秒来进行计算，而不是毫秒或者微秒。但即使一个命令只需要花费 10 毫秒就能完成，单个 Redis 实例（instance）1 秒也只能处理 100 个命令。

SUNIONSTORE 命令的性能

作为对 Redis 性能的一个参考，在主频为 2.4GHz 的英特尔酷睿 2 处理器上，对两个分别包含 10 000 个元素的集合执行 SUNIONSTORE 命令并产生一个包含 20 000 个元素的结果集合，需要花费 Redis 七八毫秒的时间。

在需要扩展读请求的时候，或者在需要写入临时数据的时候，用户可以通过设置额外的 Redis 从服务器来保存数据集的副本。在接收到主服务器发送的数据初始副本之后，客户端每次向主服务器进行写入时，从服务器都会实时地得到更新。在部署好主从服务器之后，客户端就可以向任意一个从服务器发送读请求了，而不必再像之前一样，总是把每个读请求都发送给主服务器（客户端通常会随机地选择使用哪个从服务器，从而将负载平均分配到各个从服务器上）。

接下来将介绍配置 Redis 主从服务器的方法，并说明 Redis 在整个复制过程中所做的各项操作。

1. 对 Redis 复制的相关选项进行配置

当从服务器连接主服务器的时候，主服务器会执行 BGSAVE 操作。因此为了正确地使用复制特性，用户需要保证主服务器已经正确地设置了 redis.conf 文件中的 dir 选项和 dbfilename 选项，并且这两个选项所指示的路径和文件对于 Redis 进程来说都是可写的（writable）。

尽管有多个不同的选项可以控制从服务器自身的行为，但开启从服务器所必需的选项只有 SLAVEOF 一个。如果用户在启动 Redis 服务器的时候，指定了一个包含 SLAVEOF host port 选项的配置文件，那么 Redis 服务器将根据该选项给定的 IP 地址和端口号来连接主服务器。对于一个正在运行的 Redis 服务器，用户可以通过发送 SLAVEOF no one 命令来让服务器终止复制操作，不再接受主服务器的数据更新，也可以通过发送 SLAVEOF host port 命令来让服务器开始复制一个新的主服务器。

开启 Redis 的主从复制特性并不需要进行太多的配置，但了解 Redis 服务器是如何变成主服务器或者从服务器的，将是非常有用和有趣的过程。

2. Redis 复制的启动过程

从服务器在连接一个主服务器的时候，主服务器会创建一个快照文件并将其发送至从服务器，但这只是主从复制执行过程其中的一步。表 5-12 完整地列出了当从服务器连接主服务器时，主从服务器执行的所有操作。

表 5-12　从服务器连接主服务器时的步骤

步骤	主服务器操作	从服务器操作
1	〈等待命令进入〉	连接〈或者重连接〉主服务器，发送 SYNC 命令
2	开始执行 BGSAVE，并使用缓冲区记录 BGSAVE 之后执行的所有写命令	根据配置选项来决定是继续使用现有的数据（如果有的话）来处理客户端的命令请求，还是向发送请求的客户端返回错误
3	GSAVE 执行完毕，向从服务器发送快照文件，并在发送期间继续使用缓冲区记录被执行的写命令	丢弃所有旧数据（如果有的话），开始载入主服务器发来的快照文件
4	快照文件发送完毕，开始向从服务器发送存储在缓冲区里面的写命令	完成对快照文件的解释操作，像往常一样开始接受命令请求
5	缓冲区存储的写命令发送完毕：从现在开始，每执行一个写命令，就向从服务器发送相同的写命令	执行主服务器发来的所有存储在缓冲区里面的写命令，并从现在开始，接收并执行主服务器传来的每个写命令

通过使用表 5-12 所示的办法，Redis 在复制进行期间也会尽可能地处理接收到的命令请求，但是，如果主从服务器之间的网络带宽不足，或者主服务器没有足够的内存来创建子进程和创建记录写命令的缓冲区，那么 Redis 处理命令请求的效率就会受到影响。因此，尽管这并不是必需的，但在实际中最好还是让主服务器只使用 50% ~ 65% 的内存，留下 30% ~ 45% 的内存用于执行 BGSAVE 命令和创建记录写命令的缓冲区。

设置从服务器的步骤非常简单，用户既可以通过配置选项 SLAVEOF host port 来将一个 Redis 服务器设置为从服务器，又可以通过向运行中的 Redis 服务器发送 SLAVEOF 命令来将其设置为从服务器。如果用户使用的是 SLAVEOF 配置选项，那么 Redis 在启动时首先会载入当前可用的任何快照文件或者 AOF 文件，然后连接主服务器并执行表 5-12 所示的复制过程。如果用户使用的是 SLAVEOF 命令，那么 Redis 会立即尝试连接主服务器，并在连接成功之后，开始表 5-12 所示的复制过程。

🗨️ **注意**

从服务器在进行同步时，会清空自己的所有数据。因为有些用户在第一次使用从服务器时会忘记这件事，所以这里要特别提醒一下，从服务器在与主服务器进行初始连接时，数据库中原有的所有数据都将丢失，并被替换成主服务器发来的数据。

警告：Redis 不支持主主复制（master-master replication）。因为 Redis 允许用户在服务器启动之后使用 SLAVEOF 命令来设置从服务器选项，所以可能会有读者误以为可以通过将两个 Redis 实例互相设置为对方的主服务器来实现多主复制（multi-master replication)（甚至可能会在一个循环里面将多个实例互相设置为主服务器）。遗憾的是，这种做法是行不通的：被互相设置为主服务器的两个 Redis 实例只会持续地占用大量处理器资源并且连续不断地尝试与对方进行通信，根据客户端连接的服务器的不同，客户端的请求可能会得到不一致的数据，或者完全得不到数据。

当多个从服务器尝试连接同一个主服务器的时候，就会出现表 5-13 所示的两种情况中的一种。

表 5-13   当有新的从服务器连接主服务器时主服务器的操作

状态	主服务器的操作
表 5-12 的步骤 3 尚未执行	所有从服务器都会接收到相同的快照文件和相同的缓冲区写命令
表 5-12 的步骤 3 正在执行或者已经执行完毕	当主服务器与较早进行连接的从服务器执行完复制所需的 5 个步骤之后，主服务器会与新连接的从服务器执行一次新的步骤 1 至步骤 5

在大部分情况下，Redis 都会尽可能地减少复制所需的工作，然而，如果从服务器连接主服务器的时间并不凑巧，那么主服务器就需要多做一些额外的工作。另外，当多个从服务器同时连接主服务器的时候，同步多个从服务器所占用的带宽可能会使得其他命令请求难以传递给主服务器，与主服务器位于同一网络中的其他硬件的网速可能也会因此而降低。

3. 主从链

有些用户发现，创建多个从服务器可能会造成网络不可用——当复制需要通过互联网进行或者需要在不同数据中心之间进行时，尤其如此。因为 Redis 的主服务器和从服务器并没有特别不同的地方，所以从服务器也可以拥有自己的从服务器，并由此形成主从链（master/slave chaining）。

从服务器对从服务器进行复制在操作上和从服务器对主服务器进行复制的唯一区别在于，如果从服务器 X 拥有从服务器 Y，那么当从服务器 X 在执行表 5-12 中的步骤 4 时，它将断开与从服务器 Y 的连接，导致从服务器 Y 需要重新连接并重新同步（resync）。

当读请求的重要性明显高于写请求的重要性，并且读请求的数量远远超出一台 Redis 服务器可以处理的范围时，用户就需要添加新的从服务器来处理读请求。随着负载不断上升，主服务器可能会无法快速地更新所有从服务器，或者因为重新连接和重新同步从服务器而导致系统超载。为了缓解这个问题，用户可以创建一个由 Redis 主从节点（master/slave node）组成的中间层来分担主服务器的复制工作，如图 5-6 所示。

尽管主从服务器之间并不一定要像图 5-6 那样组成一个树状结构，但记住并理解这种树状结构对于 Redis 复制来说是可行的并且是合理的，将有助于读者理解之后的内容。AOF 持久化的同步选项可以控制数据丢失的时间长度：一方面，通过将每个写命令同步到硬盘里面，用户几乎可以不损失任何数据（除非系统崩溃或者硬盘驱动器损坏），但这种做法会对服务器的性能造成影响；另一方面，如果用户将同步的频率设置为每秒一次，那么服务器的性能将回到正常水平，但故障可能会造成 1 秒的数据丢失。通过同时使用复制和 AOF 持久化，可以将数据持久化到多台机器上。

为了将数据保存到多台机器上，用户首先需要为主服务器设置多个从服务器，然后对每个从服务器设置 appendonly yes 选项和 appendfsync everysec 选项（如果有需要的话，也可以对主服务器进行相同的设置），这样，用户就可以让多台服务器以每秒一次的频率将数据同步到硬盘上。但这还只是第一步，因为用户还必须等待主服务器发送的写命令到达从服务器，并且在执行后续操作之前，检查数据是否已经被同步到了硬盘里面。

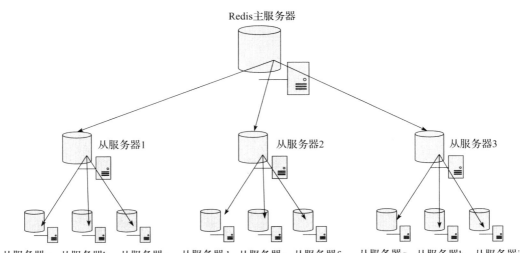

图 5-6 一个 Redis 主从复制树（master/slave replica tree）示例，树的中层有 3 个帮助
开展复制工作的服务器，底层有 9 个从服务器

4. 通过一个实验来体验主从复制的过程

【例 5-15】在一台机器通过 6379 和 6380 两个端口的客户端，模拟主（6379）从（6380）两台机器，实现主从的实验。

1）准备实验平台，命令如下。服务开启过程如图 5-7 所示。

同时启动两个 Redis 服务端：

```
redis-server --port 6379 &        # 启动 6379 端口的 Redis 实例
redis-server --port 6380 &        # 启动 6380 端口的 Redis 实例
```

启动两个服务对应端口的客户端：

```
redis-cli -p 6379                 # 启动 6379 端口的 Redis 客户端
redis-cli -p 6380                 # 启动 6380 端口的 Redis 客户端
```

查询当前 Redis 启动情况：

```
[root@master ~]# ps -ef|grep redis
root      1269     1  0 06:23 ?        00:00:02 redis-server *:6379
root      1311     1  0 06:24 ?        00:00:02 redis-server *:6380
root      1354  1319  0 06:25 pts/3    00:00:00 redis-cli -p 6379
root      1395  1357  0 06:26 pts/4    00:00:00 redis-cli -p 6380
```

2）在主机（6379）中，建立测试数据。

```
127.0.0.1:6379> FLUSHDB            # 清空当前的数据库命令
OK
127.0.0.1:6379> SET testkey1 hello
OK
127.0.0.1:6379> SET testkey2 world
```

```
OK
127.0.0.1:6379> KEYS *
1) "testkey2"
2) "testkey1"
127.0.0.1:6379> GET testkey1
"hello"
127.0.0.1:6379> GET testkey2
"world"
```

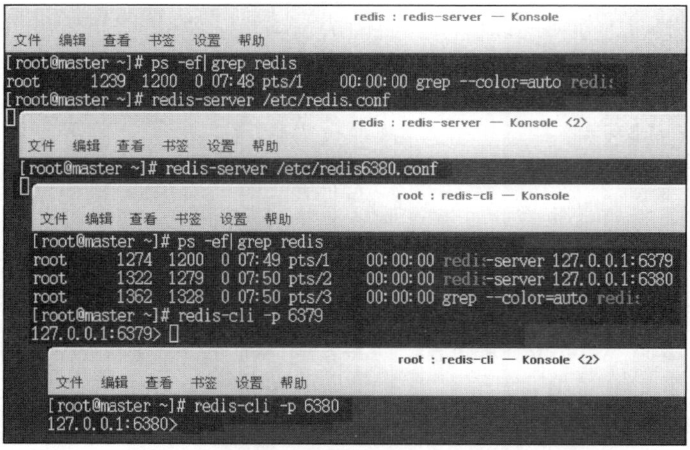

图 5-7   开启主从服务实例及客户端

3）在从机（6380）中，查询当前客户端中的 key。

```
127.0.0.1:6380> KEYS *
(empty list or set)
```

查询结果为空，并没有 6379 中建立的 key。

4）配置主从复制的关系。

```
[root@master ~]# whereis redis
redis: /etc/redis.conf
[root@master ~]# cp /etc/redis.conf /etc/redis6380.conf
[root@master ~]# vi /etc/redis6380.conf
port 6380
pidfile /var/run/redis_6380.pid

# slaveof <masterip> <masterport>
slaveof 127.0.0.1 6379
```

5）关闭当前所有 Redis 的服务，重新开启服务。

```
[root@master ~]# ps -ef|grep redis
[root@master ~]# redis-server /etc/redis.conf
[root@master ~]# redis-server /etc/redis6380.conf
[root@master ~]# redis-cli -p 6379
[root@master ~]# redis-cli -p 6380
```

6）重新执行步骤 2，即在主机（6379）中建立测试数据。

7）重新执行步骤 3，即在从机（6380）中，查询当前客户端中的 key，发现从客户端里查询的 key 与主客户端的一致。

```
127.0.0.1:6380> KEYS *
1) "testkey2"
2) "testkey1"
```

8）在从机（6380）中，执行清空数据库命令操作，发现报错。

```
127.0.0.1:6380> FLUSHDB
(error) READONLY You can't write against a read only slave.
```

9）在主机（6379）中，执行清空数据库命令操作，成功执行。

```
127.0.0.1:6379> FLUSHDB
OK
```

10）此时，在主机（6379）和从机（6380）中查询 key，已经被清除。

```
127.0.0.1:6379> KEYS *
(empty list or set)
127.0.0.1:6380> KEYS *
(empty list or set)
```

11）主机（6379）执行 SET 等写操作，从机（6380）不能进行 SET 等写操作。

```
127.0.0.1:6379> SET masterkey master
OK
127.0.0.1:6380> SET slavekey slave
(error) READONLY You can't write against a read only slave.
```

12）从机可以进行一些其他操作，如持久化。

```
127.0.0.1:6379> SET masterkey master
OK
127.0.0.1:6379> SAVE
OK
[root@master ~]# rdb --c json /var/lib/redis/dump.rdb
[{"masterkey":"master"}]
127.0.0.1:6379> SET masterkey1 master1
OK
127.0.0.1:6380> SAVE
OK
[root@master ~]# rdb --c json /var/lib/redis/dump.rdb
[{"masterkey":"master",
"masterkey1":"master1"}]
```

5.5 Redis 的 Java 客户端 Jedis

无论通过 Eclipse 还是 IDEA 等能够编译 Java 的工具，要实现 Redis 的 Java 客户端 Jedis 调用，由于 Jedis 属于 Java 的第三方开发包，故需要将 Jedis 所需要的包导入工程中，这通常有两种方法：

- 直接下载 Jedis 的 Jar 包，如 jedis-2.9.0.jar，加载至项目中。
- 使用集成构建工具，如 Maven、Gradle 等，具体工具及每个工具需要的配置选项参见官网。

本节以 IDEA 工具为例，用 Maven 工具演示 Java 通过 Jedis 调用 Redis 的过程。

5.5.1　Jedis 所需要的 jar 包

开始在 Java 中使用 Redis 前，需要确保已经安装了 Redis 服务及 Java Redis 驱动，且机器上能正常使用 Java。Java 的安装配置可以参考 Java 开发环境进行。接下来让我们安装 Java Redis 驱动。

首先需要下载驱动包 jedis.jar，本实验采用 2.9.0 版本下载包 Jedis-2.9.0.jar，下载地址为 https://mvnrepository.com/artifact/redis.clients/jedis，点击下载的 Jar 包，完成下载工作，如图 5-8 所示。

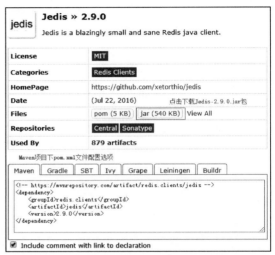

将下载的 Jedis-2.9.0.jar 包导入将要开发的 Java 工程。如果你用的是 Maven 工程，且机器可以连接互联网，也可以通过官网给的 Maven 配置项（图 5-8 中 Maven 标签所示的内容）pom.xml 配置成 Jedis-2.9.0.jar 的工程加载过程。完成 pom.xml 的加载配置后，会在 RedisTest 项目的额外加载库（External Libraries）下看到已经加载的 Jedis-2.9.0.jar 包。

图 5-8　Jedis-2.9.0.jar 下载界面

5.5.2　Jedis 常用操作

完成基本的准备工作后，下面通过几个实例了解 Redis 的 Java 端 Jedis 的编程过程。

【例 5-16】通过简单的 Jedis 实例，连接到 Redis 服务器实验，具体代码如下。

```
import redis.clients.jedis.Jedis;
public class RedisJava {
public static void main(String[] args) {
// 连接本地的 Redis 服务
Jedis jedis = new Jedis("localhost");
System.out.println(" 连接成功 ");
// 查看服务是否运行
System.out.println(" 服务正在运行 : "+jedis.ping());
}
}
```

通过编译工具运行代码，在编译工具的控制台中查看运行结果。

```
连接成功
服务正在运行：PONG
```

【例 5-17】通过简单的 Jedis 实例，实现几个 Redis 命令操作的演示。

```
import redis.clients.jedis.Jedis;
import java.util.List;
```

```java
public class RedisJavaDemo {
    public static void main(String[] args) {
        // 连接本地的 Redis 服务
        Jedis jedis = new Jedis("localhost");
        System.out.println("Connection to server sucessfully");
        // 设置 Redis 字符串数据
        jedis.set("testkey", "Redis tutorial");
        // 获取存储的数据并输出
        System.out.println("Stored string in redis:: "+ jedis.get("testkey"));

        // 存储数据到列表中
        jedis.lpush("tutorial-list", "Redis");
        jedis.lpush("tutorial-list", "Mongodb");
        jedis.lpush("tutorial-list", "Mysql");
        // 获取存储的数据并输出
        List<String> list = jedis.lrange("tutorial-list", 0 ,5);
        for(int i=0; i<list.size(); i++) {
            System.out.println("Stored string in redis:: "+list.get(i));
        }

        // 获取存储的数据并输出
        System.out.println("==== 获取存储的数据并输出 =====");
        List<String> listall = jedis.lrange("tutorial-list", 0 ,5);
        for(int i=0; i<listall.size(); i++) {
            System.out.println("Stored string in redis:: "+listall.get(i));
        }

    }
}
```

通过编译工具运行，在编译工具的控制台中查看运行结果。

```
Connection to server successfully
Stored string in redis:: Redis tutorial
Stored string in redis:: Mysql
Stored string in redis:: Mongodb
Stored string in redis:: Redis
Stored string in redis:: Mysql
Stored string in redis:: Mongodb
Stored string in redis:: Redis
==== 获取存储的数据并输出 =====
Stored string in redis:: Mysql
Stored string in redis:: Mongodb
Stored string in redis:: Redis
Stored string in redis:: Mysql
Stored string in redis:: Mongodb
Stored string in redis:: Redis
```

5.5.3　Jedis Pool

在应用 Jedis 时，使用 Jedis 的直连方式并不高效。所谓直连是指 Jedis 每次都会新建 TCP 连接，使用后再断开连接，对于频繁访问 Redis 的场景，这显然不是高效的使用方式。如下所示，每次客户端调用都需要重新生成实例，然后调用它。

```java
Jedis jedis = new Jedis("localhost");
```

生产环境中大多情况下，使用连接池的方式对 Jedis 连接进行管理，即所有 Jedis 对象预先放在池子（JedisPool）中，每次要连接 Redis，只需要从池子中借，用完了再归还给池子。

客户端连接 Redis 使用的是 TCP，直连的方式每次需要建立 TCP 连接，而连接池的方式可以预先初始化 Jedis 连接，所以每次只需要从 Jedis 连接池借用即可，而借用和归还操作是在本地进行的，只有少量的并发同步开销，远远小于新建 TCP 连接的开销。另外直连的方式无法限制 Jedis 对象的个数，在极端情况下可能会造成连接泄露，而连接池的形式可以有效保护和控制资源的使用。

直连与连接池方式各有优点，使用时可依据实验场景选择。

- ❑ 直连方式：存在每次新建 / 关闭的 TCP 连接的开销，资源无法控制，极端情况会出现连接泄露问题，适用于少量长期连接的场景，简单方便。
- ❑ 连接池方式：相对于直连，无须每次连接都生成 Jedis 实例，降低了开销。使用连接池的形式可以有效地保护和控制资源的使用。但相对于直连来讲，它使用较烦琐，尤其在资源的管理上需要很多参数来保证，一旦规划不合理，也会出现问题。

下面通过一个实例来进一步理解连接池的使用过程。

【例 5-18】一个简单的连接池的应用范例。

1）建立属性文件 conf.property，用于记录连接池的配置选项信息。

```
# 最大分配的对象数
#redis.pool.maxActive=1024      before JEdits2.4
redis.pool.setMaxTotal=1024
# 最大能够保持 idel 状态的对象数
redis.pool.maxIdle=200
# 当池内没有返回对象时，最大等待时间
redis.pool.maxWaitMillis=1000
# 当调用 borrow Object 方法时，是否进行有效性检查
redis.pool.testOnBorrow=true
# 当调用 return Object 方法时，是否进行有效性检查
redis.pool.testOnReturn=true
#IP
redis.ip=127.0.0.1
#Port1
redis.port6379=6379
#Port2
redis.port6381=6381redis.port=6379
```

2）单机下的 Pool 应用。

```
package redis.clients.jedis;
import java.util.ResourceBundle;
public class JeditsSinglePool {
    private static JedisPool pool;
    private static ResourceBundle bundle;

    static {
        bundle = ResourceBundle.getBundle("conf");
        if (bundle == null) {
            System.out.println("[redis.properties] is not found!");
```

```
        }
    }

    public static JedisPool getPool() {
        JedisPoolConfig config = new JedisPoolConfig();
        config.setMaxTotal(Integer.valueOf(bundle.getString("redis.pool.setMaxTotal")));
        config.setMaxIdle(Integer.valueOf(bundle.getString("redis.pool.maxIdle")));
config.setMaxWaitMillis(Long.valueOf(bundle.getString("redis.pool.maxWaitMillis")));
config.setTestOnBorrow(Boolean.valueOf(bundle.getString("redis.pool.testOnBorrow")));
config.setTestOnReturn(Boolean.valueOf(bundle.getString("redis.pool.testOnReturn")));
        pool = new JedisPool(config, bundle.getString("redis.ip"), Integer.valueOf(bundle.
getString("redis.port6379")));
        return pool;
    }

    public static void main(String[] args) {
        for (int i = 0; i < 10; i++) {
            String key = String.valueOf(Thread.currentThread().getId()) + "_" + i;
            Jedis jedis = null;
            try {
                jedis = getPool().getResource();
                System.out.println(jedis.set(key, "value" + i)+":"+key);
            } catch (Exception e) {
                e.printStackTrace();
            } finally {
                jedis.close();
            }
        }
    }
}
```

运行结果如图 5-9 所示。由于连接池只绑定了 redis.port6379，故结果只在 6379 的机器中可见。

图 5-9　单机 Pool 应用结果

3）分布式下的 Pool 应用。

【例 5-19】一个分布式 Pool 应用的例子。

```
package redis.clients.jedis;

import redis.clients.util.Hashing;
import redis.clients.util.Sharded;
```

```java
import java.util.ArrayList;
import java.util.List;
import java.util.ResourceBundle;

public class JeditsSharePool {
    static ShardedJedisPool pool;
    private static ResourceBundle bundle;

    static {
        bundle = ResourceBundle.getBundle("conf");
        if (bundle == null) {
            System.out.println("[redis.properties] is not found!");
        }
    }

    public static ShardedJedisPool getPool() {
        JedisPoolConfig config = new JedisPoolConfig();
        config.setMaxTotal(Integer.valueOf(bundle.getString("redis.pool.setMaxTotal")));
        config.setMaxIdle(Integer.valueOf(bundle.getString("redis.pool.maxIdle")));
        config.setMaxWaitMillis(Long.valueOf(bundle.getString("redis.pool.maxWait-
Millis")));
        config.setTestOnBorrow(Boolean.valueOf(bundle.getString("redis.pool.test-
OnBorrow")));
        config.setTestOnReturn(Boolean.valueOf(bundle.getString("redis.pool.test-
OnReturn")));
        List<JedisShardInfo> jdsInfoList = new ArrayList<JedisShardInfo>(2);
        JedisShardInfo infoA = new JedisShardInfo(bundle.getString("redis.ip"),
Integer.parseInt(bundle.getString("redis.port6379")));
        JedisShardInfo infoB = new JedisShardInfo(bundle.getString("redis.ip"),
Integer.valueOf(bundle.getString("redis.port6381")));
        jdsInfoList.add(infoA);
        jdsInfoList.add(infoB);
        pool = new ShardedJedisPool(config, jdsInfoList,Hashing.MURMUR_HASH, Sharded.
DEFAULT_KEY_TAG_PATTERN);
        return pool;
    }

    public static void main(String[] args) {
        for (int i = 0; i < 10; i++) {
            String key = String.valueOf(Thread.currentThread().getId()) + "_" + i;
            ShardedJedis jedis = null;
            try {
                jedis = getPool().getResource();
                System.out.println(key + ":" + jedis.getShard(key).getClient().
getHost()+":"+ jedis.getShard(key).getClient().getPort());
                System.out.println(jedis.set(key, "value"+i));
            } catch (Exception e) {
                e.printStackTrace();
            } finally {
                // pool.returnResourceObject(jds);
                jedis.close();
            }
        }
    }
}
```

运行结果如图 5-10 所示。由于连接池绑定了 redis.port6379 和 redis.port6381，共享池中采用了 Hashing.MURMUR_HASH 的模式，故结果 Hash 至 6379 和 6381 所在的机器中。

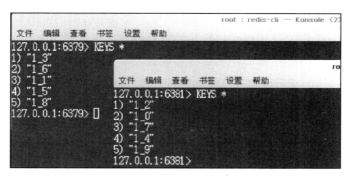

图 5-10 分布式下 Pool 应用结果

第 6 章

列族数据库

本章将介绍另外一种类型的 NoSQL 数据库：列族（Wide Column Store/Column Families）数据库。这类数据库基于列的方式对数据进行组织，但又与传统的基于列的关系数据库有较大差异。列族数据库可以存储关键字及其映射值，并且可以把值分成多个列族，每个列族代表一张数据映射表。列族数据库也有接近于传统关系型数据库的数据模型，但不支持完整的关系数据模型。它适合大规模海量数据业务按列查询的场景，分布式、并发数据处理的效率极高（并非针对所有功能），易于扩展，支持动态伸缩。

本节将以 HBase 为例进行讲解。HBase 是一个开源、分布式、版本化的非关系型数据库，其模型是由 Chang 等人在 2006 年于 Google 发表的《 Bigtable：Structured Data Storage System for Structured Data 》论文之后建立的。Apache HBase 在 Hadoop 和 HDFS 之上提供了类似 Bigtable 的功能。Bigtable 提出的主因就是为了解决 GFS 缺乏实时随机存取数据的能力和不适合存储成千上万小文件的问题，力求事先将存储的大数据拆分成特别小的条目，然后由系统将这些小记录聚合到非常大的存储文件中，并提供一些索引排序，让用户可以查找最少的磁盘就能够获取数据。

下面以 MySQL 作为关系库代表与 NoSQL 列族数据库代表 HBase 进行术语比较，如表 6-1 所示。

表 6-1　MySQL 与 HBase 术语比较

MySQL	HBase
数据库实例（Database Instance）	集群（Cluster）
数据库（Database）	键空间（KeySpace）
表（Table）	列族（Column Family）
行（Row，每行对应的列必须相同）	行键（RowKey，每行对应的列可以有差别）
列（Column，建立表时事先定义好）	列（Column，可以有依据业务需求随时增加与减少）
单元格（Cell，只有一个值，空值占用资源）	单元格（Cell，允许多个版本值，空值不占用资源）
表 Join	不建议支持表 Join

6.1　模型结构

面向列的 NoSQL 数据库可以提供比传统的关系数据库管理系统（RDBMS）更好的数据

存储能力。对于某些业务而言，面向列的数据库在某种程度上解决了数据输入 / 输出（I/O）的瓶颈问题。

基于行方式设计的 RDBMS 的数据查询，需要发送大量数据。与之相比，面向列的数据库不是先获取整行，而是按需选列。在查询只需要一行的几个字段的情况下，面向列的数据库可提供更好的解决方案。

面向列存储的数据库大多结合了 Key/Value 模式，一般具有如下特点：

❏ 模式灵活，不需要使用预先设定的模式，字段的增加和删除都非常方便。

❏ 一般支持分布式框架计算（例如 HBase 对 Map/Reduce、Spark 框架的支持）。

❏ 高可用性，扩展能力强，有一定的容灾能力。

不足的是，列族数据库不适合在不同的文档上建立事务。同时，列族数据库缺乏统一的查询语法。以 Apache HBase（下文简称 HBase）为例，它不支持 SQL 作为主要访问语言的 RDBMS，虽然提供支持本地存储的快速启动模式，也只是为了学习的方便。实际生产中，绝大多数据应用于多分布数据库模式。关系型数据库库表中值的映射关系为二维，而列族数据库库表中一个值的映射关系是多维的。可通过一组图来理解这两种数据库的关系，如图 6-1 所示。

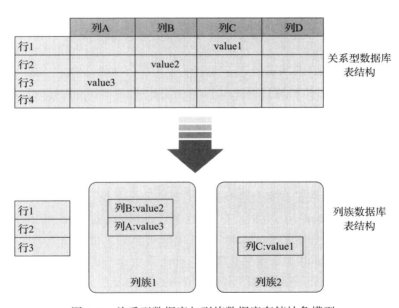

图 6-1　关系型数据库与列族数据库存储抽象模型

图 6-1 中展示了一个典型的列族数据库的数据存储模型。其中上图描述了关系库表的数据抽象模型，由 4 行（行 1、行 2、行 3、行 4）与 4 列（列 A、列 B、列 C、列 D）组成，是二维表组织形式，值的定位：行 -> 列。而且这个表数据值稀疏，尤其"行 4"一行都是空值（即没有数据值），但在关系型数据库的数据存储模型中，空值是需要占用系统资源的。图 6-1 中的下图展示了一个典型的列族数据库的表存储抽象，其中展示了两个列族（列族 1、列族 2），其中列族 1 包含两列（列 A、列 B），列族 2 包含列 C，是多维表组织形式，值的定位：行 -> 列族 -> 列。每个列族都可以对应关系型数据库的行容器来看，两者都用关键字

标识，并一行对应多个列。其中不同之处在于，列族数据库的各行不一定要具备完全相同的列，并且可以随意依据列族框架向指定行中加入列。而关系型数据库的列是在建表时已经建立好的，每一行都具有固定的列数。在图 6-1 中，所有关系表中的空值，在列族表中都没有展示，尤其行 4 对应的值全部为空值，图中没有看到行 4。而属于列族的结构信息一般存储于元数据中，故图 6-1 中，没有看到行 4 的存在。

6.2 特征

针对分布式存储集群而言，列族数据库的这种结构，在数据分片时多按列族进行切分，分配至服务器集群中，这保证了业务的紧凑性，非常适合存储经常被一起查询的一个列族，更利于业务数据的水平扩展，提高了业务的查询速度。可以说，列族数据库具备 NoSQL 数据库强大的水平扩展能力、极强的容错性，以及极高的数据承载能力。在数据表达能力上强于 Key/Value 数据库。

6.2.1 一致性

列族数据库与其他基于集群的数据库一样，分片后的数据多以多副本的形式存储于集群中。故一致性的表达上，并不像关系库那样强烈。各个列族数据库的一致性建设并不完全一致。本小节以目前较为流行的 HBase 列族数据库的产品为例，进行一致性的介绍。

HBase 官网指出 HBase 具有强大的一致读 / 写功能，主要表现在 HBase 不是"最终一致"的数据库，这使得它非常适合高速计数聚合等任务。（Strongly consistent reads/writes: HBase is not an "eventually consistent" DataStore. This makes it very suitable for tasks such as high-speed counter aggregation.）

从 HBase 工具本身讲，每个值只出现在一个 Region 中，而且同一时间一个 Region 只分配给一个 Region 服务器，行内的 mutation 操作都是原子的（原子性操作是指：如果把一个事务可看作一个程序，它要么完整地被执行，要么完全不执行）。数据在更新时首先写入 hlog 和 memstore，memstore 中的数据是有序的，当 memstore 累计到一定的阈值时，就会创建一个新的 memstore，并将老的 memstore 添加到 flush 队列，由单独的线程 flush 到磁盘上，成为一个 filestore。与此同时，系统会在 ZooKeeper 中记录一个 checkpoint，表示这个时刻之前的数据变更已经持久化了。当系统出现意外时，可能导致 memstore 中的数据丢失，此时使用 hlog 来恢复 checkpoint 之后的数据。而且，HBase 中只有增添数据，所有的更新和删除操作都是在后续的合并中进行的，用户的写操作只要进入内存就可以立刻返回，保证了数据的一致性，实现了 HBase 的高速存储。例如，put 操作要么成功，要么完全失败。由于当一台或多台 Region 服务器出现宕机或数据写入失败时，需要根据 WAL（Write-Ahead Logging）来 redo（redolog，有一种日志文件叫作重做日志文件），这时候进行 redo 的 Region 应该是不可用的，所以 HBase 降低了可用性，提高了一致性。

大生产环境中，HBase 与 HDFS 一起使用的情况很多。而 HDFS 是以文件切分成等大小的数据块，然后以流水式写入的方法实现多副本形式存储的。这时候 HBase 又是如何与 HDFS 这种存储机制进行一致性协调呢？

HBase 的存储实例 HFile（存储数据文件）基于 HDFS 存储时，首先同样 HDFS 会将 HFile 当作一个文件切成等大小数据块，以多副本（默认 3 个副本）形式存储。这样做的好处是，当一个 Region 服务器宕机或崩溃时，不用担心数据的丢失，宕机服务器上的文件块可在其他 DataNode 上找回。

HFile 已经持久化在磁盘上，而 HFile 是不能改变的（这时候暂时把删除数据的操作放到一边，相关内容请看下面的 Note），一旦在某一个 DataNode 上生成一个 HFile 后，就会异步更新到其他两个 DataNode 上，这 3 个 HFile 是一模一样的。

数据在更新时放在 Memstore 中，当 Memstore 里的数据达到阈值，或者时间达到阈值时，就会 flush 数据到磁盘上，生成 HFile，而一旦生成 HFile 就是不可改变的。当 Region 服务器出现灾难时，HBase 解决这个问题比较常见的方法是预写日志（WAL）：每次更新（也叫作"编辑"）都会写入日志，只有写入成功才会通知客户端操作成功，然后服务器可以按需自由地批量处理或聚合内存中的数据。在这个过程中，HBase 提供了一项重要的技术，即 WAL（Write-Ahead Logging，预写日志）。当灾难发生的时候，WAL 就是所需的生命线。类似于 MySQL 的 binary log，WAL 存储了对数据的所有更改。这在主存储器出现意外的情况下非常重要。如果服务器崩溃，它可以有效地回放日志，使服务器恢复到崩溃以前的状态。这也就意味着如果将记录写入到 WAL 失败时，整个操作也会被认为是失败的，同时也保障了数据的一致性。

当客户端提交删除操作的时候，数据不是真正被删除，只是做了一个删除标记（delete marker，又称母被标记），在检索过程中，这些删除标记掩盖了实际值，客户端读不到实际值，直到发生 compaction 的时候数据才会真正被删除。

6.2.2　可用性

HBase 初始使用两种策略来保障数据的可用性：数据分区，数据分布在不同的节点上；基于 HDFS 存储 HBase 上的数据，借助 HDFS 副本分配策略，保障集群中任何节点都可以使用这些数据，使 HBase 可以自动将失败节点上托管的数据重新分配给正常的节点，从而保证了数据的可用性。如果综合利用这些固有的高可用性，并结合 Hadoop 最佳实践，基于 HBase 应用的高可用性完全有可能达到 99.9%，即每年总宕机时间低于 9 小时。

随着信息的膨胀，人们对 HBase 的扩展性或者数据处理灵活性要求越来越高，在享受 HBase 提供数据一致性的同时，期望宕机恢复时间也同时缩短。为此，对 HBase 的高可用性进行大幅度改进，Hortonworks 与 HBase 社区通力合作，通过引入时间轴一致区域副本技术（也称 HBase 读高可用性，参见官网 74 节），极大地提高了 HBase 的高可用性。在此模型中，对于表的每个区域（Region），将有多个副本在不同的 Region 服务器中打开。默认情况下，区域复制设置为 1，因此只部署了一个区域副本，并且不会对原始模型进行任何更改。如果区域复制设置为 2 或更多，则主服务器将分配表的区域的副本。负载均衡器可确保区域副本不在同一区域服务器中共存，也可在同一机架中共存（如果可能）。利用 HBase 读高可用性，如果一个 Region 服务器失败后，用户仍然可以从其他 Region 服务器上读取失败节点上的数据。也就是说，在系统自动恢复期间，用户只是失去了该节点的写可用性，但仍然可以读取该节点的数据。时间轴一致性兼顾了强一致性和故障时降级的需求，可以在不增加开发人员处理最终一致性系统复杂度的情况下，得到更高的可用性。对于那些需要持续可读并且保持读一致性的应用来说，HBase 的读高可用性特性是一个理想的选择。

6.2.3　可扩展性

HBase 支持线性和模块化缩放的功能，如 HBase 集群可通过商用服务器对 RegionServer 进行扩展。例如，如果一个集群从 10 个扩展到 20 个 RegionServer 节点，则它在存储和处理能力方面也将翻一番。而一个 RDBMS 虽然也可以很好地扩展，但只能按点一个一个扩展，且为了获得最佳性能，需要通过专门的硬件和存储设备实现。

6.3　HBase 应用

从技术上讲，HBase 实际上更像是"数据存储"而不是"数据库"，因为它缺少在 RDBMS 中找到的许多功能，例如类型列、二级索引、触发器和高级查询语言等。HBase 有下述特点。

1. Key/Value 形式数据存储

HBase 中存储数据的数据块（data block）是 HBase I/O 的基本单元，每个数据块除了开头的 Magic 以外就是一个个 Key/Value 对拼接而成，Magic 内容就是一些随机数字，目的是防止数据损坏。每个 Key/Value 对的内部结构如图 6-2 所示。

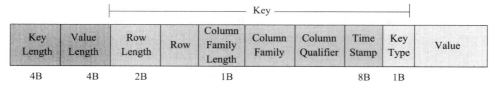

图 6-2　Key/Value 内部结构

开始是两个固定长度的数值，分别表示 Key 的长度和 Value 的长度。紧接着是 Key，先是固定长度的数值，表示 RowKey 的长度，紧接着是 RowKey，然后是固定长度的数值，表示 Family 的长度，然后是 Family，接着是 Qualifier，然后是两个固定长度的数值，表示 Time Stamp 和 Key Type（Put/Delete）。Value 部分没有这么复杂的结构，就是纯粹的二进制数据。

2. 模式灵活

HBase 行中没有保存数据的列或单元格是不占用存储空间的，而且一张表中列族对应的列可随着插入数据的业务变化而变化，每行列可以有差别。此外，HBase 将随机读写转化为顺序读写，适应高并发写入，读写性能和机器数保持线性相关。

3. 支持 Map/Reduce 的计算

HBase API 提供了与 MapReduce 框架交互的接口描述，详见 6.5 节。

4. 高可用，可扩展

HBase 可以说是 BigTable 的克隆版。它的项目目标是可在普通商用服务器的硬件集群上托管达到数十亿行 × 数百万列的非常大的表，并且可以实现对大数据进行随机的、实时的

读 / 写操作。这弥补了 HDFS 虽然擅长大数据存储但不适合小条目存取的不足，更加方便了项目数据读取的应用。但 HBase 不会支持 SQL 作为其主要访问语言，它缺少在 RDBMS 中具有的一些细致的功能，比如键入列、二级索引、触发器和高级查询语言等。

6.3.1　HBase 数据模型

HBase 中，数据存储在具有行和列的表中。这似乎与关系数据库（RDBMS）类似，但其实不是这样的。关系库通过行与列确定一个要查找的值，而在 HBase 中通过行键、列（列族：列限定符）和时间戳来查找一个确定的值。下面，通过官网（/hbase-1.2.6/docs/book.html#datamodel）所给例子中的数据来理解 HBase 表的存储结构，其中数据逻辑存储结构如图 6-3 所示。

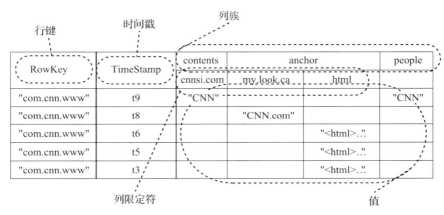

图 6-3　HBase 表数据逻辑展示

图 6-3 展示了 HBase 中的一张表，由行键、列族：列限定符、时间戳和值组成，一个值的确定过程为：行键 -> 列族：列限定符 -> 时间戳（版本）-> 值。这张表描述了 com.cnn.www 网站中一个名为 webtable 的表的部分数据。

HBase 库表由多行组成，行由行键的值来组成，图 6-3 中 RowKey 对应的数据 com.cnn.www，即代表表中的一行，且表中的行键是唯一指定的值。每个行键可以对应多个列（列族：列限定符），图 6-3 中有 3 个列族：contents、anchor 和 people。每个列族下面可以有成千上万个列限定符，图中列族 contents 下有一个列限定符 cnnsi.com；anchor 列族下有两个列限定符 my.lock.ca 和 html；列族 people 下是空列，即在 HBase 中没有数据。由行键与列指定的为单元，一个单元中可以有多个版本的数据，这与关系库不同，关系库表中行与列仅确定一个值。图 6-3 中时间戳对应的 t9、t8 等表示表格中每一个值对应的版本，每个版本对应一个值，空值在系统中不占用任何资源。

在学习 HBase 之前，通过对 HBase 概念视图和物理视图的学习，进一步理解与 HBase 表存储数据模式相关的术语。

1. 概念视图

在 HBase 中，从概念层面来讲，图 6-4 中展现的是由稀疏的行组成的表，期望按列族（contents、anchor 和 people）物理存储，并且满足可随时将新的列限定符（cssnsi.com、 my.look.ca、html 等）添加到现有的列族中。每一个值都对应一个时间戳，每一行 RowKey 里的值相同。我们可以将这样的表想象成一个大的映射关系，通过行键、行键 + 时间戳或行键 + 列（列族：列修饰符），就可以定位指定的数据。由于 HBase 是稀疏存储数据的，所以某些列可以是空白的。可以把这种关系用一个逻辑视图来表示，如图 6-4 所示。

行键 （RowKey）	时间戳 （TimeStamp）	名为contents的列族 （Column Family contents）	名为anchor的列族 （Column Family anchor）
"com.cnn.www"	t9		anchor:cnnsi.com="CNN"
	t8		anchor:my.look.ca="CNN.com"
	t6	contents:html="<html>…"	
	t5	contents:html="<html>…"	
	t3	contents:html="<html>…"	

图 6-4　HBase 表数据概念视图示意图

在解析图 6-4 所示的表中数据模型前，先定义几个概念。

❑ 表格（Table）：在架构表时，需要预先声明。

❑ 行键（RowKey）：行键是数据行在表中的唯一标识，并是检索记录的主键。图 6-3 中" com.cnn.www "就是行键的值。一个表中会有若干个行键，且行键的值不能重复。行键按字典顺序排列，最低的顺序首先出现在表格中。按行键检索一行数据，可以有效地减少查询特定行或指定行范围的时间。在 HBase 中访问表中的行只有三种方式：①通过单个行键访问；②按给定行键的范围访问；③进行全表扫描。行键可以用任意字符串（最大长度为 64KB）表示并按照字典顺序进行存储。对于经常一起读取的行，需要对行键的值进行精心设计，以便将它们放在一起存储。

❑ 列（Column Family: qualifier）：列族（Column Family）和表格一样需要在架构表时被预先声明，列族前缀必须由可打印的字符组成。从物理上讲，所有列族成员一起存储在文件系统上。Apache HBase 中的列限定符（qualifier）被分组到列族中，不需要在架构时间定义，可以在表启动并运行时动态变换列。例如，图 6-3 中 contenes 和 anchor 就是列族，而它们对应的列限定符（html、cnnsi.com、my.lock.ca）在插入值时定义插入即可。

❑ 单元格（Cell）：一个 {row，column，version} 元组精确地指定了 HBase 中的一个单元格。

❑ 时间戳（TimeStamp）：默认取平台时间，也可自定义时间，是一行中列指定的多个版本值中一个值的版本标识，如由 {com.cnn.www, contents:html} 确定三个值，这三个值可以称作值的三个版本，而这三个版本分别对应的时间戳的值为 t6、t5、t3。

❑ 值（Value）：由 {row，column，version} 确定，如值 CNN 由 {com.cnn.www, anchor: cnnsi.com, t9} 确定。

2. 物理视图

需要注意的是，图 6-3 中 people 这个列族在图 6-4 中并没有表现，原因是在 HBase 中没有值的单元格并不占用内存空间。HBase 是按照列存储的稀疏行 / 列矩阵，物理模型实际上就是把概念模型中的行进行切割，并按照列族存储，在进行数据设计和程序开发的时候必须牢记这一点。

图 6-4 的逻辑视图在物理存储的时候应该表现的模式如图 6-5 所示。

行键 （RowKey）	时间戳 （TimeStamp）	名为anchor的列族 （Column Family anchor）
"com.cnn.www"	t9	anchor:cnnsi.com="CNN"
	t8	anchor:my.look.ca="CNN.com"

行键 （RowKey）	时间戳 （TimeStamp）	名为contents的列族 （Column Familycontents）
"com.cnn.www"	t6	contents:html="<html>..."
	t5	contents:html="<html>..."
	t3	contents:html="<html>..."

图 6-5　HBase 表数据物理存储结构视图示意图

从图 6-5 中可以看出表中的空值是不被存储的，所以查询时间戳为 t8 的 contents:html 将返回 null，同样查询时间戳为 t9，anchor:my.lock.ca 的项也返回 null。如果没有指明时间戳，那么应该返回指定列的最新数据值，并且最新的值在表格里也是最先找到的，因为它们是按照时间排序的。所以，如果查询 contents: 而不指明时间戳，将返回 t6 时刻的数据；查询 anchor: 的 my.look.ca 而不指明时间戳，将返回 t8 时刻的数据。这种存储结构还有一个优势，即可以随时向表中的任何一个列族添加新列，而不需要是事先说明。

总之，HBase 表中最基本的单位是列（column）。一列或多列形成一行（row），并由唯一的行键（RowKey）来确定存储。反过来，一个表（Table）中有若干行，其中每列可能有多个版本，在每一个单元格（Cell）中存储了不同的值。

一行由若干列组成，若干列又构成一个列族（Column Family），这不仅有助于构建数据的语义边界或者局部边界，还有助于给它们设置某些特性（如压缩），或者指示它们存储在内存中。一个列族的所有列都存储在底层的同一个存储文件里，这个存储文件叫作 HFile。

建议列族在表创建时就定义好，并且不能修改得太频繁，数量也不能太多。在当前的实现中有少量已知的缺陷，这些缺陷使得列族数量只限于几十个，实际情况可能还小得多，且列族名必须由可打印字符组成。

6.3.2　HBase 体系结构

HBase 的服务器体系结构遵从简单的主从服务器架构，它由 HRegin 服务器（HRegion Server）群和 HBase Master 服务器（HBase Master Server）构成。其中 HBase Master 服务器相当于集群的管理者，负责管理所有的 HRegion 服务器，而 HRegin 服务器相当于管理者下的众多员工。HBase 中所有的服务器都通过 ZooKeeper 来进行协调，ZooKeeper 还处理 HBase 服务器运行期间可能遇到的错误。HBase Master 服务器本身并不存储 HBase 中的任何数据，HBase 逻辑上的表可能会被划分成多个 HRegion，然后存储到 HRegion 服务器群中。HBase Master 服务器中存储的是从数据到 HRegion 服务器的映射。HBase 体系结构如图 6-6 所示。

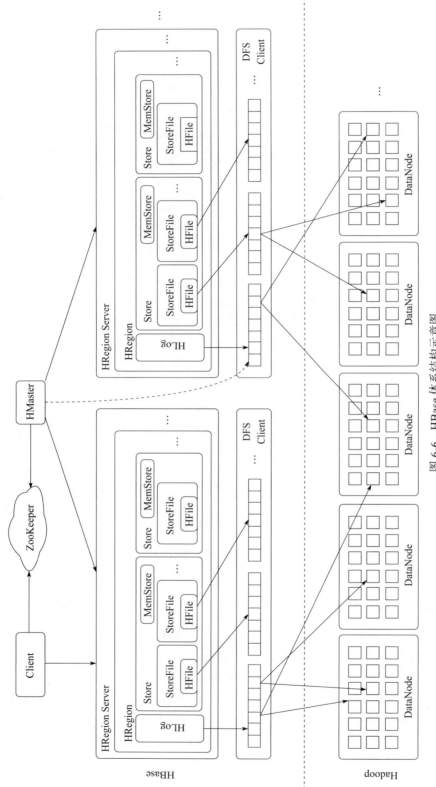

图 6-6　HBase 体系结构示意图

由图 6-6 看到，HBase 中有 3 个主要组件：Client、一台 HMaster、多台 HRegion Server。在实际工作中，HBase 集群可以动态地增加和移除 HRegion Server，以适应不断变化的负载。HMaster 主要负责利用 Apache ZooKeeper 为 HRegion Server 分配 Region，Apache ZooKeeper 是一个可靠的、高可用的、持久化的分布式协调系统。其中一台 HRegion Server 中可以拥有多个 HRegion，一个 HRegion 中可以有多个 Store，每个 Store 里有一个 MemStore 和多个 StoreFile。

1. Client

HBase Client 使用 HBase 的 RPC 机制与 HMaster 和 HRegion Server 进行通信，对于管理类操作，Client 与 HMaster 进行 RPC；对于数据读写类操作，Client 与 HRegion Server 进行 RPC。HBase Client 通过 meta 表找到正在服务中的所感兴趣的 RegionServer，找到所需的 Region 后，Client 联系为该 Region 服务的 RegionServer，而不是 Master，并发出读取或写入的请求。该信息被缓存在 Client 端，方便后继的请求不需要经过查找过程而直接使用。如果 Region 由主负载平衡器重新分配或 RegionServer 已经死亡，则客户机将重新查询目录表以确定用户 Region 的新位置。

2. Apache ZooKeeper

ZooKeeper 是 Apache 软件基金会旗下的一个独立开源系统，它是 Google 公司为解决 BigTable 中问题而提出的 Chubby 算法的一种开源实现。它提供了类似文件系统一样访问目录和文件（称为 znode）的功能，通常分布式系统利用它协调所有权、注册服务、监听更新。

每台 Region 服务器在 ZooKeeper 中注册一个自己的临时节点，主服务器会利用这些临时节点来发现可用服务器，还可以利用临时节点来跟踪机器故障和网络分区。在 ZooKeeper 服务器中，每个临时节点都属于某一个会话，这个会话是客户端连接上 ZooKeeper 服务器之后自动生成的。每个会话在服务器中有一个唯一的 id，并且客户端会以此 id 不断地向 ZooKeeper 服务器发送"心跳"，一旦发生故障 ZooKeeper 客户端进程死掉，ZooKeeper 服务器会判定该会话超时，并自动删除属于它的临时节点。

HBase 还可以利用 ZooKeeper 确保只有一个主服务器在运行，存储用于发现 Region 的引导位置，作为一个 Region 服务器的注册表，以及实现其他目的。ZooKeeper 是一个关键组成部分，没有它，HBase 就无法运作。ZooKeeper 使用分布式的一系列服务器和 Zab 协议（确保其状态保持一致）减轻了应用上的负担。

3. HMaster

HMaster 是主服务器的实现，主服务器负责监视集群中所有的 RegionServer 实例，并且是所有元数据更改的接口。在分布式集群中，主节点通常在 NameNode 上运行。

4. HRegion Server

所有的数据库数据一般都保存在 Hadoop HDFS 分布式文件系统上，用户通过一系列 HRegion Server 获取这些数据，一台机器上一般只运行一个 HRegion Server，且每一个区段的 HRegion 也只会被一个 HRegion Server 维护。HRegion Server 数据存储关系如图 6-7 所示。

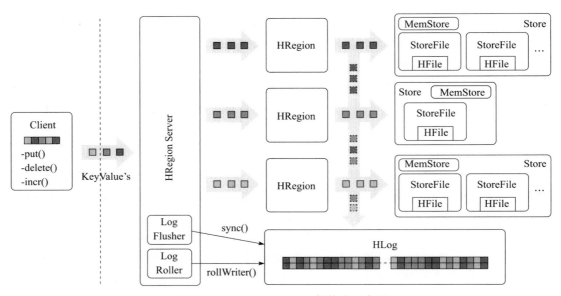

图 6-7　HRegion Server 组件构成示意图

HRegion Server 主要负责响应用户 I/O 请求，向 HDFS 文件系统中读写数据，它是 HBase 中最核心的模块。

HRegion Server 内部管理了一系列 HRegion 对象，每个 HRegion 对应 Table 中的一个 Region，HRegion 中由多个 HStore 组成。每个 HStore 对应 Table 中的一个 Column Family 的存储，可以看出每个 Column Family 其实就是一个集中的存储单元，因此最好将具备共同 I/O 特性的 column 放在一个 Column Family 中，这样最高效。

5. HRegion

对用户来说，每个表都是一堆数据的集合，靠主键 RowKey 来区分，且 RowKey 是系统内部按顺序排序的。当 HBase 中表的大小超过设置值的时候，HBase 会使用中间的 RowKey 键将表水平切割成两个 Region，如图 6-8 所示。

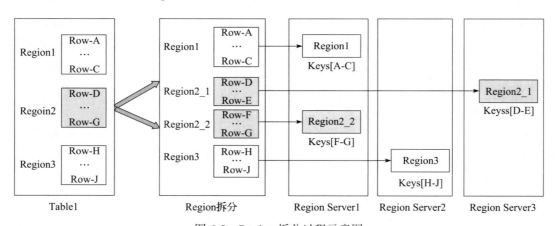

图 6-8　Region 拆分过程示意图

从物理上来讲，HBase 中建立的表最初是一个 Region，随着表记录数的增加，表内容所占资源增加，当增加到指定阈值时，一个表被拆分成两块，每一块就是一个 HRegion。依此类推，随着表记录数的不断增加而使表变大后，表会逐渐分裂成若干个 HRegion。图 6-8 中展示的截取 Table1 为三个 Region 时，随着 RowD ~ RowG 范围值的增加，当该 Region 值达到阈值时，会按中间键对该 Region 进行拆分，生成两个新的 Region，RowKey 范围分别是 RowD ~ RowE，RowF ~ RowG。每个 HRegion 会保存一个表里面某段连续的数据，从开始主键到结束主键，一张完整的表格保存在多个 HRegion 上面，即每个 Region 由 [startkey, endkey] 表示。不同的 Region 会被 Master 分配给相应的 RegionServer 进行管理。可以说 Region 是分布式存储的最小单位。Region 的层次关系如下所示。

```
Table                         (HBase 表)
    Region                    (多个 Region 组成 Table)
        Store                 (存储在 Table 中的一个 Region 中存储一个 Column Family)
            MemStore          (每个 Region 中每个 Store 有一个 MemStore)
            StoreFile         (每个 Region 中每个 Store 有多个 StoreFile)
                Block         (每个 Store 中的一个 StoreFile 中有多个 Block)
```

一个 HBase 大表里由多个 Region 组成，每个 Region 由多个 HStore 组成，每个 HStore 又由一个 MemStore 和多个 StoreFile 组成，最后 StoreFile 存于 HDFS 时会被拆分成多个 Block。

6. HStore

HStore 是 HBase 存储的核心，它由两部分组成，一部分是 MemStore，一部分是 StoreFile。MemStore 是有序内存缓存，用户写入的数据首先会放入 MemStore，当 MemStore 满了以后会 Flush 成一个 StoreFile（底层实现是 HFile），当 StoreFile 文件数量增长到一定阈值，会触发 Compact 合并操作，将多个 StoreFile 合并成一个 StoreFile。合并过程中会进行版本合并和数据删除，因此可以看出 HBase 其实只有增加数据，所有的更新和删除操作都是在后续的合并过程中进行的。这使用户的写操作只要进入内存中就可以立即返回，保证了 HBase I/O 的高性能。当 StoreFile 合并后，会逐步形成越来越大的 StoreFile，当单个 StoreFile 大小超过一定阈值后，会触发 Split 操作，同时把当前 Region 拆分成两个 Region，父 Region 会下线，新拆分出的两个子 Region 会被 HMaster 分配到相应的 HRegion Server 上，使原先一个 Region 的压力得以分流到两个 Region 上。

7. HLog

在理解上述 HStore 的基本原理后，还必须了解一下 HLog 的功能，因为上述的 HStore 在系统正常工作的前提下是没有问题的，但是在分布式系统环境中，无法避免系统出错或者宕机，因此一旦 HRegion Server 意外退出，MemStore 中的内存数据将会丢失，这就需要引入 HLog 了。每个 HRegion Server 中都有一个 HLog 对象，HLog 是一个实现 Write-Ahead Logging 的类，在每次用户操作写入 MemStore 的同时，也会写一份数据到 HLog 文件中（HLog 文件格式见后续），HLog 文件定期会滚动出新的，并删除旧的文件（已持久化到 StoreFile 中的数据）。当 HRegion Server 意外终止后，HMaster 会通过 ZooKeeper 感知到，HMaster 首先会处理遗留的 HLog 文件，将其中不同 Region 的 Log 数据进行拆分，分别放到相应 Region 的目录下，然后再将失效的 Region 重新分配，领取到这些 Region 的 HRegion

Server 在 Load Region 的过程中，会发现有历史 HLog 需要处理，因此会 Replay HLog 中的数据到 MemStore 中，然后 flush 到 StoreFile，完成数据恢复。

6.3.3 HBase 基本 Shell 操作

HBase 提供了 Shell 命令行，功能类似于 Oracle、MySQL 等关系库的 SQL Plus 窗口，用户可以通过命令行模式进行创建表、新增和更新数据，以及删除表的操作。

HBase Shell 使用 Ruby 的 IRB 实现命令行脚本，IRB 中可做的事情在 HBase Shell 中也可以完成。HBase 服务启动后，通过以下命令就可以运行 Shell 模式，输入 help 并按回车键能够得到所有 Shell 命令和选项参考命令如下。

```
$ hbase shell
Hbase(main):001:0> help
```

浏览帮助文档可以看到每个具体的命令参数的用法（变量、命令参数）；特别注意怎样引用表名、行键、列名等。由于 HBase Shell 是基于 Ruby 实现的，因此在使用过程中可以将 HBase 命令与 Ruby 代码混合使用。

1. HBase Shell 启动

在保证 HBase 服务已经启动的情况下，进入 HBase Shell 窗口，参考命令如下。

```
$ hbase shell
HBase Shell; enter 'help<RETURN>' for list of supported commands.
Type "exit<RETURN>" to leave the HBase Shell
Version 1.2.5, rd7b05f79dee10e0ada614765bb354b93d615a157, Wed Mar  1 00:34:48
CST 2017
```

List 命令查看当前 HBase 下的表格，由于还没有建表，故结果显示如下：

```
hbase(main):001:0> list
TABLE
0 row(s) in 0.4800 seconds
```

0 row(s) 表示目前 HBase 中表的数据为 0，即没有表存在。

2. HBase Shell 通用命令

在 HBase 中，通用命令对于了解 HBase 情况很有用处，下面列出一些常用命令，如表 6-2 所示。

表 6-2　HBase Shell 通用命令列表

命令名	命令描述	举例
Status	提供有关系统状态的详细信息，如集群中存在的服务器数量、活动服务器计数和平均负载值	hbase> status hbase> status 'simple'
Version	在命令模式下显示当前使用的 HBase 版本	hbase> version
Table_help	提供不同的 HBase Shell 命令用法及其语法的帮助信息	hbase> table_help
Whoami	从 HBase 集群返回当前的 HBase 用户信息	hbase> Whoami

用户通过这些通用命令，可以对 HBase 的版本、集群状态及当前用户组，甚至一般命令的帮助信息有所了解，进而正确理解和使用当前版本 HBase。

3. HBase Shell 表管理命令

HBase Shell 表管理命令是指表的建立、查询、删除以及表结构的更改的相关命令。下面列出一些常用的命令，如表 6-3 所示。

表 6-3　HBase Shell 表管理命令列表

命令名	命令描述	举例
Create	创建表	hbase> create 'tablename', 'fam1', 'fam2'
List	显示 HBase 中存在或创建的所有表	hbase>list
Describe	描述了指定表的信息	hbase>describe 'tablename'
Disable	禁用指定的表	hbase>disable 'tablename'
disable_all	禁用所有匹配给定条件的表	hbase>disable_all<"matching regex"
Enable	启用指定的表，如恢复被禁用的表	hbase>enable 'tablename'
show_filters	显示 HBase 中的所有过滤器	hbase>show_filters
Drop	删除 HBase 中禁用状态的表	hbase>drop 'tablename'
drop_all	删除所有匹配给定条件且处于禁用的表	Hbase>drop_all<"regex">
Is_enabled	验证指定的表是否被启用	hbase>is_enabled 'tablename'
alter	改变列族模式	hbase> alter 'tablename', VERSIONS=>5

4. HBase Shell 表操作命令

HBase Shell 表操作命令是指表内容的建立、查询、删除等操作的相关命令。现列出一些常用的命令，具体情况如表 6-4 所示。

表 6-4　HBase Shell 表操作命令列表

命令名	命令描述	举例
count	检索表中行数的计数	hbase> count 'tablename', CACHE =>1000
put	向指定表单元格中插入数据	hbase> put 'tablename', 'rowname', 'columnvalue', 'value'
get	按行获取指定条件的数据	hbase> get 'tablename', 'rowname', 'fam1', {COLUMN => 'c1'}
delete	删除定义行或列中单元格值	hbase> delete 'tablename', 'row name', 'column name'
deleteall	删除给定行中的所有单元格	hbase> deleteall 'tablename', 'rowname'
truncate	截断 HBase 表	hbase> truncate 'tablename'
scan	按指定范围扫描整个表格内容	hbase>scan 'tablename', {RAW=>true, VERSIONS=>1000}

5. HBase Shell 应用举例

通过以上的学习，我们对 HBase Shell 命令有了初步的了解。下面通过一些示例进一步理解 HBase Shell 应用的具体过程。

【例 6-1】建立一张表，表名为 testtable，同时建立一个名为 fam1 的列族。

```
hbase(main):002:0> create 'testtable','fam1'
0 row(s) in 3.3670 seconds
=> Hbase::Table - testtable
```

【例 6-2】用 list 命令查询表 testtable 是否建立成功。

```
hbase(main):002:0> list
TABLE
testtable
1 row(s) in 0.0710 seconds
```

【例 6-3】表中每一行需要有自己的 RowKey 值，如行键 myrow-1 和行键 myrow-2 分别代表不同的行，把新增数据添加到这两个不同的行中。向已有的表 testtable 中名为 faml 的列族下，添加 coll、col2、col3 三个列，如 faml:coll、faml:col2 和 faml:col3。每一列中分别插入 value-1、value-2、value-3 的值。

```
hbase(main):003:0> put 'testtable','myrow-1','fam1:col1','value-1'
0 row(s) in 0.4230 seconds
hbase(main):004:0> put 'testtable','myrow-2','fam1:col2','value-2'
0 row(s) in 0.0320 seconds
hbase(main):005:0> put 'testtable','myrow-2','fam1:col3','value-3'
0 row(s) in 0.0180 seconds
```

【例 6-4】采用 scan 命令，查看表 testable 中的所有数据。

```
hbase(main):006:0> scan 'testtable'
ROW               COLUMN+CELL
myrow-1    column=fam1:col1, timestamp=1478750485946, value=value-1
myrow-2    column=fam1:col2, timestamp=1478750530103, value=value-2
myrow-2    column=fam1:col3, timestamp=1478750553210, value=value-3
2 row(s) in 0.1450 seconds
```

---

timestamp（时间戳）

　　该例中显示一个名为 timestamp 的时间戳，它记录了对应值（如 value-1）插入的时刻，该时刻默认由当前系统时间计算而来。这也是 HBase 集群中需要配置时间同步的原因之一，否则系统在运行时会出现很奇怪的现象。时间戳也可以通过手动来进行设置。

【例 6-5】删除表 testtable 中行键为 myrow-2、列为 fam1:col2 的行。

```
hbase(main):007:0> delete 'testtable','myrow-2','fam1:col2'
```

【例 6-6】通过 disable 和 drop 命令删除 testtable 表。

```
hbase(main):008:0> disable 'testtable'
hbase(main):010:0> drop 'testtable'
```

【例 6-7】退出 HBase Shell。

```
hbase(main):011:0> exit
```

6.3.4　HBase 压缩

　　HBase 支持几种不同的压缩算法，可以在列族上启用。数据块编码试图限制密钥中信息的重复，利用 HBase 的一些基本设计和模式，例如排序的行键和给定表的模式。压缩器减少了单元中大型不透明字节数组的大小，并且可以显著减少存储未压缩数据所需的存储空间。

　　压缩器和数据块编码可以在同一列族上一起使用。其中块压缩支持 none、Snappy、LZO、LZ4 和 GZ 类型，数据块编码类型支持 Prefix、Diff、Fast Diff 和 Prefix Tree 类型。

　　《HBase: The Definitive Guide》的 11.3 节中指出：Google 在 2005 年发布的压缩算法比较信息如表 6-5 所示。

表 6-5　HBase 压缩算法的比较

算法	% 压缩比	压缩	解压
GZIP	13.4%	21 MB/s	118 MB/s
LZO	20.5%	135 MB/s	410 MB/s
Zippy/Snappy	22.2%	172 MB/s	409 MB/s

虽然该数据的时间比较久远，但是它们仍然能够展现每种压缩算法的特点。而且，有一些算法拥有更好的压缩率，而另一些算法拥有更快的编码速度和非常快的解码速度。用户最好根据实际情况选择一个最适合的压缩算法。

从 HBase 2.0.0 开始，HBase 增加了内存压缩（A.K.A Accordion）功能，在 Accordion 的 Apache HBase 文章《Accordion: HBase Breathes with In-Memory Compaction》中对内存压缩描述如下："Accordion 将 LSM 主体（Log-Structured-Merge Tree，HBase 所基于的设计模式）重新应用于 MemStore，消除仍保留在 RAM 中的冗余数据和其他开销，减少刷写 HDFS 的频率，从而减少写入和整个磁盘占用空间。由于刷写次数较少，因此 MemStore 溢出时写入操作停止的频率降低，写入性能得到改善。磁盘上的数据减少，对块缓存的压力降低，命中率提高，最终读取响应时间变长。最后，具有较少的磁盘写入也意味着在后台发生较少的压缩，即从生产（读取和写入）工作中引入的循环较少。总而言之，内存压缩的效果可以被设想为催化剂，使系统整体上移动得更快。"有兴趣了解 Accordion 算法设计原理的读者可参考 Anastasia Braginsky 等人发表的文章《Developer View of In-Memory Compaction》。

如果要启用 HBase 的内存压缩，需要在操作的每个列族上设置 IN_MEMORY_COMP-ACTION 属性，共提供了 4 个属性值。

❑ NONE：没有内存压缩。

❑ BASIC：基本策略允许刷写（flushing）并保持一个刷写管道（a pipeline of flushes），直到跳过管道最大阈值，然后刷写到磁盘。如果没有内存压缩，可以提高吞吐量，因为数据从本地大量并发跳过列表映射的数据类型转移到更紧凑（和高效）的数据类型。

❑ EAGER：这是基本的策略加上内存压缩的刷写（很像是对 HFile 进行的磁盘上压缩）；在压缩时，应用磁盘规则来消除版本、重复、TTL、单元格等。

❑ ADAPTIVE：自适应压缩适应工作负载。根据数据中重复单元格的比例应用索引压缩或数据压缩实验。

【例 6-8】在 radish 表中的 info 列族上启用 BASIC 策略的内存压缩策略，请禁用该表并将该属性添加到 info 列族，然后重新启用。

```
hbase(main):002:0> disable 'radish'
Took 0.5570 seconds
hbase(main):003:0> alter 'radish', {NAME => 'info', IN_MEMORY_COMPACTION => 'BASIC'}
Updating all regions with the new schema...
All regions updated.
Done.
Took 1.2413 seconds
```

```
hbase(main):004:0> describe 'radish'
Table radish is DISABLED
radish
COLUMN FAMILIES DESCRIPTION
{NAME => 'info', VERSIONS => '1', EVICT_BLOCKS_ON_CLOSE => 'false', NEW_VERSION_
BEHAVIOR => 'false', KEEP_DELETED_CELLS => 'FALSE', CACHE_DATA_ON_WRITE => 'false', DATA_
BLOCK_ENCODING => 'NONE', TTL => 'FOREVER', MIN_VERSIONS => '0', REPLICATION_SCOPE =>
'0', BLOOMFILTER => 'ROW', CACHE_INDEX_ON_WRITE => 'false', IN_MEMORY => 'false', CACHE_
BLOOMS_ON_WRITE => 'false', PREFETCH_BLOCKS_ON_OPEN => 'false', COMPRESSION => 'NONE',
BLOCKCACHE => 'true', BLOCKSIZE => '65536', METADATA => {
'IN_MEMORY_COMPACTION' => 'BASIC'}}
1 row(s)
Took 0.0239 seconds
hbase(main):005:0> enable 'radish'
Took 0.7537 seconds
```

🗣 **注意**

内存压缩在数据流动较大时效果最佳，如果写入数据较单一，启用内存压缩则可能会拖动写入吞吐量，增加 CPU 的耗用。建议在部署到生产环境之前进行测试和比较，然后确定是否使用内存压缩的功能。

6.3.5　可用客户端 Java

Apache HBase 提供了客户端的 API 用于满足用户应用参考，这些 API 原生由 Java 编写。但是，同时 Apache HBase 也可以使用多个外部 API，可通过非 Java 语言和自定义协议访问 Apache HBase，如 C/C++、Python、Scala 等，本节主要针对 Java 的开发进行说明。

无论通过 Eclipse 还是 IDEA 等能够编译 Java 的工具，若要实现 HBase 的 Java 客户端调用，需要将用到的 HBase 的 Jar 包导入 Java 项目工程中。HBase Jar 包位于｜$HBASE_HOME\lib｜路径下。工程准备好以后，就可以编写 HBase 的程序了。本节所涉及的 Java 调用 HBase 相关的 API 端口包含于 HBase 工具包 org.apache.hadoop.hbase.client 中，这里主要描述 Admin 与 Table 接口的应用过程，其他内容用户可自行查阅 API 文档，该文档位于 HBase 解压包的｜$HBASE_HOME\ docs\apidocs｜路径下。

1. 管理表结构

Apache HBase 与其他数据一样，不管是什么结构，最终都是由一张表或多张表组成。表中按数据库自身的设计模式进行有用信息的存储。表的建立与结构的管理除了用 HBase Shell 操作外，还可使用 Apache HBase API 提供的功能来实现。

其中管理表结构的大体步骤如下：

❏ 第 1 步：获取 HBase 集群资源信息。

❏ 第 2 步：创建连接。

❏ 第 3 步：创建 Admin 实例。

❏ 第 4 步：添加列族描述符到表描述符中。

❏ 第 5 步：表维护。如果是创建表，调用建表方法 createTable；如果是修改表，则调用修改表的方法 modifyTable。

❑ 第 6 步：检查表是否可用或者修改成功。

❑ 第 7 步：关闭打开的资源。

（1）获取 HBase 集群资源信息

HBase 集群资源信息可通过 org.apache.hadoop.hbase 包下的 HBaseConfiguration 类继承自 Hadoop 的包 org.apache.hadoop.conf 下的 Configuration 类，它将 HBase 配置文件信息添加到 Configuration 中。该类提供了两个构造方法：

```
HBaseConfiguration()
HBaseConfiguration(org.apache.hadoop.conf.Configuration c)
```

在 HBaseConfiguration 类的源码的注释中已经明确，实例化 HBaseConfiguration() 已被弃用，请用 HBaseConfiguration 的 create() 方法来构造一个普通的配置，即

```
Configuration conf = new HBaseConfiguration();
```

已经弃用，建议使用：

```
Configuration conf = HBaseConfiguration.create();
```

其中建立的 conf 实例记录了集群中默认配置值和在 hbase-site.xml 配置文件中重写的属性，以及一些用户提交的可选配置等。在 conf 发挥作用前（如建立 admin 实例或 table 实例前），用户可以通过代码重写一些配置，例如：

```
conf.set("hbase.zookeeper.quorum", "master");          // 重写 ZooKeeper 的可用连接地址
conf.set("hbase.zookeeper.property.clientPort", "2181");// 重写 ZooKeeper 的客户端端口
```

尤其是一些读者在 Windows 系统下用 Eclipse 等工具进行 HBase API 项目代码编写时，调用虚拟机里的 HBase 集群环境运行代码，尤为方便。

（2）创建连接的工厂

自 0.99.0 版本开始，HBase 建议应用 ConnectionFactory 类通过第 1 步建立的 conf 实例建立连接对象，通过新建立的对象调用相应的表管理功能，管理表等相应的信息。资源使用完成时，调用者需要在返回的连接实例上调用 Connection 连接的 close() 方法释放资源，示例代码如下：

```
Connection connection = ConnectionFactory.createConnection(config);
    Admin admin = connection.getAdmin();
    try {
        // admin 相应操作代码
    } finally {
        admin.close();
        connection.close();
    }
}
```

（3）创建 Admin 实例

Admin 接口从 0.99.0 版本开始启用，是 HBase 的管理 API。它通过 Connection.getAdmin() 方法获取一个实例，应用结束时需要调用 close() 方法。Admin 可用于创建、删除、列出、启用和禁用表，以及添加和删除表列族和其他管理操作。在 0.99.0 的老版本中，用户采用 HBaseAdmin，通过它的构造方法进行实例的创建，例如：

```
HBaseAdmin admin = new HBaseAdmin(conf);    //0.99.0之前老版本的写法
//0.99.0之后新版本的写法
Connection connection = ConnectionFactory.createConnection(conf);
Admin admin = connection.getAdmin();
```

（4）添加列族描述符到表描述符中

表描述用于记录 HBase 表的详细信息。通过 HTableDescriptor 类的构造方法建立表描述的实例，通过实例下的方法进行表描述的操作。该类实现了 Hadoop 工具 org.apache.hadoop.io 包下的 Writable 和 WritableComparable<HTableDescriptor> 接口。它的构造方法表述如下：

```
HTableDescriptor()                          //已过期，将在 HBase 2.0.0 中移除
HTableDescriptor(byte[] name)               //已过期
HTableDescriptor(HTableDescriptor desc)//通过克隆作为参数传递的描述符来构建表描述符
HTableDescriptor(String name)               //已过期
HTableDescriptor(TableName name)            //构造一个指定 TableName 对象的表描述符
protected HTableDescriptor(TableName name, HColumnDescriptor[] families)
protected HTableDescriptor(TableName name, HColumnDescriptor[] families, Map<ImmutableBytesWritable,ImmutableBytesWritable> values)
HTableDescriptor(TableName name, HTableDescriptor desc)
```

（5）表维护

主要指对表的具体操作，如建立表时调用建表方法 createTable，修改表时则调用修改表的方法 modifyTable，例如：

```
admin.createTable(desc);                    //建立表
admin.modifyTable(tablename, desc);         //修改表
```

（6）检查表是否可用或者修改成功

表的结构发生变化后，为了确保结果正确，可通过指定的方法验证表是否可用或者修改成功。

（7）关闭对象连接

关闭代码运行过程中的连接对象，如 admin、connection 等。

下面通过范例来进一步理解表结构管理的编码过程。

【例 6-9】表结构的操作实例：建立一张带有一个列族的表，并在现有表中增加一个列族。

```
public class AdminTest {

    public static void main(String[] args) throws Exception {
        //1.获取资源
        Configuration conf = HBaseConfiguration.create();
        //2. 创建 Admin 实例
        //HBaseAdmin admin = new HBaseAdmin(conf);              //0.99之前版本用法
        Connection conn = ConnectionFactory.createConnection(conf);
        Admin admin = conn.getAdmin();
        //创建要操作的表名
        TableName tbname = TableName.valueOf("tablename");
        //3. 创建表
        HTableDescriptor desc = new HTableDescriptor(tbname); //①创建表描述符
        HColumnDescriptor coldef1 = new HColumnDescriptor(Bytes.toBytes("fam1"));
            desc.addFamily(coldef1);          //②添加列族描述符到表描述符中
        admin.createTable(desc);              //③调用建表方法 createTable() 进行表创建
```

```
            //④检查表是否可用
            boolean avail = admin.isTableAvailable(TableName.valueOf("GoodsOrders"));
            System.out.println(avail);
            //4．在现有表中增加一个列族
            HColumnDescriptor cold3 = new HColumnDescriptor(Bytes.toBytes("fam2"));
            desc.addFamily(cold3);
            admin.disableTable(tbname);          //表设为不可用
            admin.modifyTable(tbname, desc);     //修改表
            admin.enableTable(tbname);           //表设为可用
            //5．关闭打开的资源
            admin.close();
            conn.close();
        }
    }
```

2. 管理表信息

数据库的初始基本操作通常被称为 CRUD（Create, Read, Update, Delete），即增、查、改、删。其中对表的管理操作主要由 Admin 类提供，对表数据的管理操作主要由 Table 类提供。表数据管理的步骤大体分为如下几步：

❑ 第 1 步：获取 HBase 集群资源信息。

❑ 第 2 步：创建连接。

❑ 第 3 步：创建 Table 实例。

❑ 第 4 步：构造表信息，如 put、get、delete 对象的构造。

❑ 第 5 步：通过 Table 实例执行表的构造信息。

❑ 第 6 步：如果是查询，此处可对查询出的内容进行读取和输出。

❑ 第 7 步：关闭打开的资源。

下面通过几个范例来体会它们的使用情况。

【例 6-10】表数据的操作实例：向现有表中插入数据。

```
public class TablePutTest {

    public static void main(String[] args) throws Exception {
        //1．创建所需要的配置
        Configuration conf = HBaseConfiguration.create();
        //2．实例化一个新的客户端，创建 table 实例
        Connection connection = ConnectionFactory.createConnection(conf);
        Table table = connection.getTable(TableName.valueOf("tbname"));
        //3．向指定表中插入一条数据
        Put put = new Put(Bytes.toBytes("row1"));
        //调用 addColumn 方法将信息{列族"colfam1"中增加列"qual1"值"val1"}添加到 put 实例
        put.addColumn(Bytes.toBytes("colfam1"), Bytes.toBytes("qual1"), Bytes.
toBytes("val1"));
        //调用 addColumn 方法将信息{列族"colfam1"中增加列"qual2"值"val2"}添加到 put 实例
        put.addColumn(Bytes.toBytes("colfam1"), Bytes.toBytes("qual2"), Bytes.
toBytes("val2"));
        table.put(put);//将 put 实例内容填加到 table 实例指定的表"tbname"中

        //4．向指定表中同时插入多条数据
        List<Put> puts = new ArrayList<Put>();
        //创建 put1 实例存储 row2 行的信息
```

```
        Put put1 = new Put(Bytes.toBytes("row2"));
        put1.addColumn(Bytes.toBytes("colfam1"), Bytes.toBytes("qual1"), Bytes.
toBytes("val1"));
        puts.add(put1); // 将 put1 实例中的信息添加至 puts 实例
        // 创建 put2 实例存储 row3 行的信息
        Put put2 = new Put(Bytes.toBytes("row3"));
        put2.addColumn(Bytes.toBytes("colfam1"), Bytes.toBytes("qual1"), Bytes.
toBytes("val2"));
        puts.add(put2); // 将 put2 实例中的信息添加至 puts 实例

        table.put(puts); // puts 存储 put1 和 put2 两行内容添加到 table 实例指定的表 "tbname" 中
        // 5. 关闭打开的资源
        table.close();
        connection.close();
    }
}
```

【例 6-11】表数据的操作实例：查询现有表中的一行数据。

```
public class TableGetTest {
    public static void main(String[] args) throws IOException {
        // 1. 获取资源
        Configuration conf = HBaseConfiguration.create();
        // 2. 建立连接
        Connection connection = ConnectionFactory.createConnection(conf);
        // 3. 创建表实例
        Table table = connection.getTable(TableName.valueOf("tbname"));
        // 4. 指定要获取指定表中指定行的数据
        Get get = new Get(Bytes.toBytes("row-1")); // 通过指定行 "row-1" 建立 get 实例
        get.setMaxVersions(3);                     // 获取的最大版本
        get.addColumn(Bytes.toBytes("fam1"), Bytes.toBytes("col1"));
                                                   // 指定要获取的列族及列
        Result result = table.get(get); // 按 get 实例中指定条件获取结果并返回结果集 result
        // 5. 遍历并打印出结果集中指定数据的信息
        for (Cell cell : result.rawCells()) {
            System.out.print(" 行键: " + new String(CellUtil.cloneRow(cell)));
            System.out.print(" 列族: " + new String(CellUtil.cloneFamily(cell)));
            System.out.print(" 列: " + new String(CellUtil.cloneQualifier(cell)));
            System.out.print(" 值: " + new String(CellUtil.cloneValue(cell)));
            System.out.println(" 时间戳: " + cell.getTimestamp());
        }
        // 6. 关闭打开的资源
        table.close();
        connection.close();
    }
}
```

此例实现的 Get 类对 HBase 表 tbname 指定行 row-1 进行数据查询。Get 类的作用就是按条件进行指定行数据的查询工作。

🗣 注意

在进行 setMaxVersions(int i) 方法调用时，i 的大小一定要不大于表结构里版本数。如果大于，也会按表结构里最大版本数进行内容的显示。

还可以通过 Scan 对整张表或者表中指定区域的内容进行查询。

3. Scan

通过 Scan 技术可以对指定范围内的内容进行查询。它类似于传统关系数据库系统中的游标（cursor），利用 HBase 提供的底层顺序存储的数据结构，只需调用 Table 的 getScanner() 方法，在返回真正的扫描器（scanner）实例的同时，用户也可以使用它迭代获取数据，最终将结果放到在 ResultScanner 结果集中。ResultScanner 把扫描操作转换为类似的 get 操作，它将每一行数据封装成一个 Result 实例，并将所有的 Result 实例放入一个迭代器中。下面通过一个示例来体会它的实现过程。

【例 6-12】表数据的操作实例：通过 Scan 查询指定范围内的数据。

```
public class TableScanTest {
    public static void main(String[] args) throws Exception {
        String tableName = "tbname";                        // 定义表名
        String beginRowKey = "row-1";                       // 定义开始行键
        String endRowKey = "row-100";                       // 定义结束行键
        // 1. 获取资源
        Configuration conf = HBaseConfiguration.create();
        // 2. 建立连接
        Connection conn = ConnectionFactory.createConnection(conf);
        // 3. 依据指定表名建立 table 实例
        Table table = conn.getTable(TableName.valueOf(tableName));
        // 4. 建立 scan 实例
        Scan scan = new Scan();
        scan.setStartRow(Bytes.toBytes(beginRowKey)); // 设置扫描开始行键
        scan.setStopRow(Bytes.toBytes(endRowKey));    // 设置扫描结束行键
        scan.setMaxVersions(3);                       // 设置扫描最大版本数
        scan.setCaching(20);                          // 设置缓存
        scan.setBatch(10);                            // 设置缓存数量
        // 4. 获取数据给 ResultScanner 集
        ResultScanner rs = table.getScanner(scan);
        // 遍历读取 ResultScanner 集中内容
        for (Result result : rs) {
            // 遍历读取 result 集中的内容
            for (Cell cell : result.rawCells()) {
                System.out.print("行键：" + new String(CellUtil.cloneRow(cell)));
                System.out.print("列族：" + new String(CellUtil.cloneFamily(cell)));
                System.out.print("列：" + new String(CellUtil.cloneQualifier(cell)));
                System.out.print("值：" + new String(CellUtil.cloneValue(cell)));
                System.out.println("时间戳：" + cell.getTimestamp());
            }
        }
        // 5. 关闭打开的资源
        rs.close();
        table.close();
        conn.close();
    }
}
```

通过上面的示例实现了查询表 tbname 中行键在 row-1 至 row-100 之间的数据。但它和 Get 一样缺少一些细粒度的筛选功能，不能对行键、列名或列值进行过滤，但是通过滤过器可以达到这个目的。为了满足这样的需求，HBase 提供了过滤器的功能。

4. 过滤器

HBase API 在包 org.apache.hadoop.hbase.filter 中提供过滤器最基本的接口，HBase 提供了无须编程就可以直接使用的类。HBase 提供 CompareFilter 类，这是一个通用的过滤器，用于比较过滤。它需要一个运算符（等于、大于、不等于等）和一个字节组比较器。它的可用值如表 6-6 所示。

表 6-6　CompareFilter 中的比较运算符

操作	描述
LESS	匹配小于设定值的值
LESS OR EQUAL	匹配小于或等于设定值的值
EQUAL	匹配等于设定值的值
NOT EQUAL	匹配与设定值不相等的值
GREATER OR EQUAL	匹配大于或等于设定值的值
GREATER	匹配大于设定值的值
NO OP	排除一切值

CompareFilter 所需要的第二类类型比较器（comparator）提供了多种方法来比较不同的键值。它们继承自实现了 Writable 和 Comparable 接口的 WritableByteArrayComparable。故在应用 HBase 提供的这些原生的比较器构造时，通常提供一个阈值，即可实现与实际值的比较情况。这些比较器如表 6-7 所示。

表 6-7　HBase 对基于 CompareFilter 的过滤器提供的比较器

操作	描述
BinaryComparator	使用 Bytes.compareTo() 比较当前值与阈值
BinaryPrefixComparator	使用 Bytes.compareTo() 进行匹配，但是是从左端开始前缀匹配
NullComparator	不做匹配，只判断当前值是不是 null
BitComparator	按位与（AND）、或（OR）、异或（XOR）操作执行位级比较
RegexStringComparator	根据一个正则表达式，在实例化这个比较器的时候去匹配表中的数据
SubstringComparator	把阈值和表中数据当作 String 实例，同时通过 contains() 操作匹配字符串
BinaryComparator	使用 Bytes.compareTo() 比较当前值与阈值

其中，BitComparator、RegexStringComparator 和 SubstringComparator 这 3 种比较器只能与 EQUAL 和 NOT_EQUAL 运算符搭配使用，通过 compareTo() 方法按匹配时为 0，不匹配时为 1 返回进行计算。基于字符串的比较器，如 RegexStringComparator 和 Substring Comparator，比基于字节的比较器更慢，更消耗资源。因为每次比较时它们都需要将给定的值转化为 String。截取字符串子串和正则式的处理也需要花费额外的时间。

在应用过滤器时，要按行键过滤时使用 RowFilter；按列限定符过滤时使用 QualifierFilter；按值过滤时使用 SingleColumnValueFilter，这些过滤器可以用 SkipFilter 和 WhileMatchFilter 封装来添加更多的控制。也可以使用 FilterList 组合多个过滤器。

【例 6-13】过滤器的使用范例。

```
public class TableFilterTest {
    public static void main(String[] args) throws IOException {
```

```
Configuration conf = HBaseConfiguration.create();
conf.set("hbase.zookeeper.quorum", "192.168.35.129");
conf.set("hbase.zookeeper.property.clientPort", "2181");

Connection conn = ConnectionFactory.createConnection(conf);
Table table = conn.getTable(TableName.valueOf("testtable"));

/**
 * ①创建一个行过滤器,指定比较运算符和比较器,返回的结果中包括了所有行键等于或小于给
 *   定值的行。
 */
Filter filter1 = new RowFilter(CompareFilter.CompareOp.LESS_OR_EQUAL,
        new BinaryComparator(Bytes.toBytes("row-2")));
Scan scan1 = new Scan();
scan1.setFilter(filter1);
ResultScanner rs1 = table.getScanner(scan1);
for (Result res : rs1) {
    System.out.println(res);
}
rs1.close();
/**
 * ② 创建一个值过滤器,返回结果中包含所有能匹配 .4 的值。
 */
Filter filter2 = new ValueFilter(CompareFilter.CompareOp.EQUAL, new Substring
Comparator(".4"));
Scan scan2 = new Scan();
scan2.setFilter(filter2);
ResultScanner rs2 = table.getScanner(scan2);
for (Result res : rs2) {
    System.out.println(res);
}
rs2.close();
/**
 * ③ 创建一个列过滤器,返回结果列小于等于 "col-2"。
 */
Filter filter3 = new QualifierFilter(CompareFilter.CompareOp.LESS_OR_EQUAL,
        new BinaryComparator(Bytes.toBytes("col-2")));
Scan scan3 = new Scan();
scan3.setFilter(filter3);
ResultScanner rs3 = table.getScanner(scan3);
for (Result res : rs3) {
    System.out.println(res);
}
rs3.close();
conn.close();
    }
}
```

5. 协处理器

通过使用过滤器可以减少服务器端通过网络返回到客户端的数据量。由于数据量大,如果能进一步细致约束数据传输,例如在过滤器应用中通过限制列范围控制返回给客户端的数据量,进一步控制让数据的处理流程在服务端执行,仅给客户端返回小的结果集会更理想,这样可以让集群来分担工作。HBase 协处理器仿照 Google BigTable 的协处理器实现(http://

research.google.com/people/jeff/SOCC2010-keynote-slides.pdf，第 41 ～ 42 页）。协处理器框架提供了直接在管理数据的 RegionServer 上运行自定义代码的机制，帮助用户透明式地完成这些工作。

6. 计数器

HBase 在 Shell 及 API 中提供了计数的功能，如：

```
Increment increment1 = new Increment(Bytes.toBytes("20110101"));
    increment1.addColumn(Bytes.toBytes("daily"), Bytes.toBytes("clicks"), 1);
    increment1.addColumn(Bytes.toBytes("daily"), Bytes.toBytes("hits"), 1);
    increment1.addColumn(Bytes.toBytes("weekly"), Bytes.toBytes("clicks"), 10);
    increment1.addColumn(Bytes.toBytes("weekly"), Bytes.toBytes("hits"), 10);
    Result result1 = table.increment(increment1);
```

如上展示了计数器程序应用的代码，完成实时计数统计的操作，从而放弃延时较高的批量处理操作。

6.4　架构与设计

1. 从存储的角度来看 HBase

在 HBase 中，表的数据分割主要使用列族而不是列，底层存储是列族线性地存储单元格，同时单元格包含所有必要的信息。磁盘上一个列族下所有的单元格都存储在一个存储文件（StoreFile）中，不同列族的单元格不会出现在同一个存储文件中。同时每个单元格在实际存储时也保存了行键和列键，所以每个单元格都单独存储了它在表中所处位置的相关信息。

2. 从读取的角度来看 HBase

HBase API 包含多种访问存储文件的方法，由于键从左到右（行键→列族→列限定符→时间戳→值）按字典排列。用户可以按行键检索一行数据，这样可以有效地减少查询特定行和行范围的时间。设定列可以有效地减少查询的存储文件，建立用户在查询时指定所需的特定列族。

故在进行列设计中，建议一张表中虽然可以有数百万列，但列族数量不要过多；列族命名要尽量短，从而减少网络传输与判断过程所需的资源；为了方便快速查询，业务上相似的内容建议尽量放入同一列族下。

3. 从实际项目的期望角度来看 HBase

很简单，对于大数据平台，企业期望用较少的成本运行较大数据量的计算，用户期望便宜、好用。如何满足双方的要求呢？ HBase 在表设计时要做到数据负载均衡地分布于集群之上，即充分利用集群资源，合理存储，较快计算显示。对于 HBase 来讲，影响到这样期望的因素很多，本节将主要讲解其中重要的几个因素：列族数量、RowKey 设计和版本数量的问题。

6.4.1　表设计规则

对于大数据项目来讲，不同的项目或相同的项目中会有许多不同的数据集，人们往往期望这些数据集具有不同的访问模式和服务级别。本节主要针对大多数情况进行概述性的讲解，给大家提供一个总体的思路。在实际生产中，还需要更多的细节知识，充分考虑实际生产环境进行设计。这些常规的表设计思路大体内容如下。

❑ Region 的大小建议在 10GB ～ 50GB 之间。

❑ Cell 建议不超过 10MB，如果 HBase 处理的是中间对象或 MOB 这样较大的目标，建立 Cell 不超过 50MB。否则，建议考虑将 Cell 中的数据存储在 HDFS 中，并在 HBase 中存储指向数据的指针。

❑ 典型的模式为每个表有 1 ～ 3 个列族。进行 HBase 表设计时建议不要模仿 RDBMS 表的设计模式。

❑ 对于具有 1 或 2 列族的表，大约 50 ～ 100 个 Region 是一个很好的数字。请记住，Region 是列族的连续段。

❑ 保持列族名称尽可能短。为每个值 value 存储列族名称（忽略前缀编码）。它们并不必要像典型的 RDBMS 那样字段名称需要体现一定的描述意义。

❑ 如果要存储基于时间的机器数据或日志记录信息，并且 RowKey 值基于设备 ID 或服务 ID 加上时间组成，则最终可能会出现一种模式，由于新插入的 RowKey 值按顺序排序大于较旧的数据 Region。在这种情况下，最终会出现少量活动的 Region 和大量没有新写入的旧 Region。对于这些情况，可以容忍更多 Region，因为资源消耗仅由活动 Region 驱动。

❑ 如果只有一个列族忙于写入，则只有该列族可以容纳内存，分配资源时要注意写模式。

6.4.2 RowKey 设计

HBase 项目的目标就是可以在商品硬件集群上管理非常大（数十亿行数百万列）的表。在总结 RowKey 设计原则之前，先理解值的存储特点，依据其特点来总结 HBase 设计中应该注意的问题。

1. HBase 值存储特点引发的问题

HBase 是三维有序存储的，通过 RowKey（行键）、Column Key（Column Family 和 qualifier）和 TimeStamp（时间戳）这个三个维度可以对 HBase 中的数据进行快速定位。其中 HBase 中 RowKey 可以唯一标识一行记录，在查询时无论是通过 Get 查询一行数据，还是通过 Scan 按行范围查询，Rowkey 都是非常关键的标记。同时在底层存储 Region 拆分过程，Rowkey 也起到很重要的作用。故在 HBase 表设计中，RowKey 的成功设计是非常关键的一环，但它的问题也最多。下面通过几个方面来说明 Rowkey 设计中需要注意的问题。

（1）单调递增 Row Keys/Timeseries 数据

如果 RowKey 设计的值为时间序列单调递增（例如时间戳当作 RowKey），会发生什么情况呢？

经过前面的学习可知，HBase 表在进行自动分区时，Region 会在中间键（middle key，Region 中间的那个行键）处将这个 Region 拆分成两个大致相等的子 Region。然后 Region 被分配到若干台物理服务器上以均摊负载。假设 RowKey 值单调增加，Region 拆分后，以后插入的 RowKey 值会全部大于拆分后的其中一个子 Region，从而形成了单个 Region 上值的单方面堆积。故在 RowKey 设计时要注意其值的前几个字条的组成设计。

（2）RowKey 存储冗余问题，尽量减少行和列的大小

在 HBase 中，值在每个单元格实际存储时也同时保存了 RowKey 键名、列名和时间戳的值，为此，如果行和列的命名较长，尤其与单元里 value 值相比，就会出现一些有趣的结果。例如在一个推荐项目中，要查询大量商品值的内容，而这些 value 相关的 RowKey 键名、列名和时间戳由于较大占用了大量的 RAM，导致索引、压缩以及计算等能力下降。最终，HBase 设计无论选 RowKey 还是列，都需要在数据中重复数十亿次。

（3）RowKey 值特点引发的热点问题

HBase 中的行按行键字典排序。这种设计优化了扫描，允许将相关的行或彼此靠近的行一起读取。然而，设计不佳的行键是热点的常见来源。当大量客户端通信量指向集群中的一个节点或仅少数几个节点时，会发生热点。此流量可能表示读取、写入或其他操作。流量会造成负责托管该区域的单个机器负担过重，导致性能下降并可能导致区域不可用性。这也会对由同一台服务器托管的其他区域产生不利影响，因为该主机无法为请求的负载提供服务。设计数据访问模式以使群集得到充分和均匀的利用非常重要。

2. RowKey 设计遵循的原则

回顾一下 HBase 查询数据时的几种方式：通过 get 方式指定 RowKey 获取唯一一条记录；通过 scan 方式，设置 startRow 和 stopRow 参数进行范围匹配；全表扫描，即直接扫描整张表中所有行记录；通过过滤条件（RowKey 过滤、列过滤、值过滤）进行查询。再考虑 HBase 存储的特点及引发的问题，故在考虑 RowKey 设计原则时可从如下几方面进行考量。

（1）各存储项的考量

列族（Column Family）

由 KeyValue 存储的特点，每个值都由 { 行键，列族 : 列限定符，时间戳，值 } 构成，故要保持 Column Family 名称尽可能小，最好是一个字符（例如 data/default 的 " d"）。虽然冗长的属性名称（例如 myVeryImportantAttribute）更容易阅读，但 HBase 的存储特点决定了较短的属性名称（例如 via）更适合 HBase 存储框架。

RowKey 长度（RowKey Length）

尽量保持它们的合理性，以便它们对所需的数据访问仍然有用（例如获取与扫描）。对数据访问没有用处的短密钥并不比具有更好的获取 / 扫描属性的长密钥好，设计行键时需要依据业务及 HBase 存储特点进行双方面的权衡。

字节模式（Byte Pattern）

字长是 8 个字节。可以在这 8 个字节中存储最多 18 446 744 073 709 551 615 的无符号数字。如果把这个数字作为一个字符串存储，假定每个字符有一个字节，需要接近 3 倍的字节数。

反向时间戳

HBASE-4811 实现了一个 API 来以相反的方式扫描表中的一个表或一个范围，从而减少了对正向或反向扫描优化模式的需求。HBase 0.98 及更高版本提供此功能。更多信息请参见 https://hbase.apache.org/apidocs/org/apache/hadoop/hbase/client/ Scan.html#setReversed%28boolean。

数据库处理中的常见操作是快速查找最新版本的值。使用反向时间戳作为密钥一部分的技术可以帮助解决这个问题。通过执行扫描 [key] 并获取第一条记录，可以找到表中 [key] 的最近值。由于 HBase 密钥是按照排序顺序排列的，因此这个密钥在 [key] 的任何较旧的行密钥之前排序，因此是第一个。这种技术将被用来代替使用版本号，意图是永久保留所有版本（或很长一段时间），同时通过使用相同的扫描技术快速获得对任何其他版本的访问。

RowKey 和 Column Family

不同的表中可以有相同的 RowKey，同一表中 RowKey 是唯一的，同一表中不同的 Column Family（列族）可以存在相同的 RowKey。

RowKey 的不变性

行键不能改变。它们可以在表中"改变"的唯一方法是该行被删除然后重新插入。这在 HBase dist-list 上是一个相当常见的问题，所以在第一次（或者在插入大量数据之前）获得 RowKey 是值得的。

（2）RowKey 设计的角度考量

RowKey 长度的考量

RowKey 是一个二进制码流，可以是任意字符串，以 byte[] 形式保存，通过字节模式存储，故在设计时越短越好，一般设计成 8 的整数倍的定长。这样会降低由 RowKey 产生的存储冗余，减少磁盘的占有率，同时也节省内存的空间，在一定程度上提高了内存的检索效率。

RowKey 散列原则

如果 RowKey 按照时间戳的方式递增，不要将时间放在二进制码的前面，建议将 RowKey 的高位作为散列字段，由程序随机生成，低位放时间字段，这样将提高数据均衡分布在每个 RegionServer 中，以实现负载均衡的几率。如果没有散列字段，首字段直接是时间信息，所有的数据都会集中在一个 RegionServer 上，这样在数据检索的时候负载会集中在个别的 RegionServer 上，造成热点问题，从而降低查询效率。

RowKey 唯一性的考量

同一表中必须保证 RowKey 的唯一性，RowKey 是按照字典顺序存储的，因此，设计 RowKey 的时候，要充分利用这个排序的特点，将经常读取的数据存储到一起，将最近可能会被访问的数据放到一起。

（3）规避 RowKey 设计不当造成的热点问题

为了防止热点写入，设计行键，使真正需要在同一个区域的行同时写入，而分布在较大的区域的数据被写入集群的多个区域。可以通过以下方法避免 RowKey 由于设计不当而造成的热点问题。

加盐（Salting）

加盐是指将随机数据添加到 RowKey 设计值的开头，即在行键前添加一个随机分配的前缀，以使其排序与其他方式不同。由于 RowKey 是按排序后顺序存储的，故在 Region 拆分后，如果后插入 RowKey 值都大小之前的值，例如时间 RowKey，就会造成"热"行键模式，加盐后，可以近似达到均衡负载。

哈希（Hashing）

可以使用单向散列，而不是随机分配，这样可以使给定的行始终以相同的前缀"被盐化"，从而将负载分散到 RegionServer 上，但允许在读取期间进行预测。使用确定的哈希可以让客户端重构完整的 RowKey，可以使用 get 操作准确获取某一个行数据。

反转 Key（Reversing the Key）

防止热点的第三个常用技巧是反转固定长度或数字格式的 RowKey，以使最经常变化的部分（最低有效数字）放在前面，例如手机号和时间戳作为 RowKey 时的反转。这样可以有效地随机 RowKey，但是牺牲了 RowKey 的有序性。

6.4.3 列族的数量

对于两个或三个列族以上的任何内容，HBase 目前处理得并不十分好，因此应保持模式中列族的数量不要太多。目前，刷写和压缩是按 Region 进行的，因此如果一个列族携带大量数据带来刷写，即使它们携带的数据量很小，相邻的族也将被冲洗。当存在许多列族时，刷写和压缩交互可以产生一堆不必要的 I/O（通过改变刷写和压缩以按列工作来解决）。

可以尝试在模式中使用一个列族。在访问数据时，通常是在列作用域的情况下，仅引入第二和第三列族；即查询一个列族或另一个列族，但通常不是同时查询两个列族。

如果单个表中存在多个列族，请注意它的基数（即行数）。如果列族 A 有 100 万行而列族 B 有 10 亿行，则列族 A 的数据可能会分布在许多 Region（和 RegionServer）中，这使列族 A 的质量扫描效率降低。

6.4.4 版本的数量

1. 最大版本数

要存储的最大行版本数是通过 HColumnDescriptor 按列族进行配置的。最大版本的默认值为 1。这是一个重要参数，因为如数据模型部分所述，HBase 不会覆盖行值，而是按时间（和限定符）每行存储不同的值。在主要合并过程中删除了多余的版本。根据应用需求，可能需要增加或减少最大版本的数量。

不建议将最大版本的数量设置为非常高的级别（例如，数百或更多），除非这些旧值非常珍贵，因为这会大大增加 StoreFile 的大小。

2. 最小版本数

与最大行版本数一样，通过 HColumnDescriptor 为每个列族配置要保留的最小行版本数。最小版本的默认值为 0，表示该功能已禁用。最小行版本参数与生存时间参数一起使用，并且可以与行版本参数的数量组合以允许配置，例如，保留最后 T 分钟的数据，最多 N 个版本，但是保持至少 M 个版本（其中 M 是最小行数版本的值，M < N）。仅当为列族启用生存时间且必须小于行版本数时，才应设置此参数。

6.5 HBase 集成

HBase 提供了丰富的扩展 API，同时 HBase 整合了一些常用的分布式分析与计算框架，如 Hive、MapReduce 等，极大地方便了大数据下用户的使用。

6.5.1 HBase 与 Hive 集成

HBase 擅长处理 HDFS 上数据的小条目的读取，而 Hive 擅长对 HDFS 上的数据进行统计分析。在 Hive 低版本中，若想 Hive 与 HBase 集成，需要人工将 HBase 的 Jar 包引入 Hive 的 lib 下，并通过配置参数进行 Jar 包的启用。在 Hive 的高版本中，其本身已做好了与 HBase 集成的工作。在 Hive 配置好后，只要将 HBase 的服务启动，Hive 就能够检索 HBase 的服务，启用集成功能。本书采用的是 Hive 2.3.3 版本，故在 Hadoop 服务与 HBase 服务启动后，保持现有的 Hive 配置不动，可以完成 Hive 与 HBase 的集成工作，如 Hive 对 HBase 表的建立与读取操作等。

【例 6-14】Hive 与 HBase 集成的演示示例。

1. 在 Hive 中建表，并导入示例数据

1）在 Hive 中创建表。

```
hive> CREATE  TABLE hbase_tb1(key int, value string)
    > STORED BY 'org.apache.hadoop.hive.hbase.HBaseStorageHandler'
    > WITH SERDEPROPERTIES ("hbase.columns.mapping" = ":key,cf1:val")
    > TBLPROPERTIES ("hbase.table.name" = "hhbase", "hbase.mapred.output.outputtable" =
" hhbase");
    OK
    Time taken: 53.187 seconds
hive> show tables;
    OK
    hbase_tb1
    shoppinginfo
    userinfo
hive> desc hbase_tb1;
    OK
    key                         int
    value                       string
    Time taken: 1.153 seconds, Fetched: 6 row(s)
```

其中，**TBLPROPERTIES** 的作用是按照键值对的格式为表增加额外的文档说明，也可用来表示数据库连接的必要的元数据信息。此时可以在系统中查看表的情况，如下所示：

```
hbase(main):001:0> list
TABLE
hhbase
1 row(s) in 1.8460 seconds
hbase(main):002:0> desc 'hhbase'
Table xyz is ENABLED
xyz
COLUMN FAMILIES DESCRIPTION
{NAME => 'cf1', BLOOMFILTER => 'ROW', VERSIONS => '1', IN_MEMORY => 'false',
KEEP_DELETED_CELLS => 'FALSE', DATA_BLOCK_ENCODING => 'NONE',
    TTL => 'FOREVER', COMPRESSION => 'NONE', MIN_VERSIONS => '0', BLOCKCACHE =>
'true', BLOCKSIZE => '65536', REPLICATION_SCOPE => '0'}
    1 row(s) in 1.0620 seconds
```

2）由 Hive 自带的示例数据新建 pokes 表并导入。

```
hive> CREATE TABLE pokes (foo INT, bar STRING);
hive> LOAD DATA LOCAL INPATH '/home/user/bigdata/hive/examples/files/kv1.txt'
OVERWRITE INTO TABLE pokes;
hive> select * from pokes;
```

3）在 Hive 中插入数据。

```
hive> INSERT OVERWRITE TABLE hbase_tb1 SELECT * FROM pokes WHERE foo=98;
```

此时系统启用 Map 将数据插入至表 hbase_tb1，然后在 Hive 组件该表的存储位置上并看不见数据，其实数据已插入在该表与 HBase 联动的表 hhbase 中。通过在 Hive 中对 hbase_tb1 查询数据和在 HBase 中对 hhbase 表查询数据，都能得到结果。

4）在 HBase 中查看数据。

```
hbase(main):002:0> scan 'hhbase'
ROW          COLUMN+CELL
 98          column=cf1:val, timestamp=1518845765939, value=val_98
1 row(s) in 0.8810 seconds
```

5）在 Hive 中查看数据。

```
hive> select * from hbase_tb1;
OK
98      val_98
Time taken: 1.405 seconds, Fetched: 1 row(s)
```

2. 多个列与列族

1）业务描述。

Hive 中有 3 个列（除主键之外），HBase 中有 2 个列族。Hive 中的 value1 和 value2 列对应 HBase 中的列族 a，a 列族包括 2 个列 b 和 c；另一个 Hive 的列 value3 对应 HBase 中的列族 d，d 列族包括一个列 e。

2）在 Hive 中创建表。

```
hive> CREATE TABLE hbase_tb2(key int, value1 string, value2 int, value3 int)
    > STORED BY 'org.apache.hadoop.hive.hbase.HBaseStorageHandler'
    > WITH SERDEPROPERTIES (
    > "hbase.columns.mapping" = ":key,a:b,a:c,d:e"
    > );
```

3）插入数据。

```
hive> INSERT TABLE hbase_tb2 SELECT foo, bar, foo+1, foo+2 FROM pokes;
```

4）在 Hive 中查询表 hbase_tb2 中的数据。

```
hive> select * from hbase_tb2;
OK
100     val_100 101     102
98      val_98  99      100
Time taken: 1.119 seconds, Fetched: 2 row(s)
```

5）在 HBase 中查询表 dbtest.hbase_tb2 中的数据。由于在此次建表时并没有指定 HBase 中的表名，故在 HBase 中会默认建立与 Hive 中的表相同的表名，如果不是在 Hive 默认数据库下建表，HBase 还会在生成的表名前加上数据库名。这里 dbtest 是 Hive 的数据库名。

```
hbase(main):004:0> desc 'dbtest.hbase_tb2'
Table dbtest.hbase_tb2 is ENABLED
dbtest.hbase_table_2
COLUMN FAMILIES DESCRIPTION
{NAME => 'a', BLOOMFILTER => 'ROW', VERSIONS => '1', IN_MEMORY => 'false', KEEP_
DELETED_CELLS => 'FALSE', DATA_BLOCK_ENCODING => 'NONE', T
  TL => 'FOREVER', COMPRESSION => 'NONE', MIN_VERSIONS => '0', BLOCKCACHE => 'true',
BLOCKSIZE => '65536', REPLICATION_SCOPE => '0'}
{NAME => 'd', BLOOMFILTER => 'ROW', VERSIONS => '1', IN_MEMORY => 'false', KEEP_
DELETED_CELLS => 'FALSE', DATA_BLOCK_ENCODING => 'NONE', T
  TL => 'FOREVER', COMPRESSION => 'NONE', MIN_VERSIONS => '0', BLOCKCACHE => 'true',
BLOCKSIZE => '65536', REPLICATION_SCOPE => '0'}
2 row(s) in 0.7520 seconds

hbase(main):005:0> scan 'dbtest.hbase_tb2'
ROW              COLUMN+CELL
 100             column=a:b, timestamp=1518846367897, value=val_100
 100             column=a:c, timestamp=1518846367897, value=101
 100             column=d:e, timestamp=1518846367897, value=102
 98              column=a:b, timestamp=1518846367897, value=val_98
 98              column=a:c, timestamp=1518846367897, value=99
 98              column=d:e, timestamp=1518846367897, value=100
2 row(s) in 0.2880 seconds
```

6）Hive 把表 dbtest.hbase_tb2 删除后，HBase 端表 dbtest.hbase_tb2 也被删除了。

```
hbase(main):006:0> list
TABLE
dbtest.hbase_tb2
hbase_tb1
xyz
2 row(s) in 0.0760 seconds

hive> drop table hbase_tb2;
OK
Time taken: 12.641 seconds
hive>

hbase(main):007:0> list
TABLE
hbase_tb1
1 row(s) in 0.0700 seconds
```

读者可在往表 hbase_tb2 中插入数据时，观察数据存储位置，当插入数据、删除数据时，观察其情况。

6.5.2　MapReduce 与 HBase 互操作

在 Hadoop 中，对于 MapReduce 框架，InputFormat 为 MapReduce 作业描述输入的细节规范。它主要负责数据输入的考量，同时返回一个 RecorderReader 实例。在 HBase 中，系统在包 org.apache.hadoop.hbase.mapreduce 中提供了名为 TableInputFormatBase 的抽象类，该类有一个实现了 Hadoop 的 org.apache.hadoop.conf.Configurable 接口，名叫 TableInputFormat

的实体子类，供实际应用的 MapReduce 类使用。TableInputFormatBase 继承了 Hadoop 的 Input-Format<K, V> 类，其中 <K, V> 的取值为 <ImmutableBytesWritable, Result>。MapReduce 框架提供自带的输入和自定义输入类型的写法，其中 <ImmutableBytesWritable, Result> 是 HBase 自定义产生的类型。HBase 提供一个继承自 Hadoop 中 Mapper 的子类 TableMapper，它将 K 的类型强制转换为一个继承自 Hadoop 接口 WritableComparable 的名叫 ImmutableBytesWritable 的类，同时将 V 的类型强制转换为 Result 类型，构成了 TableRecorderReader 类返回的结果。同时，HBase 提供了 TableReducer 类，继承 Hadoop 的 Reducer 类。在作业运行时，HBase 提供了 TableMapReduceUtil 类，为 TableMapper 和 TableReducer 的工作提供支撑。

下面，通过经典的 WordCount 程序，用两个实例体会一下 MapReduce 框架与 HBase 交互的过程。

【例 6-15】为了方便学习，可准备少量的数据（file1.txt 和 file2.txt 数据），从 HDFS 读入文档，通过 MapReduce 对单词进行计数，将计算结果存入 HBase。

实验数据如下。

file1.txt

```
Hello world
Hello hadoop
```

file2.txt

```
Bye world
Bye hadoop
```

Job 作业代码如下。

```
public static void main(String[] args) throws Exception {
String tableName = "wordcount";
TableName tbn = TableName.valueOf(tableName);        // HBase 的数据表名
Configuration conf = HBaseConfiguration.create(); // 实例化 Configuration
conf.set("hbase.zookeeper.quorum","master");
conf.set("hbase.zookeeper.property.clientPort", "2181");
// 如果表已经存在就先删除
Connection connection = ConnectionFactory.createConnection(conf);
Admin admin = connection.getAdmin();
if (admin.tableExists(tbn)) {
    admin.disableTable(tbn);
    admin.deleteTable(tbn);
}
HTableDescriptor htd = new HTableDescriptor(tbn); // 数据表的对象
HColumnDescriptor hcd = new HColumnDescriptor("content");      // 列族的对象
htd.addFamily(hcd);                               // 创建列族
admin.createTable(htd);                           // 再创建数据表

Job job = Job.getInstance(conf, "import from hdfs to hbase"); // 作业的对象
job.setJarByClass(MapReduceWriteHbaseDriver.class);
job.setMapperClass(WriteMapperHbase.class);
// 设置插入 HBase 时的相关操作
TableMapReduceUtil.initTableReducerJob(tableName, WriteReducerHbase.class, job,
null, null, null, null,false);
    job.setMapOutputKeyClass(ImmutableBytesWritable.class);
```

```
job.setMapOutputValueClass(IntWritable.class);
job.setOutputKeyClass(ImmutableBytesWritable.class);
job.setOutputValueClass(Put.class);
FileInputFormat.addInputPaths(job, "hdfs://master:8020/input");
System.exit(job.waitForCompletion(true) ? 0 : 1);
}
```

其中，WriteMapperHbase.class 文件的代码为：

```
public class WriteMapperHbase extends Mapper<Object, Text, ImmutableBytesWritable,
IntWritable> {
    private final static IntWritable one = new IntWritable(1);
    private Text word = new Text();
    public void map(Object key, Text value, Context context) throws IOException,
InterruptedException {
        StringTokenizer itr = new StringTokenizer(value.toString());  // Text 类型 value 转
成字符串类型
        while (itr.hasMoreTokens()) {
            word.set(itr.nextToken());// nextToken() 用于返回下一个匹配的字段。
            // 输出到 HBase 的 key 类型为 ImmutableBytesWritable
            context.write(new ImmutableBytesWritable(Bytes.toBytes(word.toString())), one);
        }
    }
}
```

WriteReducerHbase.class 文件的代码为：

```
public class WriteReducerHbase extends TableReducer<ImmutableBytesWritable,
IntWritable, ImmutableBytesWritable> {
    public void reduce(ImmutableBytesWritable key, Iterable<IntWritable> values,
Context context)  throws IOException, InterruptedException {
        int sum = 0;
        for (IntWritable val : values) {
            sum += val.get();
        }
        Put put = new Put(key.get());// put 实例化  key 代表主键，每个单词存一行
        // 三个参数，列族为 content，列修饰符为 count，列值为词频
        put.addColumn(Bytes.toBytes("content"), Bytes.toBytes("count"), Bytes.toBytes
(String.valueOf(sum)));
        context.write(key , put);
    }
}
```

【例 6-16】从 HBase 读入数据，通过 MapReduce 对单词进行计数，将计算结果存入 HDFS。

Job 作业代码：

```
public static void main(String[] args) throws Exception {
    String tableName = "wordcount";                    // HBase 的数据表名
    Configuration conf = HBaseConfiguration.create(); // 实例化 Configuration
    conf.set("hbase.zookeeper.quorum","master");
    conf.set("hbase.zookeeper.property.clientPort", "2181");
    Job job = Job.getInstance(conf, "import from hbase to hdfs");
    job.setJarByClass(MapReduceReaderHbaseDriver.class);
    job.setReducerClass(ReaderHBaseReducer.class);
```

```
    // 设置读取 HBase 时的相关操作
    TableMapReduceUtil.initTableMapperJob(tableName, new Scan(),ReaderHBaseMapper.
class, Text.class, Text.class,job, false);
        FileOutputFormat.setOutputPath(job, new Path("hdfs://master:8020/out2"));
        System.exit(job.waitForCompletion(true) ? 0 : 1);
    }
```

其中，ReaderHBaseMapper.class 文件的代码为：

```
public classReaderHBaseMapper extends TableMapper<Text, Text> {
@Override
protected void map(ImmutableBytesWritable key, Result values, Context context)
    throws IOException, InterruptedException {
StringBuffer sb = new StringBuffer("");
    // 获取列族 content 下面所有的值
    for (java.util.Map.Entry<byte[], byte[]> value : values.getFamilyMap("content".
getBytes()).entrySet()) {
        String str = new String(value.getValue());
            if (str != null) {
            sb.append(str);
            }
                context.write(new Text(key.get()), new Text(new String(sb)));
        }
    }
    }
```

其中，ReaderHBaseReducer.class 文件的代码为：

```
public class ReaderHBaseReducer extends Reducer<Text, Text, Text, Text> {
    private Text result = new Text();
    public void reduce(Text key, Iterable<Text> values, Context context) throws
IOException, InterruptedException {
        for (Text val : values) {
        result.set(val);
        context.write(key, result);
        }
    }
    }
```

第 7 章

非关系型文档数据库

7.1　模型结构

1989 年，IBM 通过其 Lotus 群件产品 Notes 提出了数据库技术的全新概念——文档数据库，文档数据库有别于传统数据库，它是一种用来管理文档的数据库。在传统的数据库中，信息被分割成离散的数据段，而在文档数据库中，文档是信息处理的基本单位。一个文档可以很长、很复杂，也可以很短，甚至可以无结构。

文档数据库与二十世纪五六十年代的文件系统不同，它仍属于数据库范畴。首先，文件系统中的文件基本上对应于某个应用程序。即使不同的应用程序所需要的数据部分相同，也必须建立各自的文件，不能共享数据，而文档数据库可以共享相同的数据。因此，文件系统比文档数据库的数据冗余度更大，更浪费存储空间，且更难于管理维护。其次，文件系统中的文件是为某一特定应用服务的，所以，要想对现有的数据再增加一些新的应用是很困难的，系统不容易扩充，数据和程序缺乏独立性。而文档数据库具有数据的物理独立性和逻辑独立性，数据和程序分离。

文档数据库也不同于关系数据库，关系数据库是高度结构化的，而文档数据库允许创建许多不同类型的非结构化的或任意格式的字段。文档数据库格式多样，可以是 XML、JSON、BSON 等，将数据存储成一个文档，数据存储呈现分层的树状结构（hierarchical tree data structure），可以包含映射表、集合和纯量值。它与关系数据库的主要不同在于，它不提供对数据完整性的支持，但它和关系数据库也不是相互排斥的，它们之间可以相互交换数据，从而相互补充、扩展。关系数据库通常将数据存储在相互独立的表格中，这些表格由程序开发者定义，一个单独的对象可以散布在若干表格中。对于数据库中某单一实例中的一个给定对象，文档数据库存储其所有信息，并且每一个被存储的对象可与任一其他对象不同。这使将对象映射入数据库简单化，并通常会消除任何类似于对象关系映射的事物。

为了更准确地理解，下面以 MongoDB 作为文档数据库的例子，通过表 7-1 与关系数据库 MySQL 进行术语比较。

表 7-1　MySQL 与 MongoDB 术语比较

MySQL	MongoDB
数据库实例（database instance）	MongoDB 实例（MongoDB instance）

（续）

MySQL	MongoDB
表（table）	集合（collection）
行（row）	文档（document）
列（column）	域（field）
rowid	_id
表 Join	内嵌文档（DBRef）

与 MySQL 中的 rowid 相似，MongoDB 数据库的所有文档都包含名叫 _id 的特殊字段。在 MongoDB 中，_id 字段可由用户设置，只要其值唯一即可。

下面通过一个小案例，来对比一下关系数据库 MySQL 与文档数据库 MongoDB 数据存储的模式。案例内容是一个对 POST 单词解释的小文章，后面跟着两个对于该文章的评论信息，如图 7-1 的所示。

采用上面的小案例，如果选用 MySQL 数据库规则存储，先建立表结构，然后将数据插入，其中的表结构如图 7-2 所示。

仍然是上面的小案例，同样的数据结构，在 MongoDB 中设计出来的模式却只有一个集合 post，其代码如下：

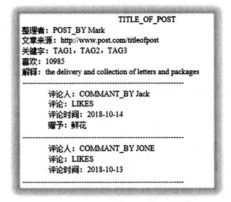

图 7-1　带有评论的文章的截图

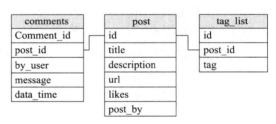

图 7-2　MySQL 表结构

```
{
_id:POST_ID,
title:TITLE_OF_POST,
descripttion:[the delivery and collection of letters and packages],
by:POST_BY Mark,
url:http://www.post.com/titleofpost
tags:[TAG1, TAG2, TAG3],
likes:10985,
comments:[
        {
            user:'COMMANT_BY Jack',
            message:LIKES,
            dateCreated:2018-10-14
        },
        {
            user:'COMMANT_BY JONE',
            message:LIKES,
            dateCreated:2018-10-13
        }
    ]
}
```

同样一篇文章的业务内容，MySQL 中需要事先建立三张具有固定模式的表，通过主外键的对应关系建立联系，完成对文章及评论内容的存储。而 MongoDB 将数据存储为一个文档，数据结构由键值 (key=>value) 对组成。MongoDB 文档类似于 JSON 对象，字段值可以包含其他文档、数组及文档数组。

如果在文章的评论栏中，增加一个新功能，如果评论人赠予文章奖励（如鲜花），则显示；如不赠予，则不显示内容。如图 7-3 所示，Jack 赠予鲜花，而 JONE 没有赠予。

如果是 MySQL 存储结构，需要在 comments 表中增加字段 gift，用于记录是否赠予的标记，即数据都是存储在一个已经定义好模式的表中。

在 MongoDB 中并不会有所变化，同一"集合"内，表格中每行数据的模式并不需要相同，即各文档的数据模式（the schema of the data）允许不同，且它们仍然能放在 title 这个列表中，可被视为数组，而 comments 列表可被看成嵌入主文档的一系列小文档。将子文档（child document）以子对象（subobject）的形式嵌入主文档，可方便访问并提升效率。

> 评论人：COMMANT_BY Jack
> 评论：LIKES
> 评论时间：2018-10-14
> **赠予：鲜花**
> ——————————————
> 评论人：COMMANT_BY JONE
> 评论：LIKES
> 评论时间：2018-10-13

图 7-3　文章评论的截图

这种数据表示方法与关系型数据库不同，后者需要定义表中的每一列，而且若某条记录中的某列没有数据，则要将其留空（empty）或设为 null。文档数据库的文档则没有空属性，若其中不存在某属性，我们就假定该属性值未设定或与此文档无关，并不需要占用系统空间资源。向文档中新增属性时，既无须预先定义，也不用修改已有文档内容。

流行的文档数据库有 MongoDB、CouchDB、Terrastore、OrientDB 和 RavenDB 等。

7.2　特征

在文档数据库中，一个文档相当于关系数据库中的一条记录。专属文档数据库的例子很多，每个文档数据库都具备同类数据库所没有的某些特性。本章以当今较为流行的 MongoDB 为例，讲解其各项特性。

在 MongoDB 中，每个"MongoDB 实例"下允许有多个"数据库"，而每个"数据库"又可以包含许多个"集合"（collection）。由表 7-1 可以理解，相对于关系型数据库而言，操作关系库表相当于操作 MongoDB 的"集合"。操作数据时，相当于操作集合下的一个个文档。故 MongoDB 在文档集合中插入数据库集合时，像这样 mongoCollection.insertMany(List<Document>)，插入单个文档可以用 mongoCollection.insertOne(Document)。具体操作可参见 7.4.2 节例 7-12 中的第 3 个示例。

7.2.1　一致性

MongoDB 提供多种存储引擎支持，从 MongoDB 3.0 开始默认使用 WiredTiger 引擎，WiredTiger 引擎可以针对单个文档来保证 ACID 特性，对正在更新的单个文档加锁，一定程度上保证了单个文档的数据一致性要求。对于多个文档，尤其存储于分布式集群中的文档数据，当用户访问不同机器时，很难做到数据强一致性。

为了在 MongoDB 数据库中确保一致性，可以配置副本集（replica set），也可以规定写入操作必须等待所写数据复制到全部或是给定数量的从节点之后，才能返回，每次写入数据时，都可以指定写入操作返回之前，必须将所写数据传播到多少个服务器节点上。MongoDB默认情况下，读取和写入发布到副本集的主要成员时，数据是保证一致性的，默认情况下采用的是数据的最终一致性规则。依据实际业务场景不同，在可以接受数据微小延时的情况下，例如某些报告应用程序从辅助节点读取可能很有用，当延迟比一致性更重要时，应用程序可以从最接近的数据副本（通过 ping 距离测量）读取。MongoDB 在分布式系统设计理念中，允许智能地将数据放在想要的位置。

7.2.2　可扩展性

在可扩展性的考虑中，MongoDB 提供了分片的功能，可以将大的数据集，通过规则切分成片，按片分布至集群中，满足了 MongoDB 数据量大量增长时数据库的可扩展性需求。

分片是一种跨多台机器分发数据的方法。MongoDB 使用分片来支持具有非常大的数据集和高吞吐量操作的部署。具有大型数据集或高吞吐量应用程序的数据库系统可能会挑战单个服务器的容量，例如，高查询率会耗尽服务器的 CPU 容量，工作集大小大于系统的 RAM会强调磁盘驱动器的 I/O 容量。

MongoDB 支持通过分片进行水平扩展，它的分片集群结构如图 7-4 所示。

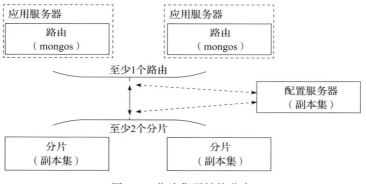

图 7-4　分片集群结构分布

图 7-4 中描述的 MongoDB 分片群集包含以下组件。

- 分片（Shard）：用于存储实际的数据块。每个分片包含了分片数据的子集，而且每个分片都可以部署为副本集。
- 应用服务器：完成应用服务。这里的路由（mongos），主要指代涉及数据拆分和实例的对应关系，据此可以清楚地反映出请求应该回应到哪个实例上。mongos 充当查询路由器，在客户端应用程序和分片集群之间提供接口。
- 配置服务器（Config Server）：配置服务器存储集群的元数据和配置设置。从MongoDB 3.4 开始，配置服务器必须部署为副本集（CSRS）。

为了在集合中分发文档，MongoDB 使用分片键对集合进行分区。分片键由目标集合中每个文档中存在的不可变字段组成。对集合进行分片时需要选择分片键。分片后无法更改分片键的选择，且分片集合只能有一个分片键。要对非空集合进行分片，集合必须具有以分片键开头的索引。对于空集合，如果集合尚未具有指定分片键的适当索引，MongoDB 将创建索引。分片键的选择会影响分片集群的性能、效率和可伸缩性。即使具有最佳硬件和基础结构的集群，也有可能会因选择分片键而遇到瓶颈。选择分片键及其支持索引也会影响集群可以使用的分片策略。

MongoDB 将分片数据划分为块（Chunk）。每个块都具有基于分片键指定范围的数据。MongoDB 使用分片集群平衡器跨分片集群中的分片迁移块。平衡器尝试在集群中的所有分片上实现块的均衡平衡。

MongoDB 实行分片的策略具有如下优点：

❏ 读 / 写：MongoDB 在分片集群中的分片之间分配读写工作负载，允许每个分片处理集群操作的子集。通过添加更多分片，可以在集群中水平扩展读取和写入工作负载。对于包含分片键或复合分片键前缀的查询，mongos 可以在特定分片或分片集上定位查询。这些目标操作通常比向群集中的每个分片广播（broadcast）更有效。

❏ 存储容量：分片在集群中的分片之间分配数据，允许每个分片包含总集群数据的子集。随着数据集的增长，额外的分片会增加集群的存储容量。

❏ 高可用性：即使一个或多个分片不可用，分片集群也可以继续执行部分读 / 写操作。虽然在停机期间无法访问不可用分片上的数据子集，但是针对可用分片的读取或写入仍然可以成功。

从 MongoDB 3.2 开始，可以将配置服务器部署为副本集。只要大多数副本集可用，具有配置服务器副本集（CSRS）的分片集群就可以继续处理读取和写入。在 3.4 版本中，MongoDB 删除了对 SCCC 配置服务器的支持。在生产环境中，应将各个分片部署为副本集，从而提供更高的冗余和可用性。

分片前的注意事项：

❏ 分片集群基础架构要求和复杂性需要仔细规划、执行和维护。

❏ 选择分片密钥时需要认真考虑，以确保集群性能和效率。分片后不能更改分片键，也不能取消分片。

❏ 分片具有一定的操作要求和限制。如果查询不包括分片键或复合分片键的前缀，则mongos 将执行广播操作，查询分片群集中的所有分片。这些分散 / 收集查询可以是长时间运行的操作。

数据库可以混合使用分片和非分片集合。分片集合在集群中的分片上进行分区和分布。非分片集合存储在主分片上。每个数据库都有自己的主分片。无论是分片还是非分片集合，必须连接到 mongos 路由上，才能与分片群集中的任何集合进行交互。客户端永远不应连接到单个分片以执行读取或写入操作。用户可以像连接到 mongod 一样连接到 mongos，例如通过 mongo shell 或 MongoDB 驱动程序。

MongoDB 支持哈希分片（Hashed Sharding）和范围分片（Ranged Sharding）两种分片策略，用于跨分片集群分发数据。

1. 哈希分片

哈希分片主要指计算分片键字段值的哈希（Hash），然后根据哈希的分片键值为每个块（Chunk）分配一个范围。值得注意的是，在使用哈希索引解析查询时，MongoDB 会自动计算哈希值，应用程序不需要计算哈希值，如图 7-5 所示。

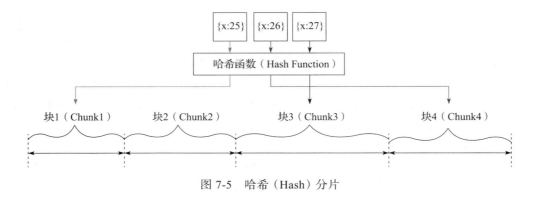

图 7-5　哈希（Hash）分片

哈希算法可以使数据保持比较均匀的分布，故基于哈希值的数据分布有助于更均匀的数据分布，尤其是在分片键单调变化的数据集中。但是，哈希分布同时也意味着对分片键的基于范围的查询不太可能以单个分片为目标，而是需要在多个节点间即集群范围内进行操作。

2. 范围分片

范围分片是基于分片键值将数据分成范围，然后根据分片键值为每个块分配一个范围，如图 7-6 所示。

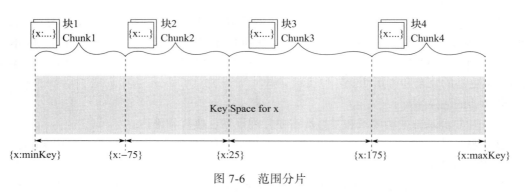

图 7-6　范围分片

在图 7-6 中，对于 X 的键空间（Key Space）里的键，按范围区间进行分配，实现了一系列分片键更有可能地驻留在同一个块上。这允许有针对性的操作，因为 mongos 可以将操作仅路由到包含所需数据的分片。但是，范围分片的效率取决于所选的分片键。考虑不周的话，有可能导致数据分布不均匀，不能体现分片的好处，或者可能导致性能瓶颈。

7.2.3　事务

在 MongoDB 中，对单个文档的操作是原子操作。因为用户可以使用嵌入式文档和数组来捕获单个文档结构中数据之间的关系，而不是跨多个文档和集合进行规范化，因此这种单文档原子性消除了许多实际用例对多文档事务的需求。令人振奋的是，MongoDB 4.0 增加了对多文档 ACID 事务的支持。

对于需要原子性来更新多个文档或读取多个文档之间的一致性的情况，MongoDB 提供了对副本集执行多文档事务的能力。多文档事务可用于多个操作、集合、数据库和文档。多文档交易提供"全有或全无"的主张。当事务提交时，将保存在事务中进行的所有数据更改。如果事务中的任何操作失败，则事务将中止，并且事务中所做的所有数据更改都将被丢弃而不会变得可见。在事务提交之前，事务外部不会看到事务中的写操作。

注意

在大多数情况下，多文档事务比单个文档写入产生的性能成本更高，并且多文档事务的可用性不应该取代有效的模式设计。对于许多场景，非规范化数据模型（嵌入式文档和数组）将继续为您的数据和用例提供最佳选择。也就是说，对于许多场景，适当地建模数据将最大限度地减少对多文档事务的需求。

7.2.4 可用性

MongoDB 通过自动维护副本集以及跨服务器、机架和数据中心分布多个数据副本的形式，防止使用本机复制和自动故障转移导致数据库停机而造成的数据丢失或不能读取的问题。

副本集由多个副本集成员组成。在任何给定时间，一个成员充当主要成员，其他成员充当次要成员。如果主要成员因任何原因（例如，硬件故障）而失败，则其中一个次要成员将自动选为主要成员并开始处理所有读取和写入。MongoDB 中的副本集是一组维护相同数据集的 mongod 进程。副本集提供冗余和高可用性，是所有生产部署的基础。

复制提供冗余并提高数据可用性。通过在不同数据库服务器上提供多个数据副本，复制可提供一定程度的容错能力，以防止丢失单个数据库服务器。在某些情况下，复制可以提供增加的读取容量，因为客户端可以将读取操作发送到不同的服务器，在不同数据中心维护数据副本可以增加分布式应用程序的数据位置和可用性。还可以为专用目的维护其他副本，例如灾难恢复、报告或备份。

7.3 MongoDB

7.3.1 概述

MongoDB（来自于英文单词 Humongous，中文含义为"庞大"）是可以应用于各种规模的企业、各个行业以及各类应用程序的开源数据库，是文档数据库的典型代表。作为一个适用于敏捷开发的数据库，MongoDB 的数据模式可以随着应用程序的发展而灵活地更新。与此同时，它也为开发人员提供了传统数据库的功能：二级索引、完整的查询系统以及严格一致性等。MongoDB 能够使企业更加具有敏捷性和可扩展性，各种规模的企业都可以通过使用 MongoDB 来创建新的应用，提高与客户之间的工作效率，加快产品上市时间，并降低企业成本。

MongoDB 是专为可扩展性、高性能和高可用性而设计的数据库。它可以从单个服务器部署扩展到大型、复杂的多数据中心架构。利用内存计算的优势，MongoDB 能够提供高性能的数据读写操作。MongoDB 的本地复制和自动故障转移功能使您的应用程序具有企业级的可靠性和操作灵活性。MongoDB 具有以下特点。

  ❑ 面向集合存储。所谓集合有点类似关系数据库中的表，区别在于它不要求定义模式。每个集合在数据库中都有唯一的标识名，并且可以包含无限数目的文档。因此，MongoDB 可以存储对象和 JSON 形式的数据。

- 模式自由。不必为存储到 MongoDB 中的数据定义任何结构，不同结构的数据也可以放到同一个集合中，可以根据需要灵活地存储数据。
- 支持动态查询。MongoDB 支持丰富的查询表达式，查询指令为 JSON 形式的标记，便于查询文档中内嵌的对象和数组。
- 完整的索引支持，包含文档内嵌对象和数组。
- 支持复制和故障恢复。MongoDB 数据库支持主从模式和服务器之间的数据复制。复制的目的是提供冗余和自动故障恢复。
- 二进制数据存储。MongoDB 使用传统高效的二进制数据存储方式，支持二进制数据和大型对象（包括图片或者视频等）。
- 自动分片以支持云级别的伸缩性。自动分片功能支持水平的数据库集群，可动态添加机器。
- 支持多种语言。MongoDB 支持 C、C++、C#、Erlang、Haskell、JavaScript、Java、Perl、PHP、Python、Ruby 及 Scala（via Casbah）的驱动语言。

7.3.2　Mongo Shell

Mongo Shell 是 MongoDB 的交互式 JavaScript 接口。支持通过命令行使用 Mongo Shell 查询和更新数据以及执行管理操作。Mongo Shell 是 MongoDB 发行版的一个重要的工具，安装并启动 MongoDB 后，将 Mongo Shell 连接到正在运行的 MongoDB 实例，执行 MongoDB 的相应操作。当然也可以通过不同的驱动利用其他编程语言，不过 Shell 在学习与管理数据库方面还是很方便的。

1. 启动 Mongo Shell 并连接到 MongoDB

1）在尝试启动 Mongo Shell 之前，请确保 MongoDB 实例正在运行。

```
[root@master ~]# ps -ef | grep mongo
mongod    671      1   5 01:53 ?          00:00:19 /usr/bin/mongod -f /etc/mongod.conf
root     1323   1284   0 01:59 pts/1      00:00:00 grep --color=auto mongo
```

2）打开终端窗口（或 Windows 的命令提示符），查询并进入 MongoDB 安装目录并转到 <mongodb installation dir> / bin 目录：

```
[root@master ~]# whereis mongo
mongo: /usr/bin/mongo
[root@master ~]# cd /usr/bin/
[root@master bin]# ll mongo*
-rwxr-xr-x 1 root root 33637640 5月 21 19:12 mongo
-rwxr-xr-x 1 root root 59270568 5月 21 19:12 mongod
-rwxr-xr-x 1 root root 12847768 5月 21 19:12 mongodump
-rwxr-xr-x 1 root root 10883504 5月 21 19:12 mongoexport
-rwxr-xr-x 1 root root 10766664 5月 21 19:12 mongofiles
-rwxr-xr-x 1 root root 11024024 5月 21 19:12 mongoimport
-rwxr-xr-x 1 root root 58791520 5月 21 19:12 mongoperf
-rwxr-xr-x 1 root root 13940504 5月 21 19:12 mongorestore
-rwxr-xr-x 1 root root 34045944 5月 21 19:12 mongos
-rwxr-xr-x 1 root root 11080112 5月 21 19:12 mongostat
-rwxr-xr-x 1 root root 10721344 5月 21 19:12 mongotop
```

3）在 Linux 本地命令行中使用 --help 选项查看运行 Mongo Shell 的选项列表。

```
[root@master ~]# mongo --help
MongoDB shell version v3.6.5
usage: mongo [options] [db address] [file names (ending in .js)]
db address can be:
    foo                         foo database on local machine
    192.168.0.5/foo             foo database on 192.168.0.5 machine
    192.168.0.5:9999/foo        foo database on 192.168.0.5 machine on port 9999
Options:
    --shell                     run the shell after executing files
    --nodb                      don't connect to mongod on startup - no
                                    db address' arg expected
    --norc                      will not run the ".mongorc.js" file on start up
    --quiet                     be less chatty
    --port arg                  port to connect to
    --host arg                  server to connect to
    --eval arg                  evaluate javascript
    -h [ --help ]               show this usage information
    --version                   show version information
    --verbose                   increase verbosity
    --ipv6                      enable IPv6 support (disabled by default)
    --disableJavaScriptJIT      disable the Javascript Just In Time compiler
    --disableJavaScriptProtection  allow automatic JavaScript function marshalling
    --ssl                       use SSL for all connections
    --sslCAFile arg             Certificate Authority file for SSL
    --sslPEMKeyFile arg         PEM certificate/key file for SSL
    --sslPEMKeyPassword arg     password for key in PEM file for SSL
    --sslCRLFile arg            Certificate Revocation List file for SSL
    --sslAllowInvalidHostnames  allow connections to servers with
                                    non-matching hostnames
    --sslAllowInvalidCertificates  allow connections to servers with invalid
                                    certificates
    --sslFIPSMode               activate FIPS 140-2 mode at startup
    --retryWrites               automatically retry write operations upon
                                    transient network errors
    --jsHeapLimitMB arg         set the js scope's heap size limit

Authentication Options:
    -u [ --username ] arg       username for authentication
    -p [ --password ] arg       password for authentication
    --authenticationDatabase arg  user source (defaults to dbname)
    --authenticationMechanism arg  authentication mechanism
    --gssapiServiceName arg (=mongodb)  Service name to use when authenticating
                                    using GSSAPI/Kerberos
    --gssapiHostName arg        Remote host name to use for purpose of
                                    GSSAPI/Kerberos authentication

file names: a list of files to run. files have to end in .js and will exit after
unless --shell is specified
```

4）依据帮助窗口对选项 --shell 提示 run the shell after executing files，启动 Mongo Shell。

```
[root@master ~]# mongo shell
MongoDB shell version v3.6.5
connecting to: mongodb://127.0.0.1:27017/shell
```

```
MongoDB server version: 3.6.5
>
```

注意

如果已经添加 <mongodb 安装目录 >/bin 到环境变量 PATH 中，则只需在命令行直接输入 "`mongo" 或 "mongo shell" 即可启动 Mongo Shell 命令窗口环境。

不带任何参数运行 Mongo，此时，Mongo Shell 将尝试连接运行在 localhost 上端口号为 27017 的 MongoDB 实例。如果要指定不同的主机或端口号，以及其他选项，请参见官网（https://docs.mongodb.com/manual/mongo/）提供的可用选项的详细内容。例如，显式指定非默认端口 28015 连接到 localhost 上运行的 MongoDB 实例的命令：

```
mongo --port 28015
```

2. 可运行任意 JavaScript 程序

1）运行 JavaScript 运算。

```
> x=1
1
> y=2
2
> x+y
3
> r=2
2
```

2）运行 JavaScript 标准函数，求解一个半径 r 为 2 的圆面积。

```
> Math.PI*r*r
12.566370614359172
```

3）运行 JavaScript 自定义函数，编写一个求解圆面积的函数，传参半径 r 为 2。

```
> function circleS (r) {
... return Math.PI*r*r;
... }
> circleS(2);
12.566370614359172
```

该例使用了多行命令，Mongo Shell 本身会检测 JavaScript 的 circleS 函数语句是否完整。如果在未完成的情况下，想回到 Mongo 提示符环境，连续按下回车键即可。

```
> function a(){
...                 # 按回车
...                 # 按回车
>
```

3. 使用 Mongo Shell 帮助信息

除了官网（https://docs.mongodb.com/manual/）提供的全面的 MongoDB Manual 文档之外，Mongo Shell 还在其在线帮助系统中提供了额外信息。此文档提供了获取这些帮助的概述。

在 Mongo Shell 命令窗口中输入 help 可查看 MongoDB 的帮助列表。

```
> help
    db.help()                    help on db methods
    db.mycoll.help()             help on collection methods
    sh.help()                    sharding helpers
    rs.help()                    replica set helpers
    help admin                   administrative help
    help connect                 connecting to a db help
    help keys                    key shortcuts
    help misc                    misc things to know
    help mr                      mapreduce

    show dbs                     show database names
    show collections            show collections in current database
    show users                   show users in current database
    show profile                 show most recent system.profile entries with time >= 1ms
    show logs                    show the accessible logger names
    show log [name]              prints out the last segment of log in memory,
                                     'global' is default
    use <db_name>                set current database
    db.foo.find()                list objects in collection foo
    db.foo.find( { a : 1 } )     list objects in foo where a == 1
    it                           result of the last line evaluated; use to further
                                     iterate
    DBQuery.shellBatchSize = x   set default number of items to display on shell
    exit                         quit the mongo shell
```

此外，在 Mongo Shell 中还提供了一些具体的数据库帮助、集合帮助、游标帮助和封装对象帮助，这些帮助的具体用法可参见官网帮助文档（https://docs.mongodb.com/manual/tutorial/access-mongo-shell-help/）。

使用 db.help 命令可查询操作数据库的方法。

```
> db.help
function () {
        print("DB methods:");
        print(
            "\tdb.adminCommand(nameOrDocument) - switches to 'admin' db, and runs
command [just calls db.runCommand(...)]");
        print(
            "\tdb.aggregate([pipeline], {options}) - performs a collectionless
aggregation on this database; returns a cursor");
        print("\tdb.auth(username, password)");
        print("\tdb.cloneDatabase(fromhost)");
        print("\tdb.commandHelp(name) returns the help for the command");
        print("\tdb.copyDatabase(fromdb, todb, fromhost)");
        print("\tdb.createCollection(name, {size: ..., capped: ..., max: ...})");
        print("\tdb.createView(name, viewOn, [{$operator: {...}}, ...], {viewOptions})");
        print("\tdb.createUser(userDocument)");
        print("\tdb.currentOp() displays currently executing operations in the db");
        print("\tdb.dropDatabase()");
        print("\tdb.eval() - deprecated");
        print("\tdb.fsyncLock() flush data to disk and lock server for backups");
```

```
        print("\tdb.fsyncUnlock() unlocks server following a db.fsyncLock()");
        print("\tdb.getCollection(cname) same as db['cname'] or db.cname");
        print(
            "\tdb.getCollectionInfos([filter]) - returns a list that contains the
names and options" +
            " of the db's collections");
        print("\tdb.getCollectionNames()");
        print("\tdb.getLastError() - just returns the err msg string");
        print("\tdb.getLastErrorObj() - return full status object");
        print("\tdb.getLogComponents()");
        print("\tdb.getMongo() get the server connection object");
        print("\tdb.getMongo().setSlaveOk() allow queries on a replication slave server");
        print("\tdb.getName()");
        print("\tdb.getPrevError()");
        print("\tdb.getProfilingLevel() - deprecated");
        print("\tdb.getProfilingStatus() - returns if profiling is on and slow
threshold");
        print("\tdb.getReplicationInfo()");
        print("\tdb.getSiblingDB(name) get the db at the same server as this one");
        print(
            "\tdb.getWriteConcern() - returns the write concern used for any
operations on this db, inherited from server object if set");
        print("\tdb.hostInfo() get details about the server's host");
        print("\tdb.isMaster() check replica primary status");
        print("\tdb.killOp(opid) kills the current operation in the db");
        print("\tdb.listCommands() lists all the db commands");
        print("\tdb.loadServerScripts() loads all the scripts in db.system.js");
        print("\tdb.logout()");
        print("\tdb.printCollectionStats()");
        print("\tdb.printReplicationInfo()");
        print("\tdb.printShardingStatus()");
        print("\tdb.printSlaveReplicationInfo()");
        print("\tdb.dropUser(username)");
        print("\tdb.repairDatabase()");
        print("\tdb.resetError()");
        print(
            "\tdb.runCommand(cmdObj) run a database command.  if cmdObj is a
string, turns it into {cmdObj: 1}");
        print("\tdb.serverStatus()");
        print("\tdb.setLogLevel(level,<component>)");
        print("\tdb.setProfilingLevel(level,slowms) 0=off 1=slow 2=all");
        print(
            "\tdb.setWriteConcern(<write concern doc>) - sets the write concern for
writes to the db");
        print(
            "\tdb.unsetWriteConcern(<write concern doc>) - unsets the write concern
for writes to the db");
        print("\tdb.setVerboseShell(flag) display extra information in shell output");
        print("\tdb.shutdownServer()");
        print("\tdb.stats()");
        print("\tdb.version() current version of the server");

        return __magicNoPrint;
    }
```

db.help 帮助信息中给出了当前数据库下创建集合的语法：

```
db.createCollection(name, {size: ..., capped: ..., max: ...})
```

依据语法，创建名为 mynullcollection 的空集合。

```
> db.createCollection("mynullcollection")
{ "ok" : 1 }
>
```

依据语法，创建固定（capped:true）集合 mycollection，整合集合空间（size）大小为 6 142 800KB，文档最大（max）个数为 10 000 个。

```
> db.createCollection("mycollection",{size:6142800,capped:true,max:10000})
{ "ok" : 1 }
>
```

help 中给出命令 show collections 显示当前数据库中所有集合的名字列表。查看当前数据库中的集合名字列表。

```
> show collections
mycollection
mynullcollection
>
```

4. Mongo Shell 工具常用操作

1）输入 db，显示当前正在使用的数据库。本例返回当前使用的默认数据库 test。

```
> db
test
```

2）切换数据库，语法格式如下：

```
use <db>
```

其中 db 代表要切换的数据库的名字。如果数据库存在，直接切换至 db；如果不存在，则会自动建立一个 db，然后切换至 db。

```
> use myNewDatabase
switched to db myNewDatabase
```

假设切换到一个不存在的数据库 db，或创建一个不存在的集合 myCollection，MongoDB 将自动创建数据库。

```
> db.myCollection.insert({x:1});
WriteResult({ "nInserted" : 1 })
```

其中，db.myCollection.insert() 是 mongo shell 的一个有效方法。db 指当前的数据库，myCollection 是集合的名称。

要在不切换当前数据库上下文（即 db）情况下，从当前数据库访问不同数据库，请参见 db.getSiblingDB() 方法。

3）删除已经存在的集合 mycollection。

```
> db.mynullcollection.drop()
true
>
```

4）删除已经存在的数据库 myNewDatabase。

```
> use myNewDatabase
switched to db myNewDatabase
> db.dropDatabase()
{"dropped" : "myNewDatabase", "ok" : 1 }
```

5）Mongo Shell 中的多行操作。

如果代码行以左括号 ('(')、左大括号 ('{') 或左中括号 ('[') 结束，那么后继的行将以省略号 ("...") 开始，直到输入对应的右括号 (')')、右大括号 ('}') 或右中括号 (']')。Mongo Shell 在执行代码前将一直等待右括号、右大括号或右中括号，然后才认为语句结束，如下例所示：

```
> x=1
1
> if (x>0) {
... x++;
... print(x);
... }
2
```

上例中，首先定义变量 x=1，然后写了一组 if 语句，判断如果 x 值大于 1，则 x 加 1，打印 x 的值，结果为 2。

如果输入过程中有误，希望中途结束输入，可通过连续二次按回车键（输入两行空白行），结束当前输入，回到 Mongo Shell 命令行。

```
> if (x>0) {
...
...
```

6）Tab 命令补全和其他键盘快捷键。

Mongo Shell 支持键盘快捷键功能。例如，在命令窗口输入 db.my 后，按键盘的 <Tab> 键，完成以 db.my 开头的方法补全。

```
> db.my 按 <Tab> 键
> db.myCollection
```

🗣 **注意**

使用 <Tab> 键自动补全或列出可能的补全命令，在上面的示例中，即使用 <Tab> 键补全以 db.my 开头的方法名，如果有很多以 db.my 开头的集合方法，<Tab> 补全后，将列出各种以 db.my 开头的方法。

此外，Mongo Shell 还支持使用上（↑）/下（↓）箭头键在历史命令中进行切换。Mongo Shell 环境还支持很多快捷键操作，有关完整列表，请参看官网的 Shell Keyboard Shortcuts 文章（https://docs.mongodb.com/manual/reference/program/mongo/#mongo-keyboard-shortcuts）。

7）退出 Shell。

输入 quit() 或使用 <Ctrl-c> 快捷方式退出 Shell。

```
> quit()
[root@master bin]#
```

7.3.3　MongoDB 基本操作

1. 动态模式（无模式）

MongoDB 包含数据库（database）、集合（collection），以及和传统关系数据库很相似的索引（index）结构。对于数据库和集合这些对象（object），系统会隐式地进行创建，然而一旦创建它们就被记录到系统目录中（db.systems.collections，db.system.indexes）。

集合由文档（document）组成，文档中包含域（field），也就是传统关系数据库中的字段。但与关系数据库不同，MongoDB 不会对域进行预定义，也没有给文档定义模式，这就意味着文档中不同域和它们的值是可以变化的。因此，MongoDB 并没有 alter table 操作来增加或者减少域的个数。在实际应用中，一个文档中通常包含相同类型的结构，但这并不是必需的。这种弹性使模式变动或者增加变得非常容易，几乎不用写任何脚本程序就可实现 alter table 操作。另外，动态模式机制便于对基于 MongoDB 数据库的软件进行重复性开发，大大减少了由于模式变化所带来的工作量。

2. 向集合中插入文档

MongoDB 中文档的数据结构和 JSON 非常类似，所有存储在集合中的数据都是 BSON 格式。BSON 是一种类似 JSON 的二进制形式存储格式，是 Binary JSON 的简称。

MongoDB 中主要使用 insert() 或 save() 方法向集合中插入文档，语法格式如下：

```
db.COLLECTION_NAME.insert(document)
db.COLLECTION_NAME.save(object)
```

【例 7-1】通过一个带有评论的文章的小案例，体会 MongoDB 集合插入数据的操作过程。

1）通过 save() 方法创建 content 对象，将对象保存至名为 tweetcol 的集合。

```
> content={id:3,author:" 文昊 ",title:"Redis 是键值数据库 ",hit:17645}
{ "id" : 3, "author" : " 文昊 ", "title" : "Redis 是键值数据库 ", "hit" : 17645 }
> db.tweetcol.save(content)
WriteResult({ "nInserted" : 1 })
```

查询 tweetcol 集合的内容：

```
> db.tweetcol.find()
{ "_id" : ObjectId("5ca41c6737cc247fbe13e21a"), "id" : 3, "author" : " 文昊 ",
"title" : "Redis 是键值数据库 ", "hit" : 17645 }
```

格式化查询 tweetcol 集合的内容：

```
> db.tweetcol.find().pretty()
{
    "_id" : ObjectId("5ca41c6737cc247fbe13e21a"),
    "id" : 3,
    "author" : " 文昊 ",
    "title" : "Redis 是键值数据库 ",
    "hit" : 17645
}
```

2）通过 insert()，直接向 tweetcol 集合中插入一条数据：

```
> db.tweetcol.insert({id:2,author:" 紫云 ",title:"HBase 是列式数据库 ",hit:154858})
WriteResult({ "nInserted" : 1 })
> db.tweetcol.find()
{ "_id" : ObjectId("5ca41c6737cc247fbe13e21a"), "id" : 3, "author" : " 文昊 ",
"title" : "Redis 是键值数据库 ", "hit" : 17645 }
{ "_id" : ObjectId("5ca423c637cc247fbe13e21b"), "id" : 2, "author" : " 紫云 ",
"title" : "HBase 是列式数据库 ", "hit" : 154858 }
```

3）通过 insert()，应用多命令行，向 tweetcol 集合中插入带两条评论的嵌套文档：

```
> db.tweetcol.insert({id:1,author:" 紫云 ",title:"MongoDB 是文档存储数据库 ",hit:124534,
... comment1:{cname:" 修洁 ",cfeel:" 喜欢 ",gift:" 鲜花 "},
... comment2:{cname:" 明泽 ",cfeel:" 一般 "}})
WriteResult({ "nInserted" : 1 })
> db.tweetcol.find()
{ "_id" : ObjectId("5ca41c6737cc247fbe13e21a"), "id" : 3, "author" : " 文昊 ",
"title" : "Redis 是键值数据库 ", "hit" : 17645 }
{ "_id" : ObjectId("5ca423c637cc247fbe13e21b"), "id" : 2, "author" : " 紫云 ",
"title" : "HBase 是列式数据库 ", "hit" : 154858 }
{ "_id" : ObjectId("5ca4261637cc247fbe13e21c"), "id" : 1, "author" : " 紫云 ", "title" :
"MongoDB 是文档存储数据库 ", "hit" : 124534, "comment1" : { "cname" : " 修洁 ", "cfeel" : " 喜
欢 ", "gift" : " 鲜花 " }, "comment2" : { "cname" : " 明泽 ", "cfeel" : " 一般 " } }
```

🗨️ 注意

- ❑ 如果在进行文档操作时，所应用集合并没有预定义，数据库在进行第一次插入操作时会自动创建集合。
- ❑ 存储的文档包含不同的域，例如 author、title 等，在实际生产应用中，往往把相同结构的数据存储在一个集合中。
- ❑ 文档存储到数据库中，如果没有事先定义，对象就会被自动分配一个 ObjectId，并且存储到 _id 域中。例 7-1 中展示出每插入一个文档会建立一个不同的域。
- ❑ 当存在多条数据同时插入时，可以借助循环结构，向集合中增加更多的文档记录，例如：

```
> for (var i=1; i<=20; i++) db.things.save({x:4,j:i})
WriteResult({ "nInserted" : 1 })
```

3. 修改文档

MongoDB 主要使用 update() 和 save() 方法来修改或更新集合中的文档。

1）update 方法用于更新已存在的文档。语法格式如下：

```
db.collection.update(<query>,<update>,
{upsert: <boolean>,multi: <boolean>,writeConcern: <document>}
)
```

- ❑ query：更新的条件，类似关系 SQL 语句中 where 后面的指定条件。
- ❑ update：更新的对象和一些更新的操作符（如 $、$inc 等），类似关系 SQL 中 update 语句中 set 后面紧跟的内容。
- ❑ upsert：可选项，指记录是否更新，默认值是 false 代表不更新，true 代表更新。

❑ multi：可选项，默认值是 false，即只更新找到的第一条记录，如果为 true，则更新全部符合条件的多条记录。

❑ writeConcern：可选项，代表抛出异常的级别。

2）save() 方法完成文档内容的增加和替换，语法格式如下：

```
db.collection.save(<document>,{writeConcern: <document>})
```

❑ document：要操作的文档。

❑ writeConcern：可选项，指抛出异常的级别。

【例 7-2】继续例 7-1 的文档，进行一些更改操作体会 MongoDB 修改文档内容的过程。

1）向 id 为 2 的文档中，添加一条评论 comment1 的嵌套数据：

```
> db.tweetcol.update({id:2},{$set:{comment1:{cname:" 黎昕 ",cfeel:" 喜欢 ",gift:" 鲜花 "}}})
WriteResult({ "nMatched" : 1, "nUpserted" : 0, "nModified" : 1 })
> db.tweetcol.find()
{ "_id" : ObjectId("5ca41c6737cc247fbe13e21a"), "id" : 3, "author" : " 文昊 ",
"title" : "Redis 是键值数据库 ", "hit" : 17645 }
{ "_id" : ObjectId("5ca4345537cc247fbe13e220"), "id" : 2, "author" : " 紫云 ",
"title" : "HBase 是列式数据库 ", "hit" : 154858, "comment1" : { "cname" : " 黎昕 ",
"cfeel" : " 喜欢 ", "gift" : " 鲜花 " } }
{ "_id" : ObjectId("5ca4347937cc247fbe13e221"), "id" : 1, "author" : " 紫云 ", "title" :
"MongoDB 是文档存储数据库 ", "hit" : 124534, "comment1" : { "cname" : " 修洁 ", "cfeel" : " 喜
欢 ", "gift" : " 鲜花 " }, "comment2" : { "cname" : " 明泽 ", "cfeel" : " 一般 " } }
```

2）将 id 为 2 的文档中的标题改为 "Cassandra 是列式数据库"：

```
> db.tweetcol.update({id:2},{$set:{"title" : "Cassandra 是列式数据库 "}})
WriteResult({ "nMatched" : 1, "nUpserted" : 0, "nModified" : 1 })
> db.tweetcol.find()
{ "_id" : ObjectId("5ca41c6737cc247fbe13e21a"), "id" : 3, "author" : " 文昊 ",
"title" : "Redis 是键值数据库 ", "hit" : 17645 }
{ "_id" : ObjectId("5ca4345537cc247fbe13e220"), "id" : 2, "author" : " 紫云 ",
"title" : "Cassandra 是列式数据库 ", "hit" : 154858, "comment1" : { "cname" : " 黎昕 ",
"cfeel" : " 喜欢 ", "gift" : " 鲜花 " } }
{ "_id" : ObjectId("5ca4347937cc247fbe13e221"), "id" : 1, "author" : " 紫云 ", "title" :
"MongoDB 是文档存储数据库 ", "hit" : 124534, "comment1" : { "cname" : " 修洁 ", "cfeel" : " 喜
欢 ", "gift" : " 鲜花 " }, "comment2" : { "cname" : " 明泽 ", "cfeel" : " 一般 " } }
```

3）创建 other 对象，通过 save() 将 other 对象放入 tweetcol 集合中。

```
> var other={id:4,author:" 文昊 ",title:"Neo4j 是图数据库 ",hit:100}
> db.tweetcol.save(other)
WriteResult({ "nInserted" : 1 })
> db.tweetcol.find()
{ "_id" : ObjectId("5ca41c6737cc247fbe13e21a"), "id" : 3, "author" : " 文昊 ",
"title" : "Redis 是键值数据库 ", "hit" : 17645 }
{ "_id" : ObjectId("5ca4345537cc247fbe13e220"), "id" : 2, "author" : " 紫云 ",
"title" : "Cassandra 是列式数据库 ", "hit" : 154858, "comment1" : { "cname" : " 黎昕 ",
"cfeel" : " 喜欢 ", "gift" : " 鲜花 " } }
{ "_id" : ObjectId("5ca4347937cc247fbe13e221"), "id" : 1, "author" : " 紫云 ", "title" :
"MongoDB 是文档存储数据库 ", "hit" : 124534, "comment1" : { "cname" : " 修洁 ", "cfeel" : " 喜
欢 ", "gift" : " 鲜花 " }, "comment2" : { "cname" : " 明泽 ", "cfeel" : " 一般 " } }
{ "_id" : ObjectId("5ca440c937cc247fbe13e222"), "id" : 4, "author" : " 文昊 ",
"title" : "Neo4j 是图数据库 ", "hit" : 100 }
```

4）将 tweetcol 集合中所有叫"紫云"的作者，全部更名为"美琳"：

```
> db.tweetcol.update({author:"紫云"},{$set:{author:"美琳"}},{multi:true})
WriteResult({ "nMatched" : 2, "nUpserted" : 0, "nModified" : 2 })
> db.tweetcol.find()
{ "_id" : ObjectId("5ca41c6737cc247fbe13e21a"), "id" : 3, "author" : "文昊",
"title" : "Redis 是键值数据库", "hit" : 17645 }
{ "_id" : ObjectId("5ca4345537cc247fbe13e220"), "id" : 2, "author" : "美琳",
"title" : "Cassandra 是列式数据库", "hit" : 154858, "comment1" : { "cname" : "黎昕",
"cfeel" : "喜欢", "gift" : "鲜花" } }
{ "_id" : ObjectId("5ca4347937cc247fbe13e221"), "id" : 1, "author" : "美琳", "title" :
"MongoDB 是文档存储数据库", "hit" : 124534, "comment1" : { "cname" : "修洁", "cfeel" : "喜
欢", "gift" : "鲜花" }, "comment2" : { "cname" : "明泽", "cfeel" : "一般" } }
{ "_id" : ObjectId("5ca440c937cc247fbe13e222"), "id" : 4, "author" : "文昊",
"title" : "Neo4j 是图数据库", "hit" : 100 }
```

4. 查询文档

在讨论数据查询之前，先了解一下如何操作查询结果，即指针对象。我们将使用简单的 find() 方法，返回集合中全部的文档，之后再讨论如何写出特定的查询语句。

为了了解使用 mongo shell 时集合中的全部元素，我们需要明确地使用 find() 方法返回的指针。利用 while 循环对 find() 返回的指针进行迭代。

MongoDB 查询文档使用简单的 find() 方法，返回集合中全部的文档。find() 方法以非结构化的方式来显示所有文档。支持可选参数，完成对文档的条件筛选工作。find() 方法的基本语法格式如下：

```
db.collection.find(query, projection)
```

❑ query：可选项，使用查询操作符指定查询条件。
❑ projection：可选项，使用投影操作符指定返回的键。默认情况下省略该参数，代表查询时返回文档中所有键值。

此外，用户可以使用 pretty() 方法以可读性极好的方式来读取显示数据，基本语法格式如下：

```
db.collection.find().pretty()
```

用户可以通过 printjson 方法，以 JSON 格式打印查询的数据，基本语法格式如下：

```
printjson(db.collection.find())
```

【例 7-3】继续使用例 7-2 中产生的最后文档内容，演示一些典型查询的实现过程。

1）以格式化的方式查询标题为"MongoDB 是文档存储数据库"的文章及评论内容。

```
> db.tweetcol.find({"title":"MongoDB 是文档存储数据库"}).pretty()
{
    "_id" : ObjectId("5ca4347937cc247fbe13e221"),
    "id" : 1,
    "author" : "美琳",
    "title" : "MongoDB 是文档存储数据库",
    "hit" : 124534,
```

```
    "comment1" : {
        "cname" : " 修洁 ",
        "cfeel" : " 喜欢 ",
        "gift" : "鲜花"
    },
    "comment2" : {
        "cname" : " 明泽 ",
        "cfeel" : " 一般 "
    }
}
```

2）查询评论中赠予"鲜花"的文章。

```
> db.tweetcol.find({ "comment1.gift":" 鲜花 "}).pretty()
{
    "_id" : ObjectId("5ca4345537cc247fbe13e220"),
    "id" : 2,
    "author" : " 美琳 ",
    "title" : "Cassandra 是列式数据库 ",
    "hit" : 154858,
    "comment1" : {
        "cname" : " 黎昕 ",
        "cfeel" : " 喜欢 ",
        "gift" : "鲜花"
    }
}
{
    "_id" : ObjectId("5ca4347937cc247fbe13e221"),
    "id" : 1,
    "author" : " 美琳 ",
    "title" : "MongoDB 是文档存储数据库 ",
    "hit" : 124534,
    "comment1" : {
        "cname" : " 修洁 ",
        "cfeel" : " 喜欢 ",
        "gift" : " 鲜花 "
    },
    "comment2" : {
        "cname" : " 明泽 ",
        "cfeel" : " 一般 "
    }
}
```

3）查询是"美琳"发布的或标题为"Redis 是键值数据库"的文章。

```
> db.tweetcol.find({$or:[{"author":" 美琳 "},{"title":"Redis 是键值数据库 "}]})
{ "_id" : ObjectId("5ca41c6737cc247fbe13e21a"), "id" : 3, "author" : " 文昊 ",
"title" : "Redis 是键值数据库 ", "hit" : 17645 }
{ "_id" : ObjectId("5ca4345537cc247fbe13e220"), "id" : 2, "author" : " 美琳 ",
"title" : "Cassandra 是列式数据库 ", "hit" : 154858, "comment1" : { "cname" : " 黎昕 ",
"cfeel" : " 喜欢 ", "gift" : " 鲜花 " } }
{ "_id" : ObjectId("5ca4347937cc247fbe13e221"), "id" : 1, "author" : " 美琳 ", "title" :
"MongoDB 是文档存储数据库 ", "hit" : 124534, "comment1" : { "cname" : " 修洁 ", "cfeel" : " 喜
欢 ", "gift" : " 鲜花 " }, "comment2" : { "cname" : " 明泽 ", "cfeel" : " 一般 " } }
```

📷 注意

- 在进行文档操作时，如果希望批量读出文档内容，可通过 while 循环直接将符合条件的所有结果遍历查询出来。参考语句：

```
> var cursor=db.things.find()
> while (cursor.hasNext()) printjson(cursor.next())
```

- 例 7-3 中显示了指针迭代器，hasNext() 方法判断是否还能返回文档，next() 方法返回下一个文档。使用了内置的 printjson() 方法使文档以 JSON 形式展现。
- 当在 JavaScript shell 下工作时，也可以利用 JavaScript 语言的特征，比如使用 forEach 输出指针对象。

```
> db.things.find().forEach(printjson)
```

- 在使用 forEach() 方法的时候，必须为指针指向的每一个文档定义函数（这里用了内置方法 printjson()）。
- 在 mongo shell 中，可以像对数组一样操作指针。

```
> var cursor=db.things.find()
> printjson(cursor[4])
{ "_id" : ObjectId("5bd0565cb7292970f533b7b2"), "x" : 4, "j" : 3 }
```

- 当用这种方式使用指针时，指针指示的值都能同时加载到内存中，这一点不利于返回较大的查询结果，因为有可能发生内存溢出。对于结果较大的查询，应该用迭代方式输出指针值。另外，可以将指针转变为真正的数组进行处理。

```
> cursor[4]
{ "_id" : ObjectId("5bd0565cb7292970f533b7b2"), "x" : 4, "j" : 3 }
```

- 这些数组特性都仅适用于 shell 模式，但对于其他语言环境并不适合。MongoDB 指针并不是快照，当在集合上进行操作时，如果有其他用户在集合里第一次或者后一次调用 next()，那么指针可能不能成功返回结果，所以要明确锁定要查询的指针。

---

5. 条件查询

MongoDB 除了提供通过操作查询返回指针的功能外，也提供了通过特定条件实现对查询结果的筛选。

MongoDB 中的条件操作符有：大于（$gt）、小于（$lt）、大于等于（$gte）和小于等于（$lte）。

MongoDB 的 find() 方法可以传入多个键，每个键以逗号隔开，即常规 SQL 的 AND 条件，基本语法格式如下：

```
db.collection.find({key1:value1, key2:value2}).pretty()
```

MongoDB 的 OR（或）条件语句使用了关键字 $or，基本语法格式如下：

```
db.collection.find({$or: [{key1: value1}, {key2:value2}]}).pretty()
```

进行 MongoDB 条件查询时，只需指明键需要匹配的模式和值的文档即可，类似于 SQL 查询。

【**例 7-4**】继续使用例 7-2 中产生的最后文档内容，查询所有点击率 hit 大于 10 000，同时满足作者是"美琳"或标题为"Redis 是键值数据库"的所有文章。

```
> db.tweetcol.find({"hit": {$gt:10000}, $or: [{"author":"美琳"},{"title":"Redis
是键值数据库"}]})
    { "_id" : ObjectId("5ca41c6737cc247fbe13e21a"), "id" : 3, "author" : "文昊",
"title" : "Redis 是键值数据库", "hit" : 17645 }
    { "_id" : ObjectId("5ca4345537cc247fbe13e220"), "id" : 2, "author" : "美琳",
"title" : "Cassandra 是列式数据库", "hit" : 154858, "comment1" : { "cname" : "黎昕",
"cfeel" : "喜欢", "gift" : "鲜花" } }
    { "_id" : ObjectId("5ca4347937cc247fbe13e221"), "id" : 1, "author" : "美琳", "title" :
"MongoDB 是文档存储数据库", "hit" : 124534, "comment1" : { "cname" : "修洁", "cfeel" : "喜
欢", "gift" : "鲜花" }, "comment2" : { "cname" : "明泽", "cfeel" : "一般" } }
```

6. 便捷查询 findOne()

为了方便用户，mongo shell（以及一些其他的程序驱动）不必编写程序来处理查询指针，就能通过 findOne() 方法实现返回一个文档的功能。findOne() 方法和 find() 方法的参数是一样的，但它不是返回一个指针，而是返回数据库中满足条件的第一个文档，或者在没有满足条件文档的情况下返回 null。

【**例 7-5**】继续使用例 7-2 中产生的最后文档内容，以 JSON 格式通过 findOne() 查找满足作者（author）是"美琳"的第一个文档。

```
> printjson(db.tweetcol.findOne({"author":"美琳"}))
{
    "_id" : ObjectId("5ca4345537cc247fbe13e220"),
    "id" : 2,
    "author" : "美琳",
    "title" : "Cassandra 是列式数据库",
    "hit" : 154858,
    "comment1" : {
        "cname" : "黎昕",
        "cfeel" : "喜欢",
        "gift" : "鲜花"
    }
}
```

有多种方法可以实现，包括调用 next() 方法（在判断非空之后），或者将指针当成数组返回第一个位置上（下标为 0）的元素。然而，相比之下 findOne() 是简便的。因为用户只会收到从数据库返回的唯一一个对象，所以能大大减少数据库和网络的负荷。它和查询 find({name:"mongo"}).limit(1) 是等效的。

7. 通过 limit() 限制结果个数

可以通过 limit() 方法控制查询结果中返回的数目。这对于提高数据库性能是很重要的，因为它可以限制数据库的工作负荷以及网络的传输负荷。limit() 方法基本语法如下：

```
db.collection.find.limit(NUMBER)
```

NUMBER 代表返回的最大文档数目。

【**例 7-6**】继续使用例 7-2 中产生的最后文档内容，通过 limit() 方法查询集合 tweetcol 中的前两条数据。

```
> db.tweetcol.find().limit(2)
{ "_id" : ObjectId("5ca41c6737cc247fbe13e21a"), "id" : 3, "author" : "文昊",
"title" : "Redis是键值数据库", "hit" : 17645 }
{ "_id" : ObjectId("5ca4345537cc247fbe13e220"), "id" : 2, "author" : "美琳",
"title" : "Cassandra是列式数据库", "hit" : 154858, "comment1" : { "cname" : "黎昕",
"cfeel" : "喜欢", "gift" : "鲜花" } }
```

8. 删除数据

在 mongo shell 环境下从数据库集合中删除一个对象，可以用 remove() 方法。其他的程序驱动会提供类似的方法，但方法名或许不一样，可能叫作 delete。请查看所使用的程序驱动说明。执行 remove() 方法前，先执行 find() 方法来判断需要移除所要遵守的执行条件是否正确，基本语法格式如下：

```
db.collection.remove(<query>,{justOne: <boolean>,writeConcern: <document>})
```

❑ query：可选项，删除的文档的条件。

❑ justOne：可选项，默认值为 false，删除所有匹配条件的文档；如果值为 true 或 1，则只删除一个文档。

❑ writeConcern：可选项，指抛出异常的级别。

【例 7-7】继续使用例 7-2 中产生的最后文档内容，体会 MongoDB 集合删除数据的操作过程。

1）删除作者（author）是"美琳"发布的所有文章。本例共删除两条记录。

```
> db.tweetcol.remove({"author":"美琳"})
WriteResult({ "nRemoved" : 2 })
> db.tweetcol.find()
{ "_id" : ObjectId("5ca41c6737cc247fbe13e21a"), "id" : 3, "author" : "文昊",
"title" : "Redis是键值数据库", "hit" : 17645 }
{ "_id" : ObjectId("5ca440c937cc247fbe13e222"), "id" : 4, "author" : "文昊",
"title" : "Neo4j是图数据库", "hit" : 100 }
```

2）删除所有数据。

```
> db.tweetcol.remove({})
WriteResult({ "nRemoved" : 2 })
> db.tweetcol.find()
```

7.3.4　索引

索引能够提升查询的性能，可以针对应用环境建立相应的索引，在 MongoDB 中建立索引也是相当简单的。

MongoDB 中的索引在概念上和传统关系型数据库 MySQL 类似。索引是一种数据结构，用来存储一个集合中某个文档的某些域值。MongoDB 查询优化器用这种数据结构来快速排序和查找文档。MongoDB 中的索引是 B- 树结构。

索引通常能够极大地提高查询的效率，如果没有索引，MongoDB 在读取数据时必须扫描集合中的每个文件并选取那些符合查询条件的记录。这种扫描全集合的查询效率是非常低的，特别是在处理大量的数据时，查询要花费几十秒甚至几分钟的时间，这对网站的性能是非常致命的。索引是特殊的数据结构，索引存储在一个易于遍历读取的数据集合中，索引是对数据库表中一列或多列的值进行排序的一种结构。

1. 创建索引

在 MongoDB 提供的 shell 环境中，可以调用 createIndex() 方法来创建索引，并且可以为文档的一个或多个键值提供索引。

👤✦ 注意

在 3.0.0 版本前创建索引方法为 db.collection.ensureIndex()，之后的版本使用了 db.collection. createIndex() 方法，ensureIndex() 还能用，但只是 createIndex() 的别名。

---

createIndex() 方法基本语法格式如下所示：

```
>db.collection.createIndex(keys, options)
```

其中，keys 值为要创建的索引字段，options = 1 为指定按升序创建索引，options = –1 为指定按降序来创建索引。

【例 7-8】通过一个案例体会 MongoDB 创建索引的简单操作过程。

1）建立索引前，查看 things 当前的索引情况。

```
> db.things.getIndexes()
```

在没有人为创建索引之前，显示结果如下：

```
> db.things.getIndexSpecs()
[
    {
        "v" : 2,
        "key" : {
                "_id" : 1
         },
        "name" : "_id_",
        "ns" : "test.things"
    }
]
```

可以看到，系统本身已经创建了一个 _id 索引，这个字段是全局唯一的，并且不能删除，MongoDB 利用这个字段来索引不同的文档。

2）在 j 列上建立索引。

```
> db.things.createIndex({j:1});
{
    "createdCollectionAutomatically" : false,
    "numIndexesBefore" : 1,
    "numIndexesAfter" : 2,
    "ok" : 1
}
```

命令中的 1 表示按照递增的顺序建立索引，如果是 –1 则表示按递减的顺序建立索引。其中 createIndex() 接收可选参数，可选参数如表 7-2 所示。

表 7-2　createIndex() 接收可选参数列表

参数	类型	描述
background	Boolean	建立索引过程会阻塞其他数据库操作，background 可指定以后台方式创建索引，即增加 background 可选参数。background 默认值为 false
unique	Boolean	建立的索引是否唯一。指定为 true 创建唯一索引。默认值为 false
name	string	索引的名称。如果未指定，MongoDB 的通过连接索引的字段名和排序顺序生成一个索引名称
dropDups	Boolean	3.0+ 版本已废弃。在建立唯一索引时是否删除重复记录，指定 true 创建唯一索引。默认值为 false
sparse	Boolean	对文档中不存在的字段数据不启用索引；这个参数需要特别注意，如果设置为 true 的话，在索引字段中不会查询出不包含对应字段的文档。默认值为 false
expireAfterSeconds	integer	指定一个以秒为单位的数值，完成 TTL 设定，设定集合的生存时间
v	index version	索引的版本号。默认的索引版本取决于 mongod 创建索引时运行的版本
weights	document	索引权重值，数值在 1 ～ 99 999 之间，表示该索引相对于其他索引字段的得分权重
default_language	string	对于文本索引，该参数决定了停用词及词干和词器的规则的列表。默认为英语
language_override	string	对于文本索引，该参数指定了包含在文档中的字段名，语言覆盖默认的 language，默认值为 language

此外，MongoDB 还可以通过在创建索引时加上 background:true 的选项，让创建工作在后台执行。

```
> db.things.createIndex({j:1}, {background: true});
```

3）再次查看 things 索引情况。

```
 > db.things.getIndexSpecs()
[
    {
        "v" : 2,
        "key" : {
                "_id" : 1
                },
                "name" : "_id_",
                "ns" : "test.things"
    },
    {
        "v" : 2,
        "key" : {
                "j" : 1
                },
                "name" : "j_1",
                "ns" : "test.things"
    }
]
```

2. 删除索引和重建索引

要删除全部索引，可以利用下面的命令：

```
db.collection.dropIndexes();
```

删除特定索引，则命令如下：

```
db.collection.dropIndex({x: 1, y: -1})
```

【例 7-9】删除 things 的所有索引，体会 MongoDB 删除索引的简单操作过程。

```
> db.things.dropIndexes()
{
    "nIndexesWas" : 2,
    "msg" : "non-_id indexes dropped for collection",
    "ok" : 1
}
> db.things.getIndexSpecs()
[
    {
        "v" : 2,
        "key" : {
        "_id" : 1
    },
        "name" : "_id_",
        "ns" : "test.things"
    }
]
```

从索引的查看结果可以看到，things 人为建立的索引已经全被删除。

7.3.5　副本集

MongoDB 复制（副本集）是将数据同步在多个服务器的过程。复制提供了数据的冗余备份，并在多个服务器上存储数据副本，提高了数据的可用性，并可以保证数据的安全性。复制还允许用户从硬件故障和服务中断中恢复数据。

副本集是一组维护相同数据集的 mongod 实例。副本集包含多个数据承载节点和一个可选的仲裁节点。在承载数据的节点中，一个且仅一个成员被视为主节点，而其他节点被视为辅助节点。主节点服务器是副本集中唯一接收写操作的成员。MongoDB 在主节点上应用写操作，然后在主节点的 oplog 上记录操作。辅助节点复制此日志并将操作应用于其数据集，如图 7-7 所示。

在图 7-7 中，主节点接收所有写操作。副本集只能有一个主要能够确认具有 {w："most"} 的写入，虽然在某些情况下，另一个 mongod 实例可能暂时认为自己也是主要的，主要记录其操作日志中数据集的所有更改，即 oplog。

辅助节点（Secondary）维护主要数据集的副本。为了复制数据，辅助应用程序将主要的

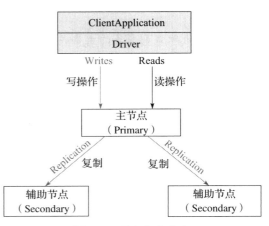

图 7-7　副本集主节点

oplog 操作应用于异步进程中自己的数据集。副本集可以有一个或多个辅助副本，辅助节点间可通过心跳机制进行通信，如图 7-8 所示。

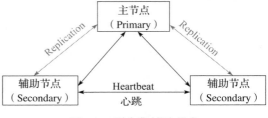

在图 7-8 中，三成员副本集有两个是辅助成员，辅助节点复制主节点的 oplog 并将操作应用于其数据集。辅助节点维护主要数据集的副本。副本集可以有一个或多个辅助副本。

图 7-8   副本集辅助节点

虽然客户端无法将数据写入辅助节点，但客户端可以从辅助节点成员读取数据。

如果当前主节点变为不可用，则副本集将保持选举以选择哪个辅助节点成为新主节点，使辅助节点成为新的主节点继续工作。

MongoDB 提供为特定目的配置辅助成员的功能，可以将辅助节点配置为：

❑ 防止它成为选举中的主要选项，允许它驻留在辅助数据中心或作为冷备用。

❑ 阻止应用程序从中读取，从而允许应用程序运行需要与正常流量分离的应用程序。

❑ 保留正在运行的"historical"快照，用于从某些错误中恢复，例如无意中删除了数据库。

MongoDB 从 3.6.11 版本开始，副本集的辅助成员记录需要长于缓慢操作阈值的 oplog 条目。在 REPL 组件下的诊断日志中为辅助节点记录这些慢速 oplog 消息，其中应用了文本 op：<oplog entry> take <num> ms。这些 oplog 条目仅取决于慢速操作阈值。它们不依赖于日志级别（系统级别或组件级别）、分析级别或慢速操作采样率，探查器不捕获慢速 oplog 条目。

仲裁节点的仲裁者没有数据集的副本，也不能成为主数据集。副本集可能有仲裁者在主要选举中添加投票。仲裁者总是只有 1 次选举投票，因此允许副本集具有不均匀的投票成员数，而没有复制数据的额外成员的开销。从 MongoDB 3.6 开始，仲裁器优先级为 0。当副本集升级到 MongoDB 3.6 时，如果现有配置具有优先级为 1 的仲裁器，则 MongoDB 3.6 会将仲裁器重新配置为优先级为 0。

重要

不要在也承载副本集的主要成员或辅助成员的系统上运行仲裁程序。

副本集是具有 N 个节点的集群，其中任何节点可作为主节点，所有写入操作都在主节点上，此外，副本集还具有自动故障转移和自动恢复的特征。

MongoDB 的复制至少需要两个节点。其中一个是主节点，负责处理客户端请求，其余的都是从节点，负责复制主节点上的数据。下面通过一个简单的实例来体会 MongoDB 副本集应用的简单操作过程。

【例 7-10】MongoDB 各个节点常见的搭配方式为：一主一从或一主多从。本例采用两个节点，主节点记录在其上的所有操作 oplog，从节点定期轮询主节点获取这些操作，然后对自己的数据副本执行这些操作，从而保证从节点的数据与主节点一致。

1. 副本集环境的准备

在两台服务器上启动 MongoDB，指定副本集的名字为 rs0：

```
[root@master ~]# mongod --dbpath /root/mongodata27018 --port 27018 --replSet rs0
[root@master ~]# mongod --dbpath /root/mongodata27019 --port 27019 --replSet rs0
```

其中，mongod --dbpath 命令是创建数据库文件的存放位置，启动 MongoDB 服务时需要先确定数据库文件存放的位置，否则系统不会自动创建，启动会不成功。--logpath 表示日志文件存放的路径。默认 27017 端口，也可以通过 --port 命令来修改端口。

查看服务：

```
[root@master ~]# ps -ef | grep mongo
mongod     598     1  0 05:19 ?        00:00:11 /usr/bin/mongod -f /etc/mongod.conf
root      2178  2132  1 06:07 pts/1    00:00:00 mongod --dbpath /root/mongo/data27018
--port 27018 --replSet rs1
root      2247  2206  7 06:08 pts/2    00:00:00 mongod --dbpath /root/mongo/data27019
--port 27019 --replSet rs1
```

启动 MongoDB 客户端：

```
[root@master ~]# mongo 127.0.0.1:27018
MongoDB shell version v3.6.5
connecting to: mongodb://127.0.0.1:27018/test
MongoDB server version: 3.6.5
> rs.conf()
2018-10-12T06:09:05.313+0000 E QUERY    [thread1] Error: Could not retrieve
replica set config: {
        "info" : "run rs.initiate(...) if not yet done for the set",
        "ok" : 0,
        "errmsg" : "no replset config has been received",
        "code" : 94,
        "codeName" : "NotYetInitialized"
} :
rs.conf@src/mongo/shell/utils.js:1356:11
@(shell):1:1
```

初始化：

```
> rs.initiate()
{
        "info2" : "no configuration specified. Using a default configuration for the set",
        "me" : "localhost:27018",
        "ok" : 1,
        "operationTime" : Timestamp(1539324567, 1),
        "$clusterTime" : {
                "clusterTime" : Timestamp(1539324567, 1),
                "signature" : {
                        "hash" : BinData(0,"AAAAAAAAAAAAAAAAAAAAAAAAAAA="),
                        "keyId" : NumberLong(0)
                }
        }
}
```

查询状态，选举结束，当前节点成为主节点：

```
rs1:SECONDARY> rs.status()
{
        "set" : "rs1",
        "date" : ISODate("2018-10-12T06:09:52.399Z"),
        "myState" : 1,
        "term" : NumberLong(1),
        "heartbeatIntervalMillis" : NumberLong(2000),
        "optimes" : {
                "lastCommittedOpTime" : {
                        "ts" : Timestamp(1539324589, 1),
                        "t" : NumberLong(1)
                },
                "readConcernMajorityOpTime" : {
                        "ts" : Timestamp(1539324589, 1),
                        "t" : NumberLong(1)
                },
                "appliedOpTime" : {
                        "ts" : Timestamp(1539324589, 1),
                        "t" : NumberLong(1)
                },
                "durableOpTime" : {
                        "ts" : Timestamp(1539324589, 1),
                        "t" : NumberLong(1)
                }
        },
        "members" : [
                {
                        "_id" : 0,
                        "name" : "localhost:27018",
                        "health" : 1,
                        "state" : 1,
                        "stateStr" : "PRIMARY",
                        "uptime" : 128,
                        "optime" : {
                                "ts" : Timestamp(1539324589, 1),
                                "t" : NumberLong(1)
                        },
                        "optimeDate" : ISODate("2018-10-12T06:09:49Z"),
                        "infoMessage" : "could not find member to sync from",
                        "electionTime" : Timestamp(1539324567, 2),
                        "electionDate" : ISODate("2018-10-12T06:09:27Z"),
                        "configVersion" : 1,
                        "self" : true
                }
        ],
        "ok" : 1,
        "operationTime" : Timestamp(1539324589, 1),
        "$clusterTime" : {
                "clusterTime" : Timestamp(1539324589, 1),
                "signature" : {
                        "hash" : BinData(0,"AAAAAAAAAAAAAAAAAAAAAAAAAAA="),
                        "keyId" : NumberLong(0)
                }
        }
}
rs1:PRIMARY>
```

添加第二个从库（127.0.0.1:27019）：

```
rs1:PRIMARY> rs.add('127.0.0.1:27019')
{
        "ok" : 1,
        "operationTime" : Timestamp(1539324635, 1),
        "$clusterTime" : {
                "clusterTime" : Timestamp(1539324635, 1),
                "signature" : {
                        "hash" : BinData(0,"AAAAAAAAAAAAAAAAAAAAAAAAAAA="),
                        "keyId" : NumberLong(0)
                }
        }
}
```

此时，打开副本机器：

```
[root@master ~]# mongo 127.0.0.1:27019
MongoDB shell version v3.6.5
connecting to: mongodb://127.0.0.1:27019/test
MongoDB server version: 3.6.5
rs1:SECONDARY>
```

查询状态：

```
rs1:SECONDARY> rs.status()
{
        "set" : "rs1",
        "date" : ISODate("2018-10-12T06:11:28.127Z"),
        "myState" : 2,
        "term" : NumberLong(1),
        "syncingTo" : "localhost:27018",
        "heartbeatIntervalMillis" : NumberLong(2000),
        "optimes" : {
                "lastCommittedOpTime" : {
                        "ts" : Timestamp(1539324679, 1),
                        "t" : NumberLong(1)
                },
                "readConcernMajorityOpTime" : {
                        "ts" : Timestamp(1539324679, 1),
                        "t" : NumberLong(1)
                },
                "appliedOpTime" : {
                        "ts" : Timestamp(1539324679, 1),
                        "t" : NumberLong(1)
                },
                "durableOpTime" : {
                        "ts" : Timestamp(1539324679, 1),
                        "t" : NumberLong(1)
                }
        },
        "members" : [
                {
                        "_id" : 0,
                        "name" : "localhost:27018",
                        "health" : 1,
                        "state" : 1,
```

```
                                "stateStr" : "PRIMARY",
                                "uptime" : 52,
                                "optime" : {
                                        "ts" : Timestamp(1539324679, 1),
                                        "t" : NumberLong(1)
                                },
                                "optimeDurable" : {
                                        "ts" : Timestamp(1539324679, 1),
                                        "t" : NumberLong(1)
                                },
                                "optimeDate" : ISODate("2018-10-12T06:11:19Z"),
                                "optimeDurableDate" : ISODate("2018-10-12T06:11:19Z"),
                                "lastHeartbeat" : ISODate("2018-10-12T06:11:26.998Z"),
                                "lastHeartbeatRecv" : ISODate("2018-10-12T06:11:27.845Z"),
                                "pingMs" : NumberLong(0),
                                "electionTime" : Timestamp(1539324567, 2),
                                "electionDate" : ISODate("2018-10-12T06:09:27Z"),
                                "configVersion" : 2
                        },
                        {
                                "_id" : 1,
                                "name" : "127.0.0.1:27019",
                                "health" : 1,
                                "state" : 2,
                                "stateStr" : "SECONDARY",
                                "uptime" : 188,
                                "optime" : {
                                        "ts" : Timestamp(1539324679, 1),
                                        "t" : NumberLong(1)
                                },
                                "optimeDate" : ISODate("2018-10-12T06:11:19Z"),
                                "syncingTo" : "localhost:27018",
                                "configVersion" : 2,
                                "self" : true
                        }
                ],
                "ok" : 1,
                "operationTime" : Timestamp(1539324679, 1),
                "$clusterTime" : {
                        "clusterTime" : Timestamp(1539324679, 1),
                        "signature" : {
                                "hash" : BinData(0,"AAAAAAAAAAAAAAAAAAAAAAAAAAA="),
                                "keyId" : NumberLong(0)
                        }
                }
        }
}
```

2. 测试副本集数据复制功能

在 Primary（127.0.0.1:27018）上插入数据：

```
rs1:PRIMARY> for (var i=0;i<1000;i++){db.test.insert({"name":"test"+i,"age":123})}
WriteResult({ "nInserted" : 1 })
rs1:PRIMARY> db.test.count()
1000
rs1:PRIMARY>
```

在 Secondary 上查看是否已经同步：

```
rs1:SECONDARY> rs.slaveOk()
rs1:SECONDARY> db.test.count()
1000
rs1:SECONDARY>
```

3. 副本集维护

查看复制的情况：

```
rs1:PRIMARY> db.printSlaveReplicationInfo()
source: 127.0.0.1:27019
        syncedTo: Fri Oct 12 2018 06:43:50 GMT+0000 (UTC)
        0 secs (0 hrs) behind the primary
rs1:PRIMARY>
```

1）副本集中增加新的节点。

```
[root@master mongo]# mkdir data27020
[root@master mongo]# mongod --dbpath /root/mongo/data27020 --port 27020 --replSet rs1
```

加入副本集：

```
rs1:PRIMARY> rs.add('127.0.0.1:27020')
```

启动客户端：

```
[root@master ~]# mongo 127.0.0.1:27020
```

执行查询：

```
rs1:SECONDARY> rs.slaveOk()
rs1:SECONDARY> db.test.count()
1000
```

查看复制情况：

```
rs1:PRIMARY> db.printSlaveReplicationInfo()
source: 127.0.0.1:27019
        syncedTo: Fri Oct 12 2018 06:51:30 GMT+0000 (UTC)
        0 secs (0 hrs) behind the primary
source: 127.0.0.1:27020
        syncedTo: Fri Oct 12 2018 06:51:30 GMT+0000 (UTC)
        0 secs (0 hrs) behind the primary
rs1:PRIMARY>
```

2）删除副本集的节点。

```
rs1:PRIMARY> rs.remove("127.0.0.1:27020")
{
        "ok" : 1,
        "operationTime" : Timestamp(1539327219, 1),
        "$clusterTime" : {
                "clusterTime" : Timestamp(1539327219, 1),
                "signature" : {
                        "hash" : BinData(0,"AAAAAAAAAAAAAAAAAAAAAAAAAAA="),
                        "keyId" : NumberLong(0)
                }
```

```
        }
}
```

查看复制情况，节点删除。

```
rs1:PRIMARY> db.printSlaveReplicationInfo()
source: 127.0.0.1:27019
        syncedTo: Fri Oct 12 2018 06:53:39 GMT+0000 (UTC)
        0 secs (0 hrs) behind the primary
rs1:PRIMARY>
```

7.3.6 分片

在 MongoDB 中存在另一种技术——分片，它可以满足 MongoDB 数据量大量增长的需求。当复制所有的写入操作到主节点，期望延迟的敏感数据会在主节点查询，请求量巨大时会出现内存不足，或者本地磁盘不足、垂直扩展价格昂贵时，可以考虑用分片的技术来解决海量数据存储的问题。

当 MongoDB 存储海量的数据时，一台机器可能不足以存储数据，也可能不足以提供可接受的读写吞吐量。这时，我们可以通过在多台机器上分割数据，使数据库系统能存储和处理更多的数据。

【例 7-11】通过分片技术，实现将数据分开存储，不同服务器保存不同的数据，它们的数据总和即整个数据集。采用"分片 + 副本集"两种技术结合的模式实现。

1. 实现步骤

1）环境准备。

2）配置服务器搭建副本集。

3）三台分片服务器搭建副本集。

4）配置路由服务器。

5）分片。

6）测试。

2. 环境准备

分片环境配置参数如表 7-3 所示。

表 7-3　分片环境配置参数

服务器 server1	服务器 server2	服务器 server3	端口分配
Mongos	Mongos	Mongos	23000
config server	config server	config server	24000
shard server1 主节点	shard server1 副节点	shard server1 仲裁	25001
shard server2 仲裁	shard server2 主节点	shard server2 副节点	25002
shard server3 副节点	shard server3 仲裁	shard server3 主节点	25003

1）分别在 server1、server2、server3 机器上，建立 conf、mongos、config、shard1、shard2、shard3 六个目录，用于日志文件存储。

```
mkdir -p /usr/local/mongodb/conf
mkdir -p /usr/local/mongodb/mongos/log
```

```
mkdir -p /usr/local/mongodb/config/data
mkdir -p /usr/local/mongodb/config/log
mkdir -p /usr/local/mongodb/shard1/data
mkdir -p /usr/local/mongodb/shard1/log
mkdir -p /usr/local/mongodb/shard2/data
mkdir -p /usr/local/mongodb/shard2/log
mkdir -p /usr/local/mongodb/shard3/data
mkdir -p /usr/local/mongodb/shard3/log
```

2）关闭三台机器的防火墙。

```
systemctl stop firewalld.service
```

3. 配置服务器搭建副本集

自 MongoDB 3.4 以后，建议配置服务器也创建副本集，否则集群搭建难以成功。添加配置文件 config.conf，配置属性内容如下（以下内容仅供参考，可依据自己的情况做适当修改）。

```
pidfilepath = /usr/local/mongodb/config/log/configsrv.pid
dbpath = /usr/local/mongodb/config/data
logpath = /usr/local/mongodb/config/log/congigsrv.log
logappend = true
bind_ip = 0.0.0.0
port = 24000
fork = true
#declare this is a config db of a cluster;
configsvr = true
# 副本集名称
replSet=configs
# 设置最大连接数
maxConns=20000
```

分别启动三台服务器的 config server，进入 /usr/local/mongodb/bin 目录。

```
./mongod -f /usr/local/mongodb/conf/config.conf
```

登录任意一台配置服务器，初始化配置副本集，进入 /usr/local/mongodb/bin 目录。

```
mongo --port 24000
```

使用 admin 数据库，配置 config 变量：

```
>use admin
>config = {
...     _id : "configs",
...     members : [
...          {_id : 0, host : "server1:24000" },
...          {_id : 1, host : "server2:24000" },
...          {_id : 2, host : "server3:24000" }
...     ]
... }
```

初始化副本集：

```
rs.initiate(config)
```

这一步非常重要，必须初始化成功。不成功的话，路由服务器与配置服务器连接不上。

其中，_id：configs 应与配置文件中配置的 replicaction.replSetName 一致，members 中的 host 为三个节点的 ip 和 port。

4. 三台分片服务器搭建副本集

设置第一个分片副本集，配置文件：

```
vi /usr/local/mongodb/conf/shard1.conf
```

配置文件内容：

```
pidfilepath = /usr/local/mongodb/shard1/log/shard1.pid
dbpath = /usr/local/mongodb/shard1/data
logpath = /usr/local/mongodb/shard1/log/shard1.log
logappend = true
bind_ip = 0.0.0.0
port = 25001
fork = true
# 副本集名称
replSet=shard1
#declare this is a shard db of a cluster;
shardsvr = true
# 设置最大连接数
maxConns=20000
```

启动三台服务器的 shard1 server，进入 /usr/local/mongodb/bin 目录：

```
./mongod -f /usr/local/mongodb/conf/shard1.conf
```

登录任意一台服务器，初始化副本集，进入 /usr/local/mongodb/bin 目录：

```
./mongo --port 25001
```

使用 admin 数据库：

```
use admin
```

定义副本集配置，第三个节点的 arbiterOnly:true 代表其为仲裁节点。

```
config = {
...     _id : "shard1",
...     members : [
...          {_id : 0, host : "server1:25001" },
...          {_id : 1, host : "server2:25001" },
...          {_id : 2, host : "server3:25001" , arbiterOnly: true }
...     ]
... }
```

初始化副本集配置：

```
rs.initiate(config);
```

与第一个分片类似，进行第二、三个分片的配置。注意端口的对应。

5. 配置路由服务器

先启动配置服务器和分片服务器，后启动路由实例（三台机器）：

```
vi /usr/local/mongodb/conf/mongos.conf
```

配置内容如下：

```
pidfilepath = /usr/local/mongodb/mongos/log/mongos.pid
logpath = /usr/local/mongodb/mongos/log/mongos.log
logappend = true
bind_ip = 0.0.0.0
port = 23000
fork = true
# 监听的配置服务器，只能有 1 个或者 3 个 configs 为配置服务器的副本集名字
configdb = configs/server1:24000,server2:24000,server2:24000
# 设置最大连接数
maxConns=20000
```

启动三台服务器的 mongos server，进入 /usr/local/mongodb/bin 目录：

```
./mongos -f /usr/local/mongodb/conf/mongos.conf
```

6. 分片

目前搭建了 MongoDB 配置服务器、路由服务器、各个分片服务器，不过应用程序连接到 mongos 路由服务器并不能使用分片机制，还需要在程序里设置分片配置，让分片生效。登录任意一台 mongos，进入 /usr/local/mongodb/bin 目录：

```
./mongo --port 23000
```

使用 admin 数据库：

```
use admin
```

串联路由服务器与分配副本集：

```
sh.addShard("shard1/server1:25001,server2:25001,server3:25001")
sh.addShard("shard2/server1:25002,server2:25002,server3:25002")
sh.addShard("shard3/server1:25003,server2:25003,server3:25003")
```

查看集群状态：

```
sh.status()
```

7. 测试

目前配置服务、路由服务、分片服务、副本集服务都已经串联起来了，但我们的目的是希望插入数据，数据能够自动分片。连接在 mongos 上，准备让指定的数据库、指定的集合分片生效。

指定 testdb 分片生效：

```
mongos>db.runCommand( { enablesharding :"test"});
```

指定数据库里需要分片的集合和片键：

```
mongos>db.runCommand( { shardcollection : "testdb.table1",key : {id: "hashed"} } )
```

我们设置 testdb 的 table1 表需要分片，根据 id 自动分片到 shard1、shard2、shard3 上。这样设置的原因是，不是所有 MongoDB 的数据库和表都需要分片！插入 100 000 条数据测试的命令如下：

```
mongos> for (var i=0;i<100000;i++){db.test.insert({id:i,name:"uname"+i})}
```

查看分配状态：

```
db.table1.stats();
```

Shard1 总数为 33 755 条。

```
"shard1":{
        "ns":"testdb.table1",
        "size":1726432
        "count":33755,
        ------
}
```

Shard2 总数为 33 143 条。

```
"shard2":{
        "ns":"testdb.table1",
        "size":1722312
        "count":33143,
        ------
}
```

Shard3 总数为 33 102 条。

```
"shard3":{
        "ns":"testdb.table1",
        "size":1626432
        "count":33102,
        ------
}
```

7.4　MongoDB 的 Java 客户端

无论通过 Eclipse 还是 IDEA 等能够编译 Java 的工具，要实现 MongoDB 的 Java 客户端调用的话，首先需要在建立的 Java 工程中导入与当前 MongoDB 运行环境相匹配的驱动包，然后经过 Java 对 MongoDB API 的调用完成相应的开发工作。

7.4.1　MongoDB 驱动包的获得

在 Java 开始调用 MongoDB 之前，需要确保已经安装了 MongoDB 服务及 Java MongoDB 驱动，且在机器上能正常使用 Java。MongoDB 驱动包可在官网（http://mongodb. github.io/mongo-java-driver/）下载，依据 MongoDB 服务对应的版本获得，如图 7-9 所示。

在图 7-9 的下拉框中，可选择需要的 MongoDB 驱动的版本，然后在文本框中，将会显示相应版本的 Maven 配置项 pom. xml 中的配置信息，图中选择的是 3.9.0 版

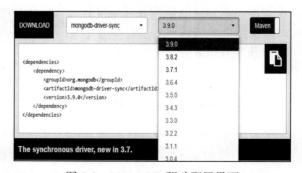

图 7-9　MongoDB 驱动配置界面

本，文本框中显示了相应的信息：

```
<dependencies>
    <dependency>
        <groupId>org.mongodb</groupId>
        <artifactId>mongodb-driver-sync</artifactId>
        <version>3.9.0</version>
    </dependency>
</dependencies>
```

将这些信息配置在 Maven 工程下的 pom.xml 文件中，即完成了开发环境的准备，现在可以进行 Java 对 MongoDB API 的开发操作了。此外，如果建立的不是 Maven 工程，也可以在官方或国内网址下载 MongoDB 驱动 Jar 包直接引入 Java 工程中。国内下载网址为：http://central.maven.org/maven2/org/mongodb/mongo-java-driver/。

7.4.2　Java 操作举例

【例 7-12】完成基本的准备工作后，下面通过几个实例，理解一下 Java 客户端操作 MogoDB，进行集合、文档创建与获取的编程过程。

1）使用 com.mongodb.client.MongoDatabase 类中的 createCollection() 来创建集合。

```
import com.mongodb.MongoClient;
import com.mongodb.client.MongoDatabase;

public class MongoDBJDBC{
    public static void main( String args[] ){
        try{
        // 连接到 MongoDB 服务
        MongoClient mongoClient = new MongoClient( "localhost" , 27017 );
        // 连接到数据库
        MongoDatabase mongoDatabase = mongoClient.getDatabase("mycol");
        System.out.println("Connect to database successfully");
        mongoDatabase.createCollection("test");
        System.out.println(" 集合创建成功 ");

        }catch(Exception e){
            System.err.println( e.getClass().getName() + ": " + e.getMessage() );
        }
    }
}
```

编译运行以上程序，输出结果如下：

```
Connect to database successfully
集合创建成功
```

2）使用 com.mongodb.client.MongoDatabase 类的 getCollection() 方法来获取一个集合。

```
import org.bson.Document;
import com.mongodb.MongoClient;
import com.mongodb.client.MongoCollection;
import com.mongodb.client.MongoDatabase;
```

```
public class MongoDBJDBC{
    public static void main( String args[] ){
        try{
        // 连接到 MongoDB 服务
        MongoClient mongoClient = new MongoClient( "localhost" , 27017 );
        // 连接到数据库
        MongoDatabase mongoDatabase = mongoClient.getDatabase("mycol");
        System.out.println("Connect to database successfully");
        MongoCollection<Document> collection = mongoDatabase.getCollection("test");
        System.out.println(" 集合 test 选择成功 ");
        }catch(Exception e){
            System.err.println( e.getClass().getName() + ": " + e.getMessage() );
        }
    }
}
```

编译运行以上程序，输出结果如下：

```
Connect to database successfully
集合 test 选择成功
```

3）使用 com.mongodb.client.MongoCollection 的 insertMany() 方法来插入一个文档。

```
import java.util.ArrayList;
import java.util.List;
import org.bson.Document;

import com.mongodb.MongoClient;
import com.mongodb.client.MongoCollection;
import com.mongodb.client.MongoDatabase;

public class MongoDBJDBC{
    public static void main( String args[] ){
        try{
            // 连接到 MongoDB 服务
            MongoClient mongoClient = new MongoClient( "localhost" , 27017 );

            // 连接到数据库
            MongoDatabase mongoDatabase = mongoClient.getDatabase("mycol");
            System.out.println("Connect to database successfully");

            MongoCollection<Document> collection = mongoDatabase.getCollection
("test");
            System.out.println(" 集合 test 选择成功 ");
            //插入文档
            /**
            * 1. 创建文档 org.bson.Document 参数为 key-value 的格式
            * 2. 创建文档集合 List<Document>
            * 3. 将文档集合插入数据库集合中 mongoCollection.insertMany(List<Document>)
插入单个文档可以用 mongoCollection.insertOne(Document)
            * */
            Document document = new Document("title", "MongoDB").
            append("description", "database").
            append("likes", 100).
            append("by", "Fly");
            List<Document> documents = new ArrayList<Document>();
```

```
                documents.add(document);
                collection.insertMany(documents);
                System.out.println(" 文档插入成功 ");
            }catch(Exception e){
                System.err.println( e.getClass().getName() + ": " + e.getMessage() );
            }
        }
}
```

编译运行以上程序，输出结果如下：

```
Connect to database successfully
集合 test 选择成功
文档插入成功
```

4）使用 com.mongodb.client.MongoCollection 类中的 find() 方法来获取集合中的所有文档。此方法返回一个游标，所以需要遍历这个游标。

```
import org.bson.Document;
import com.mongodb.MongoClient;
import com.mongodb.client.FindIterable;
import com.mongodb.client.MongoCollection;
import com.mongodb.client.MongoCursor;
import com.mongodb.client.MongoDatabase;

public class MongoDBJDBC{
    public static void main( String args[] ){
        try{
            // 连接到 MongoDB 服务
            MongoClient mongoClient = new MongoClient( "localhost" , 27017 );

            // 连接到数据库
            MongoDatabase mongoDatabase = mongoClient.getDatabase("mycol");
            System.out.println("Connect to database successfully");

            MongoCollection<Document> collection = mongoDatabase.getCollection("test");
            System.out.println(" 集合 test 选择成功 ");

            //检索所有文档
            /**
            * 1. 获取迭代器 FindIterable<Document>
            * 2. 获取游标 MongoCursor<Document>
            * 3. 通过游标遍历检索出的文档集合
            * */
            FindIterable<Document> findIterable = collection.find();
            MongoCursor<Document> mongoCursor = findIterable.iterator();
            while(mongoCursor.hasNext()){
                System.out.println(mongoCursor.next());
            }

        }catch(Exception e){
            System.err.println( e.getClass().getName() + ": " + e.getMessage() );
        }
    }
}
```

编译运行以上程序，输出结果如下：

```
Connect to database successfully
集合 test 选择成功
Document{{_id=56e65fb1fd57a86304fe2692, title=MongoDB, description=database,
likes=100, by=Fly}}
```

5）使用 com.mongodb.client.MongoCollection 类中的 updateMany() 方法来更新集合中的文档。

```java
import org.bson.Document;
import com.mongodb.MongoClient;
import com.mongodb.client.FindIterable;
import com.mongodb.client.MongoCollection;
import com.mongodb.client.MongoCursor;
import com.mongodb.client.MongoDatabase;
import com.mongodb.client.model.Filters;

public class MongoDBJDBC{
    public static void main( String args[] ){
        try{
            // 连接到 MongoDB 服务
            MongoClient mongoClient = new MongoClient( "localhost" , 27017 );
            // 连接到数据库
            MongoDatabase mongoDatabase = mongoClient.getDatabase("mycol");
            System.out.println("Connect to database successfully");
            MongoCollection<Document> collection = mongoDatabase.getCollection("test");
            System.out.println(" 集合 test 选择成功 ");
            // 更新文档，将文档中 likes=100 的文档修改为 likes=200
            collection.updateMany(Filters.eq("likes",100),new Document("$set",new
Document("likes",200)));
            // 检索查看结果
            FindIterable<Document> findIterable = collection.find();
            MongoCursor<Document> mongoCursor = findIterable.iterator();
            while(mongoCursor.hasNext()){
                System.out.println(mongoCursor.next());
            }

        }catch(Exception e){
            System.err.println( e.getClass().getName() + ": " + e.getMessage() );
        }
    }
}
```

编译运行以上程序，输出结果如下：

```
Connect to database successfully
集合 test 选择成功
Document{{_id=56e65fb1fd57a86304fe2692, title=MongoDB, description=database,
likes=200, by=Fly}}
```

6）要删除集合中的第一个文档，首先需要使用 com.mongodb.DBCollection 类中的 findOne() 方法来获取第一个文档，然后使用 remove() 方法删除。

```java
import org.bson.Document;
```

```java
import com.mongodb.MongoClient;
import com.mongodb.client.FindIterable;
import com.mongodb.client.MongoCollection;
import com.mongodb.client.MongoCursor;
import com.mongodb.client.MongoDatabase;
import com.mongodb.client.model.Filters;

public class MongoDBJDBC{
    public static void main( String args[] ){
        try{
            // 连接到 MongoDB 服务
            MongoClient mongoClient = new MongoClient( "localhost" , 27017 );
            // 连接到数据库
            MongoDatabase mongoDatabase = mongoClient.getDatabase("mycol");
            System.out.println("Connect to database successfully");
            MongoCollection<Document> collection = mongoDatabase.getCollection("test");
            System.out.println(" 集合 test 选择成功 ");
            // 删除符合条件的第一个文档
            collection.deleteOne(Filters.eq("likes", 200));
            // 删除所有符合条件的文档
            collection.deleteMany (Filters.eq("likes", 200));
            // 检索查看结果
            FindIterable<Document> findIterable = collection.find();
            MongoCursor<Document> mongoCursor = findIterable.iterator();
            while(mongoCursor.hasNext()){
                System.out.println(mongoCursor.next());
            }

        }catch(Exception e){
            System.err.println( e.getClass().getName() + ": " + e.getMessage() );
        }
    }
}
```

编译运行以上程序，输出结果如下：

```
Connect to database successfully
集合 test 选择成功
```

第 8 章

非关系型图数据库

作为 NoSQL 的一员，图数据库很长一段时间都局限在学术领域，直到电子商务和社交网络服务逐渐成熟，电子商务与社交网站挖掘用户潜在的喜好商品和好友，并大量使用相关的挖掘算法，才使得图数据库逐渐走出实验室。NoSQL 成员中，Redis 主要为了解决基于内存的键值对的简单存储，贵在简易快速；HBase 作为列族数据库的代表，主要为了满足尽量快速地按列式成块地存取离线数据的需要而存在，存储冗余较大，贵在数据存储量大、方便、相对离线存储非常快速；MongoDB 作为文档数据库的代表，贵在以文档为信息处理单元，文档内容存储无模式。可以说每种数据库模型的构造都极其有针对性。而对于像社交网络等关联元素多而复杂的业务，基于图论构造的图数据库模型具有极大的优势。

使用图数据库来存储这些关联复杂的海量数据，相对于其他模型构造的数据库将更加高效，极大地推动了人们对图数据库的关注及其发展。图 8-1 是一个基于图模型的典型案例，其中有大量互相关联的节点。节点就是带有命名等属性的实体，例如，图 8-1 中圆形表达的内容即节点，它有一个有值的命名属性，例如华育兴业、NoSQL 等。

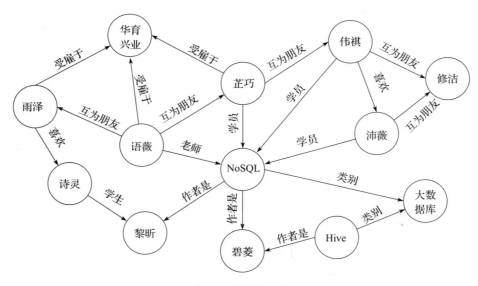

图 8-1　图结构示例

图也有边，边有方向（→）也有类型，例如"语薇"到"华育兴业"边的方向上具有"受雇于"的属性。可依这些属性来组织节点关系，例如，有一条边连接了"伟祺"节点与"修洁"节点，其关系类型（relationship type）是"互为朋友"。边可具备多个属性，关系类型有方向性。图结构中蕴含了大量的数据含义，通过机器学习，结合图模型，可以挖掘出有意义的信息，例如"芷巧"是"华育兴业"NoSQL 培训的学员，同时又"受雇于""华育兴业"，这里也许隐含的信息是"芷巧"有可能接受培训后留在"华育兴业"任教，因为她有朋友"伟祺"。

随着图结构中相关数据的增加，数据集构成的宏观图结构会越发复杂和不规整。数据间构造的关系模型将造成大量表连接、稀疏行和非空检查逻辑，关系世界中连通性的增强将转换为连接操作的增加，会影响性能，使数据库难以响应变化的业务需求型。键值、文档和列式数据库存储分别偏重于无关联的值、文档、列，虽然支持在某个聚合数据中嵌入另一个聚合数据标识符（即添加外键）的做法，但仅限于有限数量。因为其对资源的使用，如果关联关系复杂，将导致代价剧增。图数据库采用图模型结构，在处理复杂的关联数据方面具有一定的优势。本章将进行图的基本知识的讲解，同时以 Neo4j 图工具为代表进行实际业务的学习。

8.1　图数据库

8.1.1　图模型的模型和定义

图数据库源于图论，也可称为面向 / 基于图的数据库，对应的英文是 Graph Database。图数据库的基本含义是以"图"这种数据结构存储和查询数据，而不是存储图片的数据库。它的数据模型主要以节点和关系（边）来体现，也可处理键值对。图可以说是顶点和边的集合，或者说更简单一点，图就是一些节点（也称为顶点）和关联这些节点的联系（relationship）的集合。

参照维基百科中图的定义：图（Graph）用于表示物件与物件之间的关系，是图论的基本研究对象。图可分为有向图和无向图。其中有向图指给定图的每条边规定一个方向，其边也称为有向边。在有向图中，与一个节点相关联的边有出边和入边之分，其中出边指从当前顶点指向其他顶点的边，入边表示其他顶点指向当前顶点的边。而与一个有向边关联的两个点也有起点和终点之分。相反，边没有方向的图称为无向图。

一个图如果没有两条边关联的两个点都相同（在有向图中，没有两条边的起点和终点都相同），即每条边所关联的是两个不同的顶点，则称为简单图（simple graph）。简单的有向图和无向图都可以使用二元组来定义，表示为

$$G = (V, E)$$

其中 V（vertex）称为顶点集，E（edge）称为边集，亦可写成 $V(G)$ 和 $E(G)$。E 的元素是一个二元组数对，每个元素用 (x, y) 表示，其中 $x, y \in V$。但形如 (x, x) 的序对不属于 E。而无向图的边集必须是对称的，即如果 $(x, y) \in E$，那么 $(y, x) \in E$。

相对于简单图来讲，一条边连接多个顶点的图称为超图。

若允许两顶点间的边数多于一条，又允许顶点通过同一条边和自己关联，则称该图为多

重图。多重图允许两个顶点之间存在多条边，这意味着两个顶点可以由不同边连接多次，即使两条边有相同的尾、头和标记。多重图只能用三元组来定义：

$$G = (V, E, I)$$

其中 V 称为顶点集（vertex set），E 称为边集（edge set），E 与 V 不相交；I 称为关联函数，I 将 E 中的每一个元素映射到 $V \times V$。如果 $I(e) = (u,v)(e \in E, u,v \in V)$，那么称边 e 连接顶点 u、v，而 u、v 则称作 e 的端点，u、v 关于 e 相邻。同时，若两条边 i、j 有一个公共顶点 u，则称 i、j 关于 u 相邻。

属性图是由顶点（vertex）、边（edge）、标签（label）、关系类型和属性（property）组成的有向图。其中顶点也称作节点（node），边也称作关系（relationship）。在有向图中，节点和关系是最重要的实体，所有的节点都是独立存在的，为节点设置标签，那么拥有相同标签的节点属于一个分组、一个集合；关系通过关系类型来分组，类型相同的关系属于同一个集合。关系是有向的，关系的两端是起始节点和结束节点，通过有向的箭头来标识方向，节点之间的双向关系通过两个方向相反的关系来标识。节点可有零个、一个或多个标签，但是关系必须设置关系类型，并且只能设置一个关系类型。

属性图允许每个节点和边有一组可变的属性列表，其中的属性是关联某个名字的值，简化了图结构。属性图是一个有向多图，其中用户定义的对象附加到每个顶点和边。有向多图是有向图，其可能有多个平行边共享相同的源和目标顶点。支持平行边的能力简化了在相同顶点之间存在多个关系（例如，同事和朋友）的建模场景。属性图在顶点（VD）和边（ED）类型上进行参数化。这些分别是与每个顶点和边相连的对象的类型。

8.1.2　图数据库的应用

图数据库应用图模型，将数据记录在节点中或带有标签的属性里。最简单的图是单节点的，即一个记录，记录了一些属性。一个节点可以从单属性开始，成长为成千上亿带有属性的节点，甚至可能由众多带有属性的边来连接数据，构成复杂的图结构，以表现对象之间的关联关系，蕴含数据到业务间的价值关系。例如支付宝的关联图，仅好友关系已经形成超过1600 亿个节点、4000 亿个边的巨型图。针对这样数据量巨大、关系复杂的大规模数据，传统关系模型或大型列式、文档、键值等数据库都显得力不从心，应用支持并行图计算的图数据库能够很好地解决这样的问题。

按图技术领域划分，可以分为用于联机事务图的持久化技术和用于离线图分析的技术。

用于联机事务图的持久化技术，通常直接实时地从应用程序中访问，被称为图数据库。它与传统关系型数据库世界中的联机事务处理（Online Transactional Processing，OLTP）数据库类似。

用于离线图分析的技术，通常都是按照一系列步骤执行，被称为图计算引擎。可以将其和其他大数据分析技术看作一类，如数据挖掘和联机分析处理（Online Analytical Processing，OLAP）。

本节重点关注图数据库，图计算引擎可参考《大数据分析原理与实践》一书。

图数据库一般用在事务系统中。图数据库支持对图数据模型的 CRUD（Create、Retrieve、Update 和 Delete）操作。相应地，也对事务性能进行了优化，在设计时通常需要考虑事务完整性和操作可用性。

8.1.3　图管理的关键技术

1. 图存储技术

图数据库存储一些顶点和边与表中的数据。它们用最有效的方法来寻找数据项之间、模式之间的关系，或多个数据项之间的相互作用。

在图方法构建的模型中，简单图和超图是目前大规模图数据管理主要采用的两种数据模型。这两种数据模型的组织存储格式略有不同。简单图模型的常用存储结构包括邻接矩阵、邻接表、十字链表和邻接多重表等，例如以邻接矩阵的形式组织存储图的 GBASE 数据库，以及应用邻接表形式组织数据的 Pregel、Hama 和 Hadoop。而超图模型的组织主要使用关系矩阵。这两种模型都可以处理有向图和无向图，默认情况是有向图，而无向图中的边可以看作两条有向边，即有向图的一种。

一些图数据库在底层存储时应用原生图存储技术。这类存储是优化过的，并且是专门为了存储和管理图而设计的。不过并不是所有图数据库使用的都是原生图存储，也有一些会将图数据序列化，然后保存到关系型数据库或面向对象数据库，或者其他通用数据存储中。原生图存储的好处是，它是专门为性能和扩展性设计的。但相对而言，非原生图存储通常建立在非常成熟的非图后端（如 MySQL）之上，运维团队对它们的特性烂熟于心。原生图处理虽然在遍历查询时性能优势很大，但代价是一些非遍历类查询会比较困难，而且还要占用大量的内存。

针对大数据场景，图计算引擎技术有助于数据处理时在大数据集上使用全局图算法。例如，识别数据中的集群，或回答类似于"在一个社交网络中，平均每个人有多少联系？"这样的问题。图 8-2 展示了一个典型的图计算引擎部署架构。

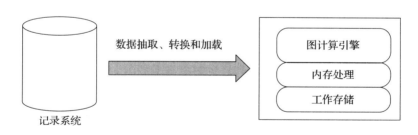

图 8-2　一个通用的图计算引擎部署架构

图 8-2 展示的架构中，包括一个带有 OLTP 属性的记录系统数据库（如 MySQL、Oracle 或 Neo4j），用于提供服务给应用程序，同时请求并响应应用程序在运行中发送的查询。每隔一段时间，一个抽取、转换和加载（ETL）作业就会将记录系统数据库的数据转入图计算引擎，借助内存和工作存储，供离线查询和分析。

图计算引擎多种多样。最流行的有基于内存的、单机的图计算引擎 Cassovary 以及分布式的图计算引擎 Pegasus 和 GiraphX。大部分分布式图计算引擎都基于 Google 发布的 Pregel 白皮书，其中讲述了 Google 如何使用图计算引擎来计算网页排名。一个成熟的图数据库架构应该至少具备图的存储引擎和图的处理引擎，同时应该有查询语言和运维模块，商业化产品还应该有高可用（HA）支持模块，甚至容灾备份机制。图 8-3 展示了一个典型的图数据库对外接口及部署模式。

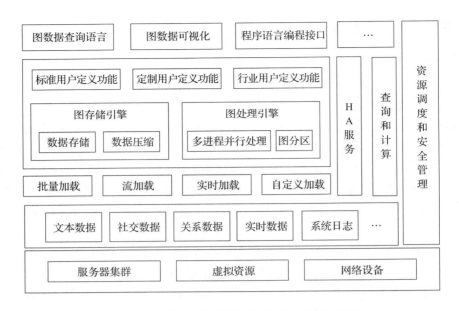

图 8-3   一个典型的图数据库对外接口及部署模式

图 8-3 中展示的是基于服务器集群，且通过虚拟化技术将资源进行虚拟，借助网络设备及技术形成的中心机房的基础设施，存储或产生各种模式的数据，如文本数据、社交数据、实时数据、系统日志等。这些数据通过批量加载、流加载、自定义加载等各种加载方式，将数据加载至图引擎进行查询和计算的处理，最终以查询语言或图形可视化等形式呈现给用户。其中，图存储引擎和图处理引擎是数据库的核心。图处理引擎负责实时数据更新和执行图运算；图存储引擎负责将关系型数据及其他非结构化数据转换成图的存储格式；HA 服务负责处理数据容错、数据一致性以及服务不间断等功能。在图数据库和对外的接口上，图数据库应该也具有完备的对外数据接口和完善的可视化输出界面。

最终的计算结果可以通过标准的可视化界面展现出来，商业化的图数据库产品还应该能将图数据库中的数据进一步导出至第三方数据分析平台，以便进行进一步的数据分析。

2. 图查询处理技术

在图计算的过程中，根据基本的计算单位，图数据读取和遍历的规模可以分为以顶点为中心、以子图为中心以及以边或路径为中心三类。

- 以顶点为中心，简单易用，被大部分系统所采用。其迭代计算过程是通过遍历图顶点完成的。对于每个图顶点，通过处理器收到的消息，完成顶点值的更新，并按照出边向其目的顶点发送新的消息。很多图算法可以自然地采用这种方式实现，例如 PageRank、最短路径计算等。由于简单易用，目前绝大多数主流的分布式图计算系统（如 Pregel、Graph、Hama、Spark、Powergraph2 等）均采用以顶点为中心的计算方式。此外，通常图算法在迭代过程中是逐渐收敛的，即顶点值稳定的顶点不必重复访问出边以发送消息，例如单源最短路径计算。Pregel 等系统采用 VotetoHalt 机制实现该功能，即每个顶点设置一个激活标志位，处于激活状态的顶点需要进行更新计算并发送消息，否则在遍历过程中将被跳过，从而避免访问对应的出边数据。

❑ 以子图为中心，可以优化消息通信规模和迭代步数。Graph++、OfFIsh、Bloger 等部分较新的系统都提出采用以子图为中心的计算方式，以加快迭代收敛速度，减少无用消息的传播规模。这种处理方式将图数据划分为若干 partition（分区）/block（块），每个 partition/block 被视为一个子图。在迭代过程中，同一个子图内的顶点首先进行计算，然后子图之间进行消息交换，从而减少子图内部计算产生的冗余消息，加速收敛，减少同步开销。特别地，Bloger 还支持以子图为中心的通信方式，可以进一步降低消息规模。以子图为中心的处理可以有效地减少整个迭代和同步的次数，但大大增加了本地节点内部冗余消息发送的概率，从而增加了本地处理的开销。以子图为中心虽然作为以顶点为中心在跨节点消息和同步方式方面的优化，但并不能完全取代以顶点为中心的处理方式，具体的性能与应用迭代的特点和图数据的特点有关。

❑ 以边或路径为中心，可以避免对边的随机访问，尤其适合磁盘环境，改善图遍历算法的性能。以顶点为中心的计算方式虽然简单易用且对某些算法可以避免访问非激活顶点的出边，但会引入对出边数据或按照出边生成的消息数据的随机访问。在磁盘环境下，引入昂贵的 I/O 开销将影响性能。单机磁盘处理系统 GraphIi 通过将出边按照目的顶点的存储顺序进行排序，避免了随机磁盘访问，但同时引入了较大的预处理时间。为此，X-Stream 系统采用以边为中心的计算方式。一次迭代计算分为两个阶段：① scatter，顺序扫描出边，获取对应的源顶点值及其激活标志位。如果源顶点处于激活状态，则产生并顺序存储消息数据，否则跳过该边。② gather，顺序扫描消息数据，更新对应的源顶点值。显然，以边为中心的计算方式保证了边数据和消息数据可以被顺序存取，且不需要额外的预处理开销。但同时引入了对源顶点数据的随机访问，也无法避免非激活顶点的出边数据的顺序扫描操作。对于前者，X-Stream 对顶点数据进行分块操作并逐一加载到内存，以满足 scatter 和 gather 阶段的数据访问需求，降低随机存取开销。此外，以顶点为中心和以边为中心的计算方式均破坏了图本身的连通性，使数据访问过程的局部性较差。单机磁盘系统 PathGraph 设计了一种以路径（path）为中心的计算方式，将图数据划分为基于树的若干分区，提高了图遍历过程中数据加载的局部性。但以边为中心和以路径为中心的遍历方式都存在着较大的应用局限，目前还缺乏在分布式环境下的成功实践。

3. 图划分技术

随着互联网的普及，图数据的规模日趋庞大，如 Web 图数据至少有 1 万亿的链接，Twitter 有超过 4000 万的用户和 15 亿的社交链接等。这些不可预测的大规模图数据给图计算带来了严峻的挑战。解决这个问题的最好方法就是分布式计算，即将大规模图数据划分成多个子图装载到分区中，然后利用大型的分布式系统来处理它们。

大规模图划分的典型静态算法有散列算法、BHP 算法、静态 Mizan 算法和 BLP 算法，这些算法的特点是图的结构不变，没有添加和删除顶点，不需要实时响应。

❑ 散列划分。最经典的大规模图划分算法是散列划分，即每个顶点首先赋予唯一的 ID 号，将图的顶点散列划分到相应的分区中。采用散列方法进行图划分的优势在于简单且易于实现，不需要额外的开销，负载是均衡的。但是散列方法没有考虑到图的内部结构，顶点会被随机地划分到分区中，这样分区与分区之间的交互边会很大，会产生巨大的通信开销。

❑ BHP 算法。BHP 算法保留了传统散列算法的优点，将实际分区划分成多个虚拟桶，通过重组虚拟桶来减少分区间边割。BHP 算法首先确定虚拟桶的数量 t（t 是分区数的倍数），然后将 t 个虚拟桶重组为 k 个，方法是：如虚拟桶到某个实际分区的出边数与该虚拟桶总边数的比值超过一定的阈值，则将该虚拟桶归属到这个实际分区。在重组过程中通过贪心策略保证每个分区的数据量均衡。由于一个分区只能分配给一个任务，该实际分区中的数据来自哪个任务最多，就将这个实际分区交由这个任务执行。数据的本地化一定程度上降低了通信开销。BHP 算法和散列算法差不多，都没有考虑图的内部结构，没有挖掘图内部的"团"结构。

❑ 静态 Mizan 算法。针对 Mapreduce 框架效率低的问题，静态 Mizan 算法采用了类似 Pregel 的框架，对于幂律图，实现了 Mizan-α。对于非幂律图，实现了 Mizan-γ。

8.2　Neo4j 概述

Neo4j 是一款强健的、可伸缩的高性能图数据库，完全支持使用 Java 语言。

2010 年 2 月，Neo4j 的 1.0 版本问世；三年之后，2013 年 12 月，Neo4j 的 2.0 版本问世；2014 年 4 月，Neo4j 的 2.1.3 版本问世，此时它的服务器容量可以达到大约 350 亿个节点，大约 350 亿个关系和 27.5 亿个标签。发展至今天的 Neo4j 3.4 版本，性能提升了数百倍，如图 8-4 所示。

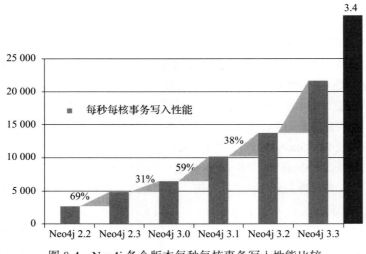

图 8-4　Neo4j 各个版本每秒每核事务写入性能比较

内部测试表明，在 Cypher 运行时间上，Neo4j 3.4 比 Neo4j 3.3 快 20%。Neo4j 目前版本 3.4 可以存储数百万亿个实体，无须索引就可以轻松地在 1 秒中遍历数百万个节点，返回含义丰富、实时的查询结果。Nea4j 拥有多项重要的、由原生图数据库技术所带来的优势。

8.2.1　Neo4j 的特点

Neo4j 可以说是专为图数据而生的工具，目前已经在诸多公司中得到应用，行业覆盖科技、社交网络、金融服务、零售、电信以及政府部门。Neo4j 支持图驱动系统的快速开发，利用丰富的数据连接性，最适合完整的企业部署或者用于一个轻量级项目中完整服务器的一个子集。它具有如下几个显著特点。

1. 高性能的原生图数据库，即 Neo4j 从头开始构建为图数据库

该体系结构旨在优化节点和关系的管理、存储和遍历，使 Neo4j 在毫秒间返回实时查询结果。Neo4j 存储和管理的图数据专门针对高吞吐量的应用场景进行优化。在 Neo4j 中，关系代表实体之间预先实现的连接。在关系数据库中已知为连接的操作，其性能随关系数量呈指数级下降，由 Neo4j 执行的作为从一个节点到另一个节点的导航，其性能是线性的。Neo4j 还进行一致性设计以确保性能，即查询的语法和内部格式与查询在数据库内部的执行方式是一致的，也和数据的物理存储方式是一致的。这种策略提供了每秒高达 400 万跳的遍历性能。由于大多数图搜索都是节点邻域较大的本地搜索，因此存储在数据库中的数据总量不会影响操作运行时。专用的内存管理以及高度可扩展和内存高效的操作支持这些优势。

2. 属性图和 Cypher 查询语句简便

属性图方法允许在任何域或用例的概念、设计、实现、存储和可视化过程中一致地使用相同的模型。

Cypher 是声明性图查询语言，旨在直观地表示节点和关系的图模式。这种功能强大且易于阅读的查询语言以表达特定领域的概念或问题的模式为中心。Cypher 还可以扩展用于特定用例的优化。

Neo4j 支持图驱动系统的快速开发。Neo4j 的开发源于对高度相关的信息进行实时查询的需求，这是其他数据库无法提供的。这些独特功能可帮助 Neo4j 快速启动和运行，并为高度可扩展的应用程序提供快速的应用程序开发。

3. 一致性

由于图数据库操作互相连接的节点，所以大部分图数据库通常不支持把节点分布在不同的服务器上。由于 Neo4j 完全兼容 ACID 事务，故在单服务器环境下，数据总是一致的。如果 Neo4j 运行在集群上，由于网络传输及分片数据会存在一定延时，所以写入主节点的数据会采取逐渐同步至从节点的方式，而读取操作则采取可以在从节点执行的方式，以此减轻负载。也可以向从节点写入数据，所写数据将立刻同步至主节点，但是其他从节点并不会立刻同步，而是必须等待由主节点传播过来的数据。

图数据库通过事务来保证一致性。它们不允许出现悬挂关系（dangling relationship），即所有关系都必须具备起始节点与终止节点，而且在删除节点前，必须先移除其上的关系。

4. 完整的 ACID 支持

通过 ACID 事务提供真正的数据安全性，Neo4j 使用事务来保证在硬件故障或系统崩溃的情况下数据不变。适当的 ACID 操作是保证数据一致性的基础。Neo4j 确保了在一个事务里面的多个操作同时发生，保证了数据一致性。不管是采用嵌入模式还是多服务器集群部署，Neo4j 都支持这一特性。

要注意，在修改节点或向现有节点新增关系之前，必须先启动事务，否则将操作包含在事务中运行可能会抛出 NotInTransactionException 异常。

5. 高可用性

Neo4j 自 1.8 版本起，支持副本从节点，以此获取较高的可用性。数据允许在从节点进行读写的操作。从节点处理写入操作时，先将写数据同步至当前主节点，再提交至从节点，其他从节点再逐步获取更新的数据。

主从节点之间更新事务 ID 默认由 Apache ZooKeeper 来记录，ZooKeeper 具有选主的功能。所以当 Neo4j 启动时，由 ZooKeeper 找出主服务器，当主节点故障时，也可以通过它在可用的服务器节点间重新选出主节点，以保持服务器集群的正常运营，保证集群的可用性。

此外，Neo4j 还具有轻易扩展到上亿级别的节点和关系的能力，通过遍历工具可实现高速检索数据。

8.2.2　Neo4j 的数据模型

Neo4j 支持属性图的构建，先来看一下通过 Neo4j 图及属性的构建所描述的公司、雇员和城市之间的图模型，如图 8-5 所示。

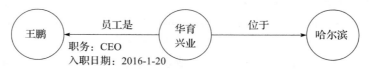

图 8-5　Neo4j 属性图构建

图 8-5 展示了一个简单图的构建。节点有名称，例如"王鹏""华育兴业"和"哈尔滨"，用名词表示命名；节点上有属性，例如王鹏的出生日期和员工编号，以键值对形式展现；节点间的关系由动词表示，例如"员工是"和"位于"两个动词，且用箭头表示方向，说明王鹏是华育兴业的员工，华育兴业位于哈尔滨；关系有属性，例如"员工是"标注了"职务"和"入职日期"属性。

属性图是图数据库的关键组件，其中的数据被组织为节点（node）、关系（relationship）和属性（property）。属性是存储在节点或关系上的数据；节点之间用动作描述关系，且关系可以包含属性；节点本身可用名词描述，且可以包含本身的属性。总体来讲，一个属性图的构建具有如下特征：

- 包含节点和关系。
- 节点上有属性（键值对）。
- 节点可以有一个或多个标签。
- 关系有名字和方向，并总是有一个起始节点和一个结束节点。
- 关系也可以有属性。

对于大部分人来说，属性图模型是直观且容易理解的，它可以描述绝大部分关于图的应用场景，并对业务相关数据产生有价值的见解。

正因为图模型的这种构建关系，当其他数据库通过昂贵的 JOIN 操作查询、计算数据间关系时，图数据库将连接存储在模型中的节点与边，可简单读取。访问本机图数据库中的节点和关系是一种高效、恒定的时间操作，允许快速遍历每个核每秒数百万个连接。图数据库擅长管理高度连接的数据和复杂查询。只有一个模式和一组起始节点，图数据库探索围绕这些起始节点的相邻数据，从数百万个节点和关系中收集和聚合信息，并保证搜索周边之外的任何数据不受影响。

下面通过电影《阿甘正传》与主要演员的关系案例，来进一步理解图中相关的术语，如图 8-6 所示。

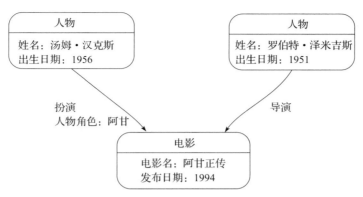

图 8-6 Neo4j 带标签的属性图构建

图 8-6 中描述了 3 个节点 (电影、人物、人物) 的属性及其之间的关系,具体描述内容如下:

❑ "电影" 节点有 "电影名" 和 "发布日期" 两个属性及对应值。

❑ 两个 "人物" 节点具有相同的两个属性 "姓名" 和 "出生日期", 只是对应的值不同。

❑ 人物 "汤姆·汉克斯" 与电影的边关系及属性显示出他扮演了《阿甘正传》中的人物角色 "阿甘"。

❑ 人物 "罗伯特·泽米吉斯" 与电影的关系显示出他是电影《阿甘正传》的导演, 该边没有属性。

下面以这个典型且简单的小案例为例, 对图中各构成组件进行介绍。

1. 节点 (node)

构成一张图的基本元素是节点和关系。在 Neo4j 中, 节点和关系都可以包含任意数量的属性 (键值对)。节点可以使用标签进行标记, 代表在域中的不同角色。节点标签还可以用于将元数据 (例如索引或约束信息) 附加到某些节点。节点是图中的实体, 依赖关系也一样可以表示实体, 它们之间的关系如图 8-7 所示。

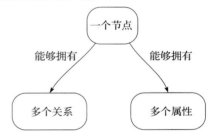

图 8-7 节点与关系和属性的对应描述

节点包含属性和标签, 下面通过一个小例子进一步理解节点的含义。

【例 8-1】建立节点的小例子。

1) 建立最简单的图, 即单个节点。用一个最简单的节点描述, 只有一个属性, 属性名是 "电影名", 属性值是 "阿甘正传"。

> 电影名: 阿甘正传

2) 在上面图的基础上, 再添加两个节点和一个属性。

> 姓名: 汤姆·汉克斯
> 出生日期: 1956

> 电影名: 阿甘正传
> 发布日期: 1994

> 姓名: 罗伯特·泽米吉斯
> 出生日期: 1951

2. 关系（relationship）

关系在两个节点实体（例如"扮演"和"导演"）之间提供定向的、命名的、语义相关的连接。关系始终具有方向、类型、起始节点和结束节点。与节点一样，关系也可以具有属性。在大多数情况下，关系具有定量属性，例如权重、成本、距离、评级、时间间隔或强度。由于存储关系的有效方式，两个节点可以共享任何数量或类型的关系而不会牺牲性能。虽然它们存储在特定方向，但始终可以在任一方向上有效地导航关系。Neo4j 中的关系是属性图模型中描述的关系，具有关系类型和属性：

- 关系是对两个节点（起始节点和结束节点）之间的定向连接进行编码的实体。
- 输出关系是从起始节点的角度来看的有向关系。
- 输入关系是从结束节点的角度来看的有向关系。
- 可以为关系分配一种关系类型。

节点之间的关系是图数据库的关键特征，因为它们允许查找相关联的数据。关系连接两个节点，并保证具有有效的起始节点和结束节点。关系将节点组织成任意结构，允许图类似于列表、树、地图或复合实体，其中任何一个都可以组合成更复杂、更丰富的相互连接的结构。可以用图 8-8 来描述关系。

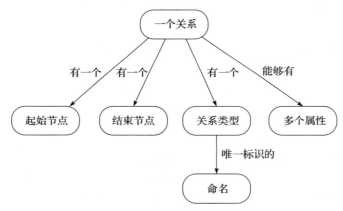

图 8-8　关系术语描述

其中，一个关系连接两个节点，必须有一个起始节点和一个结束节点。

因为关系总是直接相连的，所以对于一个节点来说，与它关联的关系看起来有输入和输出两个方向，这个特性对于遍历图非常有帮助。

关系在任一方向都会被遍历访问。这意味着我们并不需要在不同方向都新增关系。而关

系总是会有一个方向，所以当这个方向对应用没有意义时，可以忽略方向。特别要注意，一个节点可以有一个关系是指向自己的。

为了将来增强遍历图中所有的关系，我们需要为关系设置类型。节点间一旦添加了关系，图将变得更有意义。

【**例 8-2**】建立关系的小例子。

1）在例 8-1 中三个单独的节点之间加上关系。

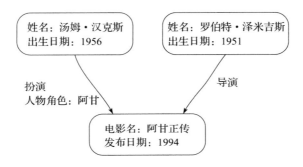

为三个节点加上"关系"便于理解三个属性之间的联系。示例使用"扮演"和"导演"作为关系类型。"扮演"关系上的"人物角色"属性具有一个数组值"阿甘"，指明演员"汤姆·汉克斯"扮演了电影《阿甘正传》中"阿甘"的人物角色。

2）下面是"扮演"关系，其中"汤姆·汉克斯"节点作为起始节点，"阿甘正传"作为结束节点。

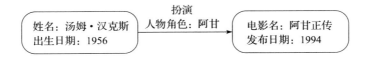

从上面可以观察到，"汤姆·汉克斯"节点具有输出关系，而"阿甘正传"节点具有输入关系。

👤 **注意**

两个方向上的关系描述了同等意义，即无须在相反方向上添加重复关系（关于遍历或性能）。

3）与自身建立关系。

虽然关系总是有方向的，但可以忽略在应用程序中无用的方向。节点也可以与自身建立关系。

上图中描述了"汤姆·汉克斯"是"知道"自己信息情况的。

4）简单地遵循示例图中节点的关系，看能查找到什么信息。可通过表来描述图中展示出来的信息，如表 8-1 所示。

表 8-1　使用到的关系和关系类型

获取到的内容	起始位置	关系类型	寻找路径方向
电影中有哪些演员	：电影节点	：扮演	输入路径（←）
演员出演了哪些电影	：人物节点	：扮演	输出路径（→）
电影的导演有谁	：电影节点	：导演	输入路径（←）
一个人导演了哪些电影	：人物节点	：导演	输出路径（→）

3. 属性（property）

在 Neo4j 中，节点和关系都可以设置自己的属性。

属性由 key-value（键值）对组成，键名是字符串。属性值要么是原始值，要么是原始值类型的一个数组。属性是众多值的命名，其中命名的名称或键是一个字符串，属性具有分数值、字符串、布尔、空间类型和时间 5 种类型。可用一个图来描述属性在图中的表示关系，如图 8-9 所示。

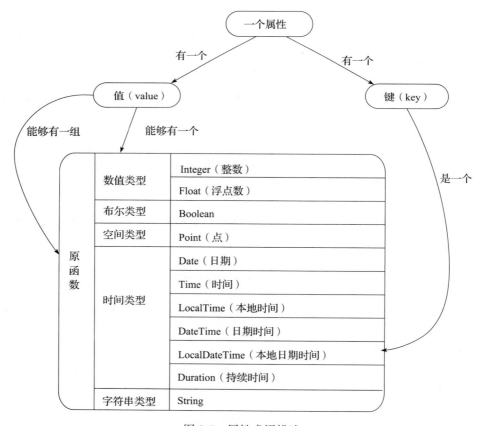

图 8-9　属性术语描述

注意

null 不是一个合法的属性值。null 能代替模仿一个不存在的属性键 key，而不是将其存储在数据库中。

4. 标签（label）

Neo4j 中的标签是属性图模型中描述的标签，标签为节点分配角色或类型，且是仅分配给节点的标记。

标签是一个命名的图构造，用于将节点分组成集，标有相同标签的所有节点都属于同一组。许多数据库查询可以使用这些集而不是整个图，使查询更容易编写，执行效率更高。节点可以标记有任意数量的标签，包括无标签，标签是图的可选添加项。

在定义约束和为属性添加索引时，可使用标签。例如，代表用户的所有节点都可以使用标签 User 标记。有了标签，可以要求 Neo4j 仅在用户节点上执行操作，例如查找具有给定名称的所有用户。

【例 8-3】建立标签的小例子。

1）添加一个标签。

向例 8-2 的步骤 1 中，添加"人物"和"电影"标签。

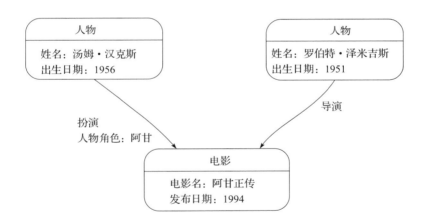

2）添加多个标签。

节点中允许使用多个标签，我们在"汤姆·汉克斯"节点原有"人物"标签的基础上，再添加一个"演员"的标签。

标签命名规则如下：

❑ 任何非空 Unicode 字符串都可以用作标签名称。

❑ 在 Cypher 中，可能需要使用反引号（`）语法，以避免与 Cypher 标识符规则冲突或允许非字母数字标签中的字符。

❑ 按照惯例，标签是用 CamelCase 表示法编写的，第一个字母要大写，例如 User 或 CarOwner。

❑ 标签的 id 空间为 int，表示数据库可以包含的最大标签数大概是 20 亿。

5. 遍历（traversal）

图遍历的目的就是按照一定的规则，跟随它们的关系，访问关联的节点集合，完成图中的查找。遍历图时，首先从起始节点开始，沿着导航到结束节点，找到诸如"我的朋友喜欢哪些音乐？我还没有拥有的音乐？"或"发生故障的电源，哪些 Web 服务等被影响到？"等问题的答案。

遍历图表意味着根据某些规则访问其节点及遵循的关系。在大多数情况下，只访问一个子图，图中的有趣节点和关系的位置是事先可预知的。

【例 8-4】从例 8-3 演示的图数据库中找出"汤姆·汉克斯"所出演的电影，那么遍历将从"汤姆·汉克斯"节点开始，遵循连接到节点的"扮演"关系，最终得到"阿甘正传"结果，如图 8-10 中虚线部分所示。

Neo4j 提供了遍历的 API，可以指定遍历规则。最简单的就是设置遍历是宽度优先还是深度优先。

6. 路径（path）

Neo4j 中的路径由至少一个节点通过各种关系连接组成，通常是作为一个查询或者遍历的结果。有关路径的描述符合以下内容：

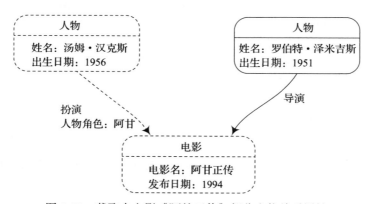

图 8-10　截取自电影《阿甘正传》部分人物关系属性

❑ 路径表示遍历属性图，由一系列交替的节点和关系组成。

❑ 路径始终在节点处开始和结束。

❑ 最小的路径仅包含单个节点，称为空路径（empty path）。

❑ 路径具有长度，该长度是大于或等于零的整数，等于路径中的关系数。

可用一个图来描述路径在图中的表示关系，如图 8-11 所示。

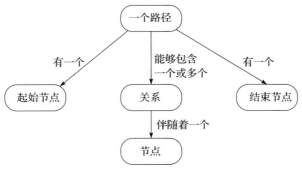

图 8-11   术语路径描述

长度最短的路径是 0，如下所示：

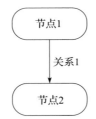

长度为 1 的路径如下：

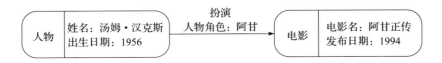

【例 8-5 】一个路径的小例子。

1）将例 8-4 中遍历的结果作为路径返回。

人物	姓名：汤姆·汉克斯 出生日期：1956		电影	电影名：阿甘正传 发布日期：1994

扮演
人物角色：阿甘

此时，路径长度为 1。

2）长度为 0 的最短路径例子。

只包含一个节点而没有关系，描述如下：

人物
姓名：汤姆·汉克斯 出生日期：1956

此时，路径长度为 0。

3）自身关系遍历路径长度。

此路径长度为1。

8.2.3　Neo4j 关键技术

1. 存储结构

虽然模型在图数据库的各种实现中是一致的，但在数据库引擎的内存中存在无数种图的编码方法和表示方式。对于很多不同的引擎体系结构，假如图数据库存在免索引邻接属性，那么我们说它具有原生处理能力。

使用免索引邻接的数据库引擎中的每个节点都会维护其对相邻节点的引用。因此每个节点都表现为其附近节点的微索引，这比使用全局索引代价小很多。这意味着查询时间与图的整体规模无关，它仅和所搜索图的数量成正比。

相反，一个非原生图数据库引擎使用（全局）索引连接各个节点，如图 8-12 所示。这些索引对每个遍历都添加一个间接层，因此会导致更大的计算成本。原生图处理的拥护者认为免索引邻接至关重要，因为它提供快速、高效的图遍历。

要理解为什么原生图处理比基于重索引图的效率高得多，应该考虑以下因素。根据实现，查找索引的算法复杂度可能是 $O(\log n)$，而查找直接联系的算法复杂度为 $O(1)$。要遍历一个 m 步的网络，索引方法需要花费 $O(m\log n)$ 的时间，这面对成本仅为 $O(m)$ 的免索引邻接就显得相形见绌了。

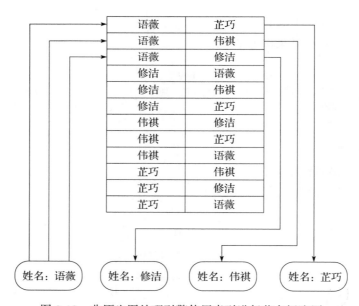

图 8-12　非原生图处理引擎使用索引进行节点间遍历

图 8-12 展示了非原生图处理方法的工作原理。要寻找语薇的朋友，必须首先执行索引

查找，成本为 $O(\log n)$。这对于偶尔的或浅层的查找来说可能是可以接受的，但当我们改变遍历方向时，它的代价很快变得昂贵起来。如果相对于寻找语薇的朋友，想要寻找的是和语薇交朋友的人，我们将不得不执行多个索引来完成查找，每个节点所代表的人都可能把语薇当作他的朋友。这使得成本更高。找到语薇的朋友的代价是 $O(\log n)$ 时，而找到和语薇交朋友的人的代价则是 $O(m\log n)$。

索引查找在小型网络中是有效的，如图 8-12 所示，但对于大图的查询代价太高。具有原生图处理能力的图数据库在查询时不是使用索引查找扮演关系的角色，而是使用免索引邻接来确保高性能遍历。图 8-13 显示了联系是如何消除索引查询的。

免索引邻接使得"连接"操作代价很小

使用免索引邻接，双向连接可以有效地预计算并作为联系存储在数据库中。与此相反的是，当使用索引来假装记录之间的关联时，其实没有实际的联系存储在数据库中。当我们尝试以构建索引的相反方向进行遍历时，这就变成了问题。因为我们要对索引进行暴力搜索——这是一个 $O(n)$ 的操作——类似表连接这样的操作因代价太大而无法投入任何实际应用。

其一，典型地说，使用全局索引比起遍历物理关系查找从算法上说更昂贵。索引一般的时间花销是 $O(\log n)$，而遍历物理联系的花销是 $O(1)$。理论上，对一般的 n 来说，对数的花销比常量要昂贵得多。在实践中，性能甚至更差，结果就是，图和其全局索引会对高速缓存和 I/O 资源进行竞争（比如，当页竞争发生在索引和图数据之间时）。

其二，当索引创建之后，在试图反向遍历时，使用索引模拟联系就会引发问题。我们有两个选择，或者对每个遍历任务创建反向查找索引，或者使用原索引进行暴力搜索，而后者的代价是 $O(n)$。考虑到这种情况下算法性能低下，这样的连接对任何现实中的在线系统来说都太过昂贵了。

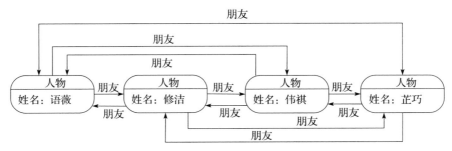

图 8-13 Neo4j 使用联系而非索引实现快速遍历

在通用图数据库中，可以以极小的代价双向（从尾部向头部或从头部到尾部）遍历联系。图 8-13 中要使用图寻找语薇的朋友，我们可以简单地跟随她的向外的联系"朋友"，其每次遍历的成本为 $O(1)$。要寻找和语薇交朋友的人，我们只需跟随语薇的所有向内的联系"朋友"找到联系的来源即可，每次遍历的成本也是 $O(1)$。

鉴于这些成本的计算，显然，至少在理论上，图遍历的效率可以非常高。不过这种高效遍历仅在以此为目的的架构设计之上才能实现。

如果免索引邻接是高性能遍历、查询和写入的关键，那么图数据库设计的一个关键方面是存储图的方式。高效的、本机化的图存储格式支持任意图算法的极快遍历——这是使用图的重要原因。

首先，让我们对 Neo4j 整体体系结构进行讨论，如图 8-14 所示。下面我们将自底向上地一一讲解，从磁盘上的文件，到可编程的 API，再到 Cypher 查询语言。我们会讨论 Neo4j 的性能和可靠性，以及使 Neo4j 成为一个性能优、可靠性强的图数据库的设计决策。

Neo4j 将图数据存储在若干不同的文件中。每个存储文件包含图的特定部分的数据（例如，节点、联系、标签和属性都有各自独立的存储）。存储职责的划分——特别是图结构与属性数据的分离——促进了高性能的图遍历，它甚至意味着用户视图中的图和磁盘上的实际数据记录是完全不同的结构。

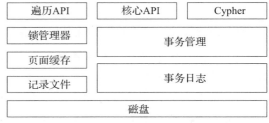

图 8-14　Neo4j 的体系结构

像大多数 Neo4j 存储文件一样，通过大小固定的记录可以快速查询存储文件中的节点。节点存储文件用来存储节点的记录，节点存储区是固定大小的记录存储，每个记录长度为 9 字节，如图 8-15 所示。

每个用户级的图中创建的节点最终会

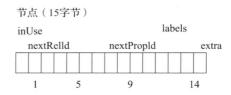

图 8-15　Neo4j 节点和联系的存储文件的物理结构

终结于节点存储，其物理文件是 neostore.nodestore.db。节点记录的长度是固定大小 9 字节，格式为：

　　Node:inUse+nextRelld+nextPropld

如果有一个 ID 为 100 的节点，那么我们知道其记录在文件开始的第 900 字节。基于这种格式，数据库可以直接计算一个记录的位置，其成本为 $O(1)$，而不是执行成本为 $O(\log n)$ 的搜索。

一个节点记录的第一个字节是"是否在使用"标志位。它告诉数据库该记录目前是被用于存储节点，还是可回收用于表示一个新的节点（Neo4j 的 .id 文件保持对未使用的记录的跟踪）。接下来的 4 字节表示关联到该节点的第一个联系，随后 4 字节表示该节点的第一个属性的 ID。标签的 5 字节指向该节点的标签存储（如果标签很少的话也可以内联到节点中）。最后的字节 extra 是标志保留位。这个标志是用来标识紧密连接节点的，而省下的空间为将来预留。节点记录是相当轻量级的：它真的只是几个指向联系和属性列表的指针。

相应地，联系被存储于联系存储文件中，物理文件是 neostore.relationshipstore.db。如图 8-16 所示，像节点存储一样，联系存储区的记录的大小也是固定的，联系长度为 33 字节，格式为：

　　Relationship:inUse+firstNode+secondNode+relationType+firstPrevRelId+firstNextRelId+secondPrevRelId+secondNextId+nextProId

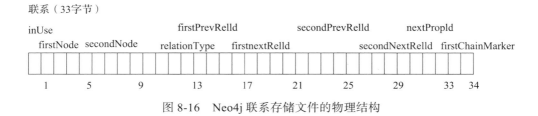

图 8-16　Neo4j 联系存储文件的物理结构

每个联系记录包含联系的起始节点 ID 和结束节点 ID、联系类型的指针（存储在联系类型存储区）、起始节点和结束节点的上一个联系和下一个联系，以及一个指针指示当前记录是否位于联系链（relationship chain）最前面。

节点存储文件和联系存储文件只关注图的结构而不是属性数据。这两种存储文件都使用固定大小的记录，以使存储文件内可记录的位置都可以根据 ID 迅速计算出来。这些都是 Neo4j 的高性能遍历的关键设计决策。

在图 8-17 中，我们可以看到磁盘上各种存储文件的交互。两个节点记录都包含一个指向该节点的第一个属性的指针和联系链中第一个联系的指针。要读取节点的属性，我们从指向第一个属性的指针开始遍历单向链表结构。要找到一个节点的联系，我们从指向第一个联系（在示例中为 LIKES 联系）的节点联系指针开始，顺着特定节点联系的双向链表寻找（即起始节点的双向链表或结束节点的双向链表），直到找到感兴趣的联系。一旦找到了我们想要的联系记录，可以使用和寻找节点属性一样的单向链表结构读取这种联系的属性（如果有的话），也可以使用联系关联的起始节点 ID 和结束节点 ID 检查它们的节点记录。

用这些 ID 乘以节点记录的大小，就可以立即算出每个节点在节点存储文件中的偏移量。

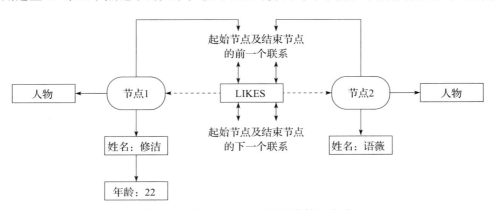

图 8-17　图在 Neo4j 中物理存储的方式

联系存储文件中的双向链表

如果在开始的时候觉得联系存储结构有些复杂，请不要担心，它不像节点存储或是属性存储那么简单。

把联系记录想象为"属于"两个节点，即其起始节点和结束节点会对理解它有所帮助。我们显然不希望存储两个联系记录，因为这会造成浪费。但是同样清楚的是，联系记录某种程度上应该属于起始节点和结束节点。

这就是为什么两个双向链表间会有指针（又称为记录 ID）：一个是从起始节点可见的列表关系；另一个是从结束节点可见的列表关系。每一个列表都是双向链表，使我们可以简单地通过列表在任一方向快速迭代，并高效地插入和删除联系。

在寻找目标联系时我们选择顺着联系链表中的另一个联系遍历，直到找到合适的候选联系（如匹配到正确的类型或存在一些匹配的属性值）。一旦找到这个合适的联系，用 ID 乘以记录的大小，并在其后跟随指针。

通过固定大小的记录和类指针记录 ID，通过在数据结构周围跟随指针就可以简单地实现遍历并高速执行。要遍历一个节点到另一个节点间特定的联系，数据库只需执行几个低成本的 ID 计算（这些计算比搜索全局索引成本低很多，当我们在一个非原生图数据库中存储图时就需要搜索全局索引）。

- 从一个给定的节点记录定位联系链中第一个记录的位置，可以通过计算它在联系存储的偏移量来获得，也就是说，通过用联系记录的固定大小乘以它的 ID。这让我们在联系存储文件中可以直接定位到正确的记录。
- 在联系记录中，搜索第二个节点字段来找到第二个节点的 ID，用节点记录的大小乘以 ID 来定位存储中正确的节点记录。

假如我们希望限制特定类型来寻找联系，则会在联系类型存储中增加一次查找。这也是简单的乘法运算，用 ID 乘以记录的大小来寻找合适的联系类型记录在联系存储区中的偏移量。类似地，如果想通过标签查找，只要从标签存储中找就可以了。

除了包含图结构的节点和联系存储以外，还有属性存储文件，它用键值对的方式持久化了用户的数据。回想一下作为属性图数据库的 Neo4j，允许将属性即名称—值对附加到节点和联系上。因此，属性存储同时被节点和联系记录引用。

属性存储中记录的物理存储放置在 neostore.propertystore.db 文件中。与节点存储和联系存储一样，属性记录也是固定大小的。每个属性记录包括 4 个属性块和属性链中下一个属性的 ID（记住，属性持有的链表是单向的，而联系链中是双向的）。每个属性记录占据 1～4 个属性块，因此一个属性记录最多可以容纳 4 个属性。一个属性记录包含属性类型（Neo4j 允许任何基本的数值类型、字符串，以及其他基本类型的数组）以及属性索引文件（neostore.propertystore.db.index）。属性索引文件存储属性名称。对于每个属性的值，记录包含一个指向动态存储记录的指针或内联值。动态存储允许存储大属性值。有两种动态存储：动态字符串存储（neostore.propertystore.db.strings）和动态数组存储（neostore.propertystore.db.arrays）。动态记录由记录大小固定的记录链表组成；因此一个大字符串或是大数组可能占据多个动态记录。

内联和优化属性存储利用率

Neo4j 支持存储优化，它直接内联某些属性到属性存储文件中（neostore.propertystore.db）。这种情况发生在属性数据可编码到适合 4 个属性块中的一个或多个记录时。在实践中，这意味着像电话号码和邮政编码这种数据可以直接内联到属性存储文件，而不是被拖出到一个动态存储区。这将减少 I/O 操作并增大吞吐量，因为只有一个文件需要访问。

除了内联兼容的属性值，Neo4j 还对属性名称的空间严格维护。例如，在一个社交图中，有可能会有多个节点拥有像 first name（名）和 last name（姓）这样的属性。如果每个属性名称都逐字写入到磁盘上会造成浪费，因此，替代方案是属性名称都通过属性索引文件从属性存储中间接引用。属性索引允许所有具有相同名称的属性共享单个记录，因而对于重复图（一个非常常见的用例），Neo4j 节省了相当大的空间和 I/O 开销。

高效的存储布局只是成功的一半。尽管存储文件已经为了快速遍历而进行了优化，但硬件仍然对性能有着重大影响。近几年来，尽管内存容量已显著增加，一些非常大的图仍然无法完全存储在主存储器中。旋转型磁盘按位数寻道需要毫秒级的时间，以人类的标准来说这虽然已经很快，但在计算机领域中它仍然显得笨拙而缓慢。固态磁盘（SSD）则要快得多（因为没有显著的等待盘片旋转的寻道时间），但 CPU 和磁盘之间的路径仍然要比 CPU 到 L2 高速缓存或主存储器的路径存在更多的延迟，理想情况下我们更想使用后者来操作图。

为了缓解机械、电子类大容量存储设备的性能特点带来的延迟，许多图数据库使用内存缓存提供图的概率性低延迟访问。Neo4j 从版本 2.2 开始使用堆外缓存来提升性能。

Neo4j 从版本 2.2 开始使用 LRU-K 页面缓存算法。这种页面缓存是一个 LRU-K 页面级别的缓存，意思是缓存把存储分成离散的区域，然后在一个存储文件里存放一定数量的区域。缓存基于最少使用的策略来清除页面，用页面受欢迎程度做区分。也就是说，即使活跃的页面可能最近并没有被访问过，缓存也更倾向于清除那些不活跃的页面。该策略确保了缓存资源在统计学意义上的最优使用。

2. 事务处理

Neo4j 中的事务与传统的数据库事务在语义上是完全相同的。写操作发生在事务上下文中，为了一致性目的，对所有事务中相关的节点和联系加写锁。对于一个成功完成的事务，更改被刷新到磁盘上进行持久化，同时释放写锁。这些行为保证了事务的原子性。如果事务由于某种原因失败了，写操作将被丢弃，并释放写锁，从而将图维护到其之前一致的状态。

假如两个或更多的事务尝试同时更改相同的图元素，Neo4j 将检测到潜在的死锁情况，对这些事务序列化。在单个事务上下文中的写操作对其他事务来说是不可见的，从而保持了隔离性。

Neo4j 中的事务是如何实现的

Neo4j 的事务实现从概念上讲是直截了当的。每个事务都被表示为一个内存对象，同时把数据库中的状态表示为写入状态。该对象由锁管理器提供支持，锁管理器在节点和联系被创建、更新和删除时为它们加锁。当事务回滚时，事务对象被丢弃，同时释放写锁，而事务成功完成时，事务被提交到磁盘。

Neo4j 中提交数据到磁盘会使用预写日志，借此将更改作为可操作的条目附加到活动事务日志中。当提交事务时（在准备阶段有积极的响应），提交条目会写入日志。这会使得日志刷新到磁盘上，从而将更改持久化。一旦磁盘被刷新，所做的更改就会应用到图本身。当所有更改被应用到图之后，任何与事务相关的写锁都会被释放。

一旦一个事务被提交，系统就处于一种保证数据会被更改进数据库的状态，即使因失败而导致非病态故障。正如我们将看到的，这为可恢复性提供了实质性的好处，并因此持续地提供服务。

3. 可恢复性

当 Neo4j 从非正常关机进行恢复时，它会检查最近活动的事务日志，并从找到的存储中重新执行其中的所有事务。它们中的有些事务可能已经应用到了存储，但因为重新执行是均等的操作，因此最终的结果是一样的：经过恢复，存储将会使所有的事务成功提交，和故障之前保持一致。

对于单个数据库实例来说，本地恢复就已经足够了。然而，我们通常把数据库运行在集群上（将在稍后讨论），确保客户的应用程序在行为上的高可用性。幸运的是，集群在恢复实例方面能够提供更多的好处。如前面所讨论的，一个实例不仅可以保持和故障之前所有成功提交的事务的一致性，也可以快速和集群中的其他实例同步，从而保持和故障的后续所有成功提交的事务的一致性。也就是说，一旦完成本地恢复，副本就可以询问集群中的其他成员（通常是主节点）以寻求新的事务。随后就可以通过重新执行事务，将这些新的事务同步到自己的数据集。

可恢复性是数据库在故障之后恢复到正确数据的能力。除了可恢复性，一个好的数据库还需要提供高可用性，以满足日益复杂的数据密集型应用程序的需求。

4. 可扩展性

我们分 3 个关键主题讨论可扩展性。

❑ 容量（图的规模）

❑ 延迟（响应时间）

❑ 读写吞吐量

下面分别介绍 Neo4j 对这三个主题的支持。

（1）容量

某些图数据库供应商为了性能和存储成本选择避开图的规模上限。Neo4j 则采取了比较独特的做法，即维护一个"甜蜜点"，通过优化使图的规模能够满足 95% 左右的用例，同时实现了更快的性能和较少的存储（因此也减少了内存占用和 I/O 操作）。权衡的原因在于在存储内部广泛使用了固定的记录大小和指针，Neo4j 当前版本可以支持包含数百亿节点、联系和属性的单图。这使得图可以存储相当于 Facebook 规模的社交网络数据集。

（2）延迟

图数据库没有与传统关系型数据库同样的延迟问题，对于传统关系型数据库，表中以及索引中有越多的数据，表连接操作的时间就越长（这个简单的事实是 DBA 把性能调优作为头等问题的关键原因之一）。使用图数据库，大多数查询遵循这样的模式，仅使用索引寻找一个（或多个）起始节点。然后剩下的遍历使用指针追随和模式匹配的组合搜索数据存储区。这意味着，不同于关系型数据库，图数据库的性能并不取决于数据集的总规模，而只取决于被查询到的数据。在图数据库中，即使数据集规模增长，查询的执行时间几乎还是常量（即只与结果集的大小相关）。

（3）吞吐量

我们可能认为图数据库在扩大规模时需要使用和其他数据库相同的方式，其实不然。当着眼于 I/O 密集型应用程序的行为时，我们看到一个单一的复杂操作通常读取和写入同一组相关的数据。换句话说，应用程序在整个数据集的一个逻辑子图中执行多个操作。在图数据库中，这样的多个操作可以积累为更大、更内聚的操作。此外，相比于等价的关系操作，使用原生图存储执行每个操作会更加省力。图在扩大规模时只需做很少的工作就可以得到相同的结果。

例如，假设在一个出版情景中，我们想读某个作者的最新文章。在一个 RDBMS 中，我们通常会基于匹配作者的 ID 将作者表与出版物表进行连接，选择出作者的作品，然后按出版日期排序，找到最新出版的出版物。根据排序操作的特点，时间复杂度是 $O(\log(n))$，并不是非常糟糕。

然而，如图 8-18 所示，等效的图操作的时间是 $O(1)$，也就是说，不论数据集的规模有多大，其计算时间复杂度始终是常量。使用图时，我们仅需跟随向外的称为 WROTE 的联系，从作者语薇找到位于发表文章的列表（或树）头部的作品。假如想要寻找早一些的出版物，我们只需要跟随 PREV 联系遍历链表（或者在树中递归）。写入操作也是类似的，只需要常量时间，因为我们总是在列表头（或树的根节点）加入新的出版物。这比 RDBMS 更好，尤其是因为它的读取性能原生地保持常量时间。

图 8-18　出版系统的常量时间的操作

当然，大多数所需的部署都穷尽每台机器的能力来运行查询，更具体些就是机器的 I/O 吞吐量。当发生这样的情况时，Neo4j 可以直接建立一个集群，横向扩展从而达到高可用性和高读取吞吐量。对于典型的图工作负载，当读操作多于写操作时，这种架构的解决方案很理想。

假如图的规模超过了一个集群的承载能力，我们可以在应用程序中创建分片跨数据库存储图。分片涉及在应用程序层面使用合成标识符来跨数据库连接记录。这种方式的执行效果很大程度上取决于如何组图。有些图在这方面做得非常好。例如，Mozilla 使用 Neo4j 图数据库作为其下一代云浏览器 Pancake 的一部分。它存储了大量的独立小图，而不是一个单一大图，每个小图绑定到一个终端用户。这使得它很易于扩展。

当然，并不是所有的图都能有这种便利。如果我们的图足够大，那么就需要在没有自然边界存在的情况下划分图，我们使用的方法和 NoSQL 存储（如 MongoDB）使用的方法差不多。我们会创建合成键，并使用这些键以及一些应用程序级的分辨率算法通过应用程序层关联记录。图数据库与 MongoDB 的主要区别在于，在一个数据库实例上进行遍历时，原生图数据库将提供性能提升，而在实例间进行遍历的运行时间和在 MongoDB 中做连接的速度大致相同。不过这样做整体性能明显更快。

> **图数据库的可扩展性**
>
> 大多数图数据库的未来目标是在无应用程序干预的前提下跨多台机器划分图，以便能够对图的读写访问横向扩展。一般情况下，这被证明是一个 NP 难问题，因此解决它有些不切实际。
>
> 如果使用一般解决方案，在图数据库中体现为在一个相对较慢的网络中不可预期的跨机器遍历，导致不可预期的查询时间。通过对比，一个合理的实现是在特定域上下文中，寻找最小切割点，从而最小化跨机器遍历。

8.3　Neo4j 的应用

在 Java 中采用嵌入方式使用 Neo4j 是非常方便的。在进入正式编程之前，首先去官网（https://neo4j.com）下载 Neo4j 包，并部署在当前系统中，且保障 Neo4j 环境能正常运行。本书采用 Neo4j 3.9.0 作为实验环境。

8.3.1　使用嵌入在 Java 应用程序中的 Neo4j

无论通过 Eclipse 还是 IDEA 等能够编译 Java 的工具，要实现 Neo4j 的 Java 客户端调用，首先需要在建立的 Java 工程中导入与当前 Neo4j 运行环境相匹配的驱动包，然后经过 Java 对 Neo4j API 的调用完成相应的开发工作。

8.3.2　Neo4j 的 Java 客户端环境配置

在 Java 开始调用 Neo4j 之前，确保已经安装了 Neo4j 服务，且当前机器环境能正常使用 Java。然后在 Java 开发工具（例如 Eclipse 等）建立的 Java 工程中引入 Neo4j 的 Jar 文件到工程的构造路径中，常用的方法有两种：

- ❑ 在现有 Java 工程中，直接引入｜ $NEO4J_HOME｜\neo4j-enterprise-3.4.9\lib 下的所有 Jar 文件。
- ❑ 查询当前所有 Neo4j 的官网所给的 Maven 配置信息，在 Maven 配置项 pom.xml 中配置需要导入 Neo4j 的信息，本例为：

```
<project>
...
    <dependencies>
        <dependency>
            <groupId>org.neo4j</groupId>
            <artifactId>neo4j</artifactId>
            <version>3.4.9</version>
        </dependency>
        ...
    </dependencies>
...
</project>
```

8.3.3　一个简单的小型图数据库例子

一个 Neo4j 图数据库由以下几部分组成：

❑ 相互关联的节点。

❑ 节点间有一定的关系存在。

❑ 在节点和关系上有一些属性。

本节通过一个实例来讲解图数据库的基本操作。

【例 8-6】假设需要建立一个社交网络图，图中所有的关系都有一个类型，这个关系类型为 KNOWS，如果 KNOWS 类型的关系连接两个节点，那可能代表这两个节点是两个相互了解的人。图的许多语义（即含义）在应用程序的关系类型中编码。虽然关系是有针对性的，但无论走向哪个方向，它们都会被很好地遍历。

1）数据库准备。

实现功能：该例中只有一种关系类型 KNOWS，在 Java 中，可以通过枚举（enum）类型文件来创建该社交网络中图的关系类型。

实现代码如下。

```
private enum RelTypes implements RelationshipType
{
    KNOWS
}
```

准备一些数据，作为测试的参数使用。

```
GraphDatabaseService graphDb;
Node firstNode;
Node secondNode;
Relationship relationship;
```

下一步，启动数据库服务器。请注意，如果为数据库指定的目录尚不存在，则将创建该目录。

```
graphDb = new GraphDatabaseFactory().newEmbeddedDatabase( databaseDirectory );
registerShutdownHook( graphDb );
```

注意

启动一个图数据库是非常耗费资源的操作，所以并不建议每次与数据库进行交互时都重新启动一个实例。该实例可以被多个线程共享，而且事务是线程安全的。

程序中，注册了一个关闭数据库的钩子，用来确保在 JVM 退出时数据库已经被关闭。准备好这些，就可以与数据库进行交互了。

2）在一个事务中完成多次写数据库操作。

所有的写操作（例如创建、删除和更新）都在一个事务中完成，这是一个有意识的设计决策，也是一件很必要的事情。因为我们认为事务划分是使用真实企业数据库的重要部分。目前，在 Neo4j 中进行事务处理是很容易做到的事情。

```
try ( Transaction tx = graphDb.beginTx() )
{
    // 数据库相关操作
    tx.success();
}
```

3）创建一个小型图数据库。

下面主要通过 Neo4j 提供的 Java API 实现一个图中节点的创建工作。对于创建时需要的 API，官网针对每一版本都会给出详细的文档，例如本书所有对应版本的网址为：https://neo4j.com/docs/java-reference/3.4/javadocs/。

实现功能：创建一个由两个节点组成的小型图数据库，数据库中包括两个节点并用一个关系相连，节点和关系还包括一些属性。

实现代码如下。

```
firstNode = graphDb.createNode();
firstNode.setProperty( "message", "Hello, " );
secondNode = graphDb.createNode();
secondNode.setProperty( "message", "World!" );

relationship = firstNode.createRelationshipTo( secondNode, RelTypes.KNOWS );
relationship.setProperty( "message", "brave Neo4j " );
```

运行结果：程序运行之后，建立的图及关系如图 8-19 所示。

4）读取并输出图数据库中的数据。

实现功能：创建好图表之后，可以通过以下语句读取并打印结果至控制台。

实现代码如下。

```
System.out.print( firstNode.getProperty( "message" ) );
System.out.print( relationship.getProperty( "message" ) );
System.out.print( secondNode.getProperty( "message" ) );
```

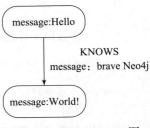

图 8-19　Hello World 图

运行结果如下。

```
Hello, brave Neo4j World!
```

5）删除图数据库中的数据。

实现功能：删除上面案例中在图数据库中提交的数据。

实现代码如下。

```
firstNode.getSingleRelationship( RelTypes.KNOWS, Direction.OUTGOING
).delete();
firstNode.delete();
secondNode.delete();
```

🗣️ **注意**

删除一个仍然有关系的节点，当事务提交时会失败。这是为了确保关系始终有一个起始节点和一个结束节点。

6）关闭数据库服务器。

实现功能：在应用程序完成时，关闭数据库服务器。

实现代码如下。

```
graphDb.shutdown();
```

7）最终实现的全部代码。

```java
import java.io.File;
import java.io.IOException;

import org.neo4j.graphdb.Direction;
import org.neo4j.graphdb.GraphDatabaseService;
import org.neo4j.graphdb.Node;
import org.neo4j.graphdb.Relationship;
import org.neo4j.graphdb.RelationshipType;
import org.neo4j.graphdb.Transaction;
import org.neo4j.graphdb.factory.GraphDatabaseFactory;
import org.neo4j.io.fs.FileUtils;

public class EmbeddedNeo4j
{
    private static final File databaseDirectory = new File( "target/neo4j-hello-db" );
    public String greeting;

    // START SNIPPET: vars
    GraphDatabaseService graphDb;
    Node firstNode;
    Node secondNode;
    Relationship relationship;
    // END SNIPPET: vars

    // START SNIPPET: createReltype
    private enum RelTypes implements RelationshipType
    {
        KNOWS
    }
    // END SNIPPET: createReltype

    public static void main( final String[] args ) throws IOException
    {
        EmbeddedNeo4j hello = new EmbeddedNeo4j();
        hello.createDb();
        hello.removeData();
        hello.shutDown();
    }

    void createDb() throws IOException
    {
        FileUtils.deleteRecursively( databaseDirectory );

        // START SNIPPET: startDb
        graphDb = new GraphDatabaseFactory().newEmbeddedDatabase( databaseDirectory );
        registerShutdownHook( graphDb );
```

```
        // END SNIPPET: startDb

        // START SNIPPET: transaction
        try ( Transaction tx = graphDb.beginTx() )
        {
            // Database operations go here
            // END SNIPPET: transaction
            // START SNIPPET: addData
            firstNode = graphDb.createNode();
            firstNode.setProperty( "message", "Hello, " );
            secondNode = graphDb.createNode();
            secondNode.setProperty( "message", "World!" );

            relationship = firstNode.createRelationshipTo( secondNode, RelTypes.KNOWS );
            relationship.setProperty( "message", "brave Neo4j " );
            // END SNIPPET: addData

            // START SNIPPET: readData
            System.out.print( firstNode.getProperty( "message" ) );
            System.out.print( relationship.getProperty( "message" ) );
            System.out.print( secondNode.getProperty( "message" ) );
            // END SNIPPET: readData

            greeting = ( (String) firstNode.getProperty( "message" ) )
                        + ( (String) relationship.getProperty( "message" ) )
                        + ( (String) secondNode.getProperty( "message" ) );

            // START SNIPPET: transaction
            tx.success();
        }
        // END SNIPPET: transaction
    }

    void removeData()
    {
        try ( Transaction tx = graphDb.beginTx() )
        {
            // START SNIPPET: removingData
            // let's remove the data
            firstNode.getSingleRelationship( RelTypes.KNOWS, Direction.OUTGOING
).delete();
            firstNode.delete();
            secondNode.delete();
            // END SNIPPET: removingData

            tx.success();
        }
    }

    void shutDown()
    {
        System.out.println();
        System.out.println( "Shutting down database ..." );
        // START SNIPPET: shutdownServer
        graphDb.shutdown();
```

```
        // END SNIPPET: shutdownServer
    }

    // START SNIPPET: shutdownHook
    private static void registerShutdownHook( final GraphDatabaseService graphDb )
    {
        // Registers a shutdown hook for the Neo4j instance so that it
        // shuts down nicely when the VM exits (even if you "Ctrl-C" the
        // running application).
        Runtime.getRuntime().addShutdownHook( new Thread()
        {
            @Override
            public void run()
            {
                graphDb.shutdown();
            }
        } );
    }
    // END SNIPPET: shutdownHook
}
```

8.3.4 属性值

节点和关系都可以具有属性。在 Java 客户端，NULL 不是有效的属性值，将属性设置为 NULL 等效于删除属性。借用 Java 操作图数据库时，属性值的类型如表 8-2 所示。

表 8-2 用到的关系和关系类型

类型	描述
Boolean	布尔值：true 或 false
Byte	8 位整数
Short	16 位整数
Int	32 位整数
Long	64 位整数
Float	32 位 IEEE 754 浮点数
Double	64 位 IEEE 754 浮点数
Char	表示 Unicode 编码的 16 位无符号整数
String	Unicode 编码字符序列类型
org.neo4j.graphdb.spatial.Point	一个给定坐标系中的 2D 或 3D 点对象
java.time.LocalDate	即时捕捉日期，但不是时间，也不是时区
java.time.OffsetTime	即时捕捉时间和时区的偏移，而不是日期
java.time.LocalTime	即时捕捉时间，但不是日期，也不是时区
java.time.ZonedDateTime	即时捕捉日期、时间和时区
java.time.LocalDateTime	即时捕捉日期和时间，但不是时区
java.time.temporal.TemporalAmount	时间量。捕获了两个瞬时之间的时间差异

8.3.5 带索引的用户数据库

实现功能：有一个用户数据库，希望通过名称查找到用户。

实现步骤如下。

1）首先启动数据库服务器。

```
GraphDatabaseService graphDb =
 new GraphDatabaseFactory().newEmbeddedDatabase( databaseDirectory );
```

然后必须配置数据库以按名称索引用户，这只需要做一次。

```
IndexDefinition indexDefinition;
try ( Transaction tx = graphDb.beginTx() )
{
    Schema schema = graphDb.schema();
    indexDefinition = schema.indexFor( Label.label( "User" ) )
            .on( "username" )
            .create();
    tx.success();
}
```

注意

同一事务中不允许同时进行库结构和数据的更改。每个事务要么更改库结构，要么更改数据，不能同时更改两者。

2）首次创建索引时会异步填充索引。

可以使用核心 API 等待索引填充完成。

```
try ( Transaction tx = graphDb.beginTx() )
{
    Schema schema = graphDb.schema();
    schema.awaitIndexOnline( indexDefinition, 10, TimeUnit.SECONDS );
}
```

3）可以查询索引填充的进度。

```
try ( Transaction tx = graphDb.beginTx() )
{
    Schema schema = graphDb.schema();
    System.out.println( String.format( "Percent complete: %1.0f%%",
    schema.getIndexPopulationProgress( indexDefinition ).getCompletedPercentage() ) );
}
```

4）此时，试着添加一些用户。

```
try ( Transaction tx = graphDb.beginTx() )
{
    Label label = Label.label( "User" );

    // Create some users
    for ( int id = 0; id < 100; id++ )
    {
        Node userNode = graphDb.createNode( label );
        userNode.setProperty( "username", "user" + id + "@neo4j.org" );
    }
    System.out.println( "Users created" );
    tx.success();
}
```

5）通过 id 查找用户：

```
Label label = Label.label( "User" );
int idToFind = 45;
String nameToFind = "user" + idToFind + "@neo4j.org";
try ( Transaction tx = graphDb.beginTx() )
{
    try ( ResourceIterator<Node> users =graphDb.findNodes( label, "username", nameToFind ) )
    {
        ArrayList<Node> userNodes = new ArrayList<>();
        while ( users.hasNext() )
        {
            userNodes.add( users.next() );
        }

        for ( Node node : userNodes )
        {
            System.out.println(
                    "The username of user " + idToFind + " is " + node.getProperty(
"username" ) );
        }
    }
}
```

6）更新用户名时，索引也会更新。

```
try ( Transaction tx = graphDb.beginTx() )
{
    Label label = Label.label( "User" );
    int idToFind = 45;
    String nameToFind = "user" + idToFind + "@neo4j.org";

    for ( Node node : loop( graphDb.findNodes( label, "username", nameToFind ) ) )
    {
        node.setProperty( "username", "user" + (idToFind + 1) + "@neo4j.org" );
    }
    tx.success();
}
```

7）删除用户时，会自动从索引中删除它。

```
try ( Transaction tx = graphDb.beginTx() )
{
    Label label = Label.label( "User" );
    int idToFind = 46;
    String nameToFind = "user" + idToFind + "@neo4j.org";

    for ( Node node : loop( graphDb.findNodes( label, "username", nameToFind ) ) )
    {
        node.delete();
    }
    tx.success();
}
```

8）如果更改数据模型，也可以删除索引。

```
try ( Transaction tx = graphDb.beginTx() )
```

```
{
    Label label = Label.label( "User" );
    for ( IndexDefinition indexDefinition : graphDb.schema()
            .getIndexes( label ) )
    {
        // There is only one index
        indexDefinition.drop();
    }

    tx.success();
}
```

9）最终实现的全部代码。

```java
import java.io.File;
import java.io.IOException;
import java.util.ArrayList;
import java.util.concurrent.TimeUnit;

import org.neo4j.graphdb.GraphDatabaseService;
import org.neo4j.graphdb.Label;
import org.neo4j.graphdb.Node;
import org.neo4j.graphdb.ResourceIterator;
import org.neo4j.graphdb.Transaction;
import org.neo4j.graphdb.factory.GraphDatabaseFactory;
import org.neo4j.graphdb.schema.IndexDefinition;
import org.neo4j.graphdb.schema.Schema;
import org.neo4j.io.fs.FileUtils;

import static org.neo4j.helpers.collection.Iterators.loop;

public class EmbeddedNeo4jWithNewIndexing
{
    private static final File databaseDirectory = new File( "target/neo4j-
store-with-new-indexing" );

    public static void main( final String[] args ) throws IOException
    {
        System.out.println( "Starting database ..." );
        FileUtils.deleteRecursively( databaseDirectory );

        // START SNIPPET: startDb
        GraphDatabaseService graphDb = new GraphDatabaseFactory().
newEmbeddedDatabase( databaseDirectory );
        // END SNIPPET: startDb

        {
            // START SNIPPET: createIndex
            IndexDefinition indexDefinition;
            try ( Transaction tx = graphDb.beginTx() )
            {
                Schema schema = graphDb.schema();
                indexDefinition = schema.indexFor( Label.label( "User" ) )
                        .on( "username" )
                        .create();
                tx.success();
```

```
        }
        // END SNIPPET: createIndex
        // START SNIPPET: wait
        try ( Transaction tx = graphDb.beginTx() )
        {
            Schema schema = graphDb.schema();
            schema.awaitIndexOnline( indexDefinition, 10, TimeUnit.SECONDS );
        }
        // END SNIPPET: wait
        // START SNIPPET: progress
        try ( Transaction tx = graphDb.beginTx() )
        {
            Schema schema = graphDb.schema();
                    System.out.println( String.format( "Percent complete:
%1.0f%%",schema.getIndexPopulationProgress( indexDefinition ).getCompletedPercentage() ) );
        }
        // END SNIPPET: progress
    }

    {
        // START SNIPPET: addUsers
        try ( Transaction tx = graphDb.beginTx() )
        {
            Label label = Label.label( "User" );

            // Create some users
            for ( int id = 0; id < 100; id++ )
            {
                Node userNode = graphDb.createNode( label );
                userNode.setProperty( "username", "user" + id + "@neo4j.org" );
            }
            System.out.println( "Users created" );
            tx.success();
        }
        // END SNIPPET: addUsers
    }

    {
        // START SNIPPET: findUsers
        Label label = Label.label( "User" );
        int idToFind = 45;
        String nameToFind = "user" + idToFind + "@neo4j.org";
        try ( Transaction tx = graphDb.beginTx() )
        {
            try ( ResourceIterator<Node> users =
                graphDb.findNodes( label, "username", nameToFind ) )
            {
                ArrayList<Node> userNodes = new ArrayList<>();
                while ( users.hasNext() )
                {
                    userNodes.add( users.next() );
                }

                for ( Node node : userNodes )
                {
                        System.out.println("The username of user " + idToFind +
```

```
" is " + node.getProperty( "username" ) );
                    }
                }
            }
            // END SNIPPET: findUsers
        }

        {
            // START SNIPPET: resourceIterator
            Label label = Label.label( "User" );
            int idToFind = 45;
            String nameToFind = "user" + idToFind + "@neo4j.org";
            try ( Transaction tx = graphDb.beginTx();
                    ResourceIterator<Node> users = graphDb.findNodes( label,
"username", nameToFind ) )
            {
                Node firstUserNode;
                if ( users.hasNext() )
                {
                    firstUserNode = users.next();
                }
                users.close();
            }
            // END SNIPPET: resourceIterator
        }

        {
            // START SNIPPET: updateUsers
            try ( Transaction tx = graphDb.beginTx() )
            {
                Label label = Label.label( "User" );
                int idToFind = 45;
                String nameToFind = "user" + idToFind + "@neo4j.org";

                for(Node node:loop(graphDb.findNodes(label,"username",nameToFind ) ) )
                {
                    node.setProperty( "username", "user" + (idToFind + 1) + "@
neo4j.org" );
                }
                tx.success();
            }
            // END SNIPPET: updateUsers
        }

        {
            // START SNIPPET: deleteUsers
            try ( Transaction tx = graphDb.beginTx() )
            {
                Label label = Label.label( "User" );
                int idToFind = 46;
                String nameToFind = "user" + idToFind + "@neo4j.org";

                for(Node node:loop(graphDb.findNodes(label,"username",nameToFind ) ) )
                {
                    node.delete();
                }
```

```
                    tx.success();
            }
            // END SNIPPET: deleteUsers
        }

        {
            // START SNIPPET: dropIndex
            try ( Transaction tx = graphDb.beginTx() )
            {
                Label label = Label.label( "User" );
                for ( IndexDefinition indexDefinition : graphDb.schema()
                        .getIndexes( label ) )
                {
                    // There is only one index
                    indexDefinition.drop();
                }

                tx.success();
            }
            // END SNIPPET: dropIndex
        }

        System.out.println( "Shutting down database ..." );
        // START SNIPPET: shutdownDb
        graphDb.shutdown();
        // END SNIPPET: shutdownDb
    }
}
```

8.4　Neo4j 的优化

8.4.1　索引

Neo4j 是一个模式可选的图数据库，可以在没有任何架构的情况下使用 Neo4j，也可以选择引入它以获得性能或建模优势。

注意

模式命令只能应用于 Neo4j 集群中的主机。如果将它们应用于从节点，将收到一个 Neo. ClientError.Transaction.InvalidType 错误代码。

通过创建索引可以提高查找数据库中节点的速度。一旦指定了要索引的属性，Neo4j 将确保索引在图更新时保持最新。通过新索引属性查找节点的任何操作都将显著提升性能。

Neo4j 中的索引最终可用。这意味着当第一次创建索引时，操作立即返回。索引在后台填充，因此无法立即进行查询。当索引完全填充后，它最终会联机，这意味着现在可以在查询中使用它了。

如果索引出现问题，最终可能会失败。失败时，它不会用于加速查询。要重建它，可以删除并重新创建索引，查看日志以获取有关故障的线索。

此外，也可以通过约束来保持 Neo4j 中数据清洁。因为约束允许指定数据应该是什么样的规则，任何违反这些规则的更改都将被拒绝。

8.4.2 批量导入 / 导出

Neo4j 提供了完成上述目标的工具，既包括初始批量加载场景，也包括持续批量导入场景，以便能从多样的其他数据源将数据导入到图中。

1. 数据准备

使用批量数据导入的时候，需要将数据准备为 csv 格式，即每个字段使用","进行分隔，比如现在有人名、地名、组织名三种属性的实体（这些实体即 Neo4j 中的节点），为了简单，实体的属性只有 name 和 id，实体之间的关系只有一种关系，所有存在的关系标签都叫 relation。下面我们将三种实体和关系分为三个 csv 文件保存，文件的内容大致如下：

person.csv

```
id:ID       name
1           马云
2           柳传志
...         ....
 - 2. location.csv

id:ID       name
3           北京
4           上海
...         ....
```

organization.csv

```
id:ID       name
5           阿里巴巴集团
6           联想集团
...         ....
```

relation.csv

```
:SATART_ID   :END_ID   links
1            5         董事局主席
2            6         xxx
...          ....      ...
```

需要注意的是，三个实体表中的 ID 必须是大写的，并且 ID 全局唯一，也就是三个表格中的 ID 都是唯一的，不可以有重复，在关系表中，不可以存在没有 ID 指向的实体。

2. 批量导入

另一个需求是从外部系统批量导入数据到运行中的图里。在 Neo4j 中经常通过命令 LOAD CSV 来完成。LOAD CSV 使用的输入文件和 Neo4j-import 工具使用的 CSV 数据类型是一样的。其设计的目的是支持中高级数量的导入（百万条记录上下），这是从上游系统中进行常规批量数据更新的理想方案。

Neo4j-import 工具命令格式如下：

```
neo4j-admin import [--mode=csv] [--database=<name>]
                        [--additional-config=<config-file-path>]
                        [--report-file=<filename>]
                        [--nodes[:Label1:Label2]=<"file1,file2,...">]
                        [--relationships[:RELATIONSHIP_TYPE]=<"file1,file2,...">]
```

```
[--id-type=<STRING|INTEGER|ACTUAL>]
[--input-encoding=<character-set>]
[--ignore-extra-columns[=<true|false>]]
[--ignore-duplicate-nodes[=<true|false>]]
[--ignore-missing-nodes[=<true|false>]]
[--multiline-fields[=<true|false>]]
[--delimiter=<delimiter-character>]
[--array-delimiter=<array-delimiter-character>]
[--quote=<quotation-character>]
[--max-memory=<max-memory-that-importer-can-use>]
[--f=<File containing all arguments to this import>]
[--high-io=<true/false>]
```

或

```
neo4j-admin import --mode=database [--database=<name>]
                                  [--additional-config=<config-file-path>]
                                  [--from=<source-directory>]
1
2
3
```

　　方括号内为可以选择的参数，其中常用的是第一种格式，即从独立的文件里导入图数据，常用参数为 --nodes 和 --relationships，分别用来引入节点的 CSV 文件和边的 CSV 文件。

　　使用 import 导入数据时，需要注意 CSV 文件分为节点和关系两种数据规范。

　　节点 CSV 文件数据格式从左到右为命名标识、属性信息、标签信息三部分。命名标识类似于唯一标识，它的类型是 ID，用户可以为命名标识自定义名称，在准备数据时，每一条数据的命名标识必须是唯一的，不能出现重复的标识信息，否则会影响关系的创建。属性这一列，用户可以自定义每一个节点具备的属性名，每一个属性名数据类型可设定为字符串、字符数组、长整型等类型，用户没有设定属性名类型时系统默认为 String 类型，具体属性名数据类型请参照 Neo4j 官网。标签信息对应的是节点所属的类别信息，这一项名称固定写为 LABEL(:label)，该列下记录的值均会作为图中每个类别信息，对于一个实体属于多种类别时，可通过分号（；）作为分隔符标识出不同的类别信息，这一特性可以用来表示本体中特有的父子类关系。

　　关系 CSV 文件数据格式分为关系起始节点、关系结束节点、关系属性信息及关系类型。关系起始和终止节点记录的是节点信息命名标识的内容，指明哪些实体之间具有关系，若起始和终止节点内容一样，关系会指向节点本身；关系属性信息为关系增加了多种描绘数据的维度特性，这也是 Neo4j 具有特点的数据表示方式，我们可以更加灵活地通过时间等属性值来过滤关系；关系类型固定为 TYPE，其属性值为一对一。

　　准备好数据后，进入 Neo4j 根目录下使用 Neo4j-admin 执行 import 命令，在执行命令时推荐使用绝对路径，import 调优参数很多，内存、数据类型指定、数据编码格式等处理的参数这里不再赘述，其默认的参数已足够大多数人使用，要了解具体信息，可参见官网：https://neo4j.com/docs/operations-manual/3.4/tools/import/options/。

　　Nodes 参数指定需要导入到节点信息，当存在多种相同类型的节点信息文件时，可以通过多次书写 nodes 配合路径进行导入，也可以使用 --nodes " <path><node_csv_file1>,…,<path><node_csv_filen>" 进行导入，第二种方法在导入时只需要在第一个 CSV 文件中声明好数据格式即可，后续的 CSV 文件系统会将其所有数据默认为与第一个 CSV 文件声明的数据格式保持一致，这里的相同类型指的是所有文件存储的数据格式一致、类型一致，只是由于某些原因将数据分开进行了存储。若实体一拥有一种属性，实体二具有两种属性，则这两个实体不属于相同类型。

Relationships 参数建议一个关系 csv 文件对应一个参数。

Database 记录生成的 Neo4j 图数据文件名称，虽然后缀为 .db，但它是一个文件夹，若在 Neo4j.conf 配置文件中未设置 dbms.directories.data 参数的话，数据库文件默认生成位置为 Neo4j 根目录下的 data 文件夹。

ignore-duplicate-nodes 和 ignore-missing-nodes 是最常用的参数，分别起着忽略重复节点和缺失数据处理的作用，避免重复节点的创建和空关系的创建影响数据质量及使用，不过不要过度依赖这两个参数，程序不是万能的，只有数据预处理好了才能最终保证数据的质量，从而更好地构建高质量的图谱并进行应用。

Neo4j 通过 import 导入数据后，命令行会有相应的提示，此时通过 Neo4j 自身前台界面 7474 端口即可访问，在进行后续的数据查询时别忘了使用 create index on :LABEL（Property）建立索引来提升图谱数据的查询效率。

推荐阅读

教育部-阿里云产学合作协同育人项目成果

大数据分析原理与实践

书号：978-7-111-56943-5 作者：王宏志 编著 定价：79.00元

大数据分析是大数据产生价值的关键，也是由大数据到智能的核心步骤，因而成为当前快速发展的"数据科学"和"大数据"相关专业的核心课程。这本书从理论到实践，从基础到前沿，全面介绍了大数据分析的理论和技术，涵盖了模型、算法、系统以及应用等多个方面，是一部很好的大数据分析教材。

——李建中（哈尔滨工业大学教授，973首席科学家，哈尔滨工业大学国际大数据研究中心主任）

作为全球领先的云计算技术和服务提供商，阿里云在数据智能领域已经进行了多年的深耕和研究工作，不管是在支撑阿里巴巴集团数据业务上，还是大规模对外提供大数据计算服务能力上都取得了卓有成效的成果。该教材内容覆盖全面，从理论基础到案例实践，并结合了阿里云平台完成应用案例分析，系统展现了业界在数据智能方面的最新研究成果和先进技术。相信本书可以很好地帮助读者理解和掌握云计算与大数据技术。

——周靖人 （阿里云首席科学家）

大数据分析可以从不同维度来解读。如果从"分析"的角度解读，是把大数据分析看作统计分析的延伸；如果从 "数据"的角度解读，则是将大数据分析看作数据管理与挖掘的扩展；如果从"大"的角度解读，就是将大数据分析看作数据密集的高性能计算的具体化。因此，大数据分析的有效实施需要不同领域的知识。从分析的角度，需要统计学、数据分析、机器学习等知识；从数据处理的角度，需要数据库、数据挖掘等方面的知识；从计算平台的角度，需要并行系统和并行计算的知识。本书尝试融合这三个维度及相关知识，给读者一个相对广阔的"大数据分析"图景，在编写上从模型、技术、实现平台和应用四个方面安排内容，并结合以阿里云为代表的产业实践，使读者既能掌握大数据分析的经典理论知识，又能熟练使用主流的大数据分析平台进行大数据分析的实际工作。

推荐阅读

Python语言程序设计

作者：王恺 王志 李涛 朱洪文 编著　ISBN：978-7-111-62012-9 定价：49.00元

本书基于作者多年来的程序设计课程教学经验和利用Python进行项目开发的工程经验编写而成，面向程序设计的初学者，使其具备利用Python解决本领域实际问题的思维和能力。高校计算机、大数据、人工智能及其他相关专业均可使用本书作为Python课程教材。

本书主要特色：

◎ 强调问题导向，培养读者通过编程解决实际问题的能力和对程序设计本质的认识，并掌握Python编程的相关方法。

◎ 合理地分解知识点，并将每一个编程知识点和实例结合，实例的规模循序渐进，逐步提升读者用Python解决问题的能力。

◎ 通过大量"提示"和"注意"等环节，向读者强调并详细说明不容易理解或实际开发中容易出现差错的知识点。

◎ 多数章节提供了课后习题，供读者检验自己的学习情况，并为教师提供较为丰富的教学资源。